"双一流"建设精品出版工程
市政与环境工程系列丛书

# 特种废水处理技术

**SPECIAL WASTEWATER TREATMENT TECHNOLOGY**

（第3版）

赵庆良　李伟光　主　编　　王广智　姜珺秋　副主编

哈尔滨工业大学出版社
HARBIN INSTITUTE OF TECHNOLOGY PRESS

## 内 容 简 介

特种废水由于具有水量变化的特殊性和水质波动的特异性,致使其处理的单元工艺和处理流程大相径庭。本书讲述了13种比较常见的特种废水处理,相关废水来源覆盖了《国民经济行业分类》(GB/T 4754—2017)中的农、林、牧、渔业,采矿业,制造业,电力、热力、燃气及水生产和供应业,卫生和社会工作,水利、环境和公共设施管理业6大行业,其中包括畜禽养殖废水、农副食品加工废水、发酵工业废水、屠宰及肉类加工废水、制革工业废水、制浆造纸工业废水、石油化工废水、精细化工废水、中药加工废水、重金属工业废水、煤气化废水、医院污水和垃圾渗滤液。本书基于对各种废水的来源、水量与水质特征分析,着重介绍了各种废水处理工艺技术现状,并列举了大量工程实例。本书以不同种类的废水单独成章,每章内容详尽、系统全面,各章之间相互独立、自成体系,既体现了国内外最新研究成果,又展现了工程应用现状及应用前景,具有较强的针对性和实用性。

本书可作为高等学校给水排水和环境工程等专业的教学用书,也可供从事废水处理和环境保护的研究、设计与运行管理人员以及其他与环境科学、环境工程有关的专业技术人员参考使用。

**图书在版编目(CIP)数据**

特种废水处理技术/赵庆良,李伟光主编. —3 版
. —哈尔滨:哈尔滨工业大学出版社,2023.2
ISBN 978-7-5603-9299-8

Ⅰ.①特…  Ⅱ.①赵…  ②李…  Ⅲ.废水处理-高等学校-教材  Ⅳ.X703.1

中国版本图书馆 CIP 数据核字(2020)第 271413 号

策划编辑  贾学斌
责任编辑  张 荣  王 爽
封面设计  卞秉利
出版发行  哈尔滨工业大学出版社
社　　址  哈尔滨市南岗区复华四道街 10 号  邮编150006
传　　真  0451-86414749
网　　址  http://hitpress.hit.edu.cn
印　　刷  哈尔滨市石桥印务有限公司
开　　本  787 mm×1 092 mm  1/16  印张 22  字数 522 千字
版　　次  2004 年 1 月第 1 版  2023 年 2 月第 3 版
　　　　　2023 年 2 月第 1 次印刷
书　　号  ISBN 978-7-5603-9299-8
定　　价  58.00 元

# 第3版前言

为了训练、培养与提升给排水科学与工程、环境工程、环境科学等专业本科生的分析与解决实际问题的能力,使其做到能够根据废水的水量、水质特性提出适宜的处理工艺流程和确定相关参数,增长实践知识,我们于2001编写了"特种废水处理技术"的校内讲义,经过校内两届学生使用后反映良好,于2004年正式作为教材出版,2008年再版使用至今,已发行16 000册。本书问世后,供本校给排水科学与工程、环境工程、环境科学等专业本科生使用,并被多所院校相关专业选做教材,历经了近20年的多所高等学校的本科教学实践检验,受到了兄弟院校师生的厚爱,也得到了社会同行朋友的青睐。

《特种废水处理技术》始终坚持"立德树人"的根本理念,遵循全面性、系统性、科学性、严谨性、先进性、实用性、规范性及可读性的原则,遵循国家最新的水污染防治政策、法规与标准,面向给排水科学与工程、环境工程、环境科学等专业的发展需求、专业应用背景及技术发展前景,以实现持续打造行业经典教材,精准为党育人、为国育才,更好地服务于生态文明建设。采用本书内容进行教学,可体现厚基础、强实践、严过程、求创新的人才培养特色。随着我国生态文明建设的推进、制造强国战略的实施、污染减排的持续,各行业污染物排放标准相继出台、更新,需结合新的污染物排放标准、当前污染减排重点,对本书进行修订,以适应新时期特种废水处理的发展需求。

《特种废水处理技术》(第3版)结合新时代国家重大战略需求,基于生态文明建设、污染防治攻坚战这一大背景,以服务绿色制造、乡村振兴、疫病防控和美丽中国建设为目标,对相关行业废水的水量水质、处理技术和工程案例进行了系统化编写或修编。本书在上一版10类特种废水处理章节内容的基础上,新增了畜禽养殖废水、农副食品加工废水和中药加工废水处理等3章内容,涵盖了《国民经济行业分类》(GB/T 4754-2022)农、林、牧、渔业(A03),采矿业(B09),制造业(C13-15、C19、C22、C25-27、C33-35),电力、燃气和水的生产和供应业(D45-46),水利、环境和公共设施管理业(N80),卫生、社会保证和社会福利业(Q85)6大行业的13种典型废水。这些废水有的呈现污染物复杂、危害性大,有的是对面源污染贡献显著;还有的含有大量病原微生物,具有疫病传播的可能性;再有就是处理难度大。具体来讲,废水来源包括畜禽养殖废水、农副食品加工废水、发酵工业废水、屠宰及肉类加工废水、制革工业废水、制浆造纸工业废水、石油化工废水、精细化工废水、中药加工废水、重金属工业废水、煤气化废水、医院污水和垃圾渗滤液。这些废水区别于一般城市污水，呈现出特殊的物理、化学或生物学特性。废水特性不同，所采用的废水处理工艺也就不同。

本书旨在基于作者和国内外研究者从事各有关废水处理研究的大量成果与切身体会，全面、系统和深入地阐述有关各种废水的产生过程、水量和水质特性、排放标准、技术规范、处理工艺和工程实践经验。教材内容与实际工程紧密结合，各章相互独立、自成体系、内容详尽、结构严谨、系统全面，具有较强的针对性和实用性，便于学生自学、掌握与运用所学知识开展创新研究。

本书编写人员分工：第1、2、3、5、6、10、13章由赵庆良和姜珺秋编写；第4章由李伟光、王广智和赵庆良编写；第7、8、11章由李伟光和王广智编写；第9章由李伟光编写；第12章由赵庆良、姜珺秋和李伟光编写。全书由姜珺秋统稿，赵庆良定稿。

本书可作为高等学校给排水科学与工程、环境工程、环境科学等专业教学用书，训练相关专业学生能够使其基于相关知识合理分析废水的水量与水质特征，并提出相应的处理工艺方案。在学生的专业知识培养与技能训练中，具有很强的工程实践性，可为学生今后从事特种废水处理的科研、工程设计及运行管理等打下坚实的基础。本书也可供从事废水处理和环境保护的研究、设计与运行管理人员以及其他与环境科学、环境工程有关的专业技术人员参考使用。

由于编者水平有限，经验不足，书中疏漏及不妥之处在所难免，热忱欢迎广大师生、社会同行和热心读者批评指正。

编　者
2022年12月

# 目　　录

# 第1章 畜禽养殖废水处理

畜禽养殖业是农业经济乃至国民经济发展的重要组成部分。随着我国畜禽养殖业集约化、规模化、标准化、产业化与区域化的快速发展,畜禽养殖废弃物(主要包括畜禽粪便、养殖废水、病死物尸体和养殖过程中的废饲料等)所带来的环境问题越发突出,其中又以畜禽粪污(粪便和废水总称)、畜禽养殖废水带来的污染问题最为严峻。畜禽养殖废水主要由粪便尿液、饲料残渣、夹杂粪便以及圈舍冲洗水所组成,而其中畜禽圈舍冲洗水以及粪便尿液占了绝大部分。在未经处理的畜禽养殖废水中,含有大量的有机污染物、氮和磷等营养物质,还含有病原微生物,污染负荷较高。如果畜禽养殖废水未经妥善处理就直接排放,势必对周边地表水、地下水、土壤及大气环境造成严重污染,甚至严重威胁人类的身心健康。目前,国内已经建成了一些畜禽污染治理设施,但由于尚存在工艺设计考虑不周、技术参数选取不当以及运行管理经验不足等方面的问题,致使一些畜禽养殖废水处理工程的污染物去除效果并不理想,甚至有些工程根本无法正常运转。因此,如何确定工艺可靠、污染物去除高效、运行稳定的畜禽养殖废水处理工艺,乃是保证畜禽养殖业良性发展、解决畜禽养殖废水污染的当务之急。

## 1.1 畜禽养殖废水的来源及水量

### 1.1.1 畜禽养殖废水的来源

畜禽养殖废水通常主要由畜禽尿液和各类冲洗水(主要有圈舍冲粪水、饮槽冲洗水、地面清洁水、设备和设施清洁水等)所组成,此外还含有工人在生活生产过程中产生的废水。畜禽养殖废水的来源与所养殖的畜禽种类、品种、性别、生长期、饲料和气候条件等诸多因素有关,各畜禽养殖场的生产方式和管理水平不同,其废水排放量也存在较大的差异。例如,肉牛场比奶牛场的废水产生量少,养鸡场比养猪场的废水产生量少,鸡场采用乳头式饮水器比采用水槽自流饮水式的废水产生量少。不同方式的清粪工艺对废水排放量也有很大影响,如采用干清粪方式的养殖场废水总量最少,废水中污染物浓度最低,废水中 COD 浓度可低一个数量级,其他污染指标也通常会相差 3~6 倍。

### 1.1.2 畜禽粪便的清除工艺及产水量

在畜禽的养殖作业中,畜禽粪便的清除工艺通常包括干清粪、水冲粪和水泡粪三类。清粪工艺不同,其所产生的废水量也不同,表 1.1 列举了不同清粪工艺的养猪场废水水量及其水质。

表 1.1 不同清粪工艺的养猪场废水水量及其水质

| 项目 | | 水冲粪 | 水泡粪 | 干清粪 |
|---|---|---|---|---|
| 水量/[(L·d⁻¹)⁻¹平均每头] | | 35~40 | 20~25 | 10~15 |
| 水质指标/(mg·L⁻¹) | BOD₅ | 7 700~8 800 | 1 230~15 300 | 3 960~5 940 |
| | COD | 1 700~19 500 | 2 720~31 000 | 8 790~13 200 |
| | SS | 1 030~11 700 | 164~20 500 | 3 790~5 680 |

注:① 水冲粪和水泡粪的污水水质按每日每头猪排放 COD 量为 448 g、BOD₅ 量为 200 g、悬浮固体为 700 g 计算得出。

② 干清粪的 3 组数据为 3 个养猪场的实测结果。

**1. 干清粪工艺**

干清粪工艺是粪便一经产生便分流,干粪由机械或人工收集、清扫、集中和运走,而尿及废水则从下水道流出,分别进行处理。这种工艺固态粪污含水量低,粪中营养成分损失小,肥料价值高,便于高温堆肥或采用其他方式的处理利用。产生的废水量少,废水中的污染物含量低,易于净化处理,是目前比较理想的清粪工艺。干清粪工艺可采用人工清粪,也可采用机械清粪。

人工清粪只需用一些清扫工具和人工清粪车等。人工清粪的优点是设备简单,不用电力,一次性投资少,还可以做到粪尿分离,便于后面的粪尿处理;缺点是劳动强度大,生产率低。

机械清粪包括铲式清粪和刮板清粪。机械清粪的优点是可以减轻劳动强度,节约劳动力,提高工效;缺点是一次性投资较大,需要一定的运行维护费用。我国目前生产的清粪机在使用可靠性方面还存在一定欠缺,故障发生率较高,发生故障后因部件上沾满粪便致使维修困难。此外,清粪机工作时噪声较大,不利于动物生长。

**2. 水冲粪工艺**

水冲粪工艺是 20 世纪 80 年代引进的国外养猪清粪模式。该工艺允许粪尿废水混合进入缝隙地板下的粪沟,再每天数次由沟端的自来水放水进行冲洗。当冲洗水由喷头以很大的速度喷射时,积存在粪沟内的粪尿在高压水的冲击作用下,顺粪沟流入横向粪便干沟,然后自流进入地下贮粪池或用泵抽吸到地面贮粪池。水冲粪工艺的优点是劳动强度小,效率高,适于在劳动力缺乏且费用较高的地区采用;缺点是耗水量大,污染物浓度较高。

**3. 水泡粪工艺**

水泡粪工艺是在水冲粪工艺的基础上改造而来的,是在猪舍内的排粪沟中注入一定量的水,粪尿、冲洗水和饲养管理用水一并排入缝隙地板下的粪沟中,贮存一定时间后(一般为 1~2 个月),待粪沟装满后开启出口的闸门,将沟中粪水排出。水泡粪工艺虽然较水冲粪工艺节省了水,但是由于粪便长时间在粪沟中停留,形成厌氧发酵,产生大量的硫化氢和甲烷等有害气体,恶化舍内空气环境,危及动物和饲养人员的健康;粪水混合物的污染物浓度更高,后续处理也更加困难。

### 1.1.3　畜禽养殖废水排水量

畜禽养殖废水的排水量随畜禽种类、养殖方式、季节条件和清粪工艺等不同而发生变化。表 1.2 给出了集约化养殖业采用水冲粪、干清粪工艺时的最高允许排水量。根据养殖场的畜禽种类、养殖规模,再结合表 1.2 的数据,即可估算该养殖场的待处理废水量。

**表 1.2　集约化养殖业采用水冲粪、干清粪工艺时的最高允许排水量**

| 种类 | 猪[m³/(百头·d)] | | 鸡[m³/(千只·d)] | | 牛[m³/(百头·d)] | |
| --- | --- | --- | --- | --- | --- | --- |
| 季节 | 冬季 | 夏季 | 冬季 | 夏季 | 冬季 | 夏季 |
| 水冲粪工艺标准 | 2.5 | 3.5 | 0.8 | 1.2 | 20 | 30 |
| 干清粪工艺标准 | 1.2 | 1.8 | 0.5 | 0.7 | 17 | 20 |

注:①废水最高允许排放量的单位中,百头、千只均指存栏数。

②春、秋季废水最高允许排放量按冬、夏两季的平均值计算。

## 1.2　畜禽养殖废水的水质特征

畜禽养殖废水是一种典型的高浓度有机废水,其 COD、$BOD_5$、$NH_4^+-N$ 和 SS 含量①都很高,水量大且冬季温度较低;废水中固液混杂,有机物含量较高,固形物体积较小,较难分离。有关资料表明,养猪场排放的废水中 COD 高达 3 000 ~ 12 000 mg/L,$BOD_5$ 高达 2 000 ~ 8 000 mg/L,$NH_4^+-N$ 高达 800 ~ 1 000 mg/L,且 SS 浓度更是数十倍于排放标准值。

养猪场和养牛场的废水污染指标见表 1.3。各类畜禽养殖场采用水冲粪和干清粪时,各污染指标的强度见表 1.4。

畜禽养殖场(特别是大中型养猪场)废水的水质特征如下:

①由于大多数养猪场都是采用缝隙地板式栏舍,水冲式清粪,因而排水量较大;

②因冲洗栏舍的时间相对集中,故水量冲击负荷很大;

③粪便和废水产生量大且集中,而农业生产却呈季节性,因而周围农田无法全部消纳;

④废水固液混杂,有机质浓度较高,黏稠度较大,因而处理难度增加。

基于养殖废水的特征,加之养猪业属微利行业,受自然与市场双重风险的影响,业主一般不情愿投入很多资金用于废水处理,也难以承受过高的废水处理运行费用。

---

①　本书提到的含量,单位为 mg/L 或 mg/m³ 时,均指质量浓度;若单位为%,均指质量分数。若有特殊说法会在正文中注明。

表1.3 养猪场和养牛场的废水污染指标

| 污水类别 | pH | COD /(mg·L$^{-1}$) | BOD$_5$ /(mg·L$^{-1}$) | SS /(mg·L$^{-1}$) | NH$_4^+$-N /(mg·L$^{-1}$) | 细菌总数 /(个·L$^{-1}$) | 寄生虫卵 /(个·L$^{-1}$) |
|---|---|---|---|---|---|---|---|
| 猪场 | 7.5~8.1 | 5 000~10 000 | 2 000~6 000 | 5 000~12 000 | 1 000~600 | 10$^5$~10$^7$ | 5~7 |
| 牛场 | 7.2 | 6 000~25 000 | 3 000~8 000 | 19 000~60 000 | 300~1 400 | 10$^7$ | 10~20 |
| 生活污水 | 8.1 | 320.1 | 67.7 | 211.8 | — | 1.6×10$^6$ | — |

表1.4 各类畜禽养殖场采用水冲粪和干清粪时废水中污染物浓度和 pH

| 养殖种类 | 清粪方式 | COD /(mg·L$^{-1}$) | NH$_4^+$-N /(mg·L$^{-1}$) | TN /(mg·L$^{-1}$) | TP /(mg·L$^{-1}$) | pH |
|---|---|---|---|---|---|---|
| 猪 | 水冲粪 | 15 600~46 800 (21 600) | 127~1 780 (590) | 141~1 970 (805) | 32.1~293 (127) | 6.30~7.50 |
| | 干清粪 | 2 510~2 770 (2 640) | 234~228 (261) | 317~423 (370) | 34.7~52.4 (43.5) | |
| 肉牛 | 干清粪 | 887 | 22.1 | 41.1 | 5.33 | |
| 奶牛 | 干清粪 | 918~1 050 (983) | 41.6~60.4 (51) | 57.4~78.2 (67.8) | 16.3~20.4 (18.6) | 7.10~7.51 |
| 蛋鸡 | 水冲粪 | 2 740~10 500 (6 060) | 70.0~601 (261) | 97.5~748 (342) | 13.2~59.4 (34.1) | 6.53~8.49 |
| 鸭 | 干清粪 | 27 | 1.85 | 4.70 | 0.139 | 7.39 |

注:各数据范围下括号内数值为平均值。

# 1.3 畜禽养殖废水的危害及污染物排放标准

## 1.3.1 畜禽养殖废水的危害

畜禽养殖场(尤其是规模化畜禽养殖场)废水排放量较大且集中,还具有高 COD、高 NH$_4^+$-N 和高 SS 的特点。畜禽养殖废水如不经妥善处理就直接排放于环境或回田于农用,将会对其周边水体与大气或土壤环境造成严重污染,甚至带来传染病蔓延的风险。

**1. 水环境污染**

畜禽养殖废水的地表径流是造成地表水、地下水及农田污染的污染源之一。畜禽养殖废水中所含氮、磷及 BOD$_5$ 等污染物溶淋性很大,如不经妥善处理,就会通过地表径流和土壤渗滤进入地表水体、地下水层或在土壤中积累,导致水体严重污染,土地丧失生产能力。

有一项调查表明,养殖场(主要是养猪场)废水曾经是太湖流域最大的氮、磷及有机污染源,也是太湖富营养化的罪魁祸首。有些养殖场违规建设在城市主要河道、水库或地下水源地附近,是造成这些水体污染的主要原因。总之,畜禽养殖业废水的污染问题已不仅是局部的环境污染问题,而是一个影响大流域环境的问题。

**2. 大气环境污染**

畜禽养殖废水若不经处理直接排放,废水中的污染物在微生物作用下会产生氨、$H_2S$ 等臭气,往往造成周边空气恶臭,蚊蝇孳生,严重影响周边大气环境质量和附近居民的生活环境。

目前,气温逐渐变暖已成为国际社会十分关注的一个全球性环境问题,而畜禽养殖业的快速发展也是全球变暖的重要因素之一。甲烷是导致气温升高的主要气体之一,其增温贡献率大约为 15%,而在这 15% 的增温贡献中,来自于农田土壤活动、农作物秸秆处置及畜禽养殖业三个方面的贡献率就达 70%。有关研究表明,畜禽养殖业对甲烷气体的排放量贡献最大。

**3. 传染病蔓延风险**

畜禽养殖废水若未经妥善处理直接排放,将对场区周边水体、饲料和空气造成较大污染,最终会导致一些传染病和某些寄生疾病的蔓延和发展,影响到畜禽的生产水平,甚至危害人类的身体健康。

根据世界卫生组织和联合国粮农组织有关资料,目前已有 200 种"人畜共患传染病",即指那些由共同病原体引起的人和脊椎动物之间相互传染和感染的疾病,其中严重的至少有 89 种,可由猪传染的约 25 种(如近年爆发的猪链球菌病等)。由于这些人畜共患传染病的传播载体主要是动物的排泄物,因此在发展畜禽养殖业的同时,必须妥善处理好养殖场的粪尿废水,大力控制畜禽养殖业生产中的环境污染。

## 1.3.2　畜禽养殖废水排放标准

为有效控制畜禽养殖业产生的废水、废渣和恶臭对环境造成的污染,国家环境保护总局(现生态环境部)于 2001 年发布了《畜禽养殖业污染物排放标准》(GB 18596—2001)。该标准自 2003 年 1 月 1 日开始实施,为各地环保部门在有效控制养殖业排污问题上提供了有力依据。此标准适用于集约化、规模化的畜禽养殖场和养殖区,不适用于畜禽散养户。根据养殖规模,分阶段逐步控制。鼓励种养结合和生态养殖,逐步实现全国养殖业的合理布局。

根据畜禽养殖业污染物排放的特点,此标准规定的污染物控制项目包括生化指标、卫生学指标和感观指标等。为推动畜禽养殖业污染物的减量化、无害化和资源化,此标准规定了废水、恶臭排放标准和废渣无害化环境标准。

畜禽养殖业废水不得排入敏感水域和有特殊功能的水域,排放去向应符合国家和地方的有关规定。标准适用规模范围内的畜禽养殖业的水污染物排放,其最高允许日均排放浓度执行表 1.5 的规定。这一标准旨在鼓励生态养殖,推动畜禽养殖业可持续健康发展;促进畜禽场在废弃物处理过程中考虑资源化利用,减少末端污染物处理量。

表 1.5 集约化畜禽养殖业的水污染物最高允许日均排放浓度①

| 控制项目 | BOD$_5$ /(mg·L$^{-1}$) | COD /(mg·L$^{-1}$) | SS /(mg·L$^{-1}$) | NH$_4^+$–N /(mg·L$^{-1}$) | TP(以 P 计) /(mg·L$^{-1}$) | 类大肠菌群数 (个/100 mL) | 蛔虫卵 (个/L) |
|---|---|---|---|---|---|---|---|
| 标准值 | 150 | 400 | 200 | 80 | 8.0 | 1 000 | 2.0 |

# 1.4 畜禽养殖废水处理技术

随着规模化与集约化畜禽养殖模式的兴起,养殖场排放的各类废弃物与废水业已成为不容忽视的环境问题。我国畜禽养殖业的废水产生量大、处理率低,而禽畜养殖业又属于低利润产业,其污染防治工作不能简单地走工业污染防治路线,而应该是以"资源化、减量化、无害化、生态化、廉价化、产业化"为基本原则,建立合理有效的污染防治体系,逐步减少养殖场对周边土壤、水体及大气的污染。我国于 2003 年开始实施的《禽畜养殖业污染物排放标准》(GB 18596—2001),要求畜禽养殖业排放的污染物必须采用还田或其他措施综合处理,实现污染物的资源化利用。目前,畜禽养殖废水的处理方法主要包括粪污还田处理法、废水自然处理法和工业化处理法。

## 1.4.1 畜禽粪污的还田处理法

畜禽粪污还田做肥料是一种古老的、传统的、经济有效的粪污处理与处置方法,可以实现养分循环利用。在大多数畜禽家庭圈养地区,粪便处理均采用这种方法。粪便施于土壤中,在土壤微生物和植物的作用下,粪污中有机物质被分解转化成腐殖质和植物生长素,有机氮磷转化成无机氮磷,供植物生长使用,不但可以减少化肥的使用,还能维持并提高土壤肥力,改善土壤通透性,促进有益微生物的生长。

畜禽粪污的还田处理法适用于远离城市、土地宽广、种植和养殖结合、有足够农田消纳粪便废水的农村地区,尤其是对于 N、P 和 K 流失严重的地区,可有效提高土壤肥力。按照每公顷氮肥施用量 200 kg(以 N 素计算),年出栏量 1 万头猪的猪场废水需要 1 800 亩土地消纳。目前,欧美等发达国家大部分规模化养殖厂都采用该模式处理粪水。日本在寻求解决畜禽养殖废水的道路上研究数十年之后,最终还是确定推广还田处理与利用的综合模式。我国自 20 世纪推广综合处理的还田模式,主要是先将畜禽粪污经厌氧发酵杀灭大部分寄生虫卵和病原菌后用于施肥。

畜禽粪污的还田处理模式实施的关键,在于还田粪污是否超出了土壤的自身承载能力。如果高出了土壤自身承载力阈值一定水平,则会造成"土壤富营养化",这样会对土壤环境产生压力甚至是危害。因此,各国在采用禽畜粪便还田处理上比较谨慎,为监督和指导粪便还田处理,大多数国家都颁布和执行了各国相关的法律法规制度。我国农业部2006 年颁布的《畜禽粪便无害化处理技术规范》(NY/T 1168—2006)规定,禁止未经无害

---

① 本书中提到的浓度均指质量浓度,若有特殊说法会在正文中注明。

化处理的畜禽粪便直接还田处理,然而目前关于粪便还田污染负荷的明文规定还没有。就现有的畜禽养殖业发展水平,依靠粪污还田处理已经面临很大的制约,存在环境压力和环境风险。

畜禽粪污的还田处理模式实施的另一个关键,是需要有足够的容积来贮存暂时没有还田施用的粪污及其消化液。由于大多数集约化养殖场周围并没有足够的农田消纳其产生的畜禽粪便,因此一般需要建设占地面积较大的贮存池来长时间存放畜禽粪便,这也增加了畜禽粪便依靠还田处理的难度。如果还田处理模式不能得到合理应用,也极易造成环境污染问题。例如,过量还田时易造成重金属沉积,污染物随雨水渗入到地下水层,易滋生蚊虫传播疾病等。上海地区经过 7~8 年的畜禽粪污还田利用实践后发现,若没有足够的土地用于粪污还田,就不得不采用畜禽粪污的异地处理或与工业化处理技术联合的方式。

综上所述,虽然畜禽粪污还田处理因其投资少、能耗低、营养物质资源化等特点具有一定的实际应用价值,但也同时存在季节性影响、环境风险和隐患,此外还需要大量土地和暂时存储空间。因此,畜禽粪污不能单独依靠还田处理模式,而是必须因地制宜选择适当的处理方式,以有效解决畜禽养殖业(特别是规模化养殖场)的粪污污染问题。

### 1.4.2 畜禽养殖废水的自然处理法

自然处理法主要是运用水体与土壤中的微生物净化废水的方法,主要包括氧化塘、土地处理系统和人工湿地等,适用于具有宽广的滩涂或湿地等可作为废水处理系统的地区。

氧化塘又称稳定塘,是利用人工或天然的池塘进行废水处理的方法,主要依靠微生物、水生植物和物化(如沉淀、絮凝和氧化还原等)的综合作用来处理废水,其机理是模仿天然水体的自净过程。稳定塘工艺按照 DO 浓度和微生物分布可细分为厌氧塘、兼性塘、好氧塘和曝气塘,此外还有水生植物塘和生态塘。由于管理方便、构筑简单、投资少等优点,氧化塘常作为养殖废水的预处理过程。缺点是占地面积大、处理周期长,且易受自然条件影响。

人工湿地是由人工基质和生长在其上的水生植物、微生物组成的一个独特的土壤-植物-微生物生态系统,具有较高的生产力和较强的污染物去除效果。人工湿地通过物理、化学和生物反应,去除废水中的可沉降固体、胶体物质、$BOD_5$、N、P、重金属、难降解有机物、细菌和病毒等。当废水进入人工湿地系统后,不可溶的悬浮颗粒通过沉淀和过滤作用被截留,而可溶性的污染物被根系和基质依附的生物膜吸附、吸收与分解。人工湿地除对有机物有较高去除率外,还有很好的脱氮与除磷效果。人工湿地的脱氮途径主要包括基质吸附氨氮、植物生长吸收氮素、微生物代谢合成利用氮素、生物硝化与反硝化等;除磷途径主要是植物生长吸收、微生物代谢吸收和基质吸附截留等。

采用人工湿地处理畜禽养殖废水的关键是筛选合适的湿地植物和基质填料,因地制宜进行工艺设计。近年来,人工湿地在畜禽养殖废水处理中的应用得到较快发展,潮汐流湿地和半硝化进水湿地等改良工艺相继推出,并取得了不错的处理效果。人工湿地处理养殖废水的优点是投资少、污泥产量少、污染物去除全面等;其缺点就是其处理效能易受季节温度变化影响,占地面积较大,防渗不当有可能对地下水造成污染等。

### 1.4.3 畜禽养殖废水的工业化处理法

畜禽养殖废水产生量大、污染物浓度高、处理难度大。规模较大的畜禽养殖场，一般地处经济发达的城市近郊，因土地紧张且无足够农田来保证有效实施畜禽粪污还田处理和废水自然处理，这时需考虑采用工业化处理法。

工业化处理法主要包括厌氧处理、好氧处理以及厌氧(缺氧)-好氧组合处理法，具有占地少、适应性广、不受地理位置限制、季节温度变化影响较小等特点。由于单独的厌氧或好氧处理无法实现畜禽养殖废水处理的达标外排，大多数畜禽养殖场都采用厌氧-好氧组合处理工艺。厌氧-好氧组合处理法既克服了单独厌氧处理达不到排放要求的缺陷，又克服了好氧处理能耗大和占地面积大的不足，具有投资相对较少、运行费用低、净化效果好、能源与环境综合效益高等优点，特别适合于规模化畜禽养殖场废水的处理。

根据《畜禽养殖业污染治理工程技术规范》(HJ 497—2009)，选用粪污处理工艺时，养殖规模在存栏(以猪计)2 000头及以下的，应尽可能采用模式Ⅰ(图1.1)或模式Ⅱ(图1.2)处理工艺;存栏(以猪计)10 000头及以上的，宜采用模式Ⅲ(图1.3)处理工艺。采用模式Ⅰ或模式Ⅱ处理工艺的，养殖场应位于非环境敏感区，周围的环境容量大，远离城市，有能源需求，周边有足够土地能够消纳全部的沼液、沼渣。干清粪工艺的养殖场，不宜采用模式Ⅰ处理工艺，固体粪便宜采用好氧堆肥等技术单独进行无害化处理。

图1.1 模式Ⅰ处理工艺基本流程

模式Ⅰ处理工艺以能源利用与综合利用为主要目的，适用于当地有较大的能源需求，沼气能完全利用，同时周边有足够土地消纳沼液、沼渣，并有一倍以上的土地轮作面积，使整个养殖场(区)的畜禽排泄物在小区域范围内全部达到循环利用的情况。粪尿连同废水一同进入厌氧反应器;未采用干清粪工艺的，应严格控制冲洗用水，提高废水浓度，减少废水排放总量。

图1.2 模式Ⅱ处理工艺基本流程

模式Ⅱ处理工艺适用于能源需求不大，主要以进行污染物无害化处理、降低有机物浓度、减少沼液和沼渣消纳所需配套的土地面积为目的,且养殖场周围具有足够土地面积全部消纳低浓度沼液,并且有一定的土地轮作面积的情况。废水进入厌氧反应器之前应先进行固液(干湿)分离,然后再对固体粪渣和废水分别进行处理。

图 1.3　模式Ⅲ处理工艺基本流程

模式Ⅲ处理工艺应在能源需求不高且沼液和沼渣无法进行土地消纳、废水必须经处理后达标排放或回用的情况下采用。废水进入厌氧反应器之前应先进行固液(干湿)分离,然后再对固体粪渣和废水分别进行处理。

### 1.4.4　畜禽养殖废水处理的工程实例

**1. UASB-A/O-Fenton 组合工艺处理生猪养殖废水**

该生猪养殖场位于安徽省芜湖市,养殖场存栏规模 40 000 头,采用干清粪工艺。由于项目临近居民生活水源,根据当地环保要求,养殖过程中产生的废水需经处理后方能排放,排放标准执行《污水综合排放标准》(GB 8978—1996)一级标准。该项目为新建项目,废水水质参考同类生猪养殖废水,具体见表 1.6,根据养殖工艺估算,污水站设计规模定为 400 m³/d。

表 1.6　新建生猪养殖场废水水质及排放标准

| 指标 | COD /(mg·L⁻¹) | BOD₅ /(mg·L⁻¹) | SS /(mg·L⁻¹) | TKN /(mg·L⁻¹) | 色度/倍 | pH | TP /(mg·L⁻¹) |
|---|---|---|---|---|---|---|---|
| 进水 | ≤8 000 | ≤4 000 | ≤100 | ≤600 | ≤400 倍 | 6.0~7.5 | ≤25 |
| 标准 | ≤100 | ≤20 | ≤20 | — | — | 6.0~9.0 | ≤0.5 |

(1)工艺方案选择

根据该生猪养殖场的水质指标(表 1.6),发现该废水具有畜禽养殖废水的典型特征,即 COD 高、$NH_4^+$-N 高、SS 高的"三高"特点。养殖废水中含有大量的粪渣、饲料残渣等,从而造成废水中含有浓度较高的悬浮物。目前针对养殖废水的高 SS 主要有水力筛和固液分离机两种处理方式,根据现场情况及业主要求,该项目采用固液分离机。

养殖废水 COD 较高,一般在 8 000~10 000 mg/L 左右。该项目采用"厌氧-好氧"的综合处理方案,其中,厌氧段采用 UASB 工艺,大幅降低废水的 COD 浓度,出水经一沉池沉淀后进入后续 A/O 生化系统;好氧系统采用活性污泥法,根据一般工程经验,养殖废水经生化处理后出水一般无法达到 GB 8978—1996 一级排放标准。因此,该项目在 A/O 生化池后面设 Fenton 反应系统,进一步去除废水中的难降解 COD,同时通过混凝沉淀去除废水中的总 P。

养殖废水中高氨氮($NH_4^+$-N)的特点是养殖废水处理的主要难点之一,该项目设硝化/ 反硝化(A/O)工艺,好氧硝化系统设足够的停留时间,并采用 MBR 工艺。设置反硝化工艺能够防止 $NO_3^-$ 等离子浓度过高影响硝化效率,反硝化也能补充硝化反应所需的碱度,降低废水处理成本;采用 MBR 工艺可以维持较高的污泥浓度,MLSS 能达到 5 ~ 12 g/L,是传统生物处理的 2 ~ 5 倍,在同样的生化池容积下有更大的处理能力。此外,能使难降解有机物分解菌和硝化菌等增殖速度慢的微生物得以在反应器内繁殖富集。

(2)工艺流程

该项目所采用的工艺流程如图 1.4 所示。

图 1.4　UASB-A/O-Fenton 处理生猪养殖场废水的工艺流程

废水经格栅去除大块杂物后进入调节池。调节池废水经提升进入固液分离器,其中大部分的固体物质被截留。随后,废水自流进入预酸化池,在水解酸化菌的作用下进行预酸化,调节保证厌氧进水水质。预酸化池出水经二次提升进入 UASB 厌氧反应器,厌氧反应器设出水回流泵,保证反应器内部的上升流速,废水经过 UASB 厌氧反应器后,大部分的有机物得到去除,出水自流进入初沉池。沉淀厌氧出水携带的污泥,同时投加药剂来调节水质,并去除部分磷,为后续好氧生化处理创造条件,出水进入兼氧池。兼氧池的主要功能是为反硝化菌提供脱氮的场所,后端好氧池回流硝化液和初沉池出水在兼氧池内混合,反硝化细菌在兼氧条件下将废水中硝态氮、亚硝态氮转化成氮气,从而实现氨氮的去除。兼氧出水自流进入好氧生物池。好氧生物池采用活性污泥法,其作用主要是彻底降解废水中的各类有机物,并将氨氮转化成亚硝态氮、硝态氮,再将其回流至兼氧池进行脱氮,从而实现 COD、氨氮等污染物的减量化。废水经好氧生物系统处理后进入 MBR 反应池进行泥水分离,污泥被阻止在膜系统以外,并回流至生化系统前端,保证整个生化系统污泥浓度的一致,同时起到硝化液回流的作用,通过兼氧池反硝化细菌实现脱氮。废水经过 MBR 系统进行泥水分离,出水进入 Fenton 反应组合池,通过调整 pH、投加 Fenton 药剂和混凝剂,去除废水中残留的难降解有机物,出水流至清水池,经计量后达标排放。污泥排入污泥浓缩池。

（3）工艺特点及说明

①预处理。

预处理的目的主要是均匀水质水量，同时去除废水中的悬浮物，为后续生化反应创造合适条件，消除对后续管道、设备及工艺的不良影响。主要设施为格栅、调节池、固液分离机。其中调节池水力停留时间为 24 h，有效容积为 400 m³。

②厌氧系统。

厌氧系统是去除废水污染物的重要设施之一，该项目采用"预酸化-UASB"工艺，一方面能够更好的保证 UASB 进水水质的稳定，另一方面也能将厌氧反应过程中的酸化和产甲烷段分开，从而保证厌氧处理效率。其中预酸化池水力停留时间为 24 h，有效容积为400 m³；UASB 水力停留时间为 27 h，有效容积为 450 m³。

③A/O 组合生化系统。

A/O 组合生化系统是整个污水处理系统的核心设施，污水中的 COD 被较为彻底地降解，同时废水中的氨氮在微生物硝化作用下转化为硝态氮，并进一步转化为氮气得以去除。后续泥水分离由 MBR 代替传统的二沉池来完成，大幅度提升了 MBR 反应池的污泥浓度，并在提高生化系统的处理效率的同时大幅提升出水水质。A/O 组合池水力停留时间为 96 h，有效容积为 1 600 m³；MBR 反应池水力停留时间为 6 h，有效容积为 100 m³

④Fenton 反应系统。

通过生化系统处理后，废水中的绝大部分 COD 已被降解，但是由于养殖废水中含有少量难以生物降解的 COD，需通过物化方法去除。该项目设 Fenton 反应系统，Fenton 池水力停留时间为 18 h，有效容积为 300 m³，进一步去除废水中的难降解 COD，同时通过混凝沉淀去除废水中的 P，从而保证达标排放。

（4）运行效果

工程调试完成后，根据设计流量满负荷连续运行一个月，对运行情况进行监测验收，数据见表 1.7。结果表明，废水 COD 去除主要依靠生化系统，其中厌氧去除率在 80% 左右，A/O 去除率在 90% 左右；氨氮去除集中在 A/O 系统，去除率达到 99%；总 P 部分依靠剩余污泥去除，其余通过物化去除。出水达到《污水综合排放标准》（GB 8978—1996）一级标准。

表 1.7　系统运行结果（平均值）

| 指　　标 | 调节池 | 预酸化池 | UASB 反应器 | 初沉池 | A/O 组合池 | Fenton 反应组合池 |
|---|---|---|---|---|---|---|
| COD/(mg·L⁻¹) | 8 000 | 6 000 | 1 500 | 900 | 180 | 70 |
| 氨氮/(mg·L⁻¹) | 600 | 580 | 550 | 550 | 8.0 | 8.0 |
| 总磷/(mg·L⁻¹) | 19 | 16 | 15 | 6 | 2.5 | 0.4 |

**2. CSTR-ABR 组合工艺处理养猪废水**

安徽省位于某村的生态养殖公司占地 4.67 hm²，主要以种猪繁育和商品猪养殖为主。公司拥有猪舍 12 栋，存栏母猪近 500 头，每年为市场提供肥猪 10 000 头以上。该养猪场实行雨污分离,猪舍采用干清粪方式,废水主要来自猪舍冲洗水,日排废水约100 m³,总固体浓度(TS)为1.2%~1.5%。

(1)工艺流程及特点

根据该生态养殖有限公司现状、养殖规模,结合当地气候条件及项目设计要求,确定采用基于"CSTR-ABR"组合工艺的红泥塑料畜禽废水处理与资源化技术,工艺流程如图1.5所示。

图1.5　基于CSTR-ABR组合工艺的红泥塑料畜禽废水处理工艺流程

①前处理系统。

前处理系统包括格栅、沉砂池、集水井、固液分离机、竖流式初沉池和酸化调节池。由于采用干清粪方式,养猪场废水主要由猪尿、散落的饲料末和猪舍冲洗水所组成,悬浮固体(SS)和总固体(TS)均较高。因废水中所含固体很难被生化降解,容易造成堵塞,影响整个厌氧过程,故在废水进入厌氧处理系统之前将其分离,从而减轻后续生化处理负荷。

该工程采用的固液分离机为全自动高效固液分离机,整机为不锈钢结构,契型水切滤网配挤压装置,可实现全自动连续工作(启动、过滤、压干、中间洗网、停机时洗网),使用与维护方便。分离后的固体用于生产有机肥,有利于农作物的增产增收和生态农业的良性循环,同时又给养殖场带来了良好的经济效益;分离后的液体进行后续的厌氧发酵处理,生产沼气。

②厌氧处理系统。

养猪场废水的厌氧处理系统为卧式半地下钢砼结构,拱顶采用红泥塑料覆皮。红泥塑料覆皮气密性好,安装与拆卸容易,降低了密封层施工的难度,且进出料方便。此外,红泥塑料作为厌氧发酵池覆皮,吸热性能好,能充分吸收太阳能,提高厌氧发酵温度和有机物降解效率,产气率高,并有抗腐蚀、抗老化与抗紫外线等优点。

厌氧发酵槽采取前槽和后槽串联的设计方案,建设红泥塑料沼气池500 m³。

厌氧发酵前槽为高负荷区,采用CSTR结构,设置多池并联进水以达到较合理的容积负荷。池底部设有沼气搅拌装置,使高浓度的有机废水在这里完全混合。池顶部设有回流喷淋系统,以实现内循环搅拌及防止浮渣结壳。每级前槽末端顶部设有出水口,底部设有剩余污泥排放口和剩余污泥沉淀槽。剩余污泥沉淀槽底部设有排泥斜底和锥形排泥斗,厌氧消化过程中产生的沉渣通过剩余污泥排放口排到该沉淀槽,沉淀后经污泥泵抽至污泥干化场,以降低厌氧发酵后槽的负荷。

厌氧发酵后槽为中负荷区,采用多级串联的 ABR 结构。厌氧发酵后槽每级均设有上下折流板,底部进水、上部出水。废水经过多次的上下折流,其中的有机物与厌氧微生物充分接触,利于有机物的分解,保证较好的出水效果。

③沼气净化贮存与供气系统。

沼气净化贮存与供气系统包括沼气气水分离器、沼气脱硫装置、沼气卸压装置、贮气袋(200 m³)、沼气增压装置、沼气贮压装置、沼气阻火净化分离器和增压机房等。沼气净化采用低压脱硫和高压脱水技术,整套系统集中了低压湿式柜和干式贮气柜的优点,可广泛应用于沼气、天然气的收集、贮存和应用,能实现可调恒压供气,容易控制、方便使用,用气效果稳定。

(2)工程效益

红泥塑料畜禽废水处理与资源化工程建设,遵循了生态学和循环经济发展原理,按照"减量化、再利用、资源化"的原则,用养猪场粪污进行厌氧发酵。项目投产后年处理猪粪废水约为 $2.1 \times 10^4$ m³,年产沼气约为 $5.5 \times 10^4$ m³,沼气用于养殖场职工炊事和洗浴、仔猪舍保温等,解决了养殖场的生产生活用能问题。沼气的低位热值为 20 924 kJ/m³,标煤的热值为 29 306 kJ/kg,按沼气热利用率 55%、标煤热利用率 25% 计,年可节约 $8.6 \times 10^4$ kg 标准煤。

该工程正常年可生产有机肥 $1.5 \times 10^4$ t,按 80 元/t 的销售价计算,年有机肥销售收入为 $120 \times 10^4$ 元。废水经发酵产生的沼液,可用作果园、农田生态园灌溉用肥,不仅减少了化肥和农药的施用量,还提高了农作物产量和品质。

该工程的实施有效地处理了养殖场粪污,实现了养殖场粪污的资源化和综合利用。既减少了粪污对周围环境的污染,又改善了生态环境,同时还增加了优质可再生能源的供应。该工程为农业、能源和环境可持续循环发展提供了示范,对农村经济持续发展和社会主义新农村建设具有重要的现实意义。

**3. ABR-UASB-SBR 组合工艺处理养牛废水**

安徽某养殖场,其养殖规模为奶牛 2 000 头。在冲洗牛舍时,牛舍粪沟中的积粪连同废水一同进入发酵池,因此排放废水主要由牛粪尿、冲洗废水和生活废水组成,废水排放量为 500 m³/d。对废水水质进行检测表明,该养牛场废水中 COD、$NH_4^+$-N 和 SS 浓度较高,且含有一定量的粪大肠杆菌(表 1.8),需要对其进行处理。根据当地环保部门要求,处理后的水质应达到《畜禽养殖业污染物排放标准》(GB 18596—2001)中的排放指标。

表 1.8　某养牛场废水的原水与处理后水的水质指标

| 项目 | COD/(mg·L$^{-1}$) | BOD$_5$/(mg·L$^{-1}$) | SS/(mg·L$^{-1}$) | NH$_4^+$-N /(mg·L$^{-1}$) | 类大肠杆菌/个 |
|---|---|---|---|---|---|
| 原水 | 15 000 ~ 18 000 | 4 500 ~ 7 500 | 4 000 ~ 6 000 | 250 ~ 450 | >10⁵ |
| 处理后水 | 400 | 150 | 200 | 80 | ≤10⁴ |

（1）工艺方案与流程

根据表1.8所示废水的水质指标,确定采用"固液分离–厌氧/好氧"的主体工艺方案,具体的工艺流程如图1.6所示。

图1.6　养牛废水处理工艺流程

废水首先经格栅去除粗大颗粒的悬浮物及难溶性固体,再流入内设搅拌装置的调节池（350 m³）,以实现废水的均质均量。调节池内的废水再由潜水泵（$Q=30$ m³/h,$H=8$ m,$N=2.2$ kW）提升至固液分离机,粗纤维在此被分离出去。

经固液分离后的废水自流进入ABR池（1 000 m³）进行厌氧预处理,降解部分有机物与微细悬浮物,提高废水的可生化性。ABR池内水再通过离心泵（$Q=32.7$ m³/h,$H=19$ m,$N=4$ kW）提升至UASB池（1 250 m³）,进一步去除废水中可溶性有机物,部分灭活病原菌。UASB池的出水经中间水池（375 m³）后再进入SBR池（1 000 m³）,进一步分解有机物与脱氮除磷。废水经过上述的工艺流程处理后,出水能够满足表1.8中的排放标准。

各处理单元产生的剩余污泥先排入污泥池（300 m³）,再经板框压滤机（$A=50$ m²,$N=5.5$ kW）压滤后,形成泥饼外运,上清液回流至调节池再重新进行处理。

（2）运行效果

该养牛废水处理工程投产运行后,对原水、各主要处理单元出水的典型水质指标分别进行了分析检测,结果见表1.9。废水经过处理后,出水水质低于《畜禽养殖业污染物排放标准》（GB 18596—2001）中的限值。废水处理的成本约为2.61元/m³。

表1.9　养牛场废水处理前后水质监测结果

| 项　　目 | COD /(mg·L⁻¹) | BOD₅ /(mg·L⁻¹) | SS /(mg·L⁻¹) | NH₄⁺–N /(mg·L⁻¹) | 类大肠杆菌 /个 |
|---|---|---|---|---|---|
| 进水 | 15 490 | 4 986 | 5 250 | 286 | >10⁵ |
| 调节池出水 | 14 523 | 4 614 | 4 275 | 265 | — |
| 固液分离机出水 | 11 054 | 3 556 | 423 | 212 | — |
| ABR池出水 | 7 652 | 2 648 | 358 | 168 | — |
| UASB池出水 | 1 054 | 495 | 185 | 105 | — |
| SBR池出水 | 345 | 118 | 138 | 62 | 4 500 |
| 排放标准 | 400 | 150 | 200 | 80 | ≤10⁴ |

（3）工艺特点

在该养牛废水的处理工艺流程中，在 UASB 前增设了 ABR 预处理池，强化了厌氧处理工艺过程效果，进一步增强了系统的稳定性，降低了后续生化处理的有机负荷；在 ABR 池上半部分加装填料，防止污泥造成大量流失；在 UASB 中采用大阻力配水系统，有效减少了 UASB 中的死水区，使 UASB 中颗粒污泥的分布更为合理。

工程中对 SBR 池也做了改进，即在 SBR 池前端隔离出了一段连续曝气区，提升了 SBR 系统对难降解有机物的降解、系统抗冲击负荷的能力，提高了池容的利用率，进一步增加了整个系统的灵活性。

综上所述，养牛废水处理采用"格栅–固液分离机–调节池–ABR–UASB–SBR"工艺进行处理是可行的，处理后的水能够达到《畜禽养殖业污染物排放标准》（GB 18596—2001）要求。该工艺方案适应性强，运行效果相对稳定，出水水质良好。

# 第2章　农副食品加工废水处理

农副食品加工业是指直接以农、林、牧、渔业产品为原料进行的谷物磨制、饲料加工、植物油和制糖加工、屠宰及肉类加工、水产品加工以及蔬菜、水果和坚果等食品的加工活动，是农产品加工的延伸产业。加快发展农副产品加工业，对提高农产品附加值、增加农民收入、促进农业现代化经营和现代农业经济发展、加快经济转型，都具有十分重要的意义。近年来，我国的农副食品加工业得到了迅速发展，如淀粉加工、制糖业、乳品生产和油脂加工等，对促进国民经济增长和提高人民生活水平都起着十分重要的作用。但是，农副食品加工业不仅是用水大户，而且也是废水排放大户，其产生的废水如果不经过处理就任意排放，势必会对环境造成严重污染。农副食品加工业废水排放量大、污染物浓度高，达标排放率低，污染减排和资源化的潜力巨大。因此，从环境保护和资源利用的角度来看，选择合理的农副食品加工废水的处理方法并进行工艺设计是非常有必要的。

## 2.1　农副食品加工废水的来源及排水量

农副食品加工业废水主要来源于各类产品生产过程中的原料清洗工段、生产工段和成形工段等。由于农副食品加工企业的规模有家庭作业式的，也有集约化大型工厂式的，且产品品种繁多，其原料、工艺与产品等差别也很大，故各农副食品加工业的废水排放量相差较大，从每日几个立方米到数万立方米不等。此外，因农副食品加工业的生产随季节变化较大，存在着原料输入状况变化导致在某个时期有集中加工等情况，因而废水的排放量也随季节变化。

### 2.1.1　淀粉加工废水的来源及排水量

淀粉属于多羟基天然高分子化合物，是人类重要的食品，在工业生产中也有广泛的用途，如作为浆料、添加剂、胶黏剂及填充剂等。目前，我国淀粉产量仅次于美国居世界第二位，2020 年全国淀粉产量为 3 389 万吨，其中玉米淀粉所占比例最大（95.39%），薯类淀粉次之（3.46%），小麦及其他淀粉第三（1.15%）。国产的淀粉生产设备，仅能装备 $10 \times 10^4$ t 以下的玉米淀粉厂和 $1 \times 10^4$ t 以下的薯类淀粉厂。国内中小型淀粉厂的现状是淀粉收率较低，干物质损失率高，资源综合利用水平低，但吨产品水耗和汽耗却高出 $10 \times 10^4$ t 级淀粉厂，造成资源浪费和废水排放量大的问题。

淀粉加工采用的原料不同，如玉米或甘薯类（包括马铃薯和其他薯类）等，废水的来源和排放量也有所不同。

#### 1. 玉米淀粉加工废水来源及排水量

图 2.1 为玉米淀粉生产的典型工艺流程和废水产生源。废水主要由玉米浸泡、胚芽

分离与洗涤、纤维洗涤、蛋白分离等工段蛋白回收后的排水和玉米浸泡水资源回收时产生的蒸发冷凝水,其中浮选浓缩工段排水量最大,占总水量的 60% ~70%。目前,各大淀粉厂的排水主要集中在浮选浓缩工艺及冷凝工段,其他工段用水基本可实现闭路循环;车间使用清水的工艺也只有在淀粉洗涤工序,其他工序则都用工艺水。

随着淀粉行业技术的发展,玉米淀粉生产工艺在节水方面也有了很大的进步。20 世纪 90 年代末,吨淀粉用水量还在 6 ~15 $m^3/t$,而最近由于实施水环境保护政策,淀粉生产厂家在清洁生产方面加大了力度,吨淀粉用水可降至 3 $m^3/t$,甚至更低。但由于水循环次数增加会造成废水中污染物严重积累,不利于原有工艺的稳定运行,也对废水处理造成一定的困难,因此目前玉米淀粉生产的吨淀粉用水量为 6 $m^3/t$ 左右。

玉米淀粉生产不受季节影响,可全年生产。由于玉米淀粉生产耗水量较大,产生的废水量也较大,吨玉米的废水产生量一般为 5 ~13 $m^3/t$。

图 2.1　玉米淀粉生产的典型工艺流程与废水产生源

**2. 甘薯淀粉加工废水来源及排水量**

图 2.2 为薯类淀粉生产的典型工艺流程和废水产生源。废水主要由以下几部分组成:输送与洗净废水,即原料马铃薯通过输送沟流送到生产线的洗净过程中(有些淀粉厂还专设洗净工序彻底去除马铃薯表面的污物和砂土)产生的废水;分离废水(生产废水),即原料洗净后马铃薯磨碎形成淀粉乳液,进而使淀粉乳与渣滓分离,再进行淀粉乳精制与浓缩时产生的废水;生产设备洗刷产生的废水;淀粉渣储槽废水,即淀粉生渣滓长期积存在储槽内产生的废水。

每生产 1 t 薯类淀粉,一般需要耗水 15 ~40 $m^3$,单位产品的耗水量约是玉米淀粉的 6 ~8 倍。

图 2.2　薯类淀粉生产的典型工艺流程和废水产生源

**3. 淀粉加工废水的排水量限值**

按照《淀粉工业水污染物排放标准》(GB 25461—2010)的有关规定,以玉米和小麦、薯类为原料的新建企业(自 2010 年 10 月 1 日起)和现有企业(自 2013 年 1 月 1 日起),单位产品(淀粉)基准排水量分别不得超过 3 $m^3$/t、8 $m^3$/t。在国土开发密度较高、环境承载能力开始减弱,或水环境容量较小、生态环境脆弱,容易发生严重水环境污染问题而需要采取特别保护措施的地区,以玉米和小麦、薯类为原料的单位产品(淀粉)基准排水量分别不得超过 1 $m^3$/t、4 $m^3$/t。

## 2.1.2　制糖工业废水的来源及排水量

制糖工业是以甘蔗或甜菜等农作物作为原料、生产原糖和成品食糖及对食糖进行精加工的行业。中国制糖业分布在十多个省区,如甘蔗糖业主要分布在广西、云南、广东、海南和福建省等气温较高的区域,而甜菜糖业主要分布在新疆、黑龙江、内蒙古、吉林和河北省等气温较低的地区,生产期为每年气候寒冷的第一和第四季度,以加工冻藏原料为主,在预处理过程中糖分流失较多,比加工新鲜甜菜的制糖企业的废水污染负荷高。经过"十五"期间的结构调整,一些非优势产区逐步退出制糖行业,而优势地区的优势制糖企业得以发展壮大。制糖行业是有机污染比较严重的行业之一,与先进国家相比,中国制糖业仍存在耗水量大、废水排放量大及污染负荷高、废水处理程度低等不足。随着制糖工艺技术水平的不断提高,制糖企业的水重复利用率正不断提高,绝大部分制糖企业建设了废水处理项目。然而随着产品产量的增长,废水总量及污染物排放总量仍然很大,废水的处理程度仍有待于进一步提高。

制糖工业按所用原料不同,可以分为甘蔗制糖和甜菜制糖两大类。

**1. 甘蔗制糖废水来源及排水量**

甘蔗制糖一般包括压榨、提汁、清净、蒸发和结晶成糖等工序,其中压榨、蒸发和结晶成糖工艺路线基本相同,而提汁方法却可选择压榨法、渗出法与磨压法,清净工序也因使用不同澄清剂而选择亚硫酸法、石灰法和碳酸法等。我国的甘蔗制糖多以亚硫酸法为主(图 2.3),其工艺步骤是先将甘蔗切成小段,加压榨出甘蔗汁;接着向甘蔗汁中加入石灰乳等,防止蔗糖转化并使其澄清;然后将甘蔗汁加热,分离出清汁;最后清汁经过浓缩和结晶等,加工出成品糖。

图 2.3　亚硫酸法甘蔗制糖工艺

　　甘蔗制糖废水主要来自于压榨、澄清、湿法排滤泥、设备冷却等工序。废水排放量和废水中污染物的含量取决于生产工艺技术和管理水平。实行清洁生产前,我国甘蔗制糖企业每加工 1 t 甘蔗需水 30 m³ 以上,废水排放量少则约 10 m³/t 甘蔗,多则高达 30 m³/t 甘蔗。

**2. 甜菜制糖废水来源及排水量**

　　甜菜制糖过程一般包括甜菜流送、洗涤、切丝、渗出、清净、蒸发和煮糖等工序。首先将甜菜从甜菜窖输送到车间内(一般采用水力流送),经除草、除石和清洗后,把甜菜切成丝,送入渗出器内,逆向通入热水,从甜菜丝中提取糖和其他可溶性固体。从渗出器提取的糖汁加石灰乳处理,然后充入二氧化碳,经混合沉淀后过滤,以去除非糖物质。糖汁再用二氧化硫脱色,然后送至多效蒸发器浓缩到 65Bx 后,送至结晶罐煮糖,再经过分离与干燥,最终制成成品糖。

　　甜菜制糖通用的生产工艺为双碳酸法制糖,工艺流程如图 2.4 所示。首先是甜菜的预处理,包括甜菜流送、输送和洗涤等;接着是切丝和渗出,切丝的目的是充分将甜菜根中的糖分渗出来,而渗出(可借助渗出器)则是利用水和菜丝充分接触使甜菜细胞里面的糖分通过半渗透膜的细胞壁扩散到水中,达到提汁的目的;然后是纯化和蒸发,纯化处理旨在尽可能地除去非糖分,中和糖汁的酸度,使其成为高纯度、低瓢度、颜色清晰的糖汁,进而蒸发浓缩成规定浓度的糖浆;最后就是煮糖、助晶和分蜜,煮糖可将糖浆进一步浓缩和结晶析出蔗糖,获得中间产品糖膏,再将其中母液分出即为糖蜜,可以作为煮糖原料,包装和入库继续煮糖,分蜜后得到的晶体糖再经冷却、干燥,就可作为产品糖。

　　甜菜制糖生产的季节性很强,生产期主要在冬季,大约延续 2~3 个月。我国甜菜糖厂多处在寒冷地区,以加工冻藏原料为主,甜菜糖厂的废水主要来自制糖生产的流送洗

图 2.4　双碳酸法甜菜制糖工艺

涤、压粕过滤和冷凝冷却等工序,还来自于糖蜜制酒等综合利用生产过程。每加工 1 t 甜菜,一般需要耗水 10 ~ 18 m³。

**3. 制糖工业废水的排水量限值**

按照《制糖工业水污染物排放标准》(GB 21909—2008)的有关规定,以甘蔗、甜菜为原料的新建企业(自 2008 年 8 月 1 日起)和现有企业(自 2010 年 7 月 1 日起),单位产品(糖)基准排水量分别不得超过 51 m³/t、32 m³/t。在国土开发密度较高、环境承载能力开始减弱,或水环境容量较小、生态环境脆弱,容易发生严重水环境污染问题而需要采取特别保护措施的地区,以甘蔗、甜菜为原料的单位产品(淀粉)基准排水量分别不得超过 34 m³/t、20 m³/t。

### 2.1.3　乳品加工废水的来源及排水量

乳品工业包括乳场、乳品接收站和乳品加工厂。乳制品行业是我国改革开放以来增长最快的重要产业之一,也是推动第一、二、三产业协调发展的重要战略产业。乳制品目前逐渐成为人民生活必需食品,乳制品消费稳步提高。全国规模以上企业已超过 800 余家,大、中、小型企业产值分别占行业总产量的 20%、51% 和 29%。乳品加工行业的主要环境问题就是废水的排放,主要污染物包括 COD、$BOD_5$、TN、$NH_4^+$–N、TP 和 SS 等,易造成有机污染。

乳品加工厂主要生产奶粉、炼乳、酸奶、酪朊、冰激凌等产品,一般炼乳、奶粉和奶油等是主要产品。不同乳品生产工艺各异,各乳品加工厂的生产品种也不尽相同。液体乳品的主要加工工艺为消毒、均质、调配维生素和装瓶,如图 2.5 所示。奶粉的典型加工工艺为净化、配料、灭菌与浓缩、干燥,如图 2.6 所示。酸奶的生产工艺包括原料灭菌、接种、灌装、发酵与冷却等,如图 2.7 所示。

图 2.5　液体乳品加工工艺流程

图 2.6　奶粉生产工艺流程

图 2.7　酸奶(凝固型)生产工艺流程

乳品加工废水的主要来源为包括容器、管道输送装置在内的生产设备清洗水和器具清洗水(高浓度废水);生产车间、场地清洗和工人卫生用水(低浓度废水);杀菌和浓缩工段的冷却水和冷凝水,通常循环使用;此外就是生活用水和工人工作服清洗水(低浓度废水)。回收瓶装酸奶和巴氏杀菌乳生产过程中,会产生浓度较高的回收瓶清洗水。简而言之,乳品加工废水主要是生产工艺废水和冷却水,冷却水占总废水量的60% ~90%。

乳品加工废水的排放量取决于企业日处理原料奶量的多寡与包装工艺,差别较大。表2.1列举的是不同规模乳品加工厂的用水量和废水排放量,而表2.2给出的是不同包装工艺的吨产品废水排放量。显而易见,生产规模较大的乳品加工厂,其单位产品的耗水量和废水排放量反而比生产规模小的还少一些;消毒乳在包装工艺上如采用软包装,则废水排放量只有瓶装工艺的30% ~43% 。

**表2.1　不同规模乳品加工厂的用水量和废水排放量**

| 处理能力 | 吨产品用水量/m³ | 吨产品废水排水量/m³ | 备　　注 |
|---|---|---|---|
| $10 \sim 20/t \cdot d^{-1}$ | 6.8 | 6.5 | |
| $5 \sim 10/t \cdot d^{-1}$ | 7.1 | 6.9 | 废水排放量包括蒸汽冷凝水 |
| $5/t \cdot d^{-1}$ 以下 | 9.4 | 9.1 | |

**表2.2　不同包装工艺的吨产品废水排放量**

| 加工工艺 | 原料接收/m³ | 消毒均质/m³ | 洗瓶/m³ | 灌装/m³ | 合计/m³ |
|---|---|---|---|---|---|
| 瓶　装 | 4.6 | 0.18 | 6.4 | 0.17 | 11.35 |
| 软包装 | 4.7 | 0.17 | 0 | 0.05 | 4.92 |

## 2.1.4　油脂加工废水的来源及排水量

油脂加工主要包括大宗的植物油加工和少量的动物油加工。植物油的来源比较广泛,原料除了大豆、花生、芝麻、棉籽、菜籽、米糠、葵花籽等大宗油料以外,还有品种繁多的木本油料、热带油料及野生油料等。人们日常使用的食用油,主要是植物油和以植物油为主要原料的植物精炼油,而且精炼油的比例不断上升。

植物油加工生产工艺主要包括:原料进厂堆放和储存,油料预处理(包括清洗、剥壳去皮、破碎、软化、轧胚、蒸炒等),提取毛油(压榨法、水剂法或溶剂浸出法等)与生产饼粕,毛油精炼加工(包括副产品诸如油籽皮壳、磷脂、棉酚、油脚等综合利用)。

大豆油脂加工主要生产工艺分为预处理、浸出和水化脱胶3个工段,其工艺流程如图2.8所示。其他类油脂(如米糠油)的加工工艺一般主要包括提取工艺、精炼工艺和酸化油工艺,这里不再赘述。

植物油生产过程的废水主要来自浸出与精炼等工段。在浸出工段,原料经溶剂浸出毛油后,在毛油和饼粕中均含有相当数量的溶剂。为除去毛油和饼粕中溶剂,降低溶剂单耗,提高产品质量,工艺中采用脱溶烤粕机、蒸发器和汽提塔将毛油和饼粕中溶剂蒸出,溶剂蒸气经冷凝后,将冷凝器出来的溶剂水送入分水箱,溶剂经分离水后回收至系统循环使用。在精炼车间,由精炼工段分离出来的粗磷脂含有大量水分,在经浓缩机进行脱水浓缩后,蒸出水再经冷凝后排出废水。另外离心机需用水进行冲洗,又会产生冲洗废水。磷脂和植物油是浸出工段废水中的主要污染物。

精炼车间还会排放碱炼废水。水化油经碱炼后,用离心机将碱炼油和皂脚进行分离并用水进行冲洗,冲洗废水间断排放。水化油分离皂脚后需用水进行两次洗涤,再用离心

(a) 预处理工段

(b) 浸出工段

(c) 水化脱胶工段

图 2.8　大豆油脂加工生产工艺流程

机将油水进行分离。分离出的废水经进一步回收油后排放。

除了上面的废水来源外,还有冷却水排水。浸出车间冷却水为间接冷却水,该冷却水不与物料接触,水质未被污染,因此统一回到间接冷却水系统,经降温后循环使用。精炼车间冷却水为直接冷却水,冷却水回到直接冷却水系统经降温后循环使用,考虑到水中污染物的积累,将有一定量水排出,通常冷却水循环利用率为 70%。

# 2.2　农副食品加工废水的水量水质特征

概括来讲,农副食品加工废水主要来源于生产过程中原料的清洗工段、生产工段和成形工段,一般具有如下通性。首先是近年来从节约水资源和降低成本的角度出发推行合理用水,在有机物质不变而水量减少、有机物质增加而水量不变的情况下,都将导致废水浓度增高,亦即高浓度废水多;其次是废水中的成分多以蛋白质、脂肪、糖和淀粉等自然有机物质为主,废水中可生物降解成分多,其 $BOD_5/COD$ 比例有时高达0.84;再者是有些废水(如豆类与水产品加工等)中氮与磷含量较高;最后,废水中可能含有各种微生物,易腐败发臭。

## 2.2.1　淀粉加工废水的水量水质特征

淀粉生产的主要原料为玉米和薯类。中小型淀粉厂由于存在淀粉收率较低、干物质损失率高、资源综合利用水平低下等问题,吨产品水耗较大,废水中污染物的浓度也较高。有些综合利用能力低下的淀粉加工企业,还要排放大量的淀粉渣、薯渣及蛋白黄浆,污染负荷高(COD可达 $3 \times 10^4$ mg/L 甚至以上)。拥有国外进口 $10 \times 10^4$ t 设备的玉米淀粉企业,其干物质收率、资源消耗、淀粉质量都达到国际水平,资源综合利用水平较高,除产品带走的水份和工艺过程水外,排放的废水中一般只含有一些无机盐、矿物质和氮等成分。

在淀粉的生产加工过程中,会产生大量的高浓度酸性有机废水。若废水得不到有效处理,肆意排放,往往是一个淀粉厂造成周围排水沟(或塘)臭气熏天,对企业周边及区域环境危害极大,甚至造成严重污染。

### 1. 玉米淀粉加工废水的水量水质特征

玉米淀粉加工废水污染物浓度高,主要成分为淀粉、糖类、蛋白质和纤维素有机物质等。例如,浮选浓缩工段排水(含浸泡水)的 COD 一般在 12 000 ~ 15 000 mg/L 之间;亚硫酸浸泡液一般浓缩做玉米浆或做菲汀,其 COD 浓度为 15 000 ~ 18 000 mg/L,甚至高达 20 000 mg/L 以上。最近,由于水环境保护政策的实施,淀粉生产厂家在清洁生产方面加大了力度,由于水循环次数增加,废水中的 COD、N、P 和无机盐都有比较严重的积累,对原有工艺的稳定运行产生了许多不利因素,淀粉废水中污染物浓度相应增加,造成污染治理困难。

表2.3列举了玉米淀粉加工废水的污染物浓度和废水排放量。进一步提取废水中的淀粉、蛋白质和纤维素,开展综合利用,并提高废水的循环利用率,是减少玉米淀粉废水污染程度的有效途径。

表 2.3　玉米淀粉加工废水的污染物浓度和废水排放量

| 来源 | COD/(mg·L$^{-1}$) | BOD$_5$/(mg·L$^{-1}$) | SS/(mg·L$^{-1}$) | 废水量/(t·t$^{-1}$产品) |
|---|---|---|---|---|
| 玉米浸泡水 | 30 000 ~ 50 000 | 20 000 ~ 30 000 | — | 20 ~ 30 |
| 黄浆 | 7 000 ~ 9 000 | 4 000 ~ 6 000 | 400 ~ 800 | — |
| 皮渣 | 1 500 ~ 3 000 | 1 000 ~ 2 000 | 10 000 | 10 |
| 工艺水 | 500 ~ 1 500 | 300 ~ 1 000 | — | 20 ~ 30 |
| 综合废水排放口 | 3 000 ~ 9 000 | 1 000 ~ 5 000 | — | 40 ~ 60 |

**2. 薯类淀粉加工废水的水量水质特征**

在薯类淀粉加工废水中,输送与洗净工段流出的废水含有砂土、马铃薯破皮片以及由原料溶出的有机物,悬浮物含量多,COD 和 BOD$_5$值不高。分离废水(生产废水)水量大,其中含有大量的糖、蛋白质和树脂等水溶性物质,少量的微细纤维和淀粉,COD 和 BOD$_5$值很高。精制淀粉乳脱水工序产生的废水水质与分离废水相同。生产设备洗刷废水中,污染物浓度仍较高。淀粉渣储槽废水因长期积存在储槽内,会产生一定量的废水,虽然并不产生恶臭,但酸度较高。

薯类淀粉的生产周期一般为 3 ~ 6 个月。当原料更换成干薯片时,废水的水量水质都会发生一定程度的变化,因此薯类淀粉加工废水的水量水质全年变化较大。

表 2.4 列出了以马铃薯和甘薯为原料的薯类淀粉加工生产废水的水质特征,可见其属于高浓度有机废水范畴。

表 2.4　以甘薯类为原料生产淀粉排水水质

| 原料种类 | 污染指标 | 分离废水/(mg·L$^{-1}$) | 淀粉储槽废水/(mg·L$^{-1}$) | 输送废水/(mg·L$^{-1}$) |
|---|---|---|---|---|
| 马铃薯 | COD | 1 600 ~ 4 900 | 750 ~ 2 100 | 60 ~ 200 |
|  | BOD$_5$ | 900 ~ 3 950 | 540 ~ 950 | 30 ~ 120 |
|  | SS | 600 ~ 2 460 | 85 ~ 175 | 400 ~ 2 100 |
| 甘薯 | COD | 7 500 ~ 9 100 | 2 500 ~ 4 500 | 85 ~ 300 |
|  | BOD$_5$ | 2 000 ~ 3 000 | 1 500 ~ 2 300 | 40 ~ 100 |
|  | SS | 2 000 ~ 2 800 | 70 ~ 90 | 280 ~ 800 |

**3. 淀粉加工废水的水污染物排放限值**

淀粉加工的新建企业(自 2010 年 10 月 1 日起)和现有企业(自 2013 年 1 月 1 日起)排放废水时,均应执行《淀粉工业水污染物排放标准》(GB 25461—2010)中表 2 的有关限值。若直接排放,废水污染物排放限值为 pH = 6 ~ 9,SS = 30 mg/L,BOD$_5$ = 20 mg/L,COD = 100 mg/L, NH$_4^+$-N = 15 mg/L, TN = 30 mg/L, TP = 1 mg/L, 总氰化物(以木薯为原料) = 0.5 mg/L;若间接排放,废水污染物排放限值为 pH = 6 ~ 9, SS = 70 mg/L,BOD$_5$ = 70 mg/L,COD = 300 mg/L, NH$_4^+$-N = 35 mg/L, TN = 55 mg/L, TP = 5 mg/L, 总氰化物(以木薯为原料) = 0.5 mg/L。在国土开发密度较高、环境承载能力开始减弱,或水环境容量较

小、生态环境脆弱,容易发生严重水环境污染问题而需要采取特别保护措施的地区,企业则应执行其中表 3 的水污染物特别限值,具体限值查阅该标准。

### 2.2.2 制糖工业废水的水量水质特征

**1. 甘蔗制糖废水的水量水质特征**

按污染物浓度及污染程度,甘蔗制糖企业的废水大致可分为低、中和高浓度三种类型。

低浓度废水包括制糖车间蒸发煮糖冷凝器排出的冷凝水和设备冷却水、真空吸滤机水喷射泵用水、压榨动力汽轮机和动力车间汽轮发电机等设备排出的冷却水。低浓度废水水量较大,约占整个制糖企业废水总量的 65% ~ 75%;水质成分一般为 COD<50 mg/L (含微量糖分),SS≈30 mg/L,水温一般在 40 ~ 60 ℃之间。低浓度废水经冷却降温后,可循环使用或作其他工序用水。

中浓度废水包括澄清压榨工序的洗滤布水(亚硫酸法制糖企业),滤泥沉淀池溢出水(碳酸法制糖企业),洗罐废水及锅炉湿法排灰、水膜除尘废水等。中浓度废水排放量较少,约占制糖企业总排水量的 20% ~ 30%;废水中含糖、悬浮物和少量机油,COD 和 SS 在几百 ~ 几千毫克/升之间。

高浓度废水主要指碳酸法制糖企业湿法冲滤泥废水(碳酸法排放滤泥量大,除少部分企业采用滤泥干排工艺外,大部分采用湿法排泥),COD 和 SS 高达几万毫克/升,废水水量约占总排水量的 5%左右。

我国甘蔗制糖废水的水质指标见表 2.5。

**表 2.5　甘蔗制糖废水的水质指标**

| 水质指标 | 废水种类 | | |
| --- | --- | --- | --- |
| | 低浓度废水 | 中浓度废水 | 高浓度废水 |
| pH | 6.6 ~ 7.5 | 5.5 ~ 8.6 | 4.0 ~ 6.0 |
| COD/(mg·L$^{-1}$) | 20 ~ 70 | 1 500 ~ 4 200 | 2 700 ~ 35 000 |
| BOD$_5$/(mg·L$^{-1}$) | 10 ~ 45 | 600 ~ 1 800 | 1 400 ~ 1 300 |
| SS/(mg·L$^{-1}$) | 10 ~ 40 | 300 ~ 1 500 | 380 ~ 5 500 |

**2. 甜菜制糖废水的水量水质特征**

按污染物浓度及污染程度,甜菜制糖废水一般也可分为低浓度、中浓度和高浓度三种类型。

低浓度废水主要指甜菜制糖生产中蒸发罐、结晶罐等的冷凝水和动力车间、汽轮发电机等设备的冷却水。这部分废水水量约占总废水量的 30% ~ 50%;只受到轻微污染,除温度较高外,水质基本无变化,COD < 60 mg/L(冷凝水中含有少量氨和糖分),SS<100 mg/L。

中浓度废水主要指甜菜流送、洗涤废水及锅炉排灰水。这部分废水约占总废水量的 40% ~ 50%;含有较多的悬浮物和溶解性有机物,COD 在 2 000 ~ 4 000 mg/L,SS 在 500 ~ 2 000 mg/L 之间。

高浓度废水包括甜菜流送水泥浆、压粕水、洗滤布水和冲滤泥水等。这部分废水约占总废水量的10%;含有高浓度的悬浮物和溶解性有机物,特别是压粕水,COD 的质量浓度往往大于 5 000 mg/L。

甜菜制糖废水的典型水质指标见表2.6。

表 2.6　甜菜制糖废水的典型水质指标

| 水质指标 | 废水种类 | | |
| --- | --- | --- | --- |
| | 低浓度废水 | 中浓度废水 | 高浓度废水 |
| pH | 6.8 ~ 7.2 | 6.6 ~ 8.5 | 5.5 ~ 10.5 |
| COD/(mg·L$^{-1}$) | 20 ~ 60 | 2 600 ~ 4 500 | 5 800 ~ 27 000 |
| BOD$_5$/(mg·L$^{-1}$) | 10 ~ 35 | 1 200 ~ 2 100 | 3 000 ~ 11 000 |
| SS/(mg·L$^{-1}$) | 40 ~ 100 | 500 ~ 3 200 | 550 ~ 3 500 |

**3. 制糖工业废水的水污染物排放限值**

制糖加工的新建企业(自2008年8月1日起)和现有企业(自2010年7月1日起)排放废水时,均应执行《制糖工业水污染物排放标准》(GB 21909—2008)中表2的有关限值。无论是采用甘蔗制糖,还是采用甜菜制糖,废水污染物排放限值为 pH = 6 ~ 9,SS = 70 mg/L,BOD$_5$ = 20 mg/L,COD = 100 mg/L,NH$_4^+$–N = 10 mg/L,TN = 15 mg/L,TP = 0.5 mg/L。在国土开发密度较高、环境承载能力开始减弱,或水环境容量较小、生态环境脆弱,容易发生严重水环境污染问题而需要采取特别保护措施的地区,企业则应执行其中表3的水污染物特别限值,具体限值查阅该标准。

## 2.2.3　乳品加工废水的水量水质特征

乳品加工废水的排放量取决于企业规模与包装工艺(参见表2.1和表2.2)。此外,乳制品产品种类、生产计划变更、清洁生产水平高低、就地清洗(CIP)清洗水排放方式、生产故障等因素,都会导致乳品加工废水产生量和污染物浓度发生波动。

乳制品生产的最主要污染物来源是原料乳损失。原料乳中含有乳蛋白、乳脂、乳糖类等有机物质,还有磷酸盐等无机成分。以液态乳生产为例,如加工过程损失3%原料乳,原料乳带进废水中的 TN 和 TP 量分别以 7 000 mg/L 和 900 mg/L 记,则每生产1 t 液态乳分别产生 TN 210 g 和 TP 27 g;每 1 t 液态乳产生 4 t 废水,仅考虑原料损失一项,废水 TN 和 TP 就分别高达 52.2 mg/L 和 6.75 mg/L。

除了原料乳损失之外,外源性污染物还来源于辅料和清洗剂损失,其中含磷洗涤剂的使用直接影响废水中的总磷产生量,这一般可通过使用无磷洗涤剂加以避免。乳制品生产过程使用洗涤剂的环节有设备器具清洗、工作服清洗、生产工人沐浴及洗手等。

乳制品生产车间排出废水的主要污染指标及其浓度见表2.7。若在实际生产过程中偶发异常情况,COD 平均浓度也会高达 4 000 mg/L 左右。

乳制品产生废水的主要特征是可生化性能好,生产过程中污染物产生浓度波动较大,废水中污染物浓度与产品结构和产品品种及其数量密切相关,废水中 TN 和 TP 的含量相对较高。

**表 2.7 乳制品生产车间排出废水的主要污染指标及其浓度**

| 产品 | COD /(mg·L⁻¹) | BOD₅ /(mg·L⁻¹) | 总氮 /(mg·L⁻¹) | 总磷 /(mg·L⁻¹) | 氨氮 /(mg·L⁻¹) | 悬浮物 /(mg·L⁻¹) | pH | 废水量 /(t·t⁻¹产品) |
|---|---|---|---|---|---|---|---|---|
| 液体乳 | | | | | | | | 3~8.5 |
| 酸乳 | 800~3 000 | 500~1 500 | 30~200 | 6~35 | 10~150 | 100~1 000 | 4~13 | 5~12.5 |
| 炼乳 | | | | | | | | 9~13.5 |
| 乳粉 | 600~1 500 | 300~800 | 15~150 | 6~20 | 10~60 | | | 15~45 |

　　乳品加工废水的水污染物排放,应符合《污水综合排放标准》(GB 8978—1996)规定的限值。

## 2.2.4　油脂加工废水的水量水质特征

　　油脂加工的精炼工艺不同,如采用物理精炼或化学精炼,其产生的污染物浓度也不相同。物理精炼是利用同温条件下的蒸气压进行分离,具有工艺简单、原辅料省、经济效果好、避免中性油化的特点,产生的废水中污染物的浓度较低。与物理精炼相比,化学精炼工艺中产生的废水中污染物浓度较高,但其副产品的经济价值较高。表 2.8 列举了两种精炼工艺的污染物排放量。

**表 2.8　物理精炼和化学精炼排污量比较**

| 精炼方式 | 吨油排水量/(m³·t⁻¹) | COD/(kg·t⁻¹) | BOD₅/(kg·t⁻¹) | 油/(kg·t⁻¹) |
|---|---|---|---|---|
| 物理精炼 | 0.48 | 0.85 | 0.41 | — |
| 化学精炼 | 0.72 | 4.17 | 1.36 | — |
| 物理精炼(事故) | 0.11 | 25~30 | 17~20 | 6~7 |
| 化学精炼(事故) | 0.32 | 61~81 | 30~40 | 15~20 |

　　油脂加工废水是一种含油量高的高浓度有机废水。食用油提取和精炼的废水主要来源于清洗工序,而清洗水中的污染物含量随压榨或精炼工艺的操作而变化。食用油脂工业废水的水质指标变化范围较大(特别是采用化学精炼的),含油量高(既有乳化油和溶解性油,又有磷脂与皂脚),有机物含量更高,其排放的混合废水一般含油量在 200~2 000 mg/L,COD 在 2 000~7 000 mg/L。高浓度废水主要来源于分水器、蒸水缸、碱炼、脱臭等,其中以碱炼废水浓度最高,一般 COD 可达 10 000~30 000 mg/L。生产工艺中的冷却水一般经冷却塔处理后回用。

　　油脂加工废水的另一特征是毒性物质少,可生化性好(一般 BOD₅/COD>0.5),且水中营养配比适中。对于中小型油脂加工厂,其废水排放的特性是水量与水质波动都很大,变化幅度一般在 1~3 倍左右。

　　油脂加工废水的水污染物排放,应符合《污水综合排放标准》(GB 8978—1996)规定的限值。

# 2.3  农副食品加工废水处理技术

农副食品加工行业面广,废水种类繁多,水中成分复杂,水量与水质各异,因而其处理方式也各不相同。该类废水的处理若单纯依靠某一种工艺,有时往往难以达到预期的处理效果,故通常将物理处理、化学处理和生化处理等多种工艺有机结合,其中以物化-生化处理相结合的工艺最为常见,现在已成为农副食品加工行业废水处理的主流工艺。

## 2.3.1  淀粉加工废水处理工艺

前已述及(2.1.1 和 2.2.1 节),淀粉加工采用的原料(如玉米或甘薯类等)不同,废水的来源、水量与水质特征就不同,若再考虑不同的水污染物排放标准的限值,实际废水处理所选用的处理技术就应有较强的针对性。

### 1. 淀粉加工废水处理的一般方案

玉米淀粉加工废水以生物处理法为主,一般采用"预处理-厌氧生物处理-好氧生物处理"的组合工艺。预处理主要采用沉淀,也可采用离心分离、微滤及压滤等。厌氧生物处理经常采用 UASB [负荷率在 35℃ 时为 7 ~ 9 kg COD/($m^3 \cdot$ d),25 ℃ 时为 3 ~ 4 kg COD/($m^3 \cdot$ d)]、厌氧流化床[负荷率在 35 ℃ 时为 10 ~ 12 kg COD/($m^3 \cdot$ d)]或厌氧滤池[负荷率在 35 ℃ 时为 2 ~ 4 kg COD/($m^3 \cdot$ d)]等,COD 的去除一般可达到预期的去除率(可达 80% ~ 90%)。好氧生物可选择氧化沟、A/O 或 SBR 及其变形等工艺。

甘薯淀粉加工废水一般也以生物处理法为主。然而,由于以甘薯为原料的淀粉生产存在原料不易储存、生产周期短(一般集中在寒冷冬季的 2 ~ 3 个月内)、短时间内废水排放量大和有机污染物浓度高等不利于采取生物处理法的因素,甘薯淀粉加工废水可使用的工艺包括沉淀分离法、单纯曝气法、活性污泥法或生物转盘法。

沉淀分离法一般是设置沉淀池或沉淀塘。当排入池中的甘薯淀粉发生厌氧反应时,生成的有机酸使废水的 pH 下降,处于胶体状态的蛋白质将形成絮凝体而沉淀,从而提高污染物与水分离的效果。废水在沉淀池(塘)内的停留时间为 2 ~ 7 d,每吨甘薯原料所需的沉淀池(塘)容积为 1.5 ~ 1.6 $m^3$,沉淀池(塘)的总容积为总废水量的 1/8 左右(以生产 60 d 计),污泥量约为总废水量的 1/15,在生产结束后一次清除。废水经过沉淀池(塘)的处理,SS 一般可去除 70% ~ 90%,$BOD_5$ 的去除率可达 20% ~ 30%。

单纯曝气法一般是用空气或含臭氧的空气对废水进行短时间的曝气,通过空气或臭氧氧化以及对挥发性物质的吹脱,达到相应的处理效果。表 2.9 所列数据是以甘薯为原料的淀粉加工废水,通过单纯曝气法对 $BOD_5$ 的去除效果,表明空气曝气在去除有机污染物方面效果显著。

活性污泥法或生物转盘法都可用以处理淀粉生产废水。当采用生物转盘时,推荐采用 $BOD_5$ 面积负荷为 60 mg/($m^2$ 盘面 · d),转盘角转速为 2.5 ~ 4.0 r/min,在 4 ~ 8℃ 下 $BOD_5$ 的去除率可达 50% 左右。通常,一级生物转盘很难使废水达到预期的处理效果,此时应采用二级或三级生物转盘,或采用生物转盘与其他处理工艺的组成系统。

表 2.9　甘薯淀粉生产废水单纯曝气法处理效果

| 时间/d | pH | BOD₅ 值 | | 时间/d | pH | BOD₅ 值 | |
|---|---|---|---|---|---|---|---|
| | | /(mg·L⁻¹) | 去除率/% | | | /(mg·L⁻¹) | 去除率/% |
| 0 | 6.25 | 2 796 | — | 3 | 8.98 | — | — |
| 1 | 5.73 | 1 276 | 54 | 4 | 9.15 | 152 | 95 |
| 2 | 8.90 | 515 | 81 | | | | |

**2. 厌氧-A/O 工艺-活性炭吸附工艺处理淀粉加工废水**

浙江某淀粉化工有限公司主要生产纸箱胶黏剂和小麦淀粉,在生产过程中有废水产生,由于该厂位于太湖流域,根据国务院国函〔199812 号《国务院关于太湖水污染防治"九五"计划及 2010 年规划》的批复,该废水必须经处理达标后才能排放。根据企业提供的数据,污水处理站进水水量水质为 $Q = 30$ m³/d, BOD₅ = 5 000 mg/L, pH = 4.0, SS = 2 000 mg/L, COD = 10 000 mg/L,色度为 256 倍。根据太湖流域的要求,该厂废水处理后出水必须达到《污水综合排放标准(GB 8978—1996)中的一级标准,即:COD ≤ 100 mg/L, BOD₅ ≤ 30 mg/L, SS ≤ 70 mg/L, pH = 6 ~ 9,色度 ≤ 50 倍。

(1)工艺流程

根据该淀粉化工有限公司废水的水量、水质,从 BOD₅/COD 来看,该废水属于生可化性较好的高浓度有机废水。结合该类废水的处理现状及小试结果,针对该废水的特点,确定采用以"厌氧-A/O 工艺-活性炭吸附"工艺为主体的组合工艺进行处理,具体的工艺流程如图 2.9 所示。

图 2.9　淀粉加工废水处理工艺流程

淀粉加工废水首先由厂内管道输送至格栅,去除废水中粗大的悬浮物和杂质后,废水流到调节预曝池。在预曝池中通过加碱中和调节 pH,并适量曝气,以保证废水完全均匀混合。随后废水由泵提升至初沉池,去除大部分悬浮物,之后自流至厌氧池及 A/O 池。通过厌氧菌、兼氧菌及好氧菌降解废水中的大部分有机物,好氧池出水自流至二沉池,进行泥水分离,分离后出水视水质情况,或再经活性炭吸附后计量排放,或直接经计量后排放,二沉池污泥大部分回流到 A/O 池中的 A 段,少量剩余污泥及初沉池污泥经干化后外运。

(2)工艺单元设计

格栅井。在进水渠内设两道格栅,格栅间距为 10 mm。

调节池。HRT = 6 h,平面尺寸为 5.0 m×2.0 m,有效水深为 2.5 m,总深为 3.1 m,地下钢筋混凝土结构。

初沉池。表面负荷率取 $0.8\ m^3/(m^2 \cdot h)$，HRT＝2 h，平面尺寸为 2.5 m×2.5 m，有效水深为 1.6 m，总深为 4.0 m，地上钢筋混凝土结构。

厌氧池。HRT＝3.0 d，V 有效＝90 $m^3$，有效水深为 4.0 m，总深为 4.5 m，内挂填料，地上钢筋混凝土结构。

A/O 池。HRT＝36 h，其中 A 段 8 h，O 段 28 h，平面尺寸为 5.0 m×2.6 m，有效水深为 3.5 m，总深为 4.5 m，内设填料，地上钢筋混凝土结构。

二沉池。采用竖流式沉淀池，HRT＝2.0 h，表面负荷率取 $0.8\ m^3/(m^2 \cdot h)$，平面尺寸为 2.5 m×2.5 m，有效水深为 1.6 m，总深为 4.5 m，钢筋混凝土结构。

吸附池。平面尺寸为 2.5 m×2.5 m，有效水深为 0.6 m，钢筋混凝土结构。

排水计量井。平面尺寸为 1.0 m×0.5 m，内设电磁流量计 1 台。

干化场。平面尺寸为 5.0 m×5.0 m，总深为 1.0 m，分两格交替使用，砖混结构。

综合楼。平面尺寸为 6.6 m×6.0 m，内设风机 2 台，控制柜 1 台，操作间 1 间。

（3）主要设备

淀粉加工废水处理所采用的主要设备及数量见表 2.10。

**表 2.10　主要设备及数量**

| 序号 | 名称 | 型号 | 功率/kW | 数量 | 备用 |
|---|---|---|---|---|---|
| 1 | 潜污泵/台 | WQ2-12-0.37 | 0.37 | 2 | 1 用 1 备 |
| 2 | 污泥泵/台 | AJWG | 1.5 | 2 | 1 用 1 备 |
| 3 | 风机/台 | TSB-50 | 2.2 | 2 | 1 用 1 备 |
| 4 | 活性炭/$m^3$ | — | — | 3 | — |
| 5 | 电磁流量计/只 | LD-25 | — | 1 | — |
| 6 | 填料/$m^3$ | — | — | 136 | |

（4）运行效果

该淀粉加工废水处理工程投产后，经过调试进入稳定运行状态。表 2.11 列出了各个处理单元在稳定运行期的处理效果，可见利用厌氧-A/O-活性炭吸附组合工艺处理淀粉加工废水，COD、$BOD_5$、SS 的去除率分别为 99.0%，99.3% 和 93.0%，出水水质指标均达到或优于《污水综合排放标准》（GB 8978—1996）中的一级标准要求。

**表 2.11　进出水处理效果**

| 处理单元 | COD | | | $BOD_5$ | | | SS | | |
|---|---|---|---|---|---|---|---|---|---|
| | 进水/(mg·$L^{-1}$) | 出水/(mg·$L^{-1}$) | 去除率/% | 进水/(mg·$L^{-1}$) | 出水/(mg·$L^{-1}$) | 去除率/% | 进水/(mg·$L^{-1}$) | 出水/(mg·$L^{-1}$) | 去除率/% |
| 初沉池 | 10 000 | 8 000 | 20 | 5 000 | 4 500 | 10 | 2 000 | 1 000 | 50 |
| 厌氧池 | 8 000 | 1 600 | 80 | 4 500 | 900 | 80 | 1 000 | 200 | 80 |
| A/O 池 | 1 600 | 128 | 92 | 900 | 45 | 95 | 200 | 70 | 65 |
| 吸附池 | 128 | <100 | — | 45 | <30 | — | 70 | <70 | — |

### 3. UASB-CASS-混凝组合工艺处理甘薯淀粉加工废水

广西某淀粉厂以木薯为原料生产淀粉,年产淀粉 $1.5×10^4$ t。每生产 1 t 淀粉,排放废水 15 ~ 20 $m^3$。经过前处理后黄浆水和洗木薯水、混合废水的水量与水质指标见表 2.12。混合废水的 COD 浓度为 10000 ~ 14000 mg/L,$BOD_5/COD$ 为 0.56 ~ 0.64,可生化性好。废水经处理后,水质需达到《污水综合排放标准》(GB 8978-1996)中的一级标准要求。

表 2.12 甘薯淀粉废水的污染物特性

| 项 目 | 水量 /(m³·d⁻¹) | COD /(mg·L⁻¹) | BOD₅ /(mg·L⁻¹) | SS /(mg·L⁻¹) | pH | BOD₅/COD |
|---|---|---|---|---|---|---|
| 黄浆水 | 800 | 14 000 ~ 16 000 | 7 000 ~ 9 000 | 3 000 ~ 4 000 | 3.5 ~ 4.5 | 0.50 ~ 0.56 |
| 洗木薯水 | 1 600 | 2 000 ~ 5 000 | 750 ~ 1 500 | 1 800 ~ 2 500 | 5.5 ~ 6.5 | 0.30 ~ 0.37 |
| 混合废水 | 2 400 | 10 000 ~ 14 000 | 7 000 ~ 8 000 | 3 000 ~ 4 000 | 4.5 ~ 5.5 | 0.56 ~ 0.64 |

(1)工艺流程

根据该甘薯加工淀粉厂废水的水量水质特征,确定将洗木薯水和黄浆水各自经过沉淀处理后,再统一进行 UASB-CASS-混凝处理,废水处理工程的设计水量取 2 500 $m^3/d$。处理工艺流程如图 2.10 所示。

图 2.10 甘薯淀粉加工废水处理工艺流程

洗木薯水首先经过格栅去除较大的悬浮物和漂浮物,然后进入沉砂池,出水自流至调节池。黄浆水经沉淀后(分离出的黄浆可外卖)进入调节池与洗木薯水汇合,再利用石灰调节废水 pH 为 6 ~ 7。调节池的出水自流至加热水池(蒸汽加热至 35 ℃),随后由提升泵输送至 UASB 进行有机物的厌氧降解,产生的沼气经水封罐、阻火器进入浸没式燃烧器燃烧给锅炉提供热量。UASB 出水自流经集水池后再进入 CASS 池进行生化处理。CASS 出水经中间沉淀池(因 CASS 池间歇式出水不满足后续物化工艺要求而设进行水量调节)提升泵在管道混合器中与混凝剂混合,经物化沉淀后上清液达标排放。

沉砂池、调节池、厌氧和好氧处理等单元产生的污泥,在经过浓缩后输送到污泥压滤机脱水,产生的泥饼外运。污泥浓缩池的上清液和污泥脱水系统的压滤液均排入调节池,再与废水一并进行处理。

(2)工艺单元设计

格栅 1 台,不锈钢材质,宽为 500 mm,栅条间距为 10 mm,置于格栅井内。格栅井 1 座,钢混结构,建筑尺寸为 3.0 m×0.5 m×1.2 m。栅渣可回收做饲料。

沉砂池的 HRT 为 2 h,设 1 座,分为 2 格,地埋式折流串联式钢混结构,尺寸为 6.0 m×6.0 m×4.0 m,有效水深为 3.5 m,有效容积为 130 m³。

沉淀池的 HRT 为 3 h,设 1 座,地埋钢混结构,尺寸为 6.0 m×5.0 m×4.0 m,有效水深为 3.5 m,有效容积为 105 m³。

调节池的 HRT 为 4 h,设 1 座,地埋钢混结构,尺寸为 11.0 m×11.0 m×4.0 m,有效水深为 3.5 m,有效容积为 420 m³。

加热水池的 HRT 为 1 h,设 1 座,地埋钢混结构,尺寸为 6.0 m×5.0 m×4.0 m,有效容积 105 m³,内设提升泵 2 台,流量为 100 m³/h,扬程为 20 m,功率为 11 kW。

UASB 设计负荷约为 5 kg/(m³·d),水力停留时间 3 d,设 1 座,钢质,尺寸为 24 m×20 m,有效容积为 7 680 m³,

集水池的 HRT 为 3 h(沉淀部分厌氧泥和调节水量),设 1 座,地埋钢混结构,尺寸为 9.0 m×8.5 m×4.5 m,有效水深为 4.0 m,有效容积为 306 m³,内设提升泵 2 台,流量为 110 m³/h,扬程为 10 m,功率为 7.5 kW。

CASS 反应池的污泥负荷为 0.15 kg BOD₅/(kgMLSS·d),污泥浓度为 3.5 g/L,耗氧量为 1.3 ~ 2.0 kg O₂/kg BOD₅,水力停留时间 24 h,设 2 座,半地埋式钢混结构,每座尺寸为 42.0 m×8.5 m×4.5 m,有效容积为 2 500 m³。每座 CASS 反应池安装 8 台水下射流曝气机,气量为 103 m³/h,功率为 7.5 kW。回流潜污泵的流量为 50 m³/h,功率 2.2 kW,2 台,每池 1 台。

中间沉淀池的 HRT 为 5.0 h,设 1 座,地埋式钢混结构,尺寸为 28.0 m×4.5 m×4.5 m,有效水深为 4.0 m,有效容积为 504 m³,内设提升泵 2 台,1 用 1 备,流量为 110 m³/h,功率为 7.5 kW。

物化沉淀池的 HRT 为 4 h,1 座,地埋式钢混结构,尺寸为 23.0 m×4.5 m×4.5 m,有效水深为 4.0 m,有效容积为 414 m³。

污泥浓缩池的 HRT 为 24 h,设计采用竖流式污泥浓缩池 1 座,钢混结构,尺寸为 5.0 m×5.0 m×5.5 m,有效容积为 125 m³。

污泥压滤机采用板框压滤机,设置 PAC 和 PAM 加药装置各 1 套。

(3)运行效果

该甘薯淀粉加工废水处理工程于 2008 年 10 月投入运行,经过 4 个多月的调试进入稳定运行状态,于 2009 年 2 月通过环保部门验收。该工程投入运行后的水质指标监测结果见表 2.13,可见利用 UASB-CASS-混凝的综合工艺处理该甘薯淀粉废水是有效的,COD、BOD₅ 与 SS 的去除率均在 99% 以上,出水达到了《污水综合排放标准》(GB 8978—1996)的一级排放限值要求。在废水得到处理的同时,还可回收黄浆、沼气得以资源化利用,具有良好的环境效益及社会经济效益。

表 2.13　甘薯淀粉加工废水处理工程的运行监测结果

| 项目 | UASB 反应器 | | | CASS 反应池 | | | (混凝)总排放口 | | |
|---|---|---|---|---|---|---|---|---|---|
| | 进水 /(mg·L$^{-1}$) | 出水 /(mg·L$^{-1}$) | 去除率 /% | 进水 /(mg·L$^{-1}$) | 出水 /(mg·L$^{-1}$) | 去除率 /% | 进水 /(mg·L$^{-1}$) | 出水 /(mg·L$^{-1}$) | 去除率 /% |
| COD | 12 860 | 1 618 | 87.4 | 1 200 | 150 | 87.5 | 150 | 89 | 40.6 |
| BOD$_5$ | 6 400 | 768 | 88.0 | 682 | 30 | 95.6 | 30 | 20 | 33.3 |
| SS | 3 260 | 879 | 73.0 | 650 | 150 | 76.9 | 150 | 42 | 72.0 |

### 2.3.2　制糖工业废水处理工艺

如前所述(2.1.2 和 2.2.2 节),制糖工业所用原料包括甜菜和甘蔗两大类。制糖采用的原料不同,其废水的来源、水量与水质特征就不同,加之水污染物排放标准限值的差异,在确定制糖工业废水处理工艺时应综合考虑上述因素。

**1. 制糖工业废水处理的一般方案**

(1)低浓度废水处理

对于低浓度废水,一般采用循环利用的方式,用作工艺冷凝水或设备冷却水。

低浓度废水作为工艺冷凝水,主要是用于煮糖和蒸发工序。工艺冷凝水对水质要求不高,只要水温达到要求,水中没有较大颗粒杂质即可。此类水进出冷凝器的温差约 10 ~15 ℃,排出水水温较高,需经冷却降温后才可重复利用。

低浓度废水作为设备冷却水,主要是用于汽轮发电机房的设备冷却及车间内部分设备的轴承冷却。对冷却水的水质要求通常为 SS 不超过 50 mg/L、水温低于 30 ℃,因为 SS 和水温过高会使被冷却的设备运行效率降低和易结垢堵塞。由于此类水使用前后温差较小(约 3 ~5 ℃),经使用后水温仍然较低,通常可直接作为冷凝水的补充水。

低浓度废水循环利用的流程如图 2.11 所示。在低浓度废水循环利用过程中,冷却设施为循环利用的核心。冷却设施通常有自然塘(湖)冷却、机械通风冷却塔冷却和喷水池冷却三种形式。若在降温的同时加入适量石灰、明矾之类,则有一定的净化效果。为了防

图 2.11　低浓度废水循环利用的流程

止结垢和腐蚀,可在循环水中投加阻垢缓蚀剂、杀菌剂等。

（2）中、高浓度废水的处理

中、高浓度废水主要包括锅炉湿法排灰和水膜除尘废水、甜菜流送洗涤水、压粕水和其他制糖废水。

锅炉湿法排灰和水膜除尘废水的污染物主要是 SS,通常经过沉淀处理后循环使用。尽管该废水的 COD 可能高达 1 000 ~ 2 000 mg/L,但这并不影响这类废水的循环使用。

甜菜流送洗涤水占制糖企业总排水量的 30% ~ 50%,含大量泥砂、少量糖分和其他有机物。处理方法往往是将其固液分离后(常用沉淀池),上清液进行回用,泥浆则进一步处理。例如,某甜菜制糖企业(规模 1 000 t/d)采用预沉淀池+斜板沉淀池的固液分离设施对其流送洗涤水进行处理,水的回收率可达 71.5%。

压粕水含糖分、碎粕渣和胶体等杂质,污染物浓度较高,COD 一般大于 5 000 mg/L,SS 超出 1 500 mg/L。传统的压粕水回用工艺是将压粕水经振动筛除渣后加热至 70 ~ 80 ℃灭菌,然后返回渗出器中作渗出水。因振动筛噪声大,灭菌设备投资较高,且压粕水中的皂素具有很高的表面活性,易产生大量泡沫影响对渗出器运行状况的观察。可采取如下改进措施:采用旋流除渣器代替振动筛,通过加入一定量的新鲜水使压粕水温度由 60 ℃左右降至 45 ℃左右,采用全封闭循环工艺解决泡沫的产生问题。

其他制糖废水往往排入制糖企业末端处理系统进行处理,一般采用以生化处理为主、物化处理为辅的工艺。甘蔗制糖废水进入末端处理系统时,COD 一般为 300 ~ 1 000 mg/L,通常采用活性污泥法、接触氧化法等好氧工艺,HRT 在 5 ~ 12 h 之间,二沉池表面负荷在 0.7 ~ 2.0 $m^3/(m^2 \cdot h)$ 之间;当废水中污染物浓度较高时,可在好氧工艺前增设缺氧(水解酸化)工艺,HRT 在 4 ~ 8 h 之间。甜菜制糖废水进入末端处理系统时,COD 一般在 2 500 ~ 6 000 mg/L,通常采用厌氧(如 UASB)与好氧(如活性污泥法或接触氧化法)组合工艺。相对于甘蔗制糖废水,甜菜制糖废水得到有效处理的工程实例较少。

（3）副产物综合利用

在制糖生产过程中,还会产生一定数量副产物,如糖蜜、甜菜粕或甘蔗渣等。糖蜜是制酒精、酵母及谷氨酸等的原料,甜菜粕可作为动物饲料,甘蔗渣可用来造纸。为了充分利用这些产物,通常制糖厂内还设有综合利用车间。此外,在生产过程中产生的滤泥,则可作为肥料或建筑材料。

**2. ABR-CASS 组合工艺处理甘蔗制糖废水**

广西某糖厂以甘蔗为原料制糖,生产规模为 4 000 t/d。生产废水主要包括压榨车间轴承冷却排水、制炼冷凝水、汽机间冷却水、洗地水、洗罐水、锅炉冲灰除尘水以及部分跑糖、漏糖产生的废水。除了洗地水、洗罐水、跑糖或漏糖产生的废水是间断排放以外,其他废水均是连续排放;除了跑糖或漏糖产生的废水外,其他废水均可以循环使用。废水排放总量约为 1 800 $m^3$/d,废水的 COD 为 1 800 ~ 3 500 mg/L。综合废水的 $BOD_5$/COD 为 0.48。

根据该甘蔗制糖厂废水排放量的变化,废水处理站的设计规模为 2 000 $m^3$/d,设计进水水质 COD 为 3 500 mg/L,$BOD_5$ 为 1 700 mg/L,pH 为 6.5 ~ 8.5,$NH_4^+$-N 为 30 mg/L,SS 为 500 mg/L,水温为 45 ℃。废水经处理后排入兰干河支流,需执行《制糖工业水污染物排放标准》(GB 21909—2008)中表1的甘蔗制糖排放限值要求。

(1)工艺流程

根据该甘蔗制糖厂废水的水量水质特征与排放水的去向及限值要求,确定采用以"ABR-CASS"为主体的处理方案,具体的废水处理工艺流程如图2.12所示。

甘蔗制糖废水首先经过格栅去除大颗粒悬浮物和漂浮物后,进入调节池进行水质均质均量。接着将废水提升至冷却塔降温,之后废水依靠高程差流至ABR进行水解酸化处理,提高废水可生化性。然后,废水由ABR池流至CASS池进行好氧处理,上清液由滗水器收集作为最终出水排放。

CASS池产生的污泥经泵部分回流至生物选择区,保持前端污泥浓度,其余污泥定期排入污泥浓缩池进行浓缩处理后,再由污泥泵输送至污泥脱水系统处理。

图2.12　甘蔗制糖废水处理工艺流程

(2)工艺单元设计

格栅渠1座,钢混结构,建筑尺寸为4.0 m×0.5 m×1.5 m。渠内设手动格栅1台,碳钢防腐,宽为500 mm,栅条间距为10 mm。

调节池1座,地埋式钢混结构,尺寸为15.0 m×9.0 m×4.5 m。内设提升泵2台,流量为95 m³/h,扬程为20 m,功率为7.5 kW。

ABR水解酸化池1座,半地埋式钢混结构,尺寸为18.0 m×8.0 m×5.0 m。

CASS反应池2座,半地埋式钢混结构,每座尺寸为45.0 m×9.0 m×4.5 m。每座CASS设置1台鼓风机,气量为41.6 m³/min,风压为5 m,功率为45 kW。回流采用潜污泵,流量为25 m³/h,扬程为20 m,功率为2.2 kW,2台,每池1台。排水方式采用滗水器,排水能力为400 m³/h,2台。

污泥浓缩池1座,竖流式,钢混结构,尺寸为5.5 m×5.5 m×5.5 m。配套压滤机及加药装置1套。

综合室1座,砖混结构,总面积为60 m²,用作配电房、药品储存室和鼓风机房。

(3)运行效果

该甘蔗制糖废水处理工程投入运行后,原水与处理后水样于2009年1月经过相关环保部门检测分析,结果见表2.14。出水水质达到了《制糖工业水污染物排放标准》

（GB 21909—2008）中甘蔗制糖排放限值要求。

表 2.14　甘蔗制糖废水处理前后水质指标

| 分析项目 | 入口废水 /(mg · L⁻¹) | 外排口废水 /(mg · L⁻¹) | 去除率 /% |
|---|---|---|---|
| COD | 2 050 | 40 | 98.0 |
| BOD$_5$ | 1 075 | 6 | 99.4 |
| SS | 250 | 35 | 86.0 |
| NH$_4^+$–N | 12.5 | 0.5 | 96.0 |
| pH | 6.50 | 7.0 | — |

注：表中数据为多次监测结果的平均值。

**3. 氧化塘–高效沉淀–ABR–A/O 氧化沟–浅层气浮组合工艺处理甜菜制糖废水**

内蒙古某糖业有限公司是一家大型甜菜制糖企业，日处理甜菜 3 500 t，年加工甜菜 45×10⁴ t。主要产品是绵白糖、白砂糖和赤砂糖，副产品有甜菜颗粒粕和糖蜜。该公司的压粕水全部回用，锅炉水不进入废水处理系统，待处理的废水基本都是流洗水和少部分生活污水。流洗水为反复循环使用的洗甜菜废水，富含泥砂，SS 一般达 5 000 ~ 6 000 mg/L，COD 和 BOD$_5$ 也很高，同时该企业废水还具有水质水量不稳定、氨氮浓度较高等特点，具体的水质指标实测值见表 2.15。

该公司拟建一座废水处理站，设计水量为 6 000 m³/d，出水水质需达到《制糖工业水污染物排放标准》（GB 21909—2008）中新建企业水污染物排放限值要求（参见表 2.15）。

表 2.15　甜菜制糖废水水质指标及污染物排放限值

| 项　目 | pH | COD /(mg · L⁻¹) | BOD$_5$ /(mg · L⁻¹) | SS /(mg · L⁻¹) | 氨氮 /(mg · L⁻¹) | 总氮 /(mg · L⁻¹) | 总磷 /(mg · L⁻¹) |
|---|---|---|---|---|---|---|---|
| 原水 | 6 ~ 9 | 10 000 ~ 12 000 | 6 500 ~ 7 200 | 5 200 ~ 6 000 | 40 ~ 50 | 120 ~ 150 | 15 ~ 20 |
| 排放标准 | 6 ~ 9 | ≤100 | ≤20 | ≤70 | ≤10 | ≤15 | ≤0.5 |

（1）工艺流程

针对该公司甜菜制糖废水的排放特性及其中所含污染物的种类及其浓度水平，总体工艺方案是需先设预处理段尽可能多地去除泥砂及 SS 等，在此基础上进一步采用厌氧–好氧生物处理，最后还需要选用物化处理把关。根据该公司的废水水量水质特征，结合可用地现状，该工程最终确定采用"氧化塘–高效沉淀–ABR–A/O 氧化沟–浅层气浮"的处理工艺，具体工艺流程如图 2.13 所示。

（2）主要单元设计

氧化塘 1 座，HRT 为 168 h，有效容积为 42 000 m³。其功能是依靠自然处理去除废水中的泥砂、SS、色度和非溶解性 COD，降低后续生化系统负荷。

高密度沉淀池 1 座，HRT 为 0.8 h，有效容积为 205 m³。有选择性地投加混凝剂及助凝剂，使之与原水充分混合反应，进一步去除废水中的 SS 及有机物。

图 2.13　甜菜制糖废水处理工艺流程

调节池 1 座,HRT 为 2.0 h,有效容积为 510 m³。其功能除了保障废水处理系统连续稳定运行外,还在调节池内安装了板式换热器,保证 ABR 反应器进水在 35 ℃左右。

ABR 厌氧池 1 座,HRT 为 34.2 h,设计容积负荷为 5.12 kg COD/(m³·d),有效容积为 8 560 m³。其功能是高效去除废水中的有机污染物,抵抗冲击负荷。

A/O 氧化沟 1 座,曝气环状折流池型,HRT 为 31.1 h,有效容积为 7 790 m³。其功能是进一步降解有机物,实现脱氮除磷。

二沉池 1 座,辐流式,HRT 为 5.0 h,有效容积为 1 250 m³。其功能是进行固液分离,回流部分污泥至活性污泥池,排放剩余污泥至浓缩池。

浅层气浮池 1 座,HRT 为 0.1 h,有效容积为 26 m³。在浅层气浮池中投加 PAC 混凝剂及 PAM 助凝剂,进一步去除水中悬浮物,能确保气浮出水达标排放。

污泥浓缩池 1 座。用以浓缩高密度沉淀池产生的污泥和生化系统产生的剩余污泥。浓缩后的污泥再通过污泥泵输送到压滤机进行脱水处理。

(3)运行效果

该甜菜制糖废水处理工程于 2011 年 6 月开始进水调试,2011 年 8 月通过环保局验收。进、出水水质指标监测数据见表 2.16,可见出水各项指标均达到了《制糖工业水污染物排放标准》(GB 21909—2008)中新建企业水污染物排放限值要求。值得一提的是,该工程 ABR 厌氧池对 COD 的去除率可达 80%以上;该工程自建成投产后一直运行稳定。

表 2.16　甜菜制糖废水处理的进、出水水质监测数据

| 项　目 | pH | COD /(mg·L⁻¹) | BOD₅ /(mg·L⁻¹) | SS /(mg·L⁻¹) | 氨氮 /(mg·L⁻¹) | 总氮 /(mg·L⁻¹) | 总磷 /(mg·L⁻¹) |
|---|---|---|---|---|---|---|---|
| 原水 | 6.9 | 11 560.0 | 7 084.0 | 5 911 | 48.8 | 148.0 | 18.70 |
| 出水 | 7.3 | 95.4 | 16.9 | 61 | 9.0 | 13.8 | 0.42 |
| 去除率/% | | 99.2 | 99.8 | 99.0 | 81.6 | 90.7 | 97.8 |

### 2.3.3　气浮-水解酸化-SBR 处理乳品加工废水

北京某乳品加工厂的生产规模由现在日加工牛奶 45 t 扩大到 200 t,相应地乳品加工废水排放量由 370 m³/d 增加到了 1 500 m³/d。根据当地环保部门的要求,拟建设相应的废水处理设施,有关废水处理前、后的水质指标及水量见表 2.17。该乳品加工废水经处理后达到《污水综合排放标准》(GB 8978—1996)中的二级标准方可排放。

表 2.17　需要处理的水质水量和排放要求

| 类　　别 | 水量/($m^3 \cdot d^{-1}$) | COD/($mg \cdot L^{-1}$) | $BOD_5$/($mg \cdot L^{-1}$) | SS/($mg \cdot L^{-1}$) | 动植物油/($mg \cdot L^{-1}$) |
|---|---|---|---|---|---|
| 进水 | 1 500 | 1 100 | 300 | 200 | — |
| 出水 | 1 500 | <100 | 60 | 30 | 20 |

（1）工艺流程

根据表 2.17 所示的该乳品加工废水的水质指标值可知，$BOD_5$/COD 为 0.27，可生化性一般，确定采用物化和生化处理相结合的工艺方案。结合近年来乳品加工废水处理的成功经验，最终确定采用以"气浮-水解酸化-SBR 为主体"的处理工艺，具体的工艺流程如图 2.14 所示。

图 2.14　某乳品加工废水处理工艺流程

（2）单元工艺设计

格栅采用不锈钢旋转格栅，固定布设在进水渠道前端。其功能在于拦截废水中较粗的分散性悬浮固体，保护泵的叶轮及防止水解池布水器堵塞。

集水池的 HRT 为 30 min。其功能是收集厂区废水，并由其中的泵将废水提升至后续处理构筑物。

事故池的容积设计为 100 $m^3$。在乳品加工生产过程中，会有牛奶酸败的事故发生，这时酸败牛奶（COD 高达 150 000 mg/L）会被直接排放至废水处理站。该厂生产线中储奶罐容积为 10 ~ 60 $m^3$，故设计事故池的容积为 100 $m^3$，以储存事故排放废液，日后废液经均匀提升至调节池进入废水处理系统。

气浮池的气浮设备采用钢结构定型产品，处理能力为 80 $m^3$/h。气浮车间与脱水机房合建于调节池上。气浮设备的主要功能是去除废水中的油脂、事故排放高浓度废液中的固化蛋白和油脂。

调节池的 HRT 采用 6.0 h，并在调节池内设置水下淹没式叶轮搅拌器，避免悬浮物沉降。

水解酸化池的 HRT 采用 6.0 h, 池内维持 2 ~ 3 m 厚的厌氧污泥层, 对有机物进行水解酸化。同时, 水解酸化池对 SBR 剩余污泥进行同步消化处理。

SBR 反应器设计运行周期方案为 12 h(进水 5 h, 曝气 4 h, 沉淀 2 h, 排水 l h)。曝气头布气, 曝气头数量为 600 个, 风机选用 D10-5000 型 3 台(1 用 2 备)。SBR 的进水由进水分配井自流进入, 排水方式是滗水器排水, 进、出水由简易自控系统控制。

污泥脱水选用带宽 0.5 m 的带式压滤机。湿污泥排入集泥池进行浓缩后, 由污泥泵打入脱水机房脱水, 脱水后污泥含水率可降低至 75%, 污泥体积缩减为 1.3 m³, 外运做堆肥处理。

(3)运行效果

该乳品加工废水处理站建成投产稳定运行后, 各主要单元对 COD、$BOD_5$ 和 SS 的去除效果见表 2.18, 出水水质达到了预期的水质指标要求。

表 2.18 主要单元对乳品加工废水中 COD、$BOD_5$ 和 SS 的去除效果

| 工 段 | 项 目 | COD/($mg \cdot L^{-1}$) | $BOD_5$/($mg \cdot L^{-1}$) | SS/($mg \cdot L^{-1}$) |
|---|---|---|---|---|
| 气浮池 | 进水 | 1 100 | 300 | — |
| | 出水 | 800 | 240 | — |
| | 去除率/% | 25 | 20 | — |
| 水解池 | 进水 | 825 | 240 | — |
| | 出水 | 640 | 200 | — |
| | 去除率/% | 25 | 20 | — |
| 好氧池 | 进水 | 620 | 200 | <30 |
| | 出水 | <100 | <60 | — |
| | 去除率/% | ≥85 | — | — |

## 2.3.4 气浮-A/A/O 组合工艺处理大豆油生产废水

浙江某厂大豆制油工程, 日处理大豆 800 t, 年产油脂 $4 \times 10^4$ t。大豆制油生产工艺主要有预榨、浸出和炼油三个工段。该项目主要废水来自于浸出和炼油两个工段, 设计水量为 200 m³/d。废水的水质指标如下:pH 为 6 ~ 9, COD ≤ 4 000 g/L, $BOD_5$ ≤ 1 200 mg/L, 动植物油 ≤ 2 000 mg/L, $NH_4^+$-N ≤ 80 mg/L, 水温为 55 ~ 58 ℃。该废水需要进行处理, 处理后出水水质需满足《污水综合排放标准》(GB 8978—1996)的一级标准要求, 即 pH 为 6 ~ 9, COD ≤ 100 mg/L, $BOD_5$ ≤ 20 mg/L, $NH_4^+$-N ≤ 15 mg/L。

(1)工艺流程

由于炼油车间所排放的油脚、废渣量较大, 废水水温较高, 影响后续的生化处理, 所以该废水处理工程采用气浮与生化结合处理的工艺, 气浮用以去除浮油和废渣, 同时兼有降温作用。根据废水水量、水质及排放要求, 最终确定采用以"气浮-A/A/O 为主体"的处理工艺, 具体的工艺流程如图 2.15 所示。

综合废水经格栅自流到隔油调节池, 隔油调节池内设污水泵, 将废水提升到气浮池,

废水经气浮池去除浮油、浮渣后,自流到厌氧池。废水经厌氧菌分解后,重力自流至缺氧池。缺氧池主要为反硝化除氮反应器,废水经过缺氧池后自流至好氧池。好氧池是生化处理的主体构筑物,废水在好氧菌的作用下去除绝大部分 COD 和 $BOD_5$,而后自流至二沉池进行泥水分离。上清液经计量后外排。二沉池污泥部分回流至缺氧池,气浮产生的浮油、废渣和剩余污泥经污泥酸化池酸化后外运用做肥料。为提高该工艺的脱氮效果,在缺氧池和好氧池之间增设内循环设施,确保出水氨氮指标合格。

图 2.15 大豆制油废水处理工艺流程

(2)单元工艺设计

格栅井,平面尺寸为 1.0 m×2.0 m,$H=1.0$ m,地下砖混结构,虚线格栅一排。

隔油调节池,HRT=13.5 h,$V_{有效}=112.5$ $m^3$,平面尺寸为 6.0 m×7.5 m,有效水深为 2.5 m,总深为 3.2 m,内设隔油池,平面尺寸为 1.0 m×7.5 m,有效水深为 2.5 m,地下钢筋混凝土结构,设污水泵两台,一用一备。

气浮池,处理规模 10 t/h,考虑到场地状况,采用钢结构一体化设备,放置于厌氧池盖板上,外形尺寸为 $(L×W×H)=4\ 000$ mm×2 000 mm×1 900 mm,采用气液混合泵,省去溶气罐和空压机,节省占地。

厌氧池,HRT=54 h,$V_{有效}=450$ $m^3$,平面尺寸为 6.0 m×18.5 m,有效水深为 4.3 m,总深为 4.6 m,内挂填料,设回流泵一台,地上钢筋混凝土结构。

缺氧池,HRT=22.5 h,$V_{有效}=187.5$ $m^3$,平面尺寸为 6.0 m×7.5 m,有效水深为4.3 m,总深为 4.6 m,内设水下搅拌机一台,地上钢筋混凝土结构。与厌氧池合建。

好氧池,HRT=22.5 h,$V_{有效}=187.5$ $m^3$,平面尺寸为 6.0 m×7.5 m,有效水深为4.3 m,总深为 4.6 m,内设新型环状穿孔曝气管,地上钢筋混凝土结构。

二沉池,HRT=2.5 h,表面负荷率取 0.7 $m^3/(m^2 \cdot h)$,平面尺寸为 3.5 m×3.5 m,总深为 4.6 m,地上钢筋混凝土结构,与好氧池合建。

酸化池,浮油、浮渣及剩余污泥排入污泥酸化池,有效容积为 35 $m^3$。污泥经酸化后定期用粪车抽吸,外运用作肥料。平面尺寸为 2.5 m×3.5 m,有效水深为 4.0 m,总深为4.6 m,钢筋混凝土结构,与二沉池合建。

(3)运行效果

该大豆制油废水处理工程建成投产稳定运行后,工艺各单元对 COD、$BOD_5$、石油类、和 $NH_4^+$-N 的去除效果见表 2.19。出水水质达到了预期的水质指标要求。

表 2.19　污水处理效果

| 处理单元 | COD | | | BOD$_5$ | | | 石油类 | | | NH$_4^+$-N | | |
|---|---|---|---|---|---|---|---|---|---|---|---|---|
| | 进水/(mg·L$^{-1}$) | 出水/(mg·L$^{-1}$) | 去除率/(%) | 进水/(mg·L$^{-1}$) | 出水/(mg·L$^{-1}$) | 去除率/(%) | 进水/(mg·L$^{-1}$) | 出水/(mg·L$^{-1}$) | 去除率/(%) | 进水/(mg·L$^{-1}$) | 出水/(mg·L$^{-1}$) | 去除率/(%) |
| 隔油调节池 | 4 000 | 4 000 | — | 1 200 | 1 200 | — | 2 000 | 1 000 | 50 | 80 | 80 | — |
| 气浮池 | 4 000 | 3 000 | 25 | 1 200 | 900 | 25 | 1 000 | 50 | 95 | 80 | 80 | — |
| 厌氧池 | 3 000 | 1 500 | 50 | 1 000 | 500 | 50 | 50 | 40 | 20 | 80 | 100 | — |
| 好氧池 | 1 500 | 75 | 95 | 500 | 20 | 96 | 40 | 10 | 75 | 100 | 15 | 85 |
| 出水 | — | 100 | — | — | 20 | — | — | 10 | — | — | 15 | — |

# 第3章 发酵工业废水处理

发酵是利用微生物在有氧或无氧条件下制备微生物菌体或直接产生代谢产物或次级代谢产物的过程。所谓发酵工业,就是利用微生物的生命活动产生的酶对无机或有机原料进行加工获得产品的工业。它包括传统发酵工业(有时称酿造),如某些食品和酒类的生产,也包括近代的发酵工业,如酒精、乳酸、丙酮-丁醇等的生产,还包括新兴的发酵工业,如抗生素、有机酸、氨基酸、酶制剂、单细胞蛋白等的生产。在我国常常把由复杂成分构成的、并有较高风味要求的发酵食品,如啤酒、白酒、黄酒、葡萄酒等饮料酒,以及酱油、酱、豆腐乳、酱菜、食醋等副食佐餐调味品的生产称为酿造工业;而把经过纯种培养、提炼精制获得的成分单纯且无风味要求的酒精、抗生素、柠檬酸、谷氨酸、酶制剂、单细胞蛋白等的生产叫做发酵工业。

发酵工业是我国国民经济的主要支柱产业。在从 1990 年到 2010 年的 20 年间,我国发酵工业发展迅速,其产量由 $68.3 \times 10^4$ t 提高到 $1\,800 \times 10^4$ t,相应的产值则由 42 亿元增加到 2 000 亿元,实现了持续快速增长。然而,随着该工业的飞速发展,其所产生的环境问题也日趋严重。

## 3.1 发酵工业废水的来源及水量

在我国,食品发酵工业存在的主要问题表现在,生产虽有一定规模,但产品结构不合理,粗放经营,资源浪费严重,环境污染突出,经济效益低下。我国发酵工业若要在今后几年保持稳定、快速发展,就不能再以简单增加资源、能源、劳动力的方式来扩大生产,而要大力开发生物技术,大幅度增加技术含量,依靠先进的科技来增加产量,降低成本,增加效益。

一般地讲,发酵产品(酒精、酒类、味精、柠檬酸、有机酸)的生产工艺为:

原料→处理→淀粉→糖化→发酵→分离与提取→产品

可见,发酵工业的主要废渣水来自原料处理后剩下的废渣(如蔗渣、甜菜粕、大米渣、麦糟、玉米浆渣、纤维渣、葡萄皮渣、薯干渣等)、分离与提取主要产品后废母液与废糟(如玉米、薯干、糖蜜酒精糟,味精发酵废母液,白酒糟,葡萄酒糟,柠檬酸中和废液等)以及加工和生产过程中各种冲洗水、洗涤剂和冷却水。我国食品与发酵工业主要行业的废渣水排放量及污染负荷见表3.1。由该表可见,这些行业年排放废水总量达 28.12 亿 $m^3$,其中废渣量达 3.4 亿 $m^3$,废渣水的有机物总量为 944.8 万 $m^3$。不言而喻,整个食品与发酵工业的年排放废水、废渣水总量将大大超过上述数字,而且有逐年增多的趋势。

发酵工业采用玉米、薯干、大米等作为主要原料,并不是利用这些原料的全部,而只是利用其中的淀粉,其余部分(蛋白、脂肪、纤维等)限于投资和技术、设备、管理等原因,很多企业尚未加以很好地利用。发酵工业年耗粮食、糖料、农副产品达 8 000 多万 t,其中玉

表 3.1　食品与发酵主要行业废水排放量及污染负荷

| 行业 | 1998年 | | 主要废渣水污染负荷及排放量 | | | | | 年排废水总量 | |
| | 产量/万t | 企业/个 | 废渣水名称 | 排放量/(万m³·t⁻¹产品) | COD/(g·L⁻¹) | 排废渣水量/(万m³·a⁻¹) | 排有机物量/(万m³·a⁻¹) | 排放量①/(m³·t⁻¹产品) | 排废水量/(万m³·a⁻¹) |
|---|---|---|---|---|---|---|---|---|---|
| 粮薯酒精 | 218 | 500 | 酒精糟 | 15 | 40~70 | 3 270 | 180 | 80 | 17 440 |
| 糖蜜酒精 | 90 | 430 | 酒精糟 | 15 | 80~110 | 1 350 | 128 | 60 | 5 400 |
| 味精 | 59 | 48(全)② / 29(半)③ | 米渣 / 废母液 | 3 / 20 | 60~70 | 177 / 1 180 | 77 | 400 | 23 600 |
| 柠檬酸 | 20 | 95 | 薯干渣 | 3 / 10 | 10~40 | 60 / 200 | 5 | 300 | 6 000 |
| 淀粉 | 400 | 600 | 浸泡水 / 黄浆 / 皮渣 | 25 / 10 / 10 | 30~50 / 7~9 / 1.5~3.0 | 10 000 / 4 000 / 4 000 | 400 / 32 / 32 | 50 | 20 000 |
| 淀粉糖 | 50 | 300 | 玉米浆渣 | 0.3 | | 90 | 15 | | |
| 啤酒 | 1 987 | 600 | 麦糟 / 废酵母 | 0.2 / 0.01 | 40~60 / 60~90 | 397 / 19.9 | 19.8 / 2.0 | 20 | 39 740 |
| 白酒 | 300 固态 | 2 000 | 白酒精 | 3 | 30~50 | 900 | 36 | 60 | 18 000 |
| 黄酒 | 150 | | 黄酒精 | 3 | 30~50 | 450 | 18 | 4 | 600 |
| 甜菜制糖 | 276 | 120 | 甜菜糟 / 甜菜泥 | 6.7 / 1 | | 1 849 / 276 | | 100 | 27 600 |
| 甘蔗制糖 | 550 | 420 | 甘蔗渣 / 甜菜泥 | 10 / 1 | | 5 500 / 550 | | 20 | 11 000 |
| 乳制品 | 54 | | | | | | | 8 | 432 |
| 罐头 | 156 | 2 200 | | | | | | 100 | 15 600 |
| 软饮料 | 958 | 2 000 | | | | | | 100 | 95 800 |
| 合计 | | | | | | 34 268.9 | 944.8 | | 281 212 |

注：① t产品排废水总量除主要废渣水外，尚包括洗涤水，冲洗水，以及大量的冷却水。
② 指包括味精全部生产过程的生产厂。
③ 只生产谷氨酸或外购谷氨酸制造味精的生产厂。

米、大米等原料耗量为 2 500 万 t 左右。若粮薯原料按平均淀粉含量 60%（质量分数）计，则上述行业全年将有 1 000 万 t 原料尚未被很好利用，其中有相当部分随冲洗水及洗涤水排入生产厂周围水系，不但严重污染环境，而且大量地浪费了粮食资源。

味精工业废水对环境造成的污染问题日趋突出，在众所周知的淮河流域水污染问题中，它是仅次于造纸废水的第二大污染源；在太湖、滇池、松花江、珠江等流域，也因味精废液污染问题，成为公众注目的焦点。对于味精废液，过去一直采用末端治理的技术，投资大，不能从根本上解决问题。随着生产规模的不断扩大，味精废液的污染日趋严重。1996年我国味精产量 55 万 t，废液中约有 8.4 万 t 蛋白质和 54.6 万 t 硫酸铵，其中大多数被排放掉了，造成资源、能源的极大浪费。

全国目前甘蔗糖厂有几百家。20 世纪 80 年代以来，甘蔗糖厂的主要污染源糖蜜酒精废液的治理一直是人们研究的重大科研项目，先后有许多的治理方案和治理工程问世，但是没有一种方案和工程技术既可达到酒精废液的零排放又有明显的环境效益、社会效益和很好的经济效益。

应指出的是，食品与发酵工业的行业繁多、原料广泛、产品种类也多，因此，排出的废水水质差异大，其主要特点是有机物质和悬浮物含量较高、易腐败，一般无毒性，但会导致受纳水体富营养化，造成水体缺氧恶化水质，污染环境。

# 3.2　发酵工业废水的水质特征

发酵工业以粮食、薯干、农副产品为主要原料，生产过程中排出的废渣水（如酒精糟、白酒糟、麦糟、废酵母、黄浆大米渣、薯干渣、玉米浆渣等）中含有丰富的蛋白质、氨基酸、维生素以及糖类和多种微量元素（表 3.2），因此是理想的饲料原料，也是微生物增殖的营养源。此外，还可以用这些废渣为培养基进行厌氧发酵，将复杂的有机物通过微生物作用降解转化，获得大量沼气。更重要的是，废渣水在生产饲料和沼气的同时，能大大降低污染负荷，实是一举两得。

用废渣水来生产饲料和沼气的工艺，是将废渣水进行固液分离，滤渣干燥生产各种产品，而滤液再行处理（生产沼气）。应指出的是，废渣水也可先进行厌氧发酵来生产沼气（如生产粮薯酒精的废渣水），但是厌氧消化液也需固液分离。由此可见，食品与发酵工业废渣水的固液分离尚是一个极其重要的单元操作。常用单元操作方式主要有沉降、离心、过滤、蒸发浓缩和干燥等。

按照发酵工业的性质与产品来讲，所产生的废水主要包括酒类生产废水、糖类生产废水、味精生产废水、柠檬酸生产废水和抗菌素类生物制药废水等。各种废水的水质特征迥异，这里选几种常见的典型废水阐述其特性。

表 3.2 食品发酵业废渣水主要成分含量

| 项　目 | 薯干酒精糟 | 玉米酒精糟 | 糖蜜酒精糟 | 味精废母液[①] | 柠檬酸废母液 | 白酒糟[②] | 啤酒糟 | 废甜菜粕 | 大米渣 |
|---|---|---|---|---|---|---|---|---|---|
| pH | 5.4 | 5.2 | 5.0 | 3.2~3.5 | 5.0~5.5 | 3~4 | | | |
| 还原糖/% | 0.22 | | | 0.75 | 0.4 | | | | |
| 总糖/% | 0.68 | 0.83 | 2.2 | | 1.0 | | 1.8 | | |
| 总固形物/% | 5.2 | 5.7 | 11.5 | 11.54 | 4.0 | | | | |
| 悬浮物/% | 4.2 | 4.12 | 1.5 | 1.54 | | 40 | 20~25 | 8.4 | 50 |
| 灰分/% | 0.6 | 0.22 | 3.1 | 6.03 | | 5.84 | | | |
| 氮/% | 0.13 | | 0.31 | | | 8.1 | 5.1 | 0.9 | 25 |
| 磷/% | 0.02 | | 0.005 | 0.16 | | 0.11 | | 0.05 | |
| 谷氨酸/% | | | | 1.74 | | | | | |
| 淀粉/% | | | | 1.03 | | | | | 12 |
| COD/($g \cdot L^{-1}$) | 52.6 | 70 | 130 | 100~120 | 20~30 | 30~50 | | | |
| $BOD_5$/($g \cdot L^{-1}$) | 23.3 | | | 50~60 | | | | | |

注：① 味精废母液是指发酵液采用一次冷冻等电提取粗谷氨酸后的母液。

② 白酒糟是指大曲酒(65度)酒糟。

### 3.2.1　酒精工业废水

酒精工业是指以谷类、薯类、糖蜜为原料,经发酵和蒸馏而生产食用酒精、工业酒精和燃料乙醇的工业,是国民经济重要的基础原料产业。产品酒精作为酒基、浸提剂、洗涤剂、溶剂和表面活性剂等,广泛应用于酿酒、化工、橡胶、油漆涂料、电子、照相胶片、医药、香料和化妆品等行业领域。2011 年,全国发酵酒精的产量达 83.37 亿 L,同比增长 11.45 %。随着国民经济的发展,酒精的需求量还将会进一步增加。

酒精工业的污染,以水的污染最为严重。生产过程的废水主要来自蒸馏发酵成熟醪后排出的酒精糟,生产设备的洗涤水、冲洗水,以及蒸煮、糖化、发酵、蒸馏工艺的冷却水等。例如,2007 年我国酒精行业排放废水总量约 4 亿 m³,年排 COD 约 400 万 t,$BOD_5$ 约 200 万 t,是我国有机污染物排放量高的行业之一。

酒精生产基本不排放工艺废渣和废气,排放的废气、废渣主要来自锅炉房。酒精生产污染物的来源与排放如图 3.1 所示。由该图可见,酒精生产的废水主要来自蒸馏发酵成熟醪时粗馏塔底部排放的蒸馏残留物——酒精糟(即高浓度有机废水),以及生产过程中的洗涤水(中浓度有机废水)和冷却水。酒精糟、洗涤水、冷却水的水质和吨产品排水量见表 3.3。

由表 3.3 可见,每生产 1 t 酒精约排放 13~16 m³ 酒精糟。酒精糟呈酸性,有机负荷高,COD 高达 $(5~7) \times 10^4$ mg/L,是酒精行业最主要的污染源。

图 3.1  酒精生产污染物的来源与排放

表 3.3  酒精生产废水水质与排水量

| 废水名称与来源 | 排水量/(m³·t⁻¹) | pH | COD/(mg·L⁻¹) | BOD₅/(mg·L⁻¹) | SS/(mg·L⁻¹) |
|---|---|---|---|---|---|
| 糖薯酒精糟 | 13 ~ 16 | 4 ~ 4.5 | $(5 \sim 7) \times 10^4$ | $(2 \sim 4) \times 10^4$ | $(1 \sim 4) \times 10^4$ |
| 糖蜜酒精糟 | 14 ~ 16 | 4 ~ 4.5 | $(8 \sim 11) \times 10^4$ | $(4 \sim 7) \times 10^4$ | $(8 \sim 10) \times 10^4$ |
| 精馏塔底残留水 | 3 ~ 4 | 5.0 | 1 000 | 600 | |
| 冲洗水、洗涤水 | 2 ~ 4 | 7.0 | 600 ~ 2 000 | 500 ~ 1 000 | |
| 冷却水 | 50 ~ 100 | 7.0 | <100 | | |

### 3.2.2  啤酒工业废水

啤酒以大麦和水为主要原料,大米或谷物、酒花为辅料,经制成麦芽、糖化和发酵酿制而成,是一种饱含二氧化碳、低酒精度和多种营养成分的饮料酒。

啤酒生产主要工艺流程如图 3.2 所示。从该图可看出,啤酒生产工艺中的每道工序都有固体废弃物(废弃麦根、冷凝凝固蛋白、酵母泥、废硅藻土、废麦糟等)、废水(洗罐水、洗槽水、浸麦水、酒桶与酒瓶洗涤水等)产生。啤酒厂废水主要来源有:麦芽生产过程的洗麦水、浸麦水,发芽降温喷雾水、麦槽水、洗涤水,凝固物洗涤水;糖化过程的糖化、过滤洗涤水;发酵过程的发酵罐洗涤、过滤洗涤水;罐装过程洗瓶、灭菌、破瓶啤酒及冷却水和成品车间洗涤水。此外,啤酒厂废水还包括来自办公楼、食堂、宿舍和浴室等处的生活污

图 3.2  啤酒生产工艺与主要污染源

水。每制 1 t 成品酒,将产生生活污水约 1.7 $m^3$,含 COD 污染物 0.85 kg 或 $BOD_5$ 污染物 0.5 kg。2002 年,全国啤酒废水排放量约为 2.7 亿 $m^3$,年排放 COD 约为 2.9 万 t,啤酒废水占全国工业废水排放总量的 1.3%,所排 COD 占全国工业废水中 COD 排放总量的 0.5%。

啤酒厂排放的废水超标项目主要是 COD、$BOD_5$ 和 SS 等,其水质水量情况见表 3.4。由该表可见,啤酒生产的废水主要来自两个方面,一是大量的冷却水(糖化、麦汁冷却、发酵等),二是大量的洗涤水、冲洗水(各种罐洗涤水和瓶洗涤水等)。由此可见,啤酒废水的特点是水量大,无毒有害,属高浓度有机废水。

表 3.4 啤酒废水水质水量

| 废水种类 | 来　源 | 废水量 $\left(\dfrac{部分废水}{总废水}\right)$/% | COD /(mg·$L^{-1}$) | 高(低)浓度废水 COD /(mg·$L^{-1}$) | 总排放口(综合废水)COD /(mg·$L^{-1}$) |
|---|---|---|---|---|---|
| 高浓度有机废水 | 麦糟水、糖化车间的刷锅水等 | 5 ~ 10 | 20 000 ~ 40 000 | 4 000 ~ 6 000 | 1 000 ~ 1 500 |
| | 发酵车间的前罐、后酵罐洗涤水、洗酵母水等 | 20 ~ 25 | 2 000 ~ 3 000 | | |
| 低浓度有机废水 | 制麦车间浸麦水、洗锅水、冲洗水等 | 20 ~ 25 | 300 ~ 400 | 300 ~ 700 | |
| | 灌装车间的酒桶酒瓶洗涤水、洗涤水等 | 30 ~ 40 | 500 ~ 800 | | |
| 冷却水及其他 | 各种冷凝水、冷却水、杂用水等 | 无污染物 | | <100 | |

**1. 各类废水特征**

啤酒厂生产啤酒过程用水量很大,特别是酿造、罐装工艺过程大量使用新鲜水,相应产生大量废水。啤酒的生产工序较多,不同啤酒厂生产过程中吨酒耗水量和水质相差较大。管理和技术水平较高的啤酒厂耗水量为 8 ~ 12 $m^3$/t,我国啤酒厂的吨酒耗水量一般大于该参数。据统计,国内啤酒从糖化到灌装吨酒平均耗水量为 10 ~ 20 $m^3$。

酿造啤酒消耗的大量水除一部分转入产品外,绝大部分作为工业废水排入环境。如上所述,啤酒工业废水按其有机物含量可分为以下几类(参见表 3.5)。

(1) 冷却水

冷却水包括冷冻机循环水、麦汁和发酵的冷却水等。这类废水基本上未受污染。

(2) 清洗废水

清洗废水如大麦浸渍废水、大麦发芽降温喷雾水、清洗生产装置废水、漂洗酵母水、洗瓶机初期洗涤水、酒罐消毒废液、巴斯德杀菌喷淋水和地面冲洗水等。这类废水受到不同

表3.5　北京某啤酒厂废水量实测值

| 废水排水量 | 麦芽车间 | 酿造车间（糖化、发酵） | 灌装车间 | 厕所 | 厂区生活污水（澡堂） | CO₂回收 | 冷却水溢流 | 全厂总排水量 |
|---|---|---|---|---|---|---|---|---|
| 月排水量/m³ | 7 089 | 26 549 | 29 304 | 3 000 | 7 800 | 150 | 33 134 | 10 7026 |
| 日均排水量/(m³·d⁻¹) | 236.3 | 884.9 | 976.8 | 100 | 260 | 5 | 1 104.5 | 3 567.5 |

程度的有机污染。

（3）冲渣废水

冲渣废水如麦糟液、冷热凝固物、酒花糟、剩余酵母、酒泥、滤酒渣和残碱性洗涤液等。这类废水中含有大量的悬浮性固体有机物。工段中将产生麦汁冷却水、装置洗涤水、麦糟、热凝固物和酒花糟。装置洗涤水主要是糖化锅洗涤水、过滤槽和沉淀槽洗涤水。此外，糖化过程还要排出酒花糟、热凝固物等大量悬浮固体。

（4）灌装废水

在灌装酒时，机器的跑冒滴漏时有发生，还经常出现冒酒，将大量残酒掺入废水中。另外，喷淋时由于用热水喷淋，啤酒升温引起瓶内压力上升，"炸瓶"现象时有发生，致使大量啤酒洒散在喷淋水中。为防止生物污染，循环使用喷淋水时需加入防腐剂，因此，被更换下来的废喷淋水含防腐剂成分。

（5）洗瓶废水

清洗瓶子时先用碱性洗涤剂浸泡，然后用压力水初洗和终洗，瓶子清洗水中含有残余碱性洗涤剂、纸浆、染料、浆糊、残酒和泥砂等。碱性洗涤剂要定期更换，更换时若直接排入下水道，则可使啤酒废水呈碱性，因此，废碱性洗涤剂应先进入调节、沉淀装置进行单独处理。若将洗瓶废水的排出液经处理后储存起来用以调节废水的pH（啤酒废水平时呈弱酸性），则可以节省污水处理的药剂用量。

**2．单位生产排污量**

表3.6是国内相关厂家的生产情况，经过统计，吨酒平均耗水量为17～31 m³。

由表3.6可以看出，厂与厂之间的啤酒生产的废水排放量差距很大，这与生产工艺及生产管理水平等因素密切相关。同时，对于同一个厂不同时间的排水量也有较大差别，这是由于季节不同、生产量不同所造成的。表3.7所列热水和冷水耗用量，是指国内较先进的年产万吨啤酒、每日糖化6次的生产厂日耗水量。季节废水流量可能会有波动，一般夏季生产量大于冬季，水量也因此变化。甚至每周也有水量的变化，有的工厂啤酒生产每周7天日夜进行，但装瓶工序在周末停止两天，因此到周一时废水排放出现峰值。间歇排放方式的啤酒废水的水质逐时变化范围较大，最大值为平均值的2倍。

表 3.6　啤酒厂耗水量统计表 ( 1983 年 )

| 单　　位 | 总耗水量 /(万 m³·a⁻¹) | 啤酒产量 /(万 t·a⁻¹) | 吨酒耗水量 /(m³·t⁻¹) | 麦芽产量 /(t·a⁻¹) | 麦芽耗水量 /(m³·t⁻¹) |
|---|---|---|---|---|---|
| 青岛啤酒厂 | 108.39 | 6.3 | 19.17 | 8 890 | 22.6 |
| 上海啤酒厂 | 113.4 | 3.8 | 30.7 | 4 101 | 40.24 |
| 上海华光啤酒厂 | 71.7 | 3.1 | 17.45 | 3 000 | 29.41 |
| 杭州啤酒厂 | | 2.0 | 21.77 | — | — |
| 北京啤酒厂 | 143 | 2.5 | 10(新设备) | 3 300 | 34 |
| | | 2.5 | 23(老设备) | | |
| 北京五星啤酒厂 | 118 | 3.3 | 17.8 | 4 384 | 25 |
| 北京燕京啤酒厂 | 66 | 2.0 | 30.0 | 3 000 | 20 |

表 3.7　年产万吨啤酒厂冷水和热水日耗用量

| 工　　序 | 冷水耗用量/(m³·d⁻¹) | 工　　序 | 温度/℃ | 热水耗用量/(m³·d⁻¹) |
|---|---|---|---|---|
| 麦汁冷却 | 180 | 麦芽、辅料混合 | 60 | 24 |
| 洗瓶 | 46.2 | 洗涤筛蓖底 | 80 | 1.26 |
| 洗桶 | 3.83 | 洗糟 | 80 | 24 |
| 测定桶容积 | 4.21 | 洗酒花糟 | 80 | 2.5 |
| 洗发酵糟 | 1.6 | 洗麦汁管路 | 60 | 15.12 |
| 洗后酵糟 | 1.6 | 洗麦汁冷却设备 | 60 | 1.68 |
| 洗清酒糟 | 1.6 | 洗酒糟贮槽 | 60 | 0.62 |
| 水力除麦糟 | 24 | 洗压榨机 | 60 | 2.5 |
| 洗糖化设备 | 7.2 | 洗其他设备 | 60 | 9 |
| 洗麦汁冷却设备 | 3.6 | 合计 | | 88 |
| 洗酵母贮槽 | 3.0 | | | |
| 洗啤酒过滤设备 | 9.6 | | | |
| 洗地面 | 13.0 | | | |
| 合计 | 325.24 | | | |

**3. 啤酒生产废水水质**

一般来讲,从麦芽制备开始直到成品酒出厂,每一道工序都有酒损产生。酒损率与生产厂的设备先进性、完好性和管理水平有关。酒损率越高,造成的环境污染越严重。先进酒厂的酒损率约为 6% ~8% ,设备陈旧及管理不善的酒厂酒损率可高达 18% 以上,一般水平的啤酒厂的酒损率为 10% ~12% 。与废水排放量一样,废水的水质在不同季节也有一定的差别,尤其是处于高峰流量时的啤酒废水,其有机物含量也处于高峰。一般来讲,每制 1 t 成品酒,排出 COD 污染物约 25 kg,或 $BOD_5$ 污染物 15 kg,悬浮性固体约 15 kg。

表 3.8 列出了北京某厂年产啤酒 $5 \times 10^4$ t 时啤酒废水中主要污染物的 COD、$BOD_5$、SS 及 pH。

**表 3.8　北京某啤酒厂废水性质**

| 车间名称 | 性质指标 | | | | 备　　注 |
|---|---|---|---|---|---|
| | COD/（mg·L$^{-1}$） | $BOD_5$/（mg·L$^{-1}$） | SS/（mg·L$^{-1}$） | pH | |
| 麦芽 | 540 | 357 | 67 | 6~7 | 24 h 定时取样,测定混合 |
| 糖化 | 35 400 | 25 700 | 1 860 | 6~7 | 水样的水质,连续监测 7 d, |
| 发酵 | 3 390 | 2 658 | 210 | 6~7 | 表中数字为多次测定结果 |
| 灌装 | 1 420 | 840 | 50 | 6~7 | 的平均值 |
| 酵母 | 12 350 | 8 830 | 751 | 5~6 | |
| 总排放口 | 1 070 | 736 | 125 | 6~7 | |

　　国内其他有关啤酒厂的废水特性参见表 3.9。国内啤酒厂进水 COD 多在 1 000 ~ 2 500 mg/L 之间,$BOD_5$ 在 600 ~ 1 500 mg/L 之间。从以上各表可以看出,啤酒废水 $BOD_5$ 与 COD 的比例高达 0.5 左右,说明这种废水具有较高的可生物降解性。此外,啤酒废水中也含有一定量的氮和磷,具体指标见表 3.10。

**表 3.9　国内有关啤酒厂废水特性**

| 企　　业 | pH | SS /（mg·L$^{-1}$） | 废水量 /（m³·d$^{-1}$） | COD /（mg·L$^{-1}$） | $BOD_5$ /（mg·L$^{-1}$） |
|---|---|---|---|---|---|
| 济南白马山 | 进6.5 | 200 | 3 500 | 1 950 | 600 |
| 福州第一家 | 进6~9 | 200 | 2 000 | 1 500 | 800 |
| 青岛啤酒厂 | 进 | 600 | 4 000 | 2 500 | 1 500 |
| 杭州中策啤酒公司 | 进4~9 | 332~464 | 8 000 | 2 500 | 1 400 |
| 燕京啤酒厂 | 进6~9 | | 15 000 | 1 500 | 800 |
| 南宁啤酒厂 | | | | 1 000~1 100 | 700~800 |
| 华光啤酒厂 | 5.4 | 436 | | 1 358 | 1 233 |
| 成都啤酒厂 | | | | 800~1 200 | 600~800 |
| 上海啤酒厂 | | | | 800~1 500 | 500~900 |
| 桂林啤酒厂 | 5~8 | 400 | | 1 000~1 100 | 700~800 |
| 珠江啤酒厂 | | 400 | | 1 350 | 700 |
| 广州啤酒厂 | | | | 1 500 | 1 000 |
| 合肥啤酒厂 | | 73 | | 5 760 | 4 009 |
| 常州酿酒总厂 | | 200~300 | | 1 000~1 500 | 700~800 |
| 昆明啤酒厂 | | 200~400 | | 1 100~2 000 | 800~1 400 |

**续表 3.9**

| 企　业 | pH | SS /(mg·L$^{-1}$) | 废水量 /(m$^3$·d$^{-1}$) | COD /(mg·L$^{-1}$) | BOD$_5$ /(mg·L$^{-1}$) |
|---|---|---|---|---|---|
| 杭州啤酒厂 | | 400~500 | | 1 200~1 500 | 800~1 000 |
| 青岛啤酒厂 | | 150 | | 500~1 000 | 350~700 |
| 沈阳啤酒厂 | | 83~446 | | 656~8 147 | 420~5 410 |

**表 3.10　啤酒废水水质指标**

| pH | 水温 | COD /(mg·L$^{-1}$) | BOD$_5$ /(mg·L$^{-1}$) | CaCO$_3$ 碱度 /(mg·L$^{-1}$) | SS /(mg·L$^{-1}$) | TN /(mg·L$^{-1}$) | TP /(mg·L$^{-1}$) |
|---|---|---|---|---|---|---|---|
| 5~6 | 16~30 | 1 000~2 500 | 600~1 500 | 400~450 | 300~600 | 25~85 | 5~7 |

**4. 啤酒工业废水污染物排放限值**

按照《啤酒工业污染物排放标准》(GB 19821—2005)的有关规定,新建企业自 2006 年 1 月 1 日起、现有企业自 2008 年 5 月 1 日起,按照工业类别划分啤酒企业的麦芽企业,均应执行其中表 1 的预处理或排放标准的限值。例如,啤酒企业和麦芽企业的水污染物排放限值均为 pH = 6~9,SS = 70 mg/L,COD = 80 mg/L,BOD$_5$ = 20 mg/L,NH$_4^+$ – N = 15 mg/L,TP = 3 mg/L,而其单位产品污染物的排放量(kg/1 000 L 啤酒或 kg/t 麦芽)最高允许限值却有所不同。

### 3.2.3　味精工业废水

我国是味精的生产与消费大国,味精行业是我国发酵工业的主要行业之一。近年来,随着国内外对味精需求量的不断增加,我国味精行业发展迅速,规模不断扩大,产量一直保持着增长的态势。我国味精的产量一直位居世界第一位,如 2009 年其产量为 250 万 t。另一方面,味精行业也是我国发酵工业中的最大污染源,每吨味精产品产生高浓度废水约 15 t,有机污染严重,是典型的高 COD、高 BOD$_5$、高 NH$_4^+$ – N、高 SO$_4^{2-}$、高菌体含量和低 pH 的"五高一低"废水,行业问题呈共性且突出。

生产味精的方法有发酵法和水解法两种,现多采用发酵法。谷氨酸发酵主要以糖蜜和淀粉水解糖为原料,其中国内以淀粉水解糖为原料居多,而国外几乎都以糖蜜为原料生产谷氨酸。所以,味精工业是以大米、淀粉、糖蜜为主要原料的加工工业,其生产工艺与其他发酵产品一样,即

原料→ 处理 → 淀粉 → 液化 → 糖化 → 发酵

→ 分离与提取 →麸酸→ 精制 →味精

味精生产工艺主要有淀粉水解糖的制取、谷氨酸发酵、谷氨酸的提取与分离和由谷氨酸精制生产味精。味精生产工艺流程如图 3.3 所示。

图 3.3　味精生产工艺与主要污染源

由图 3.3 可知,其主要废(渣)水来自:原料处理后剩下的废渣(米渣);发酵液经提取谷氨酸(麦麸酸)后废母液或离子交换尾液;生产过程中各种设备(调浆罐、液化罐、糖化罐、发酵罐、提取罐、中和脱色罐等)的洗涤水;离子交换树脂洗涤与再生废水;液化(95 ℃)至糖化(60 ℃)、糖化(60 ℃)至发酵(30 ℃)等各阶段的冷却水;各种冷凝水(液化、糖化、浓缩等工艺)。

在味精生产过程中,每生产 1 t 味精,需大米 4 t 或淀粉 3 t、尿素 0.61 ~ 0.75 t、硫酸 140 ~ 150 kg。这些原料除部分转化成谷氨酸和 $CO_2$ 外,大部分以菌体蛋白、残留氨基酸、铵盐、有机酸以及酸根的形式随母液排出。每生产 1 t 味精,排放废水量 300 ~ 500 $m^3$(其中高浓度废水约 20 $m^3$),有机污染物大于 1 t,无机污染物在 2 t 以上。

表 3.11 给出了国内几个大中型味精厂的废水水量和水质情况。

表 3.11　国内部分味精厂废水水量和水质

| | 武汉周东味精厂 | | 青岛味精厂[①] | 邹平发酵厂 | | 沈阳味精厂[③] | 排放标准 |
| | 浓废水 | 淡废水 | 浓废水 | 浓废水[②] | 淡废水 | 浓、淡废水混合 | |
|---|---|---|---|---|---|---|---|
| 水量/($m^3 \cdot d^{-1}$) | 400 | 600 | 750 | 350 | 3 000 | 10 200 | |
| COD/($mg \cdot L^{-1}$) | 20 000 | 1 500 | 60 000 | 50 000 | 1 500 | 2 768 | ≤300 |
| $BOD_5$/($mg \cdot L^{-1}$) | 10 000 | 750 | 30 000 | 25 000 | 750 | 800 | ≤150 |
| $NH_4^+-N$/($mg \cdot L^{-1}$) | 10 000 | 200 | 10 000 | 15 000 | 200 | | ≤25 |

续表 3.11

| | 武汉周东味精厂 | | 青岛味精厂① | 邹平发酵厂 | | 沈阳味精厂③ | 排放 |
| | 浓废水 | 淡废水 | 浓废水 | 浓废水② | 淡废水 | 浓、淡废水混合 | 标准 |
|---|---|---|---|---|---|---|---|
| $SO_4^{2-}$/(mg·L$^{-1}$) | 20 000 | | 35 000 | 70 000 | | 3 000 ~ 3 200 | |
| SS/(mg·L$^{-1}$) | 200 | | 10 000 | 8 000 | | 5 700 ~ 6 500 | ≤200 |
| pH | 1.5 ~ 1.6 | 5 ~ 6 | 3.0 ~ 3.2 | 1.5 ~ 1.6 | 5 ~ 6 | 3.0 | 6 ~ 9 |

注:① 仅仅给出浓废水。
　　② 未去除菌体蛋白之离子交换水。
　　③ 给出的是混合废水。

味精生产的主要污染物、污染负荷和排放量见表 3.12。由该表可见,发酵废母液或离子交换尾液虽占总废水量的比例较小,但是 COD 负荷高达 30 000 ~ 70 000 mg/L,废母液 pH 为 3.2,离子交换尾液 pH 为 1.8 ~ 2.0,是味精行业亟待处理的高浓度有机废水。而属于中浓度有机废水的洗涤水、冲洗水排放量大(100 ~ 250 m³/t 产品),其 COD 负荷为 1 000 ~ 2 000 mg/L,相当于啤酒行业的废水污染负荷,也是应该设法处理的有机废水。至于冷却水,只要管道不渗漏,是不应有污染负荷的。

表 3.12　味精生产主要污染物、污染负荷和排放量

| 污染物分类 | pH | COD /(mg·L$^{-1}$) | BOD$_5$ /(mg·L$^{-1}$) | SS /(mg·L$^{-1}$) | NH$_4^+$-N /(mg·L$^{-1}$) | Cl$^-$或 SO$_4^{2-}$ /(mg·L$^{-1}$) | 氨 氮/% | 菌 体/% | 排放量 /(m³·t$^{-1}$ 味精) |
|---|---|---|---|---|---|---|---|---|---|
| 高浓度 (离子交换 尾液或发酵 废母液) | 1.8 ~ 2.0 | 30 000 ~ 70 000 | 20 000 ~ 42 000 | 12 000 ~ 20 000 | 500 ~ 7 000 | 8 000 或 20 000 | 0.2 ~ 0.4 | 1.0 ~ 1.5 | 15 ~ 20 |
| 中浓度 (洗涤水、 冲洗水) | 3 ~ 3.2 | 1 000 ~ 2 000 | 600 ~ 1 200 | 150 ~ 250 | 1.5 ~ 3.5 | | | | 100 ~ 250 |
| 低浓度 (冷却水、 冷凝水) | 3.5 ~ 4.5 | 100 ~ 500 | 60 ~ 300 | 60 ~ 150 | 0.2 ~ 0.5 | | | | 100 ~ 200 |
| 综合废水 (排放口) | 6.5 ~ 7 | 1 000 ~ 4 500 | 500 ~ 3 000 | 140 ~ 150 | 0.2 ~ 0.5 | | | | 300 ~ 500 |

按照《味精工业污染物排放标准》(GB 19431—2004)的有关规定,新建(包括改、扩建)项目自 2004 年 1 月 1 日起、现有企业自 2007 年 1 月 1 日起,均应执行其中表 2 的水污染物排放限值,即 pH = 6 ~ 9,COD = 200 mg/L,BOD$_5$ = 80 mg/L,SS = 100 mg/L,NH$_4^+$-N = 50 mg/L。单位味精产品排水量为 150 m³/t。

味精生产废水的主要特点是有机物和悬浮物菌丝体含量高、酸度大;氨氮和硫酸盐含量高,对厌氧和好氧生物具有直接和间接毒性或抑制作用。味精废水是一种处理难度很高的高浓度有机废水,国内已经对其作了多年研究。目前的主要问题是味精废水处理投资和运行费用过高,企业承受压力大。采用厌氧处理,运行费用较低,但是厌氧处理目前

尚无法有效解决高浓度硫酸盐问题。部分味精厂有饲料酵母生产线，用发酵废母液培养饲料酵母后，可使其 COD 下降 40% 左右。但目前大部分的味精厂采用冷冻等电点-离子交换工艺提取谷氨酸，因为离子交换尾液生产饲料酵母绝大多数是亏损运行，工厂的生产积极性已明显减弱。

随着国家对水污染控制的要求越来越高，味精行业希望能够找到一种技术上可行、经济上合理、在工业中可实际应用的处理工艺成套设备，以确保味精行业能够纳入可持续发展的轨道。

### 3.2.4　抗菌素类生物制药工业废水

在众多的发酵工程制药产品中，抗菌素是目前国内外研究较多的生物制药，其生产废水也占医药废水的较大份额。抗菌素（antibiotics）是微生物、植物、动物在其生命过程中产生（或利用化学、生物或生化方法）的化合物，具有在低浓度下选择性地抑制或杀灭它种微生物或肿瘤细胞的能力，是人类控制感染性疾病、保障身体健康及防治动植物病害的重要药物。2009 年我国抗生素总产量为 14.7 万 t，抗生素原料药品种达到 181 个，生产企业有 120 余家，市场规模约 600 亿元，抗生素产量位居世界首位。

抗菌素工业属于发酵工业的范围。抗菌素发酵是通过微生物将培养基中某些分解产物合成具有强大抗菌或抑菌作用的药物，它一般都是采用纯种在好氧条件下进行的。抗菌素的生产以微生物发酵法进行生物合成为主，少数也可用化学合成方法生产。此外，还可将生物合成法制得的抗菌素用化学、生物或生化方法进行分子结构改造而制成各种衍生物，称为半合成抗菌素。

抗菌素生产工艺主要包括菌种制备及菌种保藏、培养基制备（培养基的种类与成分、培养基原材料的质量和控制）与灭菌及空气除菌、发酵工艺（温度与通气搅拌等）、发酵液的预处理和过滤、提取工艺（沉淀法、溶剂萃取法、离子交换法）、干燥工艺等。以粮食或糖蜜为主要原料生产抗菌素的生产工艺流程如图 3.4 所示。

图 3.4　抗菌素生产工艺流程

由图 3.4 可见，抗菌素生产工艺流程与一般发酵产品工艺流程基本相同。生产工艺包括微生物发酵、过滤、萃取结晶、化学方法提取、精制等过程。

抗菌素生产工艺的主要废渣水来自以下三方面：一是提取工艺的结晶废母液，即采用沉淀法、萃取法、离子交换法等工艺提取抗菌素后的废母液、废流出液等污染负荷高（属高浓度）的有机废水；再则是中浓度有机废水，主要是来自于各种设备的洗涤水、冲洗水；最后是冷却水。

此外,为提高药效,还将发酵法制得的抗菌素用化学、生物或生化方法进行分子结构改造而制成各种衍生物,即半合成抗菌素,其生产过程的后加工工艺中包括有机合成的单元操作,可能排出其他废水。

抗生素类制药产品不同,其单位产品排水量变化也较大。表3.13列举了代表性药物的单位产品排水量,其中青霉素的排水量较低(400~800 m³/t),而庆大霉素则高达7 150 m³/t。由于各抗生素类制药企业的工艺、各工序的时间安排都相对固定,通常采用间歇排水,故每天的排水量变化都很大,高峰时排水量可能是日平均排水量的2~4倍。另外,产品订单的多少和操作工序时间的改变,也会导致废水日排放量变化幅度增大。

表3.13　抗生素制药废水水量

| 类　　别 | 代表性药物 | 单位产品排水量/(m³·t⁻¹) |
|---|---|---|
| β-内酰胺类 | 青霉素 | 400~800 |
| | 头孢菌素 | 1 400~2 000 |
| | 其他 | 960~1 320 |
| 氨基糖苷类 | 链霉素、双氢链霉素 | 1 160~1 600 |
| | 庆大霉素 | 5 200~7 150 |
| | 大观霉素 | 1 200~1 650 |
| | 其也 | 2 400~3 300 |
| 大环内酯类 | 红霉素 | 680~900 |
| | 麦白霉素 | 600~800 |
| | 其他 | 680~900 |
| 其他类 | 洁霉素、利福霉素等 | 4 800~6 600 |

抗菌素制药的废水可分为提取废水、洗涤废水和其他废水,其生产工艺流程与废水产生情况如图3.5所示。

图3.5　抗菌素生产及废水产生示意图

抗菌素生产废水的来源及主要水质特征主要包括以下几方面。

**1. 抗菌素制药废水的来源**

（1）发酵废水

发酵废水如果不含有最终成品,则 $BOD_5$ 的质量浓度为 4 000 ~ 13 000 mg/L。当发酵过程不正常、发酵罐出现染菌现象时,导致整个发酵过程失败,必然将废发酵液排放到废水中,从而增大了废水中有机物及抗菌素类药物的浓度,使得废水中 COD、$BOD_5$ 值出现波动高峰,此时废水的 $BOD_5$ 质量浓度可高达 $(2 ~ 3) \times 10^4$ mg/L。

（2）酸、碱废水和有机溶剂废水

酸、碱废水和有机溶剂废水主要是在发酵产品的提取过程中需要采用一些提取工艺和特殊的化学药品造成的。

（3）设备与地板等的洗涤废水

设备与地板等的洗涤废水的成分与发酵废水相似,$BOD_5$ 质量浓度为 500 ~ 1 500 mg/L。

（4）冷却水

冷却水中污染物的主要成分是发酵残余的营养物,如蛋白质、脂肪和无机盐类（$Ca^{2+}$、$Mg^{2+}$、$K^+$、$Na^+$、$SO_4^{2-}$、$HPO_4^{2-}$、$Cl^-$、$C_2O_4^{2-}$ 等）,其中包括酸、碱、有机溶剂和化工原料。

**2. 抗菌素制药废水的水质特征**

从抗菌素制药的生产原料及工艺特点中可以看出,该类废水成分复杂,有机物浓度高,溶解性和胶体性固体浓度高,pH 经常变化,温度较高,带有颜色和气味,悬浮物含量高,含有难降解物质和有抑菌作用的抗菌素,并且有生物毒性等。其具体特征叙述如下。

（1）COD 浓度高

抗菌素制药废水中主要包括发酵残余基质及营养物、溶媒提取过程的萃余液,经溶媒回收后排出的蒸馏釜残液,离子交换过程排出的吸附废液,水中不溶性抗菌素的发酵滤液,以及染菌倒罐废液等。这些成分浓度较高,如青霉素 COD 质量浓度为 15 000 ~ 80 000 mg/L、土霉素 COD 质量浓度为 8 000 ~ 35 000 mg/L。

（2）碳氮比低

发酵过程中为满足发酵微生物次级代谢过程特定要求,一般控制生产发酵的 C/N 为 4∶1 左右,这样废发酵液中的 $BOD_5/N$ 一般在 1 ~ 4 之间,与废水处理微生物的营养要求［好氧为 20∶1,厌氧为（40-60）∶1］相差甚远,严重影响微生物的生长与代谢,不利于提高废水生物处理的负荷和效率。

（3）废水中 SS 浓度高

废水中 SS 主要为发酵的残余培养基质和发酵产生的微生物丝菌体。例如,庆大霉素 SS 为 8 g/L 左右,青霉素 SS 为 5 ~ 23 g/L。

（4）存在难生物降解和有抑菌作用的抗菌素等毒性物质

由于抗菌素得率较低,仅为 0.1% ~ 3%（质量分数）,且分离提取率仅为 60% ~ 70%,因此废水中残留抗菌素含量较高,一般条件下,四环素残余质量浓度为 100 ~ 1 000 mg/L,土霉素残余浓度为 500 ~ 1 000 mg/L。废水中青霉素、四环素、链霉素质量浓度低于 100 μg/L 时,不会影响好氧生物处理;但当浓度大于 10 mg/L 时,会抑制好氧污泥活性,降低处理效果。

（5）硫酸盐浓度高

由于硫酸铵是发酵的氮源之一，硫酸是提炼和精制过程中重要的 pH 调节剂，大量使用的硫酸铵和硫酸，造成很多发酵制药废水中硫酸盐浓度高，给废水厌氧处理带来困难。链霉素废水中硫酸盐含量为 3 000 mg/L 左右（最高可达 5 500 mg/L），土霉素废水为 2 000 mg/L 左右，庆大霉素废水中为 4 000 mg/L。一般认为，好氧条件下硫酸盐的存在对生物处理没有影响，但对厌氧生物处理有抑制作用。

（6）水质成分复杂

中间代谢产物、表面活性剂（破乳剂、消沫剂等）和提取分离中残留的高浓度酸、碱、有机溶剂等原料成分复杂，易引起 pH 大幅度波动，影响生化反应活性。

（7）水量小且间歇排放，冲击负荷较高

由于抗菌素分批发酵生产，废水间歇排放，所以其废水成分和水力负荷随时间也有很大变化，这种冲击给生物处理带来极大的困难。

部分抗菌素生产废水水质特征和主要污染指标见表 3.14 和表 3.15。

表 3.14 部分抗菌素生产废水水质特征和主要污染指标

| 抗菌素品种 | 废水生产工段 | COD /(mg·L⁻¹) | SS /(mg·L⁻¹) | SO₄²⁻ /(mg·L⁻¹) | 残留抗菌素 /(mg·L⁻¹) | TN /(mg·L⁻¹) | 其 他 |
|---|---|---|---|---|---|---|---|
| 青霉素 | 提取 | 1 500 ~ 8 000 | 5 000 ~ 23 000 | 5 000 | | 500 ~ 1 000 | 甲醛:100 |
| 氨苄青霉素 | 回收溶媒后 | 5 000 ~ 70 000 | | <5 000 | 开环物:54% | $NH_3-N_2$:0.34% | |
| 链霉素 | 提取 | 10 000 ~ 16 000 | 1 000 ~ 2 000 | 2 000 ~ 5 500 | | <800 | |
| 卡那霉素 | 提取 | 25 000 ~ 30 000 | <250 000 | | 80 | <600 | |
| 庆大霉素 | 提取 | 25 000 ~ 40 000 | 10 000 ~ 25 000 | 4 000 | 50 ~ 70 | 1 100 | |
| 四环素 | 结晶母液 | 20 000 | | | 1 500 | 2 500 | 草酸:7 000 |
| 土霉素 | 结晶母液 | 10 000 ~ 35 000 | 2 000 | 2 000 | 500 ~ 1 000 | 500 ~ 900 | 草酸:10 000 |
| 麦迪霉素 | 结晶母液 | 1 5000 ~ 40 000 | 1 000 | 4 000 | 760 | 750 | 乙酸乙酯:6 450 |
| 洁霉素 | 丁醇提取回收后 | 15 000 ~ 20 000 | 1 000 | <1 000 | 50 ~ 100 | 600 ~ 2 000 | |
| 金霉素 | 结晶母液 | 2 5000 ~ 30 000 | 1 000 ~ 50 000 | | 80 | 600 | |

表 3.15　抗生素生产工艺废水主要水质指标

| | pH | COD /($mg \cdot L^{-1}$) | $BOD_5$ /($mg \cdot L^{-1}$) | SS /($mg \cdot L^{-1}$) | 硫酸盐 /($mg \cdot L^{-1}$) | $NH_4^+$-N /($mg \cdot L^{-1}$) |
|---|---|---|---|---|---|---|
| β-内酰胺类 | 3~7 | 15 000~28 000 | 3 000~7 000 | 1 100~3 400 | 500~8 000 | 100~360 |
| 氨基糖苷类 | 4~7 | 5 000~13 000 | 3 000~5 100 | 1 000~4 000 | 500~800 | 30~160 |
| 大环内酯类 | 3~7 | 5 000~13 000 | 2 500~5 600 | 1 000~3 000 | 200~800 | 40~150 |
| 其他类 | 4~9 | 4 000~15 000 | 1 000~4 000 | 500~3 000 | 150~300 | 50~100 |

　　按照《发酵类制药工业水污染物排放标准》（GB 21903—2008）的有关规定,现有企业自 2010 年 7 月 1 日起、新建企业自 2008 年 8 月 1 日起,均应执行其中表 2 的水污染物排放限值,具体数值见表 3.16。

表 3.16　发酵类制药工业新建企业水污染物排放限值

| 序　　号 | 污染物项目 | 限值 | 污染物排放监控位置 |
|---|---|---|---|
| 1 | pH | 6~9 | |
| 2 | 色度(稀释倍数) | 60 | |
| 3 | 悬浮物 | 60 | |
| 4 | 五日生化需氧量($BOD_5$) | 40(30) | |
| 5 | 化学需氧量(COD) | 120(100) | |
| 6 | 氨氮 | 35(25) | 企业废水总排放口 |
| 7 | 总氮 | 70(50) | |
| 8 | 总磷 | 1.0 | |
| 9 | 总有机碳 | 40(30) | |
| 10 | 急性毒性($HgCl_2$ 毒性当量) | 0.07 | |
| 11 | 总锌 | 3.0 | |
| 12 | 总氰化物 | 0.5 | |

　　注:①括号内排放限值适用于同时生产发酵类原料药和混装制剂的联合生产企业。
　　　　②除 pH 和色度外,表中其他污染指标的单位为 mg/L。

# 3.3　发酵工业废水处理技术

　　前已述及,发酵工业废水种类繁多,水量、水质各异,其处理方式也各不相同。在本节里,我们选择具有代表性的啤酒工业废水和含有硫酸盐的味精废水,对其处理技术加以阐述。尽管是针对这两种废水阐述了一些处理工艺,但所提及的工艺也可供发酵工业所产生的其他废水处理参考。

## 3.3.1　啤酒工业废水处理

　　啤酒废水具有良好的可生化降解性,处理方法通常以生化工艺为主,或采用物化与生化处理相结合的工艺。生化处理法中常用的有生物膜法和活性污泥法,也可采用水解酸化-好氧、厌氧-好氧的组合处理工艺等。

鉴于啤酒废水含有大量的有机碳,而氮源含量较少,在进行传统生物氧化法处理时,因氮量远远低于$BOD_5 : N = 100 : 5$(质量比)的要求,致使有些啤酒厂在采用活性污泥法处理时,如不补充氮源,则处理效果很差,甚至无法进行。在生物氧化过程中,有些微生物如球衣细菌(俗称丝状菌)、酵母菌等虽能适应高有机碳低氮量的环境,但由于球衣细菌、酵母菌等微生物体积大、密度小,菌胶团细菌不能在活性污泥法的处理构筑物中正常生长,这也是早期活性污泥法处理啤酒废水不理想的主要原因之一。因此,早期啤酒废水在进行生物氧化处理时,通常采用生物膜法,一般可选用生物接触氧化法。生物接触氧化法利用池内填料聚集球衣细菌等微生物,使处理取得理想的效果,所以啤酒厂废水处理站的主体工艺建议采用生物接触氧化法。

啤酒废水中一般含有大量悬浮有机污染物,进入生物接触氧化池前应进行初级处理。初级处理装置可选用格栅和机械细筛两级处理,使悬浮有机物的去除率达80%以上。啤酒废水自然存放4 h就会发生腐败,腐败的废水进入好氧处理系统会影响处理效果,因此,在设调节池时应考虑设预曝气装置,也可考虑不设调节池,但必须加大好氧生物处理装置的容量,使该装置具备足够的缓冲能力。

**1. 二级生物接触氧化工艺处理啤酒废水**

20世纪80年代初,啤酒废水处理主要采用好氧处理技术,如活性污泥法、高负荷生物滤池和接触氧化法等(表3.17)。当时,接触氧化法比活性污泥法占有一定的优势,所以在啤酒废水的处理上得到了广泛的应用。由于啤酒废水进水COD浓度高,所以一般采用二级接触氧化工艺。

表3.17　国内部分啤酒厂废水处理工艺

| 厂　名 | 核心工艺 | 处理水量/($m^3 \cdot d^{-1}$) |
|---|---|---|
| 北京华都啤酒厂 | 两段活性污泥法 | 2 400 |
| 杭州啤酒厂 | 二级充氧型生物转盘 | 2 100 |
| 青岛啤酒厂 | 三段生物接触氧池 | 2 000 |
| 无锡啤酒厂 | 两段活性污泥法-稳定法 | 1 200 |
| 广州啤酒厂 | 普通活性污泥法 | 4 000 |
| 珠江啤酒厂 | 两段活性污泥法 | 1 700 |
| 上海江南啤酒厂 | 塔滤-射流曝气 | 3 000 |
| 上海华光啤酒厂 | 生物转盘-曝气池 | 2 000 |
| 抚顺啤酒厂 | 曝气法-生物接触氧化池 | 2 100 |
| 长江啤酒厂 | 两段表面曝气池 | 3 600 |
| 上海益民啤酒厂 | 塔滤-曝气池 | 2 200 |
| 昆明啤酒厂 | 生物滤池-射流曝气 | 1 000 |

图 3.6 为北京市环境保护科学研究院为北京某啤酒厂设计的典型的二级接触氧化工艺流程图。该二级接触氧化工艺日处理废水 2 000 $m^3$,高峰流量 200 $m^3/h$。进水的 COD 质量浓度为 1 000 mg/L,$BOD_5$ 质量浓度为 600 mg/L,SS 质量浓度为 600 mg/L。处理后的出水水质:COD 质量浓度不大于 60 mg/L,$BOD_5$ 质量浓度不大于 10 mg/L,SS 质量浓度不大于 30 mg/L。

图 3.6　二级接触氧化工艺流程图

采用接触氧化工艺代替传统活性污泥法,可以防止高糖含量废水引起污泥膨胀的现象发生,并且不用投配 N、P 等营养物质。用生物接触氧化法,可以选择的 $BOD_5$ 负荷范围是 1.0 ~ 1.5 kg/($m^3$·d);用鼓风曝气,每去除 1 kg 的 $BOD_5$ 污染物约需空气 80 $m^3$。

**2. CASS 工艺处理啤酒废水**

循环式活性污泥法(CASS)是对序批式活性污泥法(SBR)工艺的改进,在啤酒废水的处理中也得到了很大程度的应用。

安徽某啤酒厂采用 SBR 的改进工艺(CASS 工艺)处理啤酒废水,处理水量为 3 500 $m^3/d$,采用的工艺流程如图 3.7 所示。废水通过机械格栅能有效地分离出 3 mm 以上的固体颗粒,然后进入调节池。通过提升泵将废水再从调节池泵入 CASS 池,CASS 法反应池的容积一般包括选择区、预反应区和主反应区。废水由提升泵直接提升到 CASS 的选择区与回流污泥混合,选择区不曝气,相当于活性污泥工艺中的厌氧选择器。在该区内,回流污泥中的微生物菌胶团大量吸附废水中的有机物,能迅速降低废水中有机物浓度,并防止污泥膨胀。预反应区采用限制曝气,控制溶解氧质量浓度为 0.5 mg/L,使反硝化过程得以可能进行。主反应区的作用是完成有机物的降解或氨氮的硝化过程。选择区、预反应区和主反应区的体积比为 1 : 5 : 20,反应池污泥回流比一般为 30% ~ 50%。曝气方式采用鼓风曝气,曝气器选用微孔曝气器。

CASS 池中的撇水装置采用旋转式滗水器,主要由浮箱、堰口、支撑架、集水支管、集水总管(出水管)、轴承、电动推杆、减速机和电机等部件组成。滗水器和整个工艺采用可编程序控制器(PLC)进行控制,主要根据时间、液位和滗水器位置等因素来综合控制各部件运行。主要控制参数包括废水流量,提升时间,污泥回流时间,曝气时间,气流量,沉淀时间,撇水时间、流量,滗水器的速度及原点,高低位,剩余污泥排放时间、流量,主反应池高、低液位,污泥池高、低液位等。工艺控制系统预先设置控制程序发出指令,控制部件能够按照设定的程序自动操作,既降低劳动强度,又简化操作。

废水处理详细的设计参数如下:

设计水量:$Q$ = 3 500 $m^3/d$;

设计进水水质:COD 质量浓度为 800 ~ 1 500 mg/L,$BOD_5$ 质量浓度为 800 mg/L,SS 质量浓度为 300 ~ 600 mg/L;

图 3.7　啤酒废水 CASS 工艺流程图

设计出水水质按当地污水排放标准为二级标准:COD 质量浓度不大于 150 mg/L,BOD₅ 质量浓度不大于 60 mg/L,SS 质量浓度不大于 200 mg/L。

由于该啤酒厂酵母回收装置尚不十分完善,废水排放水质及水量呈不稳定性。实际进水水质 COD 达 2 000 mg/L(超出设计指标),pH 为 6 ~ 11。出水水质 COD 均保持在 100 mg/L 以下,SS、BOD₅ 及其他指标均低于设计排放标准。CASS 工艺的好氧 BOD₅ 负荷设计值为 0.4 kg/(kg MLSS·d)(假设 MLSS 浓度为 3 g/L),停留时间 HRT=16 h,然而实际运行 BOD₅ 负荷为 0.675 kg/(kg MLSS·d),已经达到较高的负荷,却仍能达标排放,这充分体现了 SBR 及其变形工艺的优势。

**3. 水解酸化-好氧联合工艺处理啤酒废水**

随着厌氧技术的发展,厌氧处理从开始只能处理高浓度的废水发展到可以处理中、低浓度的废水,如啤酒废水、屠宰废水甚至生活污水。北京环境保护科学研究所针对低浓度污水开发了水解酸化-好氧生物处理技术,利用厌氧反应器进行水解酸化,而不是进行甲烷发酵。水解反应器对有机物的去除率,特别是对悬浮物的去除率显著高于具有相同停留时间的初沉池。由于啤酒废水中大分子、难降解有机物被转变为易降解的小分子有机物,出水的可生化性能得到改善,使得好氧处理单元的停留时间低于传统工艺。与此同时,悬浮固体物质(包括进水悬浮物和后续好氧处理中的剩余污泥)被水解为可溶性物质,使污泥得到处理。事实上,水解池是一种以水解产酸菌为主的厌氧上流式污泥床,水解反应工艺是一种预处理工艺,其后可以采用各种好氧工艺,如采用活性污泥法、接触氧化法、氧化沟和序批活性污泥法(SBR)。因此,水解-好氧生物处理工艺是具有自身特点的一种新型处理工艺。

20 世纪 80 年代末,轻工部北京设计规划研究院与北京环境保护科学研究院一起采用北京市环境保护科学研究院开发的厌氧水解酸化-好氧技术处理啤酒废水(表 3.18)。啤酒废水中大量的污染物是溶解性的糖类、乙醇等,它们容易生物降解,一般不需要水解酸化。然而,从实验结果分析来看,水解池 COD 去除率最高可以达到 50%,当废水中包含制麦废水(浓度较低)时去除率也在 30% ~ 40%。这主要是因为啤酒废水的悬浮性有机物成分较高,水解池截留悬浮性颗粒物质,所以水解池去除了相当一部分的有机物;水解和好氧处理相结合,确实比完全好氧处理要经济一些,这也是 20 世纪 80 年代末期和

90 年代初期采用厌氧(水解酸化)-好氧工艺的原因。水解酸化-好氧工艺的典型工艺流程如图 3.8 所示。

表 3.18　厌氧(水解酸化)-好氧处理啤酒废水

| 厂　名 | 流量 /(m³·d⁻¹) | 水解停留 时间/h | 进水 COD /(mg·L⁻¹) | 厌氧去除 率/% | 投入运转 年份 |
|---|---|---|---|---|---|
| 开封啤酒厂 | 2 000 | 2.5 | 1 800 | 35~40 | 1990 |
| 厦门冷冻厂啤酒间 | 850 | 4.0 | 1 900~2 000 | 35~40 | 1992 |
| 青岛湖岛制麦厂 | 2 000 | 5.0 | 1 000 | 30 | 1994 |
| 莆田啤酒厂 | 2 500 | 4.0 | 1 200 | 30 | 1993 |
| 滕州市啤酒厂 | 2 000 | 4.0 | | | 1990 |
| 大连中联啤酒厂 | | | | | 1998 |

格栅　→　均质调节　→　水解酸化　→　接触氧化　→　气浮　→　达标排放

图 3.8　水解酸化-好氧工艺流程

该工艺的主要特点是:由于水解池有较高的去除率(30%~50%),所以将好氧工艺中二级的接触氧化工艺简化为一级接触氧化,并且能耗大幅度降低,从实际运行结果来看,出水的 COD 也有所改善。

由于单独采用水解酸化工艺处理啤酒废水时的出水水质一般不能满足排放标准,故可以采用不同的后处理工艺,如活性污泥法、接触氧化和 SBR 工艺等。

有关水解酸化池的设计参数如下:以细格栅和沉砂池作为啤酒废水的预处理设施,平均水力停留时间 HRT=2.5~3.0 h;$v_{max}$=2.5 m/h(持续时间不小于 3.0 h);反应器深度 $H$=4.0~6.0 m;布水管密度为 1~2 m²/孔;出水三角堰负荷为 1.5~3.0 L/(s·m);污泥床的高度在水面之下 1.0~1.5 m;污泥排放口在污泥层的中上部,即在水面下 2.0~2.5 m 处;在污泥龄大于 15 d 时,污泥水解率为所去除 SS 的 25%~50%。设计污泥系统需按冬季最不利情况考虑。

采用水解酸化-SBR 工艺处理啤酒废水,其主要设施是水解酸化池和 SBR 反应器。一般在水解酸化池内装填填料(球形填料),HRT 约为 4 h(利用厌氧过程的水解产酸阶段),COD 去除率为 30%~40%。SBR 反应池的 HRT 约为 6 h,在水温为 20~25 ℃、污泥浓度约 4 000 mg/L 时,COD 总去除率大于 92%,$BOD_5$ 总去除率大于 98%,处理后出水水质可以达到《污水综合排放标准》(GB 8978—1996)的一级排放标准要求。

**4. UASB 工艺处理啤酒废水**

近年来,随着高效厌氧反应器的发展,厌氧处理工艺已经可以应用于常温低浓度啤酒废水的处理。国外许多啤酒厂采用了厌氧处理工艺,其反应器规模由数百立方米到数千立方米不等。荷兰的 Paques、美国的 Biothane 和比利时的 Biotim 公司是世界主要 3 个升流式厌氧污泥床(UASB)技术运用的厂家。据不完全统计,仅这 3 家公司就已建成了 100

余座啤酒废水的厌氧处理装置。表 3.19 为我国啤酒废水 UASB 处理装置的不完全统计。其中国外引进的主要为 Paques 和 Biotim 两家公司的 UASB 工艺和技术。

表 3.19 我国部分啤酒废水厌氧处理装置

| 单位(企业)名称 | 容积/m³ | 工艺 | COD 容积负荷/(kg·m⁻³·d⁻¹) | COD 去除率/% | BOD₅ 去除率/% |
|---|---|---|---|---|---|
| 国内设计 | | | | | |
| 合肥啤酒厂 | 1 800 | UASB | | | |
| 北京啤酒厂 | 2 400 | UASB | | | |
| 沈阳啤酒厂 | 400 | UASB | | | |
| 国外引进 | | | | | |
| 山东三孔啤酒厂 | | UASB | | | |
| 生力啤酒顺德有限公司 | 1 200 | UASB | 5 | 90 | 90 |
| 保定生力啤酒厂 | 2 400 | UASB | 5 | 93 | 90 |
| 海南啤酒厂有限公司 | 670 | UASB | 5 | 90 | 90 |
| 南宁万泰啤酒有限公司 | 2 200 | UASB | 5 | 90 | 90 |
| 深圳啤酒厂三期工程 | 1 500 | UASB | 5 | 90 | 90 |
| 苏州狮王啤酒厂 | 2 200 | UASB | 5 | 95 | 90 |
| 武汉百威啤酒有限公司 | 1 450 | UASB | 5 | 95 | 90 |
| 惠州啤酒有限公司 | 880 | UASB | 5 | 90 | 90 |
| 深圳青岛啤酒有限公司 | 910 | UASB | 5 | 90 | 90 |
| 天津富仕达酿酒有限公司 | 2 100 | UASB | 7 | 90 | 90 |
| 海南太平洋酿酒有限公司 | | UASB | 5 | 90 | 90 |
| 杭州中策啤酒厂 | 990 | UASB | — | — | — |
| 沈阳雪花啤酒厂 | | IC | | | |
| 上海富仕达啤酒厂 | | IC | | | |
| 云南啤酒厂 | | UASB | | | |

图 3.9 为 Biotim 公司在越南胡志明市的 Heineken 啤酒厂设计的 UASB 处理系统的工艺流程图。

20 世纪 80 年代中期,北京啤酒厂建成日处理 4 500 m³ 的 UASB 反应器。废水通过厌氧处理可以达到 85% ~ 90% 以上的有机污染物去除率。

该厂废水水质如下:COD 质量浓度为 2 300 mg/L;水温为 18 ~ 32 ℃;BOD₅ 质量浓度为 1 500 mg/L;TN 质量浓度为 43 mg/L;TSS 质量浓度为 700 mg/L;TP 质量浓度为 10 mg/L;碱度质量浓度为 450 mg/L。

由于北京啤酒厂地处市区,并且下游有高碑店城市污水处理厂,因此,啤酒厂仅仅进行一级厌氧处理,处理后的废水需达到排入城市污水管道的水质标准(COD 质量浓度小于 500 mg/L)。啤酒废水处理工艺流程如图 3.10 所示,其中 UASB 反应器总池容为 2 000 m³,为了便于运行管理,在设计上将 UASB 分成 8 个单元,每个单元的有效容积为 250 m³。

图 3.9 厌氧(UASB 反应器)-好氧联合处理工艺流程图

图 3.10 啤酒废水处理工艺流程图

为了实验的目的,8 个单元分别投入不同来源和数量的接种污泥。表 3.20 是选择 3 个典型反应器(分别记为 1 号、2 号和 3 号)投入不同接种污泥的性质和运行情况。

表 3.20 北京啤酒厂污泥接种、启动和稳定运行状态

| 反应器编号 | 1 号反应器 | 2 号反应器 | 3 号反应器 |
|---|---|---|---|
| 污泥种类 | 厌氧污泥 | 厌氧污泥 | 好氧污泥 |
| 接种污泥(VSS)量 /(kg·m⁻³) | 6.5 | 14.5 | 1.0 |
| 有机组分(VSS/SS) 质量比 | 0.4 | 0.4 | 0.35 |
| 最大比 COD 去除率 /[g COD·(g VSS)⁻¹· d⁻¹] | 0.435 | 0.5 | 0.07 |
| 启动后期 | COD 负荷为 3 ~ 4 kg/(m³·d),HRT<12 h, 出水 COD<300 mg/L, SS=600~900 mg/L,流失污泥结构松散 | COD 负荷为 3 ~ 4 kg/(m³·d),HRT<12 h, 出现大量跑泥,流失污泥结构松散 | COD 负荷为 3 ~ 4 kg/(m³·d),HRT<12 h, SS = 200~400 mg/L, COD 去除率83% |

续表 3.20

| 反应器编号 | 1 号反应器 | 2 号反应器 | 3 号反应器 |
|---|---|---|---|
| 运行状态 | COD 负荷为 7 ～ 12 kg/(m³·d)，出水 COD < 500 mg/L，去除率为75% ～88%，运行稳定 | COD 负荷为 4 ～ 7 kg/(m³·d)，出水 COD < 500 mg/L，去除率为70% ～93%，运行稳定 | COD 负荷为 3 ～ 5 kg/(m³·d)，出水 COD < 500 mg/L，去除率为70% ～93%，运行稳定 |

　　废水在低于 25 ℃、反应器 COD 负荷为 7 ~ 12 kg/(m³·d)、水力停留时间为 5 ~6 h 条件下进行处理时，COD 去除率为 75% ~93%，出水 COD 质量浓度小于 500 mg/L；去除单位质量 COD 的沼气产率为 0.42 m³/kg，剩余污泥 VSS 产率为 0.109 kg/kg。

　　基于 UASB 的原理，荷兰 Paques 公司于 1986 年开发了厌氧内循环（IC）反应器，如图 3.11 所示。IC 反应器是以 UASB 反应器内污泥已颗粒化为基础构造的新型厌氧反应器，由两个 UASB 反应器的单元相互重叠而成，一个是极端高负荷，一个是低负荷。因此，其反应器高度较大，一般在 20 m 以上。由于可采用的负荷较高，所以实际水流的上升流速很高，一般为10 m/h 以上。它的另一个特点是在一个高的反应器内将沼气的分离分为两个阶段。

　　IC 反应器的工作原理是，废水直接进入反应器的底部，通过布水系统与颗粒污泥混合。在第一级高负荷的反应区内有一个污泥膨胀床，在这里，COD 的大部分被转化为沼气，沼气被第一级三相分离器收集。由于采用的负荷高，产生的沼气量很大，其在上升的过程中会产生很强的提升能力，迫使废水和部分污泥通过提升管上升到反应器顶部的气液分离器中。在这个分离器中产生的气体离开反应器，而污泥与水的混合液通过下降管回到反应器的底部，从而完成了内循环的过程。从底部第一个反应室内的出水进到上部的第二个室内进行后处理，在此产生的沼气被第二层三相分离器收集。因为 COD 浓度已经降低很多，所以产生的沼气量降低，因此，扰动和提升作用不大，从而使出水可以保持较低的悬浮物含量。

　　由图 3.11 可见，IC 反应器从功能上讲是由 4 个不同的工艺单元组合而成，即混合区、膨胀床部分、精处理区和回流系统。混合区在反应器的底部，进入的废水和颗粒污泥与内部气体循环所带回的出水有效地混合，有利于进水的稀释和均化。膨胀床部分是由包含高浓度颗粒污泥的膨胀床所构成。床的膨胀或流化是由于进水的上升流速、回流和产生的沼气所造成，废水和污泥之间有效的接触使污泥具有高的活性，可以获得高的有机负荷和转化效率。在精处理区内，由于低的污泥负荷率、相对长的水力停留时间和推流的流态特性，产生了有效的后处理。另外，由于沼气产生的扰动在精处理区较低，使得生物可降解 COD 几乎全部被去除。IC 反应器与 UASB 反应器相比，反应器总的负荷率较高，但因为内部循环流体不经过精处理区域，因此，在精处理区的上升流速也较低，这两点提供了固体的最佳停留条件。内部的回流系统是利用气提原理，因为在上层和下层的气室间存在着压力差。回流的比例由产气量（进水 COD 浓度）确定，因此，是自调节的。IC 反应器也可配置附加的回流系统，产生的沼气可以由空压机在反应器的底部注入系统内，从而在膨胀床部分产生附加扰动；气体的供应也会增加内部水淤泥的循环。内部的循环也同时造成了污泥回流，这使得系统的启动过程加快，并且可在进水有毒性的情况下采用 IC 反应器。

IC 反应器与以往厌氧处理工艺相比，具有以下特点：占地面积小，一般高为 16～25 m，平面面积相对很小；有机负荷高，水力停留时间短（表 3.21）；剩余污泥少，约为进水 COD 的 1%，且容易脱水；靠沼气的提升产生循环，不需用外部动力进行搅拌混合和使污泥回流系统流，节省动力的消耗。但是对于间歇运行的 IC 反应器，为使其能快速启动，需要设置附加的气体循环系统，因为生物降解后的出水为碱性，当进水酸度较高时，可以通过出水的回流使进水得到中和，减少药剂用量；耐冲击性强，处理效率高，COD 去除率为 75%～80%，$BOD_5$ 去除率为 80%～85%。

图 3.11 IC 反应器示意图

表 3.21 各种厌氧处理工艺的有机负荷与水力停留时间

| 处理工艺 | 有机 COD 负荷/(kg·m³·d⁻¹) | 水力停留时间/h |
|---|---|---|
| 普通消化池 | 0.5～2.0 | >3～5d |
| 接触消化池 | 2～4 | >24 |
| 厌氧过滤器 | 3～10 | >10 |
| UASB | 5～15 | 4～8 |
| 厌氧内循环反应器(IC) | 15～40 | 1～5 |

1995 年，上海富士达酿酒公司采用 Paques 公司的 IC 反应器与好氧气提反应器（CIRCOX）技术处理啤酒生产废水，处理能力为 4 800 m³/d，处理流程如图 3.12 所示。IC 反应器应用于高浓度有机废水，CIRCOX 反应器适用于低浓度的废水，两者串联起来是较优化的工艺组合。具有占地面积小、无臭气排放、污泥量少和处理效率高等优点。其中 IC 反应器和 CIRCOX 反应器的关键部件是从荷兰引进的，废水处理站采用全自动控制。

图 3.12 上海富士达酿酒公司啤酒废水处理工艺流程

具体的流程是，啤酒生产废水汇集至进水井，由泵提升至旋转滤网。其出水管上设温度和 pH 在线测定仪，当温度和 pH 的测定值满足控制要求时，废水就进入缓冲池，否则排至应急池。缓冲池内设有淹没式搅拌机，使废水均质并防止污泥沉淀。废水再由泵提升至预酸化池,在其中使有机物部分降解为挥发性脂肪酸,并可在其中调节营养比例和 pH。然后,废水由泵送入 IC 反应器,经过厌氧反应后,流入 CIRCOX 反应器,出水流至斜板沉淀池,加入高分子絮凝剂以提高沉淀效果。污泥用泵送至污泥脱水系统,出水部分回用,其余排放。各个反应器的废气由离心风机送至涤气塔,用处理后的废水或稀碱液吸收。废水进水、出水数据见表 3.22,从中可见,出水的各项指标均达到排放标准。

表 3.22　上海富士达酿酒公司啤酒废水处理站处理效果

| 项　目 | 进水水质 | | 出水水质 | |
|---|---|---|---|---|
| | 平均 | 范围 | 平均 | 范围 |
| COD/(mg·L$^{-1}$) | 2 000 | 1 000~3 000 | 75 | 50~100 |
| BOD$_5$/(mg·L$^{-1}$) | 1 250 | 600~1 875 | ≤30 | |
| SS/(mg·L$^{-1}$) | 500 | 100~600 | 50 | 10~100 |
| NH$_4^+$-N/(mg·L$^{-1}$) | 30 | 12~45 | 10 | 5~15 |
| 磷酸盐/(mg·L$^{-1}$) | | 10~30 | | 6~9 |
| pH | 7.5 | 4~10 | 7.5 | |
| 温度/℃ | 37 | 30~50 | <40 | |

主要处理构筑物的设计参数如下。预酸化池:直径为 6 m,高为 21 m,水力停留时间为 3 h;IC 反应器:直径为 5 m,高为 20.5 m,水力停留时间为 2 h,COD 容积负荷为 15 kg/(m$^3$·d);CIRCOX 反应器:下部直径为 5 m,上部直径为 8 m,高度为 18.5 m,水力停留时间为 1.5 h,COD 负荷为 6 kg/(m$^3$·d),微生物 VSS 质量浓度为 15~25 g/L。

### 3.3.2　味精工业废水处理

某味精厂废水处理项目的废水设计水量、水质见表 3.23,水量因设调节池不考虑时变化。处理后出水执行《污水综合排放标准》(GB 8978—1996)味精行业的二级排放标准。

表 3.23　味精废水的设计水量、水质

| 项　目 | 高浓度废水/(400 m$^3$·d$^{-1}$) | 低浓度废水/(600 m$^3$·d$^{-1}$) | 排放标准 |
|---|---|---|---|
| COD/(mg·L$^{-1}$) | 20 000 | 1 500 | ≤300 |
| BOD$_5$/(mg·L$^{-1}$) | 10 000 | 750 | ≤150 |
| NH$_4^+$-N/(mg·L$^{-1}$) | 10 000 | 200 | ≤25 |
| SO$_4^{2-}$/(mg·L$^{-1}$) | 20 000 | | |
| PO$_4^{3-}$/(mg·L$^{-1}$) | | 15.0 | ≤1.0 |
| SS/(mg·L$^{-1}$) | 200 | | ≤200 |
| pH | 1.5~1.6 | 5~6 | 6~9 |

该处理方案采用以多级厌氧-好氧生物处理为主体的高浓度废水处理和辅以物理化学处理高硫酸盐和氨氮的综合废水处理工艺流程(图 3.13)。在高浓度废水厌氧处理工

艺中,为了消除硫酸盐的影响而设置硫酸盐还原-好氧脱硫反应器;为能有效去除 COD,脱硫后又设置了厌氧反应器,在高、低浓度废水混合处理中设置厌氧反应器又进一步降低了 COD,为了保证达到 $NH_4^+-N$ 的排放要求,经过 SBR 硝化的废水回流到厌氧反应器脱氮,以减少运行费,使出水达标排放。

图 3.13　某味精厂废水处理工艺流程示意图

**1. 高浓度废水**

高浓度废水的水量为 400 m³/d。

(1) 调节池

调节池中水力停留时间为 8 h,$V=135$ m³,尺寸为 6.5 m×7.0 m×3.5 m,池内设污水提升泵 2 台(1 用 1 备)。

(2) 投药系统

CaO 是按能去除 50% 的 $SO_4^{2-}$ 计算出的,相应需要 $Ca^{2+}$ 约 4 170 mg/L,再加饱和 $Ca^{2+}$ 的量,总需 $Ca^{2+}$ 量约为 5 000 mg/L,相应 CaO 量为 15 g/L,需 CaO 量为 5 t/d,折合含量 75%(质量分数)CaO 的商品石灰需 6.6 t/d。在脱硫反应器运行初期,投加 CaO 是必须的,但是,随着微生物的培养和驯化与脱硫效率的提高,可以逐步降低 CaO 的投加量,同样可以保证对硫酸盐的去除。这样,相应的药剂费用和污泥脱水费用均可以减少。

由于废水中的氨氮含量高,在 10 000 mg/L 左右,这对厌氧处理和好氧处理中的生物都有抑制作用,需要加以去除。投加 CaO 之后在调节池进行曝气吹脱,当 pH 为 9.0 ~ 10.0时,氨氮的去除率可以达到 60% 以上。

(3) 混凝、沉淀反应池

混凝、沉淀反应池投加氧化钙和助凝剂(脱硫剂),反应时间为 0.5 h;沉淀时间为 1.0 h。

(4) 硫酸盐还原反应器[UASB(I)]

硫酸盐还原反应器的结构是 UASB 反应器,COD 负荷为 20 kg/(m³·d),在此反应器中大分子有机物转化为有机酸,利用水中的硫酸盐作为最终电子受体,去除部分有机物,同时将硫酸根转化成硫化氢,硫化氢再与混凝反应池中的脱硫剂反应而去除硫化氢。此反应器与一般酸化反应器的不同点为:控制系统中的 pH≥6.5,硫酸盐还原反应的速度很高,此反应器也将以颗粒污泥方式运行。

硫酸盐($SO_4^{2-}$)负荷为 10 kg/($m^3 \cdot d$),进水 $SO_4^{2-}$ 质量浓度为 10 000 mg/L,反应器温度为 35 ℃,pH 为 6.5~7.5,有效容积 $V_{有效}$ = 400 $m^3$。由于在厌氧条件下,硫酸根转化为 $H_2S$,过量的脱硫剂可以有效地去除 $H_2S$,且对以后的生物处理无影响。

(5)氨氮吹脱和硫化物的生物氧化塔

由于废水中的氨氮含量高,经过前面的反应去除不大,仍然在 4 000 mg/L 左右,这对厌氧处理和好氧处理中的生物都有抑制作用,需要加以去除。进一步采用加 CaO 调整 pH 至 9.0~9.5,在吹脱塔进行吹脱,预计可以达到 60%(质量分数)的去除率。吹脱塔中放置填料,采用生物氧化的方式同时去除硫化氢。

(6)甲烷化反应器[UASB(Ⅰ)]

有机 COD 负荷为 10 kg/($m^3 \cdot d$),$V/m^3$ = 13.2(400/10) = 528;

沼气产量:2 000 $m^3$/d[包括 UASB(Ⅱ)];

水封罐:$\phi$1.2 m,恒压水封箱 2 台;

沼气柜:有效容积为 1 000 $m^3$,$\phi$12 m;

沼气燃烧系统 1 套;

沼气排空自动点火装置 1 套。

**2. 混合废水**

(1)格栅

格栅宽 $B$ = 0.5 m,栅条间隙为 $b$ = 10 mm。

(2)调节池

水力停留时间为 8 h,有效容积 $V_{有效}$ = 200 $m^3$,污水提升泵 SP-62.2-80 2 台(1 用 1 备);

水量为 1 000 $m^3$;水质 COD 质量浓度为 2 980 mg/L,$BOD_5$ 质量浓度为 1 000 mg/L。

(3)升流厌氧反应器[UASB(Ⅱ)]

COD 负荷为 5 kg/($m^3 \cdot d$),$V/m^3$ = 3×1 000/5 = 600。

(4)SBR 反应器

COD 容积负荷为 0.2 kg/(kg MLSS · d),$V/m^3$ = 0.9×1 000/(0.2×3) = 1 500。

由于考虑硝化,所以风量较大,选用 C40 的离心风机 3 台(其中 1 台备用)。

各段出水 COD、$BOD_5$、氨氮和 $SO_4^{2-}$ 含量见表 3.24。

**3. 污泥**

污泥浓缩池 $V$ = 100 $m^3$,2 座。

一类为药剂污泥,产量为 10 t/d,折成含水率为 90%(质量分数)的污泥量为 100 $m^3$/d,采用 DY-1000 带式压滤机 1 台,每天工作 8 h,泥饼产量为 30 $m^3$/d[含水率 70%(质量分数)]。

另一类为生物污泥,产量约为 500 kg/d,折成含水率为 98%(质量分数)的污泥为 25 $m^3$/d,采用 DY-1000 带式压滤机 1 台,每天工作 8 h,泥饼产量为 2.5 $m^3$/d[含水率 80%(质量分数)]。泥饼外运。

表 3.24　味精废水处理各工段出水水质

| 工段名称 | 水量 /(m³·d⁻¹) | COD /(mg·L⁻¹) | BOD₅ /(mg·L⁻¹) | SO₄²⁻ /(mg·L⁻¹) | SS /(mg·L⁻¹) | NH₄⁺–N /(mg·L⁻¹) |
|---|---|---|---|---|---|---|
| 调节池 | | 20 000 | 10 000 | 20 000 | 200 | 10 000 |
| 混凝沉淀 | | 18 000 | 8 000 | 10 000 | 200 | 3 000 |
| 硫酸盐还原反应器 | 400 | 13 200 | 5 600 | 8 000 | | 3 000 |
| 氨氮吹脱 | | 13 000 | 5 000 | 1 500 | | 900 |
| 甲烷反应器 | | 5 200 | 1 000 | 1 500 | | 900 |
| 低浓度废水 | 600 | 1 500 | 750 | — | | 200 |
| 混合废水 | | 2 980 | 820 | 600 | | 480 |
| UASB(Ⅱ) | 1 000 | 900 | 160 | 600 | | 480 |
| SBR | | ≤300 | | | ≤200 | ≤25 |

# 第4章 屠宰及肉类加工废水处理

肉类食品是人类生活所必需,是满足人类对蛋白质、脂肪等营养物质需求的主要来源之一。屠宰及肉类加工工业包括畜禽屠宰、肉制品及副产品加工,其中畜禽屠宰是指对各种畜禽进行宰杀以及鲜肉分割、冷冻等保鲜活动(不包括商业冷藏),而肉制品及副产品加工则是主要以各种畜禽肉及畜禽副产品为原料加工肉制品。在我国,随着人民生活水平的不断提高,肉类及其食品年消耗量逐年增长,我国日屠宰生猪数在 500～5 000 头的较大型、大型肉类加工厂不下千座,而日屠宰生猪数在 500 头以下的中、小型肉类加工厂更是成千上万。每年生猪屠宰量高达 6 亿多头,占全球 40% 以上。

在屠宰及肉类加工的过程中,要耗用大量的水,同时又要排出含有血污、油脂、毛、肉屑、畜禽内脏杂物、未消化的食料和粪便等污染物质的废水,而且此类废水中还含有大量对人类健康有害的微生物。屠宰及肉类加工废水如不经处理直接排放,会对水环境造成严重污染,对人畜健康造成危害。屠宰及肉类加工废水所含污染物质大多属于易于生物降解的有机物,在它们排入水体后,会迅速地耗掉水中的溶解氧,造成鱼类和水生生物因缺氧而死亡;由于缺氧还会使水体转变为厌氧状态,这样会使水质恶化、产生臭味、影响卫生。同时,废水中的致病微生物会大量繁殖,危害人民健康。在食品工业中,从排放水的数量和污染程度来看,屠宰及肉类加工废水几乎居于首位。因此,对屠宰及肉类加工废水进行处理,去除其污染对保护生态环境和人类健康是十分必要的。

## 4.1 屠宰及肉类加工废水的来源和水量水质特征

### 4.1.1 屠宰及肉类加工废水的来源

屠宰及肉类加工的生产过程大致为,牲畜在宰杀前要进行检疫验收,在屠宰时进入屠宰区,首先用机械、电力或者化学方法将牲畜致晕,然后悬挂后脚割断静脉宰杀放血。牛采用机械剥皮,而猪一般不去皮,猪体进入水温为 60 ℃ 的烫毛池煮后去毛。而后剖肚取出内脏,将可食用部分和非食用部分分开,再冲洗胴体、分割、冷藏,以及加工成不同的肉类食品,如新鲜肉或花色配制品和腊、腌、熏、罐头肉等。

图 4.1 所示为一个作业线完整的典型屠宰及肉类加工工序简图。

屠宰及肉类加工厂的废水主要产生在屠宰工序和预备工序。废水主要来自于圈栏冲洗、宰前淋洗和屠宰、放血、脱毛、解体、开腔劈片、清洗内脏肠胃等工序,油脂提取、剔骨、切割以及副食品加工等工序也会排放一定的废水。此外,在肉类加工厂还有来自冷冻机房的冷却水,以及车间卫生设备、洗衣房、办公楼和场内福利设施排出的生活污水等。

### 4.1.2  屠宰及肉类加工废水的水量

屠宰及肉类加工废水量与加工对象、数量、生产工艺、管理水平等因素有关。屠宰及肉类加工生产一般都有明显的季节性变化,因此,屠宰及肉类加工厂的废水流量在一年内有很大的变化。由于各肉类生产厂都具有其本身的生产特点,如每日一班生产、两班生产或三班连续生产,因此,废水流量在一天内有较大的变化,远非均匀流出。

图 4.1  典型屠宰及肉类加工工序简图

有研究结果表明,在生产工艺、管理水平一定的条件下,废水量与家畜生产加工对象的单位数量(头数)有关。数量越大,则加工单位家畜的用水量或排水量越低。

屠宰动物产生的废水量可以根据式(4.1)进行计算:

$$Q = q \times S \tag{4.1}$$

式中   $Q$——屠宰场每日产生的废水量,$m^3/d$;

$q$——屠宰单位动物废水产生量,$m^3/$头(畜类)或 $m^3/$百只(禽类);

$S$——每日屠宰动物总数量,头$/d$(畜类)或百只$/d$(禽类)。

屠宰单位动物废水产生量($q$)可按照待屠宰动物的类型按表 4.1 取值,进而根据日屠宰量计算每日废水产生量。

**表 4.1　屠宰单位动物废水产生量**

| 屠宰动物类型 | 畜类/(m³·头⁻¹) | | | 禽类/(m³·百只⁻¹) | | |
|---|---|---|---|---|---|---|
| | 牛 | 猪 | 羊 | 鸡 | 鸭 | 鹅 |
| 屠宰单位动物废水产生量($q$) | 1.0~1.5 | 0.5~0.7 | 0.2~0.5 | 1.0~1.5 | 2.0~3.0 | 2.0~3.0 |

肉类加工的废水量与加工规模、种类及工艺有关。单独的肉类加工厂废水量应根据实际情况具体确定,一般不超过 5.8 m³/t(原料肉);有分割肉、化制等工序的企业,每加工 1 t 原料肉可增加排水量 2 m³;肉类加工厂与屠宰场合建时,其废水量可按同规模的屠宰及肉类加工厂分别取值计算;按全厂用水量估算总排水量时,废水量宜取全厂用水量的 80%~90%。

### 4.1.3　屠宰及肉类加工废水的水质特征

屠宰及肉类加工废水含有大量的血污、油脂、油块、毛、肉屑、内脏杂物、未消化的食料和粪便等污染物。外观呈令人不快的血红色,并具有使人厌恶的腥臭味。此外,在屠宰及肉类加工废水中,还含有粪便大肠杆菌、粪便链球菌以及沙门氏菌等与人体健康有关的细菌,但一般不含有有毒物质。

屠宰及肉类加工废水所含污染物主要为呈溶解、胶体和悬浮等物理形态的有机物质,其污染指标主要有 pH、BOD₅、COD、SS 等,此外还有总氮、有机氮、氨氮、硝态氮、总固体、总磷、硫酸根、硫化物和总碱度等。在微生物方面的指标为大肠杆菌。

与一般的工业废水相同,屠宰及肉类加工废水的水质受加工对象、生产工艺、用水量、工人劳动素质和设备水平等方面的影响,在水质方面的变动较大,不仅国内、国外的数据有很大的差异,即使是国内,不同厂家废水的水质也有较大的不同。

表 4.2~4.4 所列出的分别是国内和国外某些屠宰及肉类加工厂的废水水质数据。各数据是肉类加工厂总排放口处水质一日的平均值,也就是各车间、工序排放的混合废水。在一般情况下,对肉类加工厂的废水都是以混合废水一日的平均值作为处理对象而进行设计的。

在水质问题上有两项因素需要了解、掌握。其一,肉类加工厂各车间、工序排出废水的水质各项指标的数据是不相同的,而且有很大的差距,表 4.5~4.7 所列的分别是我国国内某厂、美国和日本肉类加工厂分车间废水的水质数据;其二,从全厂总排水来看,由于生产工艺、排放体制的不同,不同时间、不同时刻的废水浓度也会有很大差异,有高峰也有低谷,而且各厂不同,即或是同一加工厂,由于季节不同或其他原因也有所不同,这项因素应予以考虑。因此,在进行废水处理系统的规划设计时,应考虑设置调节池,以调节水质、水量,保证处理系统的正常运行。

表 4.2　国内一些肉类加工废水水质

| 指标 | 北京肉联厂 | 南京肉联厂 | 武汉肉联厂 | 齐齐哈尔肉联厂 | 沈阳肉联厂 | 邯郸肉联厂 |
|---|---|---|---|---|---|---|
| pH | 7 | 7 | 7.0 | 7.0~7.6 | 6.9~7.6 | 6.8~7.4 |
| $BOD_5$ | 310~721 | 759 | 475 | 180~655 | 801 | 300~700 |
| COD | 621~1 778 | 1 401 | | 246~1 023 | 1 962 | 600~1 400 |
| 油脂 | 65~133 | | 224 | | 28 | |
| SS | 234~800 | 556 | 573 | 310~1 036 | 544 | 1 200~2 700 |
| 总氮 | 34.7~65.2 | | 207 | 29.1~44.1 | | |
| 有机氮 | 30.1 | | | | | |
| $NH_4^+ - N$ | 17.2~80.4 | 42.0 | 32 | 1.51~28.5 | 6.25~48.0 | |
| 硝酸盐氮 | | | | 2.56~5.5 | 1.58~45.2 | |
| 总磷(磷酸盐) | 0.17~35.8 | | 61.6 | 2.22~3.66 | | |
| 大肠杆菌 | (1.64~238)×10^{10} | | <1.74×10^8 | | | >1.6×10 |
| 沙门氏菌 | (1.6~2.4)×10^4 | | | 阳性率81.3% | | |
| 溶解固体 | 875 | | | 368~486 | | |
| 硫酸根 | 10.1~16.3 | | 46.8 | | | |
| 硫化物 | 2.1~9.4 | | | | | |
| 总碱度 | 8.3~10.6 | | | 3.81 | | |

注:pH 无单位,大肠杆菌和沙门氏菌单位为 cfu/100 mL,其余指标单位为 mg/L。

表 4.3　美国等国的一些肉类加工废水水质

| 指标 | Pey+on (美国) | W. E. Weeves (美国) | JohnMoriell & Co. (美国) | Mcerewa (新西兰) | Hendrix (荷兰) | 阿卡普尔科 (墨西哥) |
|---|---|---|---|---|---|---|
| $BOD_5$ | 5 800 | 372~2 800 | 1 600 | 575~1 765 | 300~1 200 | 893 |
| COD | 9 400 | 1 675 | 2 340 | 1 131~1 725 | 500~2 000 | 2 224 |
| SS | 3 140 | 392~536 | 920 | 660~3 020 | | |
| 油脂 | 2 000 | 434~1 823 | 570 | 402~1 480 | | |
| $NH_4^+ - N$ | | 10.0~15.5 | 11.4 | 7.2~23.8 | | |
| 凯氏氮(蛋白氮) | 100 | 79.0~110 | | 29.2~71.4 | | |
| 总磷 | | 11.0~31.4 | | | | |
| 大肠杆菌 | | | | | | 5.7×10^7 |

注:大肠杆菌单位为 cfu/100 mL,其余指标单位为 mg/L。

表4.4　日本一些屠宰厂废水水质

| 指标 | 芝浦 | 野方 | 三河岛 | 仙台 | 横滨 | 静冈 | 古川 |
|---|---|---|---|---|---|---|---|
| pH | 7.0 | 6.9 | 6.5 | 7.6 | 7.0 | 6.7 | 6.8 |
| BOD$_5$ | 1 440 | 1 500 | 1 850 | 134 | 265 | 172 | 2 820 |
| COD | | | | 570 | 923 | 614 | 2 362 |
| SS | 1 120 | 1 444 | 2 610 | | | | |
| 油脂 | 239 | 942 | 672 | | | | |
| 总氮 | 412.5 | 760 | 146 | | 86 | 79 | |
| 有机氮 | 298 | 397 | 280 | | | | 337 |
| 氨氮 | 39 | 58 | 76 | | 8 | 33 | 42 |
| 溶解固体 | 4 632 | | | | | | |
| 氯化物 | | | | | 63 | 47 | |

注:除pH外,其余单位为mg/L。

表4.5　国内某屠宰及肉类加工厂分车间废水水质

| 指标 | 饲养车间 | 屠宰 | 畜产品厂 | 牛羊车间 | 总出水口 |
|---|---|---|---|---|---|
| pH | 8.0 | 7.5 | 7.2 | 7.2 | 6.8 |
| BOD$_5$ | 736 ~ 770 | 458 ~ 521 | 583 ~ 604 | 334 ~ 375 | 177 ~ 208 |
| COD | 1 432 | 1 054 | 1 120 | 824 | 562 |
| SS | 934 ~ 1 017 | 70 ~ 905 | 1 178 ~ 1 234 | 1 403 ~ 1 625 | 1 164 ~ 1 201 |
| 有机氮 | 237 | 137 ~ 157 | 237 ~ 317 | 93 ~ 125 | 117 |
| 蛋白氮 | 137 ~ 157 | 97 ~ 117 | 97 ~ 117 | 61 | 117 |
| 氨氮 | 850 | 100 | 200 | 75 | 46 ~ 66 |
| 总固体 | 5 610 ~ 6 206 | 5 068 ~ 5 990 | 5 380 ~ 5 533 | 5 362 ~ 6 796 | 5 030 ~ 6 306 |

注:除pH外,其余单位为mg/L。

表4.6　美国屠宰及肉类加工厂分车间废水水质

| 指标 | 屠宰 | 屠宰加工 | 加工车间 |
|---|---|---|---|
| BOD$_5$ | 650 ~ 2 200 | 400 ~ 3 000 | 200 ~ 400 |
| SS | 930 ~ 3 000 | 230 ~ 3 000 | 200 ~ 800 |
| 油脂 | 200 ~ 1 000 | 200 ~ 1 000 | 100 ~ 300 |

注:各指标单位为mg/L。

表4.7　日本屠宰及肉类加工厂分车间废水水质

| 指标 | 屠宰 | 血液和槽水 | 烫毛池 | 肉分割 | 内脏清洗 | 副产品加工 |
|---|---|---|---|---|---|---|
| BOD$_5$ | 825 | 32 000 | 4 600 | 520 | 13 200 | 2 200 |
| SS | 220 | 3 690 | 8 360 | 6 10 | 15 120 | 1 380 |
| 油脂 | 134 | 5 400 | 1 290 | 33 | 643 | 186 |

注:各指标单位为mg/L。

从以上阐述的内容可见,按水质评定,屠宰及肉类加工废水属高悬浮物、高有机污染物($BOD_5$、COD)废水,各项指标数据在较大的范围内波动。国外的各项指标数据一般高于我国国内的数值,这主要是由于我国肉类加工的耗水量较高所致。

在对屠宰及肉类加工厂进行废水处理的规划设计时,应对该厂的废水水质作深入地调查研究,以各项指标的实测数据作为设计的原始参数。没有监测数据时,屠宰及肉类加工废水的水质指标可参照表 4.8 取值。

表 4.8　屠宰及肉类加工废水的水质指标设计取值

| 污染物指标 | COD | $BOD_5$ | SS | 氨氮 | 动植物油 | pH |
|---|---|---|---|---|---|---|
| 屠宰废水 | 1 500 ~ 2 000 | 750 ~ 1 000 | 750 ~ 1 000 | 50 ~ 150 | 50 ~ 200 | 6.5 ~ 7.5 |
| 肉类加工废水 | 800 ~ 2 000 | 500 ~ 1 000 | 500 ~ 1 000 | 25 ~ 70 | 30 ~ 100 | 6.5 ~ 7.5 |

注:除 pH 外,其余各指标单位为 mg/L。

### 4.1.4　屠宰及肉类加工废水的水污染物排放限值

按照《肉类加工工业水污染物排放标准》(GB 13457—92)的要求,自 1992 年 7 月 1 日起立项的建设项目及其建成后投产的企业,肉类加工企业的排水量和水污染物最高允许排放浓度需执行该标准中表 3 的规定,但该标准未对总氮、总磷设置排放限值。原国家环境保护部于 2017 年开展了对《肉类加工工业水污染物排放标准》(GB 13457—92)的修订工作,在征求意见稿中对总氮、总磷的排放限值提出了相应的要求(如现有企业自 2024 年 1 月 1 日起,直接排放时执行的限值 TN 为 25 mg/L,$NH_4^+$-N 为 15 mg/L,TP 为 2 mg/L)。再者,各地方政府若制定了更加严格的有关标准,则应执行其严格的水污染物排放限值。

# 4.2　屠宰及肉类加工废水处理技术

我国是从 20 世纪 50 年代开始考虑屠宰及肉类加工废水的处理问题的。在 20 世纪 50 年代以前,我国大多数的屠宰及肉类加工厂都没有完整的废水处理系统;只有少数厂建有废水处理系统,但也只是以双层沉淀池(德国称为 Imhoff 池)为主的一级处理技术。20 世纪 60 年代,稳定塘(当时称氧化塘)处理污水技术一时兴起,也开始用于屠宰及肉类加工废水处理。

对屠宰及肉类加工废水处理事业来说,20 世纪 70 年代是一个转折点。在 70 年代,人们提高了对环境保护和水污染防治的认识,并在生产中实施。活性污泥法工艺,如完全混合加速曝气池工艺、卡鲁塞尔型氧化沟以及生物吸附-再生工艺等都开始用于屠宰及肉类加工废水的处理。

20 世纪 80 年代以后,活性污泥法中的射流曝气法、水力选择喷射曝气法、生物膜法中的好氧生物流化床工艺等,也应用于屠宰及肉类加工废水处理中;与此同时厌氧生物处理技术也开始用于屠宰及肉类加工废水的处理,其中采用较多的是厌氧生物滤池和升流式厌氧污泥床(UASB)。

　　根据当前情况看,我国对屠宰及肉类加工废水处理采用的工艺基本上是生化处理为主、物化处理为辅的组合处理技术,还因地制宜地考虑废水深度处理与回用。在好氧生物处理技术中,以浅层曝气及吸附-再生活性污泥系统居多;其次为生物转盘工艺和射流曝气活性污泥法工艺;厌氧塘-兼性塘串联系统采用的较少。

　　肉类加工废水处理的典型工艺流程如图4.2所示,其中给出了推荐的处理工艺单元,也提供了可选的处理工艺单元,根据实际情况确定。

图4.2　肉类加工废水处理的典型工艺流程

## 4.2.1　物理及物化处理工艺

　　由于屠宰及肉类加工废水中还含有大量的非溶解性蛋白质、脂肪、碳水化合物和其他杂物,同时该废水的水质和水量在24 h内变化较大,为了防止设备的堵塞以及回收有用副产品,降低生物处理设施的负荷和稳定生物处理工艺的处理效果,一些物理(如筛除、调节、撇除、沉淀、气浮等)和化学(如絮凝等)处理法也常常与生物处理工艺结合使用,作为生物处理工艺前的预处理。在一些废水排放标准高及废水准备回用等场合下,为了对生物处理工艺出水进行深度处理,也需要采用某些物理或化学处理法(如絮凝、过滤、微滤、吸附、反渗透、离子交换和电渗析等)。

　　现实际用于屠宰及肉类加工废水处理的物理及物化处理工艺有筛除、撇除、调节、沉淀、气浮、过滤、微滤、反渗透和活性炭吸附等。前5种工艺多用在预处理工艺中,后4种工艺主要用于深度处理工艺。

### 1. 筛除

　　筛除是分离屠宰及肉类加工废水中较粗的分散性悬浮固体使用最广泛的方法,所采用的设备为格栅和格筛。拦截较粗的悬浮物固体物可用格栅,栅条间距为13～50 mm,设计最小流速为0.3 m/s,最大流速为0.91 m/s。格栅的作用主要在于保护水泵和减少后面小孔眼格筛的负担。小孔眼格筛用于去除较小而分散的悬浮物质,常用的有固定筛、转动筛和震动筛等。

用于屠宰及肉类加工废水处理的格筛孔眼尺寸变化范围为几目到 150 目,但常用的为 10 ~ 40 目的金属格网。肉类内脏废水通常用 20 目格网,家禽加工含羽毛废水可用 36 ~ 40 目格网。格网的负荷率用单位时间单位面积的过水量表示,可根据产品说明采用。国外有人建议转动筛负荷率采用 8.6 $m^3/(m^2 \cdot h)$。

格筛的效率与废水中颗粒的分布有关,分散性差的或胶体悬浮物比例高会大大影响格筛的效率。格筛对 $BOD_5$ 负荷的去除较少,因为格筛不能去除溶解性和胶体性 $BOD_5$,但废水颗粒物的去除可防止以后的再溶解。据日本报道,20 目格筛可去除肉类加工废水中 SS 的 10%,30 目格筛可去除 20%。

### 2. 撇除

屠宰及肉类加工废水中含有大量的油脂,这些油脂必须在废水进入主体生物处理工艺前予以去除,否则容易造成管道、水泵和其他一些设备的堵塞。一些研究还表明,废水中油脂含量过高,会对生物处理工艺造成一定的影响。此外应认识到,油脂经去除并回收后,有较大的经济价值。

废水中的油脂根据其物理状态可分为两大类,即游离悬浮状油脂和乳化油脂。去除悬浮状油脂所采用的最广泛的方法是撇除,所用设备为隔油池,其水力停留时间可为 1.0 ~ 1.5 h,表面负荷可为 2.4 $m^3/(m^2 \cdot h)$ 左右。经隔油后游离性油脂去除率可超过 90%。在处理流程设有调节池或初次沉淀池的情况下,隔油池可与调节或初沉池合用同一构筑物以节省投资和占地。

### 3. 调节

屠宰及肉类加工废水在 24 h 之内水质和水量的变化幅度都较大。为了使后续工艺的处理效果稳定,一些处理流程中常设置调节池对废水的水质和水量进行调节,以减弱水质和水量的变动幅度。由于屠宰及肉类加工厂多为一班或两班生产,通过设置调节池还可以将一班或两班的废水均匀分配在一天内进行处理,从而可减少处理构筑物的容积,降低投资。然而,为将废水分配在 24 h 内进行处理所需的调节池的投资可能过高,从而使得整个处理流程投资增高,在这种情况下,须对整个处理流程的投资和运行管理费用进行全面的权衡后,才能确定调节池的设置方案。在具体做法上,调节池可采用线内设置或线外设置两种布置形式。线内设置的调节效果最好,线外设置使泵抽水量大为减少,但调节水质的效果降低。实际采用的调节池的调节时间一般为 6 ~ 24 h,多为 6 ~ 12 h 左右。

### 4. 沉淀

沉淀在屠宰及肉类加工废水处理中被用来去除原废水中的无机固体物和有机固体物,以及分离生物处理工艺中的生物相(活性污泥或脱落的生物膜)和液相。用于去除原废水中的有机固体物时称为初次沉淀,所用设备为初沉池;用于分离生物处理工艺中的生物相和液相时称为二次沉淀,所用设备为二沉池。

沉砂池一般设在格栅和格筛之后。为了清除废水中无机固体物表面的有机物,避免废水中有机固体物在沉砂池中产生沉淀,可采用曝气沉砂池。国内近些年所建的屠宰及肉类加工废水处理设施中,沉砂池的设置不普遍,即使设置沉砂池,其停留时间一般也较短,约几十秒左右;国外沉砂池的停留时间较长,如有的长达 30 min。沉砂池中的沉淀物主要为蹄角、猪牙及砂粒等。

采用初沉池去除废水中可沉淀的有机固体物可降低后续工艺的负荷。国内外的实践表明,利用初沉池沉淀屠宰及肉类加工废水,可去除废水 $BOD_5$ 约 30%,SS 约 55%。现实际采用的沉淀池的水力停留时间一般为 1.5~2.0 h,多为 1.5 h。

用于好氧生物处理工艺的二沉池的停留时间为 2.4 h 左右,表面负荷为 1.4 $m^3/(m^2 \cdot h)$ 左右。近些年来国内多采用斜板(管)沉淀池作为二沉池,水力停留时间为 1 h 左右,表面负荷为 1.6~5 $m^3/(m^2 \cdot h)$,多为 2.8~5 $m^3/(m^2 \cdot h)$。斜板(管)二沉池的沉淀效果好,但缺点是易挂菌膜和藻类,须定期冲洗。

厌氧接触工艺中消化池后的沉淀池的水力停留时间常为 1.2 h 左右,表面负荷为 2.04 $m^3/(m^2 \cdot h)$ 左右(均包括回流量)。

### 5. 气浮

气浮法包括真空气浮、散气气浮、电解气浮和加压溶气气浮等,实际中应用得较多的为加压溶气气浮(以下简称气浮)。气浮主要用于去除屠宰及肉类加工废水中的乳化油,同时对 $BOD_5$ 和 SS 等也有较好的去除效果。国内外气浮多作为生物处理工艺前的预处理,或是作为废水排放城市下水道前的预处理。

溶气罐压力一般为 2.8~5.6 $kg/cm^2$,回流比一般为 25%~50%;气浮池过流率一般为 2.44~7.77 $m^3/(m^2 \cdot h)$,HRT 为 30 min 左右;混合池 HRT 为 50 min 左右。絮凝剂可用 $Al_2(SO_4)_3$ 或 $Fe_2(SO_4)_3$,多用 $Al_2(SO_4)_3$,用量为 15~300 mg/L。助凝剂可用阳离子聚合物或非离子聚合物,用量为 0.1~20 mg/L,多为 2~10 mg/L 左右。有些研究表明,阴离子助凝剂在投加 $Al_2(SO_4)_3$ 的 1~2 min 后投加效果最好,阳离子和非离子型助凝剂在加 $Al_2(SO_4)_3$ 后立即投加效果最佳。

现有资料表明,气浮可去除 95% 以上的油脂和 40%~80% 的 $BOD_5$ 和 SS。

### 6. 絮凝

屠宰及肉类加工废水处理中所采用的化学处理方法主要为絮凝法,此外还有离子交换、电渗析等。絮凝法不能单独使用,必须和物理处理工艺的沉淀法或是气浮法结合使用构成絮凝沉淀或絮凝气浮。絮凝沉淀可作为生物处理工艺的预处理工艺,也可作为生物处理工艺后的深度处理工艺。离子交换和电渗析工艺只能作为深度处理工艺使用。

絮凝可通过投加化学药剂来实现,也可通过电解产生离子来实现。后者称为电解絮凝,应用不普遍,实际应用较多的主要还是化学絮凝。国外资料表明,投加 86 mg/L 的硫酸铝和 86 mg/L 的石灰,絮凝沉淀可去除 40% 的 $BOD_5$,38% 的 COD,60% 的 SS 和 33% 的油脂。国外的一些生产性试验表明,在初沉池中投加无机絮凝剂和有机聚合电解质可显著改善初沉池的处理效果(表 4.9)。所采用的无机絮凝剂为 $FeCl_3$,有机聚合电解质为 NALCO675。前者的投加量为 51 mg/L,后者投加量为 1.1 mg/L。

国内采用聚铁絮凝剂和斜板沉淀池所进行的中试研究结果表明,在聚铁絮凝剂投加量为 37.5 mg/L、斜板沉淀过流率为 0.34 $m^3/(m^2 \cdot h)$ 的条件下,屠宰废水 COD 的去除率为 77%，$BOD_5$ 的去除率为 60%，SS 的去除率为 91%。

表 4.9　投加絮凝剂对初沉池处理效果的影响

| 项目 | 投加絮凝剂 | | | 不投加絮凝剂 | | |
| --- | --- | --- | --- | --- | --- | --- |
| | 进水<br>$/(mg \cdot L^{-1})$ | 出水<br>$/(mg \cdot L^{-1})$ | 去除率/% | 进水<br>$/(mg \cdot L^{-1})$ | 出水<br>$/(mg \cdot L^{-1})$ | 去除率/% |
| $BOD_5$ | 583 | 269 | 53.8 | 505 | 357 | 29.2 |
| SS | 356 | 101 | 71.7 | 359 | 157 | 55.6 |
| N | 55.7 | 42.9 | 23.0 | 49.1 | 43.5 | 11.4 |
| P | 10.9 | 5.6 | 48.4 | 11.5 | 9.0 | 21.8 |

### 4.2.2　生物处理工艺

屠宰及肉类加工废水中的污染物主要是易于生物降解的有机物，生物处理工艺最为有效和经济，因此，生物处理工艺是肉类加工废水处理采用得最普遍的主体工艺。

**1. 好氧生物处理工艺**

好氧生物处理工艺根据所利用的微生物的生长形式可分为活性污泥工艺和生物膜工艺。根据国内外处理肉类加工废水的实际应用情况，前者包括浅层曝气、生物吸附-再生、射流曝气、水力循环喷射曝气、延时曝气(包括卡鲁塞尔工艺)、氧化沟、纯氧活性污泥法和曝气沉淀池等；后者包括生物滤池、生物转盘(筒)、生物流化床和生物接触氧化等。

(1) 浅层曝气工艺

我国屠宰及肉类加工废水处理中采用的活性污泥工艺，初期以浅层曝气工艺为最多。浅层曝气工艺的提出，主要是基于有关液体曝气吸氧作用的研究。空气鼓入液体后要经历气泡形成、上升和破裂三个阶段。研究发现，在鼓入空气后，气泡形成、上升和破裂三个阶段内氧的转移速度以气泡形成时最大，此时液体的吸氧速度要比气泡上升阶段时的吸氧速度大几倍，就是当气泡升至水面而破裂时液体从气泡中所吸收的氧，也要比气泡上升过程中所吸收的气量大。分析认为，在气泡形成的瞬间，液体的吸氧值最高。由于气泡中的氧被很快吸收，气泡中的氧的分压迅速下降，当降至一定值后，从气泡中继续吸收氧要比形成气泡的那一瞬间困难得多。即使延长气泡与液体的接触时间，所吸收的氧量也很有限。浅层曝气就是根据这一原理将一般设在池底的曝气装置，提到水面下 800 mm 左右，这样所需风压降低，风量加大。这实际上是利用缩短气泡上升距离所节省的能量来增加空气量，达到利用较高的氧转移速率来提高处理效果的目的。

浅层曝气可设计成按生物吸附再生、普通活性污泥法或是阶段曝气方式进行操作，国内现采用得较多的方式为生物吸附再生。有些厂的设计比较灵活，运行时可根据需要按上述三种方式中任一种进行运行。图 4.3 所示为体现这一设计意图的一种布置，其中包括建造为一体的两组曝气池，每组曝气池为两廊道。两组曝气池的进水槽设在两组曝气池间的隔墙顶部，沿进水槽设多个进水口，污泥回流口设在曝气池的出水侧。实际运行时，调节进水槽上的进水口，即可将曝气池按普通活性污泥法、吸附再生或是阶段曝气进行运行。例如,若只开启出水侧的一个进水口,关闭其他进水口,则曝气池即为普通活性污泥法;若同时开启所有进水口,则曝气池即为阶段曝气;若开启除出水侧进水口之外的任一个进水口,则曝气池即为吸附再生,开启不同的进水口,可调节吸附和再生的时间比例。

图 4.3　浅层曝气池的一种可能布置形式

国内处理屠宰及肉类加工废水的浅层曝气工艺,一般设计布气管设置深度为 0.8 m;水深 为 3 ~ 3.5 m,多为 3 m;宽度为(单廊道)2.5 ~ 3 m,多为 3 m;污泥负荷为 0.4 kg BOD$_5$/(kg MLSS · d);MLSS 为 3 000 ~ 4 000 mg/L;容积负荷为 1.2 ~ 1.6 kg BOD$_5$/(m$^3$ · d);HRT 为 7 ~ 12 h 左右;供气量为 210 m$^3$ 空气/去除 kg BOD$_5$ 左右;回流比为 100%。实际 BOD$_5$ 去除率为 81% ~ 97%,多为 92% 以上。

在应用浅层曝气处理肉类加工废水中所遇到的问题有因预处理不好所引起的布水管严重堵塞、清理频繁;供气量越来越少,影响提升,部分污泥缺氧上浮;淡季加工量少时,废水浓度低,曝气池经常出现溶解氧偏高现象,导致污泥沉降性能差,结构松散、浓度降低;有些厂未设调节池,水质水量无法调节,构筑物进水浓度变化大,间歇运行,且处理设施规模大,造成浪费;有些设计进水浓度取值偏高、有些设计 MLSS 取值偏低,以及有些设计规模考虑偏小,造成无法适应污泥负荷变化等问题。

(2) 生物吸附-再生工艺

活性污泥净化废水主要经过两个阶段。第一阶段,也称吸附阶段,废水主要由于活性污泥的吸附作用而得到净化。吸附作用进行得十分迅速,对于悬浮物和胶体物较多的废水,如生活污水和食品工业废水等,往往在废水进入曝气池后 0 ~ 30 min 就可基本完成吸附过程,此时上述废水的 BOD$_5$ 去除率可达 85% ~ 90% 左右。第二阶段,也称氧化阶段,主要是继续分解、氧化前阶段被吸附的有机物,同时,活性污泥还继续吸附前阶段未及吸附的残余杂质(主要是溶解物质)。这一阶段进行得相当缓慢,比第一阶段所需的时间长得多。生物吸附再生法就是根据这一原理而发展起来的。

生物吸附再生法的吸附和再生部分可分别在两个池子中进行,或是在一个池子的两部分进行。图 4.4 所示为这两种布置方案。

国内用于处理屠宰及肉类加工废水的生物吸附再生工艺,设计总停留时间为 4 h,其中吸附和再生的时间比为 1 : 3;污泥负荷为 0.47 kg BOD$_5$/(kg MLSS · d);MLSS 为 3 000 mg/L;容积负荷 1.4 kg BOD$_5$/(m$^3$ · d);空气用量为 46.4 m$^3$ 空气/(m$^3$ 水)(或

图 4.4　生物吸附再生法的两种布置方案

Ⅰ—吸附池；Ⅱ—再生池；Ⅲ—二沉池

74 m³ 空气/去除 kg BOD₅)；回流比为 50%；实际 BOD₅ 去除率为 92.5%。

（3）射流曝气工艺

微生物对废水中底物的代谢可分为底物吸附到细胞表面、底物向细胞内运输和底物在细胞内代谢三步。吸附过程一般进行得很快，活性污泥细胞内酶的作用使细胞内底物的代谢速度远远大于底物从细胞表面向细胞内部输运的速度，因此，底物由水中向细胞内的转移是控制活性污泥代谢有机废物的限速步骤。在射流曝气中，废水、污泥和由射流造成的负压所吸入的空气同时通过射流器，废水、污泥和空气同时被剧烈剪切、粉碎，大大增加了它们之间的接触界面。这一方面加速了底物向细胞内的传递速度，提高了污泥代谢有机物的速率；另一方面，活性污泥颗粒既可以吸收溶于废水中的氧，又可以通过与微气泡的接触从微气泡中直接吸收氧，大大提高了氧的利用率。由于射流提高了活性污泥代谢有机物的速率，这也加快了吸附饱和了的污泥活性的恢复，从而促进了废水中有机物的去除。所有这些特征使得射流曝气活性污泥法具有较高的处理效率。

国内处理屠宰及肉类加工废水的射流曝气活性污泥工艺，建议采用曝气时间 1 h，污泥负荷 1.62 kg BOD₅/(kg MLSS·d)；MLSS 采用 5 000 mg/L，容积负荷为 8.1 kg BOD₅/(m³·d)；射流压力 1 kg/cm²；水气比 0.5~1.0。此工艺对 BOD₅ 去除率一般不小于 95%。

射流曝气活性污泥工艺有处理效率高、氧利用率高、噪声低、操作管理方便、投资低、对负荷变化的适应性强等优点。但射流曝气法也有一些缺点：对温度变化的适应性差，温度低时处理效果明显下降；在一些情况下会产生大量泡沫，造成污泥流失，影响设备正常运行和卫生条件；射流曝气装置产生的气泡小，气液分离不易彻底，曝气池出水中可能会夹带一些气泡，影响二沉池中固液分离效果。

射流曝气对温度变化的适应性差可能与经射流后活性污泥的比表面积增大有关。由于比表面积增大，微生物在环境中的暴露程度增加，使得活性污泥更易受环境变化的影响。

射流曝气在一些情况下产生大量气泡可能是与废水中相对分子质量较大的有机酸的存在有关。根据一些采用射流曝气活性污泥和采用厌氧-射流曝气串联工艺处理肉联厂废水的实践表明，前者在进水为腐化水时产生泡沫，后者在厌氧工艺处理效果不好时产生泡沫。在这两种情况下，由于厌氧过程进行得不彻底，都存在着相对分子质量较大的有机酸。相对分子质量较大的有机酸分子为两亲分子，既含有疏水基又含亲水基。因此，当其在废水中的含量较高时，可作为发泡剂，在曝气设备的搅动下，造成大量气泡的产生。所以,在采用射流曝气工艺时,为了防止气泡的产生,必须控制进水中的相对分子质量较大的有机酸的含量。

（4）延时曝气工艺

延时曝气活性污泥法的特征是负荷低,一般为 0.2 kg $BOD_5$/(kg MLSS·d);MLSS 质量浓度为 3 000 mg/L 以下,曝气时间长(一般为 1 d 以上),微生物生长处于内源呼吸代谢阶段。因此,基本上可以没有污泥外排,管理方便,有机物和 N 的去除率也都较高。

国内现有用于处理屠宰及肉类加工废水的延时曝气主要为卡鲁塞尔曝气工艺。该设计中采用污泥负荷为 0.2 kg $BOD_5$/(kg MLSS·d),MLSS 为 2 400 mg/L,容积负荷为 0.48 kg $BOD_5$/($m^3$·d);HRT 为 55 h。对 $BOD_5$ 去除率为 98%,总 N 去除率为 90% 左右。

国外用于屠宰及肉类加工废水处理的活性污泥工艺中,以延时曝气为多,停留时间一般为 30 h 以上。国外卡鲁塞尔的一些实际运行数据为:污泥负荷为 0.09 kg COD/(kg MLSS·d),MLSS 为 3 000 mg/L,容积负荷为 0.27 kg COD/($m^3$·d),HRT 为 4.63 d 左右,对 COD 的去除率为 90%~97%,凯氏氮去除率为 95% 左右。

（5）氧化沟工艺

氧化沟工艺实际上也属于延时曝气工艺,只是在曝气池的结构上与一般延时曝气池不同,常采用沟形曝气池(一般多为环行沟)。由于氧化沟实质上属于延时曝气,其曝气时间一般也都较长,多超过 1~2 d。氧化沟工艺也称为 Pasveer 工艺,20 世纪 50~60 年代曾在西欧得到广泛应用。美国和加拿大的氧化沟处理厂超过 100 个。

表 4.10 列举的是国外采用氧化沟工艺处理屠宰及肉类加工废水的一些有关数据。在这个氧化沟的实例中,装有 12 个直径为 70 cm、长为 4.6 m 的转刷和 2 个 14.9 kW、1 个 37.3 kW 的表曝机。水力停留时间为 3.6 d,$BOD_5$ 负荷为 0.40 kg/$m^3$·d,温度为 17 ℃,MLSS 为 1 425 mg/L,溶解氧质量浓度为 0.8 mg/L,污泥容积指数(SVI)为 382。由该氧化沟的运行结果可以看出,氧化沟在常温下对 $BOD_5$ 和油脂的去除效果较好,对 $NH_4^+$-N 去除很差,基本没有去除。

表 4.10　国外采用氧化沟工艺处理屠宰及肉类加工废水的运行效果

|  | 进水/(mg·$L^{-1}$) | 出水/(mg·$L^{-1}$) | 去除率/% |
|---|---|---|---|
| COD | 2 040 | 260 | 87.3 |
| $BOD_5$ | 1 400 | 70 | 94.8 |
| TSS | 724 | 142 | 80.4 |
| VSS | 636 | 42 | 93.4 |
| $NH_4^+$-N | 21.0 | 18.3 | 1.1 |
| 油脂 | 420 | 21 | 93.9 |

（6）稳定塘工艺

稳定塘工艺可分为好氧塘、兼性塘、厌氧塘和生物塘(包括养鱼塘、人工植物塘等)。厌氧塘较少单独使用,一般多与兼性塘、好氧塘串联使用,或是作为其他工艺的前处理。兼性塘也很少单独使用,一般多与厌氧塘、好氧塘串联使用。好氧塘和生物塘可单独使用。现有一种曝气氧化塘,在氧化塘中装设曝气设备(如机械曝气设备等),这种氧化塘类似于没有污泥回流的延时曝气活性污泥系统,负荷较高。

美国、加拿大、澳大利亚和新西兰等国采用稳定塘工艺处理屠宰及肉类加工废水的较多。国外的一些研究认为,采用厌氧塘、兼性塘、好氧塘串联系统处理屠宰及肉类加工废水,从建造和淤泥清除角度而言是最经济的,并且处理结果可靠、令人满意,除了开始运行时有些气味问题外,一般不会产生其他问题。一些研究表明,在加拿大西部零摄氏度以下气温的气候条件下,厌氧塘也可对屠宰及肉类加工废水提供经济、有效的处理。

国外的有关研究表明,在厌氧塘的设计中,重要的是容积负荷而不是表面负荷,而在兼性塘和好氧塘的设计中,表面负荷是很重要的。国外厌氧塘的深度一般为 $0.61 \sim 6.1$ m,多为 $2.5 \sim 4.5$ m;水力停留时间为 $1 \sim 11$ d,多为 $4.5$ d;容积负荷为 $0.18 \sim 0.89$ kg $BOD_5/(m^3 \cdot d)$,多为 $0.18 \sim 0.26$ kg $BOD_5/(m^3 \cdot d)$;$BOD_5$ 去除率为 $1\% \sim 92\%$,多为 $65\% \sim 80\%$。兼性塘深度为 $0.61 \sim 1.6$ m,多为 $1.5$ m 左右;负荷为 $58.35 \sim 589.5$ kg $BOD_5/(hm^2 \cdot d)$;水力停留时间为 $16 \sim 45$ d;$BOD_5$ 去除率为 $46\% \sim 71\%$。好氧塘深度为 $0.46 \sim 2.1$ m,多为 $1.2 \sim 2.1$ m 左右;负荷为 $9.6 \sim 448.5$ kg $BOD_5/(hm^2 \cdot d)$,多为 $5 \sim 15$ kg $BOD_5/(hm^2 \cdot d)$,水力停留时间为 $2 \sim 90$ d,多为 $12 \sim 27$ d;$BOD_5$ 去除率为 $0 \sim 96\%$,多为 $60\% \sim 80\%$。表 4.11 列举出国外厌氧–好氧塘串联系统的处理结果。

表 4.11　厌氧–好氧塘串联系统处理屠宰及肉类加工废水结果

| 负荷 | HRT/d | 进水 $BOD_5/(mg \cdot L^{-1})$ | 出水 $BOD_5/(mg \cdot L^{-1})$ | 去除率/% |
|---|---|---|---|---|
| 厌氧塘 $0.18$ kg $BOD_5/(m^3 \cdot d)$ | 4.6 | 820 | 284 | 65.4 |
| 好氧塘 $145.5$ kg $BOD_5/(hm^3 \cdot d)$ | 18.4 | 284 | 116 | 59.2 |

国外的一些研究表明,在厌氧塘的运行中,塘表面浮渣层的形成是十分重要有利的。有一些报道说:当新建的厌氧塘投入运行后,直到塘的整个表面都为浮渣所覆盖后,厌氧塘才达到其最佳运行效果。研究表明,浮渣层有显著的绝热作用,这对于厌氧塘的保温是十分重要的。一些研究还表明,当进水的硫酸盐质量浓度大于 100 mg/L 时,厌氧塘的硫化氢臭味问题将变得严重,而浮渣层的形成有助于臭味控制。更为重要的是,浮渣层的形成对于在厌氧塘中形成和维持厌氧条件起着重要的作用,这对于厌氧塘中厌氧分解过程的进行也是十分有利的。国内的一些研究也证明了浮渣层的这一作用。在浮渣层覆盖程度高和覆盖程度低的两个厌氧塘的对比中,前者溶解氧为零,氧化还原电位更低,而后者溶解氧为 1 mg/L 左右,氧化还原电位较高。因此,在厌氧塘的运行中,应注意促进浮渣层的形成。一些研究表明,瘤胃废物在浮渣层的形成中起着重要的作用。

国内近些年来也建了一些处理屠宰及肉类加工废水的厌氧塘–兼性塘串联系统。运行结果表明,采用厌氧塘–兼性塘串联系统能有效地处理肉联厂屠宰废水,其中厌氧塘去除大部分有机负荷。在 $BOD_5$ 和 COD 负荷分别为 $150 \sim 180$ kg/$(hm^2 \cdot d)$ 和 $250 \sim 1\ 200$ kg/$(hm^2 \cdot d)$、水温为 $10 \sim 20$ ℃、实际停留时间为 7 d 的情况下,$BOD_5$ 和 COD 的去除率分别为 $90\% \sim 95\%$ 和 $75\% \sim 90\%$。其后的兼性塘通过菌藻共生系统或生态食物链(菌藻–浮游动物),能很有效地进一步去除有机物,在 $BOD_5$ 和 COD 负荷分别为 $15 \sim 50$ kg/

$(hm^2 \cdot d)$ 和 $50 \sim 120\ kg/(hm^2 \cdot d)$、水温为 $10 \sim 20\ ℃$、日照充分、实际水力停留时间为 10 d 左右的情况下，$BOD_5$ 和 COD 的去除率分别为 $40\% \sim 80\%$ 和 $50\% \sim 70\%$。整个厌氧塘–兼性塘系统对 $BOD_5$ 和 COD 的总去除率分别为 $95\% \sim 98\%$ 和 $90\% \sim 95\%$。总氮、氨氮、总磷和磷酸盐等有代表性的去除率为 $70\% \sim 90\%$。此外，厌氧塘通过反硝化作用还能去除 90% 以上的硝酸盐。

国内进行过采用养鱼塘处理肉联废水的试验。结果表明，肉联废水是可以养鱼的，且效果优于一般的清水鱼塘，无需人工鱼饵，投配负荷为 $22.55\ kg\ BOD_5/(hm^2 \cdot d)$，每 5 d 可投配一次。养鱼塘水质净化效果优于一般人工处理构筑物，出水无臭味，色度很低，除 7、8 月份绿藻大量繁殖时呈深绿色外，其余月份多为浅绿色或绿褐色。表 4.12 列举了养鱼塘净化废水的有关效果数据。

表 4.12　养鱼塘净化肉联废水效果

| | $BOD_5$ | 总氮 | SS | DO |
|---|---|---|---|---|
| 进水/$(mg \cdot L^{-1})$ | 798 | 140.6 | 313 | 0.0 |
| 出水/$(mg \cdot L^{-1})$ | 15 | 6.6 | 47 | $3 \sim 10.0$ |
| 去除率/% | 98.1 | 95.9 | 85.0 | |

研究认为，采用养鱼塘净化肉联废水时应注意：投配废水时，鱼塘 DO 值不应低于 5 mg/L；冬季塘底会积存相当数量未经消化的有机物，春初气温渐升，应特别注意翻塘现象；气温突降、暴雨期或水色呈浅绿带微黑色时，均应特别注意，必要时加注部分清水；鱼种应有所选择和搭配，鱼种宜以白鲢和花鲢为主，白鲢与花鲢之比宜为 $(3 \sim 5):1$，适当搭配鲤鱼、草鱼等，鱼种以不小于 100 g 为佳。

国内有些地方还通过实践摸索出一套利用屠宰及肉类加工废水养鱼的规律，如利用废水养鱼，鱼塘宜大，防止泛塘，灌放废水要细水长流，并要注意天气变化，做到天气闷热、雷雨和黄梅季节时少放废水；为了避免鱼群因缺氧死亡，可安装一些充氧设备等。国内的一些实践还表明，采用屠宰及肉类加工废水养鱼，只要利用得当，可使鱼塘增产 $5 \sim 10$ 倍左右，且所产鱼类合乎食用要求。某地利用屠宰及肉类加工废水所养的商品鱼，经国家有关部门坚定，鱼肉质量符合食用标准。

采用屠宰及肉类加工废水养鱼时，对杀菌消毒水应另行处理，不宜排入鱼塘，某地曾发生过因将杀菌消毒水排入鱼塘而引起大量死鱼的事故。为保护人体健康，对传染病流行期屠宰废水的利用要慎重，应对屠宰及肉类加工废水养鱼过程中有关致病菌的变化规律进行研究，目前尚未见有关这方面的研究报道。

（7）序批式生物膜工艺

研究表明，采用序批式生物膜反应器（SBBR）系统对处理屠宰及肉类加工废水是非常有效的。屠宰及肉类加工废水取自于哈尔滨屠宰厂，其废水的水质见表 4.13，该废水含有大量的悬浮固体、油脂、含碳和氮有机物，但较高的 $BOD_5/COD$ 比值（$0.5 \sim 0.65$）表明屠宰及肉类加工废水中的有机物是易于生化降解的。

表 4.13　试验用屠宰及肉类加工废水的水质

| 原　水　水　质 | 数　　值 |
|---|---|
| COD/(mg·L$^{-1}$) | 500～2 000 |
| BOD$_5$/(mg·L) | 580～1 600 |
| 油脂/(mg·L$^{-1}$) | 26～150 |
| SS/(mg·L$^{-1}$) | 400～1 000 |
| pH | 6.5～7.5 |
| TKN/(mg·L$^{-1}$) | 31～210 |
| 色度/倍 | 400～1 750 |

所采用的屠宰及肉类加工废水处理工艺流程如图 4.5 所示。

图 4.5　屠宰及肉类加工废水处理工艺流程

系统的运行采用以下方式:原水采用栅网去除大块的骨头和血块等悬浮物,然后在沉淀池内静沉 1 h,以使油脂漂浮和使泥砂等沉淀,刮除油脂后的上清液用泵在 30 min 内抽至 SBBR 反应器,然后曝气 8 h,以使有机物氧化分解,之后沉淀 1 h 进行固液分率。最后 SBBR 内的上清液在 2 h 内交替均匀排入后续的过滤柱进行过滤并脱色。另外再考虑 30 min 用来排除剩余污泥和使 SBBR 处于待机状态。这样,SBBR 运行每个周期需 12 h。在每个运行周期后更换炉灰渣。处理系统运行中之所以选择沉淀法除油,是因为曾同时做了气浮除油的对比试验,结果表明沉淀法对油脂的去除率几乎等价于气浮法(气浮时间 30 min,气水比为 5∶1)。其原因是屠宰及肉类加工废水中粒径大于 50 μm 的可浮油占 50%～80%。此外,采用沉淀法可以节省能量,并可避免气浮过程产生的泡沫问题。

SBBR 工艺处理屠宰及肉类加工废水的运行效果见表 4.14。

表 4.14　出水水质与排放标准(参见 GB 8978—1996 城镇二级污水处理厂)的比较

| 污染指标 | 处理水水质 | 标准水质 | |
|---|---|---|---|
| | | 一级 | 二级 |
| COD/(mg·L$^{-1}$) | 44 | 60 | 120 |
| BOD$_5$/(mg·L$^{-1}$) | 3.3 | 20 | 30 |
| 油脂/(mg·L$^{-1}$) | 15 | 10 | 15 |
| SS/(mg·L$^{-1}$) | 23 | 20 | 30 |
| TKN/(mg·L$^{-1}$) | 8.7 | — | — |
| NH$_4^+$-N/(mg·L$^{-1}$) | — | 15 | 25 |
| 色度/倍 | 11 | 50 | 80 |

采用 SBBR 工艺处理屠宰及肉类加工废水对 COD 的去除率达 97%,对 BOD$_5$ 为 99%,TKN 为 92%,油脂为 82%,从而说明了该工艺系统对处理屠宰及肉类加工废水是非

常有效的。

（8）土地处理工艺

国外采用的土地处理工艺主要包括渗滤和漫滤两种工艺。土地处理既可作为及屠宰及肉类加工废水处理的主体工艺，也可作为其他工艺后的深度处理工艺。这两方面的应用，国外都不乏实例。国外的研究表明，处理屠宰及肉类加工废水的渗滤工艺，在负荷为 6.3～10 cm 废水/周的情况下，COD 可去除 98%～99%，油脂可去除 100%，TKN 可去除 50%～72%。漫滤工艺在 $BOD_5$ 负荷为 5.1～53.55 kg/($hm^2$·d)、COD 负荷为 18.9～119.1 kg/($hm^2$·d)的情况下，$BOD_5$ 去除率为 83%～99.9%，COD 去除率为 70%～98.9%。当漫滤工艺接在延时曝气工艺后作为深度处理工艺、$BOD_5$ 负荷为 4.05 kg/($hm^2$·d)时，$BOD_5$ 去除率为 85.7%，TSS 去除率为 95.5%。

国外研究表明，渗滤和漫滤两种土地处理工艺都已成功地用于处理高浓度的屠宰及肉类加工废水，两种系统对有机碳的去除都非常有效。与漫滤工艺相比，渗滤工艺的去除率更高，但渗滤系统需要复杂昂贵的布水系统，处理后水的回收困难较大。渗滤系统对 N 的去除效果较好，去除 P 的潜力较大。漫滤系统对地下水造成污染的可能性较小。

屠宰及肉类加工废水采用土地处理系统进行处理时的可能问题之一是废水中的病原菌，这一问题主要与施用废水时产生的气溶胶的飘移有关，这点对渗滤系统可能更为突出。对于采用冲击式喷水装置的渗滤系统，由于屠宰及肉类加工废水中粪便和骨屑等的存在，需要采用大喷口装置以防止堵塞，而大喷口需要高压以保证布水均匀，因此气溶胶的飘移是不可避免的。一个可能的解决方案是采用移动式布水装置代替冲击式布水装置，前者可在低压下采用大喷口布水。

除了通过气溶胶的媒介外，有些病原菌(如布鲁氏杆菌属等)还可在土壤中存活很长时间，传染给人畜，这一点也应加以注意。

屠宰及肉类加工废水采用土地处理系统处理的另一个问题是，由于废水含 N 量高，可能引起地下水硝酸盐污染。一些研究还指出，在屠宰及肉类加工废水进行土地处理时，尽管高浓度的油脂短期不会造成问题，但油脂对废水长期渗透率有影响。

国内采用灌溉农田的方式净化屠宰及肉类加工废水已有很长的历史。从 20 世纪 50 年代起，国内采用经简单一级处理后的屠宰及肉类加工废水灌溉农田，一方面使废水得到了净化，另一方面废水中的 N、P、K 等元素又为农作物提供了生长所需的养分。国外的研究表明，利用屠宰及肉类加工废水灌溉农作物，可提供作物所需 N、P、K 的 50%～100%。在一些缺水地区，采用屠宰及肉类加工废水灌溉农作物又弥补了水资源的不足。因此，采用灌溉农作物的方式净化屠宰及肉类加工废水是值得重视的。但另一方面也必须注意到，由于屠宰及肉类加工废水中含有大量有机物和一些病原菌，若使用不当，将对环境造成严重污染，危害人畜健康。

国内利用屠宰及肉类加工废水灌溉农作物的实践证明，在使用合理的情况下，屠宰及肉类加工废水灌溉可使农作物大幅度增产。一些地方利用屠宰及肉类加工废水灌溉蔬菜，产量增加 2 倍多；一些地方利用屠宰及肉类加工废水灌溉水稻，产量增加 3～5 成，有些地方甚至成倍增加。某些地方的实践证明，在产量相同的前提下，利用屠宰及肉类加工废水灌溉的稻田可节省化肥 300～375 kg/$hm^2$。

**2. 厌氧生物处理工艺**

厌氧生物处理工艺按厌氧微生物的培养形式可分为悬浮生长系统和附着生长系统。根据国内外的实际应用情况来看,前者包括厌氧接触工艺、UASB 和水力循环厌氧接触池,后者包括厌氧滤池和厌氧流化床等。厌氧工艺一般作为好氧工艺处理的前处理,或是作为排放到城市下水道之前的预处理使用,很少有单独使用的。

(1) 厌氧接触工艺

厌氧接触工艺又称厌氧活性污泥法,是对传统消化池的一种改进。在传统消化池中,水力停留时间等于固体停留时间,而在厌氧接触工艺中,通过将由出水带出的污泥进行沉淀与回流,延长了生物固体停留时间。由于固体停留时间在生物处理工艺中的重要意义,这一改进大大提高了厌氧消化池的负荷能力和处理效率。由于从消化池中流出的混合液中不可避免地会带有一些未分离干净的气体,这些气体进入沉淀池必然会干扰沉淀池的固液分离,因此,一般在消化池和沉淀池之间要增设脱臭装置,以去除混合液中未分离干净的气体。国外研究采用的脱气技术有真空脱气和曝气脱气,真空脱气的真空度一般为 508 mm 水柱,曝气脱气的曝气装置的停留时间为 7 ~ 10 min,曝气量为 2.9 m³ 空气/m³ 水。

国外采用厌氧接触工艺处理屠宰及肉类加工废水有关运行数据表明,在温度为 7 ~ 18 ℃、HRT 为 1.5 ~ 4.7 d、容积负荷为 0.18 ~ 1.11 kg BOD$_5$/(m³·d)的条件下,BOD$_5$ 去除率为 92.3% ~ 97.2%;在温度为 32 ~ 35 ℃、HRT 为 0.6 d、容积负荷为 2.50 kg BOD$_5$/(m³·d)的条件下,BOD$_5$ 的去除率为 90.8%。

(2) 升流式厌氧污泥床(UASB)

升流式厌氧污泥床(UASB)是一种新型厌氧消化反应器,具有结构紧凑、简单、无需搅拌装置、负荷能力高、处理效果好和操作管理简便等优点。其技术关键在于布水系统、气-固-液三相分离器和集水系统的设计。一个设计良好的 UASB 装置,布水系统应能够均匀地将进水分配在整个反应器的底部,以保证废水和厌氧污泥的良好接触,有利于消化过程的进行。气-固-液三相分离系统应保证分离过程的顺利进行,防止污泥流失,维持反应器中足够的污泥浓度,这点对 UASB 的良好运行是至关重要的。集水系统应能够将沉淀区的出水均匀地收集、排出,以充分发挥沉淀作用。与其他废水处理装置一样,目前 UASB 的设计基本上采用的也是依赖于一些经验数据的经验方法。根据国内的一些半生产性试验,在温度为 20 ~ 25 ℃ 的情况下,采用 UASB 处理屠宰及肉类加工废水,在水力停留时间为 8 ~ 10 h、容积负荷为 4 kg COD/(m³·d)、污泥负荷为 0.15 kg/(kg LVSS·d)的情况下,COD 和 BOD$_5$ 的去除率不小于 76%,大肠菌去除率大于 99.9%。根据国外采用的 UASB 处理屠宰及肉类加工废水的实验结果,在温度为 20 ℃、HRT 为 6 ~ 8.8 和容积负荷为 6 kg COD/(m³·d)时,对 COD 的去除率为 87%。

采用 UASB 处理屠宰及肉类加工废水并取得成功的关键在于使反应器中维持高浓度的厌氧污泥。由于屠宰及肉类加工废水浓度不高,水力负荷相对较高,若气-固-液三相分离进行的不好,污泥流失会大于污泥的生成量,使得反应器中污泥量不断减少,造成处理效率大幅度下降。要使气-固-液三相分离得好,除了分离器的设计要合理外,操作运行条件也很重要,操作运行不当,形成的污泥多为絮状或绒毛状,这种形态的污泥容易挟带厌氧消化过程中产生的微气泡,沉降性能差,气-固-液三相分离很难进行。因此,在操作中一定要避免这种情况的出现。在一些情况下,可往水中适量加一些消石灰,以改善污泥的沉降性能。

（3）水力循环厌氧接触池

水力循环厌氧接触池靠进水经喷嘴在喉管部分射流所产生的抽吸作用,促使反应器沉淀区中的厌氧污泥循环回流,经喉管在混合室与进水混合,完成废水与厌氧污泥的接触。废水中的有机物而后在接触室为污泥所分解。由接触室进入沉淀区的混合液中的污泥,由于重力的作用产生沉降,靠进水射流造成的负压循环回流。分离后的废水则由上部排出。

水力循环厌氧接触池没有设置气体分离装置,进入沉淀区的混合液中含有厌氧消化所产生的气泡,这些气泡的存在影响固液分离的进行。因此,水力循环厌氧接触池出水 SS 含量高,池中难以维持高浓度的厌氧污泥,即使往池中投加厌氧污泥,由于污泥在池子底部会进行厌氧发酵产生大量气体,也会严重干扰沉淀区的固液分离,厌氧污泥仍会流失,出水 SS 浓度增高。而要降低出水 SS 浓度,只有降低池中污泥量。因此,水力循环厌氧接触池的去除率一般不高。根据国内有关单位的半生产性试验结果,在温度为 25 ℃、HRT 为 6.7 h、容积负荷为 2.55 kg $BOD_5/(m^3 \cdot d)$ 的条件下,$BOD_5$ 的去除率为 45.5%。根据国内有关厂家的生产运行数据,在 HRT 为 13.8 h、容积负荷为 0.88 kg $BOD_5/(m^3 \cdot d)$ 时,对 $BOD_5$ 的去除率为 39%。由此可见,水力循环厌氧接触池是一种效率不高的厌氧消化装置。

（4）厌氧滤池

厌氧滤池实际上是通过在厌氧反应器中设置可供微生物附着的介质的途径来增加反应器中厌氧微生物的数量,以达到提高装置负荷能力和处理效果的目的。厌氧滤池也可称为厌氧接触池。20 世纪 60 年代,McCarty 等人进一步加以发展,从理论和实践上系统地研究了这种用于处理溶解性有机污水的固定膜厌氧生物反应器。20 世纪 70 年代初,厌氧滤池首次在生产规模上用于处理小麦淀粉废水。

厌氧滤池由于在滤料上附着了大量厌氧微生物,因而负荷能力较高,处理效果也较好。同时,由于厌氧滤池中微生物系附着生长,负荷突然增大不会导致厌氧微生物大量流失,因而有较高的耐冲击负荷的能力。此外,厌氧滤池装置结构较简单、运行操作方便。但厌氧滤池中由于使用了填料,易发生堵塞,这是厌氧滤池运行中的一个最大问题。再者,使用填料也增加了工程的造价。

# 4.3　屠宰及肉类加工废水处理工程实例

## 4.3.1　隔油沉淀-气浮-UASB-接触氧化工艺处理屠宰及肉类加工废水

东北地区(冬季正常气温为 -25 ~ -15 ℃)某肉制品加工厂废水主要为屠宰、肉制品加工、冲洗废水以及生活废水,含有较多的血污、毛皮、油脂、碎肉、内脏杂物、未消化的食物及粪便等污染物,排水不均匀。该厂废水处理站设计规模为 1 100 m³/d,废水处理后执行《肉类加工工业水污染物排放标准》(GB 13457—92)的二级排放标准,具体的设计进水水质及排放标准见表4.15。

表 4.15　某肉制品加工厂废水处理站设计进、出水水质指标

| 项目 | COD /(mg · L⁻¹) | BOD₅ /(mg · L⁻¹) | SS /(mg · L⁻¹) | 油脂 /(mg · L⁻¹) | 氨氮 /(mg · L⁻¹) | pH |
|---|---|---|---|---|---|---|
| 进水 | ≤4 500 | ≤2 500 | ≤3 000 | ≤450 | ≤100 | 6.0 ~ 9.0 |
| 排放标准 | ≤120 | ≤60 | ≤200 | ≤20 | ≤25 | 6.0 ~ 9.0 |

**1. 废水处理工艺流程**

由该肉制品加工厂原废水水质指标(表4.15)不难看出,其总体特征是含有较高浓度的悬浮物、油脂和氨氮等污染物,有机物 COD 浓度也较高,但废水的可生化性良好(BOD₅/COD＝0.56),是一种典型的高油脂、高氨氮、可生化降解性良好的工业有机废水。根据处理后水的保准要求,确定采用"物理及物化预处理–生化处理"的工艺方案,具体的工艺流程如图 4.6 所示。

图4.6　某肉制品加工废水处理工艺流程

废水首先通过粗格栅去除其中较大颗粒杂质(如肉屑、血块等),出水进入集水井并通过潜污泵提升至位于隔油沉淀池上的细格栅(去除悬浮物),细格栅出水自流进入隔油沉淀池(去除油脂和悬浮物)。隔油沉淀池出水自流进入调节池,再通过提升泵输送至气浮装置(进一步去除油脂和悬浮物)。气浮池出水自流进入二次提升池经泵提升至 UASB 池进行厌氧生化处理,出水自流进入厌氧沉淀池经泥水分离后,自流进入接触氧化池进行好氧生化处理。接触氧化池的出水自流进入二沉池进行泥水分离,再经消毒后达标排放。

格栅的栅渣、隔油沉淀池的沉泥及生化处理产生的污泥,先排入污泥储池,再通过带式浓缩压滤一体机进行脱水,脱水后的污泥与厂内固体废弃物一起外运处置。

### 2. 单元设计

集水井。平均流量为 46 $m^3/h$,水量时变化系数按 1.6 考虑,设计水量为 74 $m^3/h$,有效容积为 20 $m^3$,最大水量时 HRT 为 16 min。

隔油沉淀池。位于调节池之前,处理水量按照 74 $m^3/h$ 设计,采用平流式,尺寸为 16.0 m ×4.5 m ×3.0 m(不包含泥斗高度),表面负荷为 1.02 $m^3/(m^2 \cdot h)$,采用前端隔油、底部刮泥、液面刮渣。

调节池。尺寸为 12.5 m×10 m×5.0 m,有效容积为 562 $m^3$,HRT 为 12.2 h。池内设潜水搅拌机 2 台,调节池内设穿孔管预曝气,并起搅拌作用,防止废水在池内腐败。

气浮设备。采用浅层气浮设备 1 台,最大处理水量为 60 $m^3/h$,规格 $\phi = 5.0$ m,表面负荷为 3.0 $m^3/(m^2 \cdot h)$。

UASB 反应池。尺寸为 12.0 m×8.0 m×8.5 m,有效容积为 750 $m^3$,HRT 为 16.4 h,COD 容积负荷为 3.5 $kg/(m^3 \cdot d)$。

厌氧沉淀池。采用竖流式,尺寸为 9.0 m ×4.5 m ×6.0 m,设计水量 60 为 $m^3/h$(考虑到污泥脱水机滤液、反冲洗水等,沉淀池及消毒池设计水量均按 60 $m^3/h$ 设计,二沉池同),表面负荷为 1.48 $m^3/(m^2 \cdot h)$。

接触氧化池。尺寸为 10 m×11 m×5.5 m,池内设置组合填料,供氧系统采用罗茨风机配合微孔曝气器,HRT 为 12 h,COD 容积负荷为 1.0 $kg/(m^3 \cdot d)$。

二沉池。采用斜管式二沉池,尺寸为 10 m×4.7 m×5.0 m,设计水量为 60 $m^3/h$,表面负荷为 1.27 $m^3/(m^2 \cdot h)$。

消毒池。采用二氧化氯接触消毒,尺寸为 3.2 m×4.5 m×3.0 m,设计水量为 60 $m^3/h$,HRT 为 36 min。

因该工程地处东北地区,冬季正常气温为–25 ~ –15 ℃,工程设计时采取了一系列保温措施:构筑物尽量采用地埋或半地埋式,构筑物尽量加盖,位于冻土层以上及地上部分采用保温板做保温处理,水泵尽量采用潜水安装,所有不在液面下的设备均设计保温间,所有外露及冻土层以上管道、阀门均采用保温及电伴热措施等。

### 3. 废水处理效果

该工程于 2010 年 4 月完工并进入调试,调试历时在 100 d 以上,调试重点在于生化系统(UASB)接种约 20/L 的厌氧污泥 250 $m^3$,经历了种泥投加、反应器升温、污泥驯化、逐步提高负荷等几个阶段,80 ~ 90 d 基本驯化完毕;接触氧化池利用 UASB 自然淘汰出来的絮状污泥及轻质片状颗粒污泥作为接种污泥,通过连续曝气促进好氧菌增殖,约 30 d 污泥基本驯化成熟。系统试运行后,废水处理后达到 GB 13457—92 中二级排放标准要求,环保部门连续 3 d 测得的出水水质见表 4.16。

表 4.16　某肉制品加工废水各污染物的去除效果

| 项目 | COD /(mg · L⁻¹) | SS /(mg · L⁻¹) | 油脂 /(mg · L⁻¹) | 氨氮 /(mg · L⁻¹) | pH |
|---|---|---|---|---|---|
| 进水水质 | 2 710 ~ 4 120 | 1 520 ~ 2 540 | 160 ~ 565 | 86 ~ 112 | 6.1 ~ 6.6 |
| 出水水质 | 72 ~ 102 | 74 ~ 117 | 6 ~ 15 | 12 ~ 22 | 7.4 ~ 7.7 |
| 排放标准 | ≤120 | ≤200 | ≤20 | ≤25 | 6.0 ~ 9.0 |

### 4.3.2　气浮–UASB–Bardenpho 工艺处理屠宰厂废水

内蒙古某屠宰厂是一家主要以屠宰羊及羊的副产品加工为主的企业,日宰杀量为 4 000 头左右,每天屠宰废水排水量为 800 ~ 1 200 t,年运行时间为 11 个月。每天在进行羊的宰杀、解体、内脏处理、整理和洗净等工段都会产生大量的屠宰废水,废水排放时间主要集中在每日 8:00 ~ 14:00,该时段废水排放量占日排放量的 80%。废水中含有动物未消化的饲料、粪便、血液、内脏、碎肉组织、骨渣等,富含蛋白质、脂肪、纤维和碳水化合物,颜色呈红褐色,悬浮物多,气味腥臭。废水处理工艺设计能力为 1 000 t/d,24 h 连续运行,废水处理后参考《肉类加工工业水污染物排放标准》(GB 13457—92)的一级排放标准和《屠宰与肉类加工工业水污染物排放标准》征求意见稿的限值,具体的设计进水水质及排放标准见表 4.17。

表 4.17　某屠宰厂废水处理站设计进、出水水质指标

| 项目 | COD /(mg · L⁻¹) | BOD₅ /(mg · L⁻¹) | 总氮 /(mg · L⁻¹) | 氨氮 /(mg · L⁻¹) | 总磷 /(mg · L⁻¹) | 油脂 /(mg · L⁻¹) |
|---|---|---|---|---|---|---|
| 进水 | 1 400 ~ 3 500 | 850 ~ 2 300 | 180 ~ 210 | 90 ~ 120 | 20 ~ 25 | 80 ~ 140 |
| 排放标准 | ≤80 | ≤30 | ≤20 | ≤15 | ≤2 | 15 |

**1. 废水处理工艺流程**

由该屠宰厂原废水水质指标(表 4.17)不难看出,其总体特征是含有较高浓度油脂、总氮和总磷等污染物,有机物 COD 浓度也较高,但废水的可生化降解性良好。根据处理后水的标准要求,参考国内屠宰废水处理的成功案例,确定采用“物理及物化预处理–生化处理(强化脱氮除磷)”的工艺方案,具体的工艺流程如图 4.7 所示。

废水首先通过粗格栅去除其中较大的是内脏、肉皮和部分毛发等杂质,出水进入隔油沉淀池,隔除部分漂浮的油脂(去除 40% ~ 50%)并去除羊粪便、未消化饲料及清洗场地的泥沙等。隔油沉淀池出水进入调节池,用于调节屠宰厂在不同时间排放不均匀的水量和水质。调节池的出水进入气浮池,去除其中的大部分油脂和悬浮物。气浮后的水再进入 UASB,通过厌氧产甲烷作用去除部分易生物降解的有机物,降低后续好氧处理单元的有机负荷,并通过将大分子有机物降解为小分子有机物、动物蛋白被水解为短肽和氨基酸等提高废水的可生化性。UASB 的出水经中间水池后,进入包括两段缺氧/好氧的 Bar-

图 4.7　某屠宰厂废水处理工艺流程

denpho 工艺进行强化脱氮除磷。最后,污水经过消毒后,保证出水的细菌学指标合格。

隔油沉淀池的沉泥、气浮池的浮渣及 Bardenpho 工艺段产生的活性污泥,排入污泥浓缩池,后经压滤机进行脱水,脱水后的泥饼外运。

**2. 单元设计**

格栅。设置链条回转式格栅,中、细格栅各 1 道,栅条间距分别为 8 mm 和 3 mm,电机功率均为 1.5 kW。

隔油沉淀池。2 座,HRT 为 6.00 h,表面负荷为 0.83 m³/(m²·h),规格尺寸为 10 000 mm×2 500 mm×550 mm。

调节沉淀池。2 座,HRT 为 14.40 h,容积为 600 m³,分 2 格,规格尺寸为 6 000 mm× 5 000 mm×5 500 mm,钢混结构,池底设穿孔管进行预曝气。其内提升泵流量为 60 m³/h,扬程为 16 m,电机功率为 5.5 kW,共 2 台,1 用 1 备。由 PLC 控制主机收集电磁流量计和超声波液位计数据,自动控制水泵启停。

气浮池。1 座,规格尺寸为 5 000 mm×2 200 mm×2 000 mm。气浮池配气浮空压机 1 台,排气量 $Q$ 为 0.52 Nm³/min,排气压力为 1.6 MPa,电机功率为 7.5 kW;配气浮循环泵 1 台,流量为 6.3 m³/h,扬程为 50 m,电机功率为 4.0 kW;配加药装置 2 套,装机功率为 1.5 kW。运行中气浮溶气水回流比控制为 20%~30%。

UASB 反应器。2 座,规格尺寸为 6 000 mm×5 000 mm×5 500 mm,为 2 个 Q235B 钢板焊接制成的内部采用环氧煤沥青漆防腐的罐体结构。

Bardenpho 工艺。2 套,由缺氧池 1(HRT = 3.84 h,尺寸为 4 000 mm×4 000 mm×5 500 mm)、好氧池 1(HRT = 11.52 h,尺寸为 12 000 mm×4 000 mm×5 500 mm)、缺氧池 2(HRT = 1.92 h,尺寸为 4 000 mm×2000mm×5 500 mm)、好氧池 2(HRT = 1.92 h,尺寸为 4 000 mm×2 000 mm×5 500 mm)和二沉池(HRT = 3.0 h,尺寸为 φ6 000 mm×3 000 mm)组成。硝化液回流比设置为 300%,污泥回流比设置为 75%,剩余污泥含磷量约为 5%。混合液回流泵采用离心泵,流量为 160 m³/h,扬程为 10 m,电机功率为 15 kW,共 2 台,1 用 1 备。污泥回流泵采用螺杆泵,流量为 5 m³/h,扬程为 60 m,电机功率为 2.2 kW,共 2 台,1 用 1 备。好氧池底安装平板式微孔曝气头,气源由 3 台 HDSR150 型罗茨鼓风机供给,2 用 1 备,风量为 10.26 m³/min,电机功率为 18.5 kW,变频控制。好氧池 DO 控制在 3 ~ 5 mg/L,缺氧池 DO 控制为 0.2 ~ 0.5 mg/L。

消毒池。1 座,规格尺寸为 1 000 mm×1 500 mm×4 000 mm,地下式。采用二氧化氯发生器,现场制备 $ClO_2$ 作为消毒剂。

**3. 废水处理效果**

该屠宰厂生产废水处理工程经过近一年的调试与运行,证明采用"气浮 – UASB – Bardenpho 工艺"具有很好的处理效果,2018 年 6 月 28 日该系统对各污染指标的去除效果见表 4.18。出水各项指标均优于《肉类加工工业水污染物排放标准》(GB 13457—92)的一级标准,且总氮、总磷和油脂指标可达到《屠宰与肉类加工工业水污染物排放标准》征求意见稿的相关要求。该厂废水的单位处理成本为 1.60 元/m³。

表 4.18　某屠宰场废水各污染物的去除效果

| 项目 | COD /(mg·L⁻¹) | $BOD_5$ /(mg·L⁻¹) | 氨氮 /(mg·L⁻¹) | 总氮 /(mg·L⁻¹) | 总磷 /(mg·L⁻¹) | 油脂 /(mg·L⁻¹) |
|---|---|---|---|---|---|---|
| 进水 | 2 139.47 | 1 229.20 | 107.36 | 195.67 | 18.94 | 119.67 |
| 隔油沉砂池 | 1 826.85 | 1 099.65 | 95.50 | 173.21 | 18.18 | 72.43 |
| 气浮 | 1 541.68 | 882.99 | 76.19 | 138.95 | 16.95 | 20.93 |
| UASB 工艺 | 497.54 | 254.96 | 65.75 | 108.67 | 11.76 | 12.25 |
| Bardenpho | 25.19 | 15.92 | 9.40 | 20.36 | 1.43 | 7.27 |
| 总去除率/% | 98.80 | 98.69 | 91.23 | 89.32 | 92.49 | 93.94 |

### 4.3.3　EGSB/预缺氧-缺氧-好氧 MBR 组合工艺处理屠宰厂废水

某生猪屠宰肉制品加工企业,日屠宰量为 1 500 头,所排放的废水主要是待宰、刺杀放血、烫毛、脱毛、劈半等工序的生产废水,另包括少量冲洗废水和生活污水。废水中含有大量的血液、油脂、畜毛、肉屑、内脏杂物、未消化的食料和粪便等污染物,呈血红色,并散发腥臭味。拟配套建设一座规模为 1 000 m³/d 的污水处理设施,运行时间按 24 h/d 计算,则设计处理水量为 41.67 m³/h。按环评要求,出水水质应执行《肉类加工工业水污染物排放标准》(GB 13457—92)的三级标准。企业为应对未来更加严格的排放标准,并考虑废水的再生回用,故将设计出水标准提高,具体的设计进水与出水水质见表 4.19。

**表 4.19　某屠宰厂废水处理站设计进、出水水质指标**

| 项目 | COD /(mg·L$^{-1}$) | BOD$_5$ /(mg·L$^{-1}$) | SS /(mg·L$^{-1}$) | 氨氮 /(mg·L$^{-1}$) | 总氮 /(mg·L$^{-1}$) | 总磷 /(mg·L$^{-1}$) | 动植物油 /(mg·L$^{-1}$) |
|---|---|---|---|---|---|---|---|
| 设计进水水质 | 3 500 | 1 500 | 1 500 | 100 | 120 | 20 | 500 |
| 设计出水水质 | 50 | 15 | 10 | 10 | 50 | 1 | 50 |
| GB 13457—92 三级标准 | ≤500 | ≤300 | ≤400 | — | — | — | ≤60 |

### 1. 废水处理工艺流程

根据该屠宰厂废水的原水水质指标可知,废水中富含蛋白质及油脂,SS 浓度大,有机物浓度较高,但可生化性良好(BOD$_5$/COD=0.43),同时还含有较大量的磷。根据处理后水的标准要求,参考国内生猪屠宰废水处理的成功案例,确定采用“物理及物化预处理-厌氧好氧生化处理”的工艺方案,具体的工艺流程如图 4.8 所示。

图 4.8　某生猪屠宰肉制品加工企业废水处理工艺流程

为防止堵塞水泵并减轻后续构筑物和设备的处理负荷,废水首先通过粗格栅拦截废水中的毛皮、碎肉和内脏等较粗大的漂浮物和颗粒物,出水经细格栅、调节池后进入隔油沉淀池,用以去除废水中的动物油脂和悬浮物。隔油沉淀池出水进入气浮机,进一步去除废水中的动物油脂、悬浮状凝胶物及部分总磷。气浮后的水再进入 EGSB 去除废水中的大部分有机物后,出水进入预缺氧池除去污泥回流液和硝化回流液中的 DO,为后续的反硝化脱氮提供缺氧环境。预缺氧池的出水进入 A/O-MBR 池,其中 A/O 用于进一步去除废水中的 COD、氨氮和总氮等,而膜组件对出水进行过滤。最后,污水经过消毒后送入清水池,排放或回用。

隔油沉淀池的沉泥、气浮机的浮渣及 EGSB、A/O-MBR 生化处理工艺段产生的活性污泥排入污泥浓缩池,然后经带式浓缩脱水机进行脱水,脱水后的泥饼外运。

**2. 单元设计**

格栅。粗格栅与细格栅各 1 道,粗格栅井与细格栅井各 1 座、尺寸分别为 3.2 m×0.55 m×4.5 m 和 1.8 m×0.65 m×4.5 m,地下式砖砌结构。粗格栅选用回转式格栅,格栅宽为 500 mm,栅条间距为 3.0 mm;细格栅选用转鼓式格栅,转鼓直径为 600 mm,栅间距为 1.0 mm。

隔油沉淀池。1 座,尺寸为 16.0 m×3.0 m×6.0 m,有效容积为 144 $m^3$,半地下式钢筋混凝土结构。污泥斗高为 2.0 m,缓冲层高为 0.5 m,表面负荷为 0.86 $m^3/(m^2 \cdot h)$。配置桁车刮泥机 1 台,上部刮渣,底部刮泥,自动运行。

调节池。1 座,停留时间为 7.77 h,尺寸为 9.0 m×7.2 m×5.5m,有效容积为 324 $m^3$,半地下式钢筋混凝土结构。池内安装液位控制器 1 套;提升泵 2 台,1 用 1 备,单台流量为 45 $m^3/h$。池顶加盖(防恶臭气体逸出);池底设计穿孔曝气管(避免废水腐败与悬浮物沉积)。

气浮机。2 台,单台尺寸为 5.7 m×2.0 m×2.1 m,碳钢防腐。单台最大处理能力为 30 $m^3/h$,配套溶气水泵、空压机和加药装置。

EGSB 反应器。2 座,并联布置,碳钢防腐。单座 HRT 为 5.08 h,进水负荷为 10.0 kg COD/$(m^3 \cdot d)$,有效容积为 105.8 $m^3$,尺寸为 $\phi$3.5 m×14.5 m。

预缺氧池。1 座,HRT 为 1.85 h,有效容积为 77.0 $m^3$,半地下式钢筋混凝土结构。

A/O - MBR 池。1 座,其中 A 段 HRT 为 3.32 h,有效容积为 138.6 $m^3$;O 段 HRT 为 7.28 h,有效容积为 303.6 $m^3$;半地下式钢筋混凝土结构;设置曝气装置,气水比为 20∶1。膜组件采用 PVDF 中空纤维膜,膜面积约 3 000 $m^2$,设计平均通量为 16.7 L/$(m^2 \cdot h)$;出水抽吸泵 2 台,1 用 1 备,单台流量为 50 $m^3/h$,抽吸 9 min,停止 1 min;回流泵 3 台,2 用 1 备,单台流量为 50 $m^3/h$;污泥泵 1 台,流量为 37 $m^3/h$;另配套膜清洗装置 1 套。

消毒池。1 座,HRT 为 0.91 h,有效容积为 37.8 $m^3$,半地下式钢筋混凝土结构。消毒剂选用次氯酸钠。

清水池。1 座,有效容积为 214 $m^3$,半地下式钢筋混凝土结构。

污泥浓缩池。1 座,有效容积为 259 $m^3$,地下式钢筋混凝土结构。池底安装低速潜水搅拌器 2 台,呈对角放置,推力为 145 N。

污泥处理间及加药间。合建 1 座,平面尺寸为 12.5 m×7.2 m,砖混结构。污泥处理间安装带式污泥浓缩脱水机 1 台,带宽为 1 500 mm;配套有一体化加药装置(含计量泵、搅拌器、储药罐)1 台,清洗水泵 1 台。加药间内设乙酸钠、聚合氯化铝和次氯酸钠投加系统各 1 套。乙酸钠设计投加量为 55 mg/L,计量泵 2 台,1 用 1 备,单台最大流量为

15 L /h,加药点设置于预缺氧池进水口;聚合氯化铝设计投加量为 20 mg /L,计量泵 2 台,1 用 1 备,单台最大流量为 15 L /h,加药点设置于好氧段进水口处;液态次氯酸钠(含量为 10%)采用罐体储存及投加,设计投加量为 2 mg/L(有效氯),配有机械隔膜式计量泵 2 台,1 用 1 备,单台最大流量为 1.0 L/h。

**3. 废水处理效果**

废水处理站建成投产后,经两个月的调试,各处理单元均正常运行。系统出水水质检测结果见表 4.20(连续 5 d 监测结果的平均值),可见出水 TN≤50 mg /L、TP≤1 mg /L。单位处理费用为 2.85 元/m³。该废水处理站的出水除了达标排放外,部分出水还回用于待宰圈及车间的冲洗、厂区绿化等。该工程实例表明,采用 EGSB/预缺氧–A/O–MBR 组合工艺处理生猪屠宰肉制品加工企业废水,出水水质可达到《城市污水再生利用城市杂用水水质》(GB /T 18920—2002)标准,且具有良好的脱氮除磷效果。应当说明的是,该工艺系统运行时将少量预处理后的废水超越 EGSB 至预缺氧池,可充分利用废水中的碳源,起到了降低运行费用的作用。

**表 4.20　某屠宰场废水各污染物的去除效果**

| 项目 | COD /(mg · L⁻¹) | BOD₅ /(mg · L⁻¹) | 氨氮 /(mg · L⁻¹) | 总氮 /(mg · L⁻¹) | 总磷 /(mg · L⁻¹) | SS /(mg · L⁻¹) | 动植物油 /(mg · L⁻¹) |
|---|---|---|---|---|---|---|---|
| 平均进水水质 | 3 260 | 1 482 | 98.7 | 122.6 | 19.2 | 900 | 350 |
| 平均出水水质 | 37 | 8.6 | 2.53 | 43.7 | 0.83 | 3.5 | 12 |
| 平均去除率/% | 98.86 | 99.41 | 97.43 | 57.41 | 95.67 | 99.61 | 96.57 |

# 第5章 制革工业废水处理

制革工业属于历史悠久的传统产业,包含制革工业在内的皮革行业(由制革、制鞋、皮具、皮革服装、毛皮及制品五个主体行业及皮革科技、皮革化工、皮革机械、皮革五金、鞋用材料等配套行业组成)是轻工行业中的支柱产业。自 20 世纪 80 年代初制革工业的重心开始自欧洲向亚洲转移以来,中国的制革工业得到突飞猛进的发展,目前已成为世界上最重要的皮革及革制品生产中心之一。我国的牛皮、猪皮、羊皮资源和每年轻革产量均居世界第一,占世界总量的 20% 以上。然而,在制革企业以各类动物皮为原料进行的准备、鞣制与整理的加工过程中,将会产生大量的废弃物和废水,年产废水量约占我国工业废水排放量的 1.6%;COD 排放量约占总工业污染物排污量的 2.74%,排名第五位。如果制革工业废水得不到有效处理,不但污染环境,还会严重影响人类健康和周围环境卫生。因此,有必要从生产的源头开始,对生产全过程进行资源利用和污染物的控制,走清洁生产的道路,形成循环经济的模式,进而有利于环境保护和经济的可持续性发展。加大对现有制革厂的污染治理力度,在制革行业中大力推广较成熟的环保治理技术,其中包括:采用饱和盐水转鼓腌皮法保藏原皮以减少硫化钠污染,含硫废水采用催化氧化法处理,含铬废液回收后循环使用,对制革综合废水在加强预处理的前提下,采用生化法进行处理。

## 5.1 制革工业生产和废水来源

### 5.1.1 制革工业生产的基本工艺流程

制革是将从动物体上剥下来的皮制造成适合各种用途皮革的过程。制革生产一般包括准备、鞣制和整理三大工段,其基本工艺流程如图 5.1 所示。原料皮经过三大工段处理后,方可作为皮革正式成品加以出售。

图 5.1 制革生产基本工艺流程

**1. 准备工段**

准备工段是指将原料皮从浸水到浸酸之前的操作,其目的是除去制革加工不需要的物质(如头、蹄、耳、尾等废物)以及血污、泥沙和粪便、防腐剂、杀虫剂等;使原料皮恢复到鲜皮状态,以使经过防腐保存而失去水分的原料皮便于制革加工,并有利于化工材料的渗透和结合;除去表皮层、皮下组织层、毛根鞘、纤维间质等物质,适度松散真皮层胶原纤维,为成革的柔软性和丰满性打下良好基础;使裸皮处于适合鞣制状态,为鞣制工序顺利进行做好准备。

**2. 鞣制工段**

鞣制工段包括鞣制和鞣后湿处理两部分。以铬鞣为例,一般指从鞣制到加油之前的操作。它是将裸皮变成革的质变过程。鞣制后的革与原料皮有本质的不同,它在干燥后可以用机械方法使其柔软,具有较高的收缩温度,不易腐烂,耐化学药品作用,卫生性能好,耐曲折,手感好。

铬初鞣后的湿铬鞣革称为蓝湿革。为进一步改善蓝湿革的内在品质和外观,需要进行鞣后湿处理,以增强革的粒面紧实性,提高革的柔软性、丰满性和弹性,并可染成各种颜色,赋予革某些特殊性能,如耐洗、耐汗、防水等性能。

**3. 整饰工段**

整饰工段包括皮革的整理和涂饰操作,它属于皮革的干操作工段。其中整理多为机械操作,它可改善革的内在和外观质量,提高皮革的使用价值和利用率。皮革经过干燥、整理后大多数产品需要进行涂饰,才能成为成品革。涂饰是指在皮革表面施涂一层天然或合成的高分子薄膜的过程。皮革涂饰过程中,经常辅以磨、抛、压、摔等机械加工,以提高涂层乃至成革的质量。

## 5.1.2　制革工业废水的来源

皮革加工是以动物皮为原料,经化学处理和机械加工而完成的。在这一过程中,大量的蛋白质、脂肪转移到废水、废渣中;在加工过程中采用的大量化工原料,如酸、碱、盐、硫化钠、石灰、铬鞣剂、加脂剂、染料等,其中有相当一部分进入废水之中。制革废水主要来自于准备、鞣制和其他湿加工工段。这些加工过程产生的废液多是间歇排出,其排出的废水是制革工业污染的最主要来源,约占制革废水排放总量的2/3。轻革及毛皮加工工艺和产污节点分别如图5.2和图5.3所示。

**1. 鞣前准备工段**

在该工段中,废水主要来源于水洗、浸水、脱毛、浸灰、脱灰、软化、脱脂,主要污染物为有机废物(包括污血、蛋白质、油脂等)、无机废物(包括盐、硫化物、石灰、$Na_2CO_3$、$NH_4^+$、NaOH)和有机化合物(包括表面活性剂、脱脂剂、浸水浸灰助剂等)。此外,还含有大量的毛发、泥沙等固体悬浮物。鞣前准备工段的废水排放量约占制革总水量的55%~70%以上,污染负荷占总排放量的70%左右,是制革废水最主要的来源。

**2. 鞣制工段**

在该工段中,废水主要来自水洗、浸酸、鞣制,主要污染物为无机盐、重金属铬等。其

图 5.2　轻革加工工艺流程及主要产污节点

污水排放量约占制革总水量的 5%～10% 左右。

**3. 鞣后湿整饰工段**

在该工段中,废水主要来自水洗、挤水、染色、加脂、喷涂机的除尘等,主要污染物为染料、油脂、有机化合物(如表面活性剂、酚类化合物、有机溶剂)等。鞣后湿整饰工段的废水量约占制革总水量的 20%～35% 左右。

总的来说,皮革加工要经过浸水、脱毛浸灰、脱灰、浸酸、鞣制、中和、加脂和染色等多种复杂的物理化学过程。制革各工序废水的来源及主要污染物构成见表 5.1,可见其组分的多样性与复杂性。制革工业废水一般浓度高、色度大,有一定的毒性,属于污染较严重且较难处理的工业废水。毛皮加工过程大体与制革相似,但不涉及脱毛浸灰和脱灰等工序,毛皮加工各工序废水中主要污染源和制革废水基本相同。

图 5.3  毛皮加工工艺流程及主要产污节点

表 5.1  制革各工序废水的来源及污染物

| 特征 | 准备工段 | 鞣制工段 | 复鞣染色加脂工段 |
| --- | --- | --- | --- |
| 废水来源 | 水洗、浸水、脱脂、脱毛浸灰、脱灰、软化等工序(毛皮加工不涉及脱毛浸灰、脱灰) | 浸酸和鞣制工序 | 中和、复鞣、染色、加脂、喷涂、除尘等工序 |
| 主要污染物 | 废水:包含污血、蛋白质、油脂、脱脂剂、助剂等有机物和盐、硫化物、石灰、$Na^+$、$CO_3^{2-}$、硝酸盐等无机物;固废:大量的毛发、泥沙等固体悬浮物 | 废水:包含无机盐、三价铬、悬浮物等固废:包含含铬污泥 | 废水:包含色度、有机化合物(如表面活性剂、染料、各类复鞣剂、树脂)、悬浮物 |
| 污染物特征指标 | COD、$BOD_5$、SS、S、pH、油脂、总氮、氨氮 | COD、$BOD_5$、SS、Cr、pH、油脂、总氮、氨氮 | COD、$BOD_5$、SS、Cr、pH、油脂、氨氮 |
| 污染负荷比例 | 废水排放量约占制革总水量的60%～70% 污染负荷占总排放量的70%左右,是制革废水的主要来源 | 废水排放量约占制革总水量的8%左右 | 废水排放量约占制革总水量的20%～30%左右 |

## 5.2　制革废水的水量与水质特征

制革工业废水水量大,水量和水质波动大,污染物浓度高、杂质多,并含有有毒有害的化学物质,属于以有机物为主体的综合性污染废水。

**1.耗水量大**

一般情况下,每生产加工一张猪皮约耗水 $0.3 \sim 0.5$ m³,生产加工一张盐湿牛皮耗水 $1 \sim 1.5$ m³,生产加工一张羊皮约耗水 $0.2 \sim 0.3$ m³,生产加工一张水牛皮耗水 $1.5 \sim 2$ m³。根据产品品种和生坯类别的不同,每生产 1 t 原料皮需用水 $60 \sim 120$ m³。

**2.水量和水质波动大**

水量和水质波动大是制革工业废水的又一特点。制革加工中的废水通常是间歇式排出,其水量变化主要表现为时流量变化和日流量变化。

(1)时流量变化

由于制革生产工序的不同,在每天的生产中都会出现排水高峰。通常一天里可能会出现 5 h 左右的高峰排水。高峰排水量可能为日平均排水量的 $2 \sim 4$ 倍(如南方某猪皮生产厂日投皮 1 200 张,日排水 563 m³,每小时平均排水 27.75 m³,高峰排水 56 m³/h)。综合废水日流量变化如图 5.4 所示,从中可以看出,其主要集中在 $9 \sim 19$ 时,10 时、15 时、18 时产生排水高峰。

图5.4　综合废水日流量变化曲线

(2)日流量变化

根据操作工序的时间安排,在每个周末,准备工段剖皮以前的各工序可能停止,因此,周末的排水量约为日常排水量的 60% 左右,周日的排水量约为 40%,形成每周排水的一个排放低谷。

(3)水质变化

制革废水水质变化同水量变化一样差异很大,随生产品种、生皮种类、工序交错等变化而变动。如某猪皮制革厂,综合废水平均 COD 质量浓度为 $3\ 000 \sim 4\ 000$ mg/L,BOD$_5$ 质量浓度为 $1\ 500 \sim 2\ 000$ mg/L。由于工序安排和排放时间不同,一天中 COD 质量浓度在 $3\ 000$ mg/L 以上的情况会出现 $4 \sim 5$ 次,BOD$_5$ 质量浓度在 $2\ 000$ mg/L 以上的情况会出现 3 次以上。综合废水 pH 平均为 $7 \sim 8$,而一天中 pH 最高可达 11,最低为 2 左右。水质变化大,显示出污染物排放的无规律性。

### 3. 污染负荷重

制革工业废水碱性大,其中准备工段废水 pH 在 10 左右,色度重,耗氧量高,悬浮物多,同时含有硫、铬等。皮革废水水质情况见表5.2。

表5.2　皮革废水水质情况

| pH | 色　度 /(稀释倍数) | COD /(mg·L⁻¹) | SS /(mg·L⁻¹) | Cr³⁺ /(mg·L⁻¹) | S²⁻ /(mg·L⁻¹) | BOD₅ /(mg·L⁻¹) | Cl⁻/ (mg·L⁻¹) |
|---|---|---|---|---|---|---|---|
| 8~10 | 800~3 500 | 3 000~4 000 | 2 000~4 000 | 80~100 | 50~100 | 1 500~2 000 | 2 000~3 000 |

一般来讲,制革废水中有毒、有害废水(含硫、含铬废水)占总废水量的15%~20%。其中来自铬鞣工序的废水铬含量为2~4 g/L,而来自灰碱脱毛的废液中硫化物含量可达2~6 g/L。这两种高浓度废水是制革废水污染防治的重点,必须加以单独处理。制革加工各工段废水水质状况和部分工序的废水水质情况见表5.3 和表5.4。

从表5.3 和表5.4 可以看出,制革废水成分复杂,耗氧量高,悬浮物多,色深,含有蛋白质、脂肪、染料等有机物和铬、硫化物、氯化物等无机盐类,并随不同工段、不同工艺、不同工序变化很大。其中悬浮物、硫化物、耗氧量等污染指标主要来自于准备工段,铬主要来自铬鞣工段。

表5.3　制革加工各工段废水水质情况

| 工　段 | 准备工段 | | 鞣制工段 | | 整理工段 | | 共　计 | |
|---|---|---|---|---|---|---|---|---|
| 用水比例/% | 48 | | 28 | | 24 | | 100 | |
| 污染物 | 浓度 /(kg·t⁻¹) | 比例 /% | 浓度 /(kg·t⁻¹) | 比例 /% | 浓度 /(kg·t⁻¹) | 比例 /% | 浓度 /(kg·t⁻¹) | 比例 /% |
| COD | 140~153 | 71 | 8 | 4 | 50~80 | 25 | 198~241 | 100 |
| BOD₅ | 57.5~72 | 80 | 3.5 | 4.8 | 11.5~14.5 | 15.4 | 72.5 | 90 |
| SS | 100 | 71.5 | 10 | 7.2 | 30 | 21.3 | 140 | 100 |
| S²⁻ | 87.9 | 99.1 | 0.1 | 0.9 | — | — | 8 | 100 |
| Cr³⁺ | — | — | 7 | 7.5 | 1 | 12.5 | 8 | 100 |

表5.4　制革加工部分工序的废水水质情况

| 废水名称 | pH | 悬浮物 /(mg·L⁻¹) | 氧化物 /(mg·L⁻¹) | 硫化物 /(mg·L⁻¹) | 铬 /(mg·L⁻¹) | COD /(mg·L⁻¹) | 色度/稀释倍数 |
|---|---|---|---|---|---|---|---|
| 硫化钠脱毛液 | 13 | 20 700 | 1 700 | 2 400 | — | 5 910 | 800 |
| 浸灰废液 | 13 | 80 | 390 | 800 | — | 3 000 | 200 |
| 废铬液 | 3.5 | 900 | 21 500 | 16 | 4 000 | 1 300 | 200 |
| 植鞣废液 | 4 | 182 | 290 | 410 | — | 8 000 | 3 200 |
| 酶脱毛废液 | 6~7 | 168 | — | — | — | 650 | 1 00~400 |

#### 4. 危害性大

由于制革废水中有机物及硫、铬含量高,化学耗氧量大,其废水的污染情况十分严重。下面对各主要污染指标及危害分别阐述如下。

（1）色度

制革废水色度较大,采用稀释法测定其稀释倍数,一般在 600 ~ 3 500 倍之间,主要由植鞣、染色、铬鞣和灰碱废液造成,如不经处理而直接排放,将使地表水带上不正常颜色,影响水质和外观。

（2）碱性

制革废水总体上呈偏碱性,综合废水 pH 在 8 ~ 10 之间。其碱性主要来自于脱毛等工序用的石灰、烧碱和 $Na_2S$。碱性高而不加处理会影响地表水的 pH 和农作物生长。

（3）悬浮物

制革废水中的悬浮物(SS)高达 2 000 ~ 4 000 mg/L,主要是油脂、碎肉、皮渣、石灰、毛、泥沙、血污,以及一些不同工段的废水混合时产生的蛋白絮、$Cr(OH)_3$ 等絮状物。如不加处理而直接排放,这些固体悬浮物可能会堵塞机泵、排水管道及排水沟。此外,大量的有机物及油脂也会使地表水耗氧量增高,造成水体污染,危及水生生物的生存。

（4）硫化物

硫化物主要来自于灰碱法脱毛废液,少部分来自于采用硫化物助软的浸水废液及蛋白质的分解产物。含硫废液在遇到酸时易产生 $H_2S$ 气体,含硫污泥在厌氧情况下也会释放出 $H_2S$ 气体,对水体和人的危害性极大。

（5）氯化物及硫酸盐

氯化物及硫酸盐主要来自于原皮保藏、浸酸和鞣制工序,其含量为 2 000 ~ 3 000 mg/L。当饮用水中氯化物含量超过 500 mg/L 时可明显尝出咸味,如高达 4 000 mg/L 时会对人体产生危害。而硫酸盐含量超过 100 mg/L 时也会使水味变苦,饮用后易产生腹泻。

（6）铬离子

制革废水中的铬离子主要以 $Cr^{3+}$ 形态存在,含量一般为 60 ~ 100 mg/L。$Cr(Ⅵ)$虽然比 $Cr^{3+}$ 对人体的直接危害小,但它能在环境或动植物体内产生积蓄,从而对人体健康产生长远影响。

（7）化学需氧量(COD)和生物需氧量($BOD_5$)

由于制革废水中蛋白质等有机物含量较高又含有一定量的还原性物质,所以 COD 和 $BOD_5$ 都很高,若不经处理直接排放会引起水源污染,促进细菌繁殖;同时废水排入水体后要消耗水体中的溶解氧,而当水中的溶解氧低于 4 mg/L 时,鱼类等水生生物的呼吸将会变得困难,甚至死亡。

（8）酚类

酚类主要来自于防腐剂,部分来自于合成鞣剂。酚对人体及水生生物的危害是非常严重的,是一种有毒物质,国家规定允许排放的最高质量浓度是 0.5 mg/L。

#### 5. 制革工业废水的排放限值

按照《制革及毛皮加工工业水污染物排放标准》(GB 30486–2013)的要求,制革及毛皮加工新建企业自 2014 年 1 月 1 日起、现有企业自 2016 年 1 月 1 日起,其水污染物排放浓度限值及单位产品基准排水量需执行其中表 2(这里见表 5.5)的规定。在国土开发密度已经较高、环境承载能力开始减弱,或环境容量较小、生态环境脆弱,容易发生严重环境污染问题而需要采取特别保护措施的地区,应执行 GB 30486—2013 中表 3 的规定。

表 5.5　制革与毛皮加工企业水污染物排放浓度限值及单位产品基准排水量

| 序　号 | 污染物名称 | 直接排放限值 | | 间接排放限值 | 污染物排放监控位置 |
|---|---|---|---|---|---|
| | | 制革企业 | 毛皮加工企业 | | |
| 1 | pH | 6 ~ 9 | 6 ~ 9 | 6 ~ 9 | 企业废水总排放口 |
| 2 | 色度 | 30 | 30 | 100 | |
| 3 | 悬浮物 | 50 | 50 | 120 | |
| 4 | 五日生化需氧量($BOD_5$) | 30 | 30 | 80 | |
| 5 | 化学需氧量(COD) | 100 | 100 | 300 | |
| 6 | 动植物油 | 10 | 10 | 30 | |
| 7 | 硫化物 | 0.5 | 0.5 | 1.0 | |
| 8 | 氨氮 | 25 | 15 | 70 | |
| 9 | 总氮 | 50 | 30 | 140 | |
| 10 | 总磷 | 1 | 1 | 4 | |
| 11 | 氯离子 | 3 000 | 4 000 | 4 000 | |
| 12 | 总铬 | 1.5 | | | 车间或生产设施废水排放口 |
| 13 | 六价铬 | 0.1 | | | |
| 单位产品基准排水量（$m^3/t$ 原料皮） | | 55 | 70 | ① | 排水量计量位置与污染物排放监控位置相同 |

注:①制革企业和毛皮加工企业的单位产品基准排水量的间接排放限值与各自的直接排放限值相同。
　　②除 pH 和色度外,表中其他污染物指标的单位为 mg/L。

## 5.3　制革工业废水处理技术

在由原料皮加工成成品皮革的生产过程中,由于操作工序的不同可能会导致该工序废液含有某种特定的污染物质。《制革、毛皮工业污染防治技术政策》(环发[2006]38号)中提倡制革废水分类处理。对各工序产生的含较高浓度有害成分的废水可先进行预处理;可进行预处理的废水包括含有大量的油脂的脱脂废液、硫化物的脱毛废液、铬鞣废液。对各工序所排出的废液进行单独收集和预处理后,然后外排,与其他排水共同形成制革厂的综合废水,再进行统一处理。由于制革废水属于以有机物为主的综合性污染废水,可以采用以活性污泥法为主体的生物处理工艺进行处理。

### 5.3.1　脱脂废液的处理

原料皮经组批后,要经过去肉、浸水和脱脂。一般情况下,生猪皮的油脂含量在

21% ~35%(质量分数)之间,去肉(机械脱脂)后油脂去除率为 15%,脱脂后油脂去除率为 10%;浸灰、鞣制后,原有油脂的 85% 左右被去除,大多数转移到废水中,并主要集中在脱脂废液中,致使脱脂废液中的油脂含量、COD 和 BOD$_5$ 等污染指标很高。为提高环境和经济效益,可通过预处理措施回收其中的脂肪。

**1. 水量和水质**

以猪皮脱脂为例,脱脂操作通常分两次进行。脱脂使用的化工材料为 Na$_2$CO$_3$ 和脱脂剂,其废水量约占制革废水总量的 4% ~6%(质量分数),每张皮平均产生脱脂废液 25 ~30 L,其污染负荷相当高,其中含油量达 1% ~2%(质量分数),COD 质量浓度为 20 000 ~40 000 mg/L(1g 油脂相当于 COD 值 3 000 mg/L),其有机污染物负荷占污染总负荷的 30% ~40%(质量分数)。因此,对脱脂废液进行分隔治理,回收油脂,在皮革废水治理中是切实可行的,同时也是一种经济、环境效益明显的治理手段。以每吨盐湿猪皮产生 3 t 含油脂 1%(质量分数)的脱脂废液计,每吨盐湿猪皮可回收混合脂肪酸 30 kg,油脂回收率可达 90%,COD 去除率 90%,总氮去除率达 18%。

**2. 油脂回收方法**

油脂回收可采用酸提取法、离心分离法或溶剂萃取法。据有关资料介绍,当废液中油脂含量在 6 000 mg/L 以上时,采用离心分离法分离油脂是经济的。一些制革厂采用这种方法时,经一次离心,废水中油脂去除率达 60%,再经第二次离心,油脂去除率可达 95%。但离心分离技术从设备投资、能量消耗和操作管理上看,现阶段还是较难实现的;较易为制革厂广泛接受的方法是酸提取法。

酸提取法是指含油脂乳液的废水在酸性条件下破乳,使油水分离、分层,将分离后的油脂层回收,经加碱皂化后再经酸化水洗,最后回收得到混合脂肪酸。酸提取法工艺流程如图 5.5 所示。

图 5.5　油脂回收的酸提取法工艺流程

脱脂废液出鼓后,由集液槽收集,经分隔沟排入集水池,在集水池入流处放置格栅或滤床,经过滤后的脱脂废液既可提高粗油脂质量,又可防止运行中工作泵的堵塞。集水池的沉淀物由排泥管可排至污泥浓缩脱水系统中。上层清液由泵提升至后处理工序的反应器中进行破乳分离操作。

### 5.3.2　灰碱脱毛废液的处理

目前,在我国制革工业生产中,脱毛操作多采用硫化碱脱毛技术,主要是由于它质量稳定可靠,生产操作简单,易于控制。在相当长的一段时期内,硫化碱脱毛技术将成为我国制革工业使用的主要脱毛技术。

**1. 水量和水质**

脱毛用的化工原料主要是 $Na_2S$ 和石灰,其废水产生量约占制革废水总量的 10%。每加工一张猪皮平均产生脱毛废液 15~20 L,每张牛皮产生脱毛废液 65~70 L。其废水污染负荷高,毒性大,硫化物含量在 2 000~4 000 mg/L 之间。这部分废液的 COD 占污染总量的 50%,硫化物污染占 95% 以上。此外,悬浮物和浊度值都很高,是制革工业中污染最为严重的废水。

**2. 处理方法**

灰碱脱毛废液的处理方法通常有化学沉淀法、酸吸收法和催化氧化法。

（1）化学沉淀法

化学沉淀法是一种常用的含硫废水处理工艺,特别是当含硫废水与其他废水混合处理时应用较多。对于制革及毛皮加工企业的含硫废水,絮凝沉淀在有效脱除硫化物（去除率大于 95%）的同时,还能脱除 80% 的悬浮物质和胶体物质,从而降低废水中的有机污染负荷。

化学沉淀法处理含硫废水,是向脱毛废液中加入可溶性化学药剂,使其与废水中的 $S^{2-}$ 起化学反应,并形成难溶解的固体生成物,通过固液分离而除去废水中 $S^{2-}$。去除硫化物常用的沉淀剂有亚铁盐和铁盐等。

采用亚铁盐时,利用 $S^{2-}$ 和 $Fe^{2+}$ 在 pH 大于 7.0 的条件下,反应生成不溶于水的 FeS 沉淀,然后进行硫化物分离。其反应式为

$$FeSO_4 + Na_2S \longrightarrow FeS\downarrow + Na_2SO_4 \tag{5.1}$$

化学沉淀法处理灰碱脱毛废液的工艺流程如图 5.6 所示。

图 5.6　化学沉淀法处理灰碱脱毛废液工艺流程

脱毛废液出鼓后由集液槽收集,经分隔沟排入集水池,在集水池入口处设置格栅或滤床,过滤掉毛和灰渣。由于脱毛废液是强碱性溶液,如直接加铁盐或亚铁盐脱硫,沉淀剂用量过大,颗粒细,速度慢,通常是先向脱毛废液中加入少量硫酸,调节废液 pH 在 8~9 之间,再投入沉淀剂,除硫效果好,反应终点 pH 在 7 左右,不会产生硫化氢气体。待静置澄清后,上清液进入水处理系统,污泥则进入污泥浓缩干化系统。

沉淀剂硫酸亚铁的投加量按废水中硫化物含量计算,可预先配成一定浓度的溶液,在不断搅拌的条件下缓慢地投入,一般加入量为待处理废水量的 0.2%（质量分数）。$FeSO_4 \cdot 7H_2O$ 实际投加量应根据废水中的硫化物含量,按下式计算得出

$$W = \frac{C \times D \times M}{1\,000} \tag{5.2}$$

式中　$W$——FeSO$_4$·7H$_2$O 投加量，kg；

　　　$C$——废水中硫化物含量，mg/L；

　　　$D$——FeSO$_4$·7H$_2$O 与硫化物的摩尔质量比；

　　　$M$——含硫化物的废水处理量，m$^3$。

由于脱硫后的废水中含有大量有害杂质，虽然经过脱硫沉淀，但处理后的水质仍不稳定，存放期稍微加长就会出现水质变浊，这主要是由于存在大量不稳定的中间产物。向废水中加入一定量的氧化剂或通入空气进行曝气氧化即可克服上述缺陷，其中通入空气曝气较投加氧化剂在成本上要合理得多。另外，曝气搅拌可促使反应更加充分，其不足之处就是沉淀剂消耗量大，污泥产生量大，易造成二次污染，水体易受影响（带有黑色）。

（2）酸化吸收法

脱毛废液中的硫化物在酸性条件下产生极易挥发的 H$_2$S 气体，再用碱液吸收硫化氢气体，生成硫化碱可回收利用。反应方程式如下

加酸生成硫化氢气体

$$Na_2S + H_2SO_4 = H_2S\uparrow + Na_2SO_4 \tag{5.3}$$

碱液吸收

$$H_2S + 2NaOH = Na_2S + 2H_2O \tag{5.4}$$

$$H_2S + NaOH = NaHS + H_2O \tag{5.5}$$

$$Na_2S + H_2S = 2NaHS \tag{5.6}$$

酸化吸收法处理灰碱脱毛废液工艺流程如图 5.7 所示。

图 5.7　酸化吸收法处理灰碱脱毛废液工艺流程

将含 Na$_2$S 的脱毛废液由高位槽放入反应釜中，至有效液位后关闭阀门。从贮酸高位槽往反应釜中加入适量硫酸，将反应物的 pH 调至 4～4.5，再用空压机把空气从反应釜底部送入釜中，将所产生的硫化氢气体缓缓地吸入吸收塔，用真空泵连续抽出吸收塔尾部的气体，而后排空。整个过程约需要 6 h 才可完成。

在整个反应过程中，要求吸收系统完全处于负压和密闭状态，以确保硫化氢气体不致外漏。反应完毕后的残渣可直接进入板框进行压滤脱水。这种残渣中主要含有有机蛋白质，可用做农肥或饲料。

采用酸化吸收法处理脱毛废液，硫化物去除可达 90% 以上，COD 的去除率可达 80%。

（3）催化氧化法

在化学沉淀法和酸化吸收法的脱硫体系中,特别是化学沉淀法除硫操作中,会产生大量的含硫污泥,而硫化物在污泥中的积累是皮革废水处理所不希望的,它极易造成二次污染,给污泥的后期处置带来很大的问题。为了避免产生硫化物在污泥中积蓄,应将废水中有毒的 $S^{2-}$ 转变为无毒的硫酸盐、硫代硫酸盐或元素硫。氧化法可达到这一目的。

氧化法是借助空气中的氧,在碱性条件下将负二价的硫氧化成元素硫及其相应 pH 条件下的硫酸盐。为提高氧化效果,在实际操作中大多添加锰盐作为催化剂,这就是常说的催化氧化法。氧化法去除硫化物的方法较多,包括曝气氧化、催化氧化、投加氧化剂、光敏氧化和烟道气氧化等工艺,其中催化氧化具有氧化效果好、运行成本低、技术成熟、有较多工程实例的优点。

通常,不论在酸性条件下还是碱性条件下,氧气都可将负二价硫氧化成单质硫。其反应如下：

碱性条件　　　　　　　　$O_2 + 2S^{2-} + 2H_2O = 2S \downarrow + 4OH^-$　　　　　　　　（5.7）

酸性条件　　　　　　　　$O_2 + 2S^{2-} + 4H^+ = 2S \downarrow + 2H_2O$　　　　　　　　（5.8）

虽然在酸性条件下电位差值大,氧化反应很容易,但在实际生产中,其氧化反应是按式（5.7）进行的。

目前,国内制革厂对含硫废液进行分隔治理时多采用空气-硫酸锰催化氧化法。在该工艺中,$MnSO_4$ 只是一种催化剂,起载体作用。在碱性条件下,$Mn^{2+}$ 会促进空气中氧对 $S^{2-}$ 的氧化,其反应式为

$$2S^{2-} + 2O_2 + H_2O = S_2O_3^{2-} + 2OH^-$$　　　　　　　　（5.9）

$$2HS^- + 2O_2 = S_2O_3^{2-} + H_2O$$　　　　　　　　（5.10）

$$4S_2O_3^{2-} + 5O_2 + 4OH^- = 6SO_4^{2-} + 2S \downarrow + 2H_2O$$　　　　　　　　（5.11）

通常,氧化 1 kg 的硫化物需 $O_2$ 为 1 kg,相当于空气 3.7 $m^3$（标准大气压）。但在废水处理中,反应式（5.11）存在,也需消耗 $O_2$,故必须通入过量的 $O_2$,以使反应完全、较快地进行。

催化氧化法工艺流程如图 5.8 所示。

图 5.8　催化氧化法工艺流程

收集的脱毛废液经分隔沟进入除硫系统。首先,脱毛废液经格栅滤去大块碎皮等固体杂物,集中在贮液池内,再经离心泵运至反应池内,催化剂由贮罐经计量后加入反应池内,开动循环水泵,使废水通过充氧器进行强制循环。在催化剂作用下,废液中的硫化物被氧气氧化,以达到去除的目的。充氧器的作用是提供足够的氧气,使氧能充分地与硫化物接触反应,故充氧器的结构、所采用的充氧方式等是使氧气与硫化物充分接触的一个重要因素。

催化氧化法去除脱毛废液中的 $S^{2-}$，除废水本身的性质对它产生影响外，系统中所采用的充氧方式、有效锰盐的浓度及氧在锰载体上的迁移速度，都将对脱硫效率产生影响。

**3. 废灰液中蛋白质的回收**

各种制革废液中蛋白质含量以废灰液中最高，每吨盐腌皮的废灰液约含干蛋白质 $30 \sim 40 \, \text{kg}$，其中主要是角质蛋白质。把这些具有营养价值的蛋白质加以回收，不仅可以增加效益，而且由于将蛋白质从灰液中分离，也为回收利用 $Na_2S$ 创造了条件，从而进一步减轻了废水中污染物的负荷。

废灰液中蛋白质的回收可以采用直接沉淀法和超滤法。

### 5.3.3 铬鞣废液的处理

铬鞣是目前国内外制革的主要鞣制方法，已有 100 多年的历史。由于裸皮经铬鞣以后，成品革革身柔软丰满、里面细致、弹性好、湿热稳定性好，所以被广泛应用于皮革生产中。一些人认为，铬鞣工序的红矾用量越多，生产出的成品革性能越好，因此，红矾用量一般都在 5% 左右（以浸灰后裸皮质量计），有些工厂甚至用量高达 8%。这不仅浪费了大量铬盐，提高了成本，同时也造成了铬盐对环境的影响。

**1. 水量和水质**

对铬鞣中铬的物料平衡分析表明，革中结合的铬（包括废革屑）约占使用量的 77%，过多的铬（约 20% ~ 23%）则留在废铬液中被排放。

过多的铬随废水排放后，将严重污染江河湖海，如与碱性的其他废水混合，大量的铬将以氢氧化铬形式沉积于污泥中。这些含有大量铬的污泥如施用于农田，将被植物所吸收，人通过食用含铬的食物而将铬带到身体内，日积月累会造成严重后果。

含铬废液主要来自铬鞣工序的废液和采用铬复鞣操作的废液。铬鞣操作工序中，通常 $Cr_2O_3$ 用量为 4%（质量分数），液比为 $2 \sim 2.5$，废液含铬量为 $3 \sim 4 \, \text{g/L}$，废水量占总水量的 2.5% ~ 3.5%（质量分数）；复鞣操作工序中，$Cr_2O_3$ 用量为 1% ~ 2%，液比为 $2.5 \sim 3.0$，废液含铬量在 $1.5 \, \text{g/L}$ 左右，废水量占总水量的 3.5% ~ 4.0%（质量分数）。铬鞣工序产生的铬污染约占总铬污染的 70%，复鞣工序铬污染约占 25%，另外还有 5% 左右的铬在水洗和挤水等操作中流失。

**2. 处理方法**

由于总铬和六价铬均属于第一类污染物，含铬废水预处理应立足于资源的重复利用，且废水中的铬含量必须在鞣制车间或车间处理设施的排放口前达标。废铬液处理、回收和利用的方法很多，其中包括减压蒸馏法、反渗透法、离子交换法、溶液萃取法、碱沉淀法以及循环利用等方法，但比较成熟且应用较多的工艺主要是碱沉淀法和循环利用法。

（1）碱沉淀法

碱沉淀法处理含铬废液是目前技术成熟、使用普遍的一种工艺，其工艺过程是含铬废液通过加碱沉淀，经压滤成铬饼，单独存放、处置或经酸化后循环利用。该工艺铬回收率达 99% 以上，上清液中的总铬含量小于 $1 \, \text{mg/L}$。

废铬液的加碱沉淀，按照下列化学反应方程式进行：

$$Cr^{3+}+3OH^- = Cr(OH)_3 \downarrow = CrO_2^- + H^+ + H_2O \qquad (5.12)$$

典型的碱沉淀回收工艺主要包括格栅、贮存、反应、压滤、水洗、酸化和陈化等工艺环节(图5.9)。

图5.9　碱沉淀法工艺流程

在实际操作中,加碱沉淀反应的终点 pH 多控制在 8.5~9.0。为提高回收铬的品质,经压滤后的铬泥饼经水洗去除沉淀过程中混入的其他杂质后,投入酸化池,加入硫酸使其溶解与酸化。酸化反应时,先启动酸化反应池中搅拌器搅拌 1 h,定期检查 pH 及碱度是否达到所需要求。完成反应后,停止搅拌,使酸化铬液在 3~4 h 内冷却,然后送入铬液贮存槽,经 5~7 d 的陈化后回用于生产。

(2)循环利用法

废铬液的循环利用是将铬鞣废液收集、检测和调整后,用于下批皮的鞣制或浸酸鞣制,如此循环可减少外排量及铬鞣剂的投加量(据报道,可节约30%以上的铬鞣剂)。循环利用法包括直接循环和浸酸/鞣制循环利用法,在国内外不同的制革及毛皮加工企业得到一定程度的应用。采用这种方法,不仅能够充分利用铬鞣废液中的有用成份,节约化工原料,而且达到了治理环境污染的目的。该技术与生产工艺联系密切,受原料、生产装备和产品等因素影响较大。

循环利用法处理后的剩余废水如需外排,也应进行碱沉淀处理并在车间或车间处理设施排放口排出前达标。

### 5.3.4　活性污泥法处理制革废水

上海富国皮革有限公司的废水处理厂专用于处理制革废水,设计处理能力为 9 700 m³/d。根据制革废水清浊分流、分隔治理的原则,含铬、含硫废水单独收集进行预处理,综合废水采用生物和化学处理工艺,然后排入城市下水管道。

**1. 废水处理工艺**

(1)预处理

高浓度含铬废水单独收集,加碱沉淀回收;高浓度含硫废水单独收集,催化氧化脱硫处理。预处理工艺流程如图5.10所示。

图 5.10 制革废水预处理工艺流程

（2）综合处理

预处理后废水与其他制革废水通过综合管道输送至废水处理厂进行初级处理、二级处理和化学处理，其流程如图 5.11 所示。

图 5.11 制革综合废水处理工艺流程

综合废水经细格栅、曝气沉砂池、调节池和初沉池，均衡水质水量，去除大颗粒无机物、部分 COD 和 $BOD_5$；再进入传统活性污泥曝气池（活塞流式反应器），经鼓风曝气，废水中污染物在此阶段最大限度地被降解去除。最后废水进入化学池进行化学混凝沉淀，凝聚剂采用碱式氯化铝，斜管沉淀，进一步降低废水中的 SS 和 COD。

将废水处理过程中产生的初沉污泥、剩余污泥和化学污泥集中汇集，经重力浓缩、污泥调质后，进入板框压滤机压滤脱水，滤液重返废水处理系统，滤饼由当地环保部门外运集中处理。

**2. 主要处理单元技术要点**

（1）预处理

含硫废水的氧化脱硫，其技术要点如下：专用管道单独收集，粗、细格栅两道过滤；催化剂采用硫酸锰，投加浓度为 40~80 g/kg $Na_2S$，分别于曝气前及曝气 2 h 后分 2 次投加；表面叶轮曝气机强制充氧，叶轮浸没深度为 20 mm；用醋酸铅试纸检验脱硫效果，硫化物去除率不小于 95%；试将制革铵盐脱灰软化的废液纳入含硫废液，在氧化脱硫过程中，兼有除氨作用，$NH_4^+$-N 去除率约为 30%；定期清除池底结泥，确保处理效果。

含铬废水的沉淀回收，其技术要点如下：专用管道单独收集，格栅及滤布过滤；在沉淀液中投加35%(质量分数)的NaOH溶液,控制反应过程中的pH=7~8;用压缩空气混合搅拌,持续反应时间为15~30 min;板框压滤,铬泥含固率约为20%(质量分数),含铬量为7%~20%(质量分数);铬去除率99.5%。

(2)初级处理

初级处理的技术要点和处理效果如下:自动旋转的细格栅截留废水中大颗粒固体如毛发、皮边、烂肉等;曝气沉砂池采用穿孔管均匀曝气,沉降去除废水中砂、石子等小颗粒物;调节池24 h曝气搅拌,均衡水质水量,根据日均水量来确定调节池容纳水量的液位上下限;根据液位高低调节气量,定期清池,疏通空气穿孔管,保证空气畅通;平流式初沉池,采用机械刮泥和重力排泥结合,离心泵机械排泥;根据日均污水量确定初沉池进水流量,根据排放污泥性质(如厚薄、气味等)确定排泥次数及时间。通过初级处理,COD、$BOD_5$和SS的去除率可分别达到23%、27%和33%。

(3)生物处理

生物处理的技术要点和处理效果如下:采用处理效果稳定的传统活性污泥法;进水可采用推流式进水,也可采用多点进水,后者较前者可均匀分配污水负荷和需氧量,但对$BOD_5$、COD和$NH_4^+$-N的去除率相对较低;鼓风曝气用固定双螺旋曝气器;分建平流式二沉池;曝气池水力停留时间为2~3 d,F/M<0.1,污泥龄为20 d,污泥质量浓度为6 000 mg/L,污泥回流比为100%,每日剩余污泥180 $m^3$(含固率1%);将溶解氧浓度控制在2~8 mg/L之间,pH为5~9;通过生物处理,COD、$BOD_5$、$NH_4^+$-N和SS的去除率可分别达到93%、95%、50%和90%。

(4)化学处理

化学处理的技术要点和处理效果如下:投加絮凝剂、碱式氯化铝(含$Al_2O_3$质量分数为6%),投加质量浓度为100~400 mg/L;采用液碱调整反应区的pH为6~8;化学污泥通过斜管沉淀排除;化学处理必须控制进水流量均匀稳定,絮凝剂的投加和反应区pH的控制保持不变,根据实际水质水量及时调整。通过化学处理,COD、$BOD_5$和SS的去除率可分别达到35%、50%和65%。

(5)污泥处理

污泥处理要点如下:初沉污泥、剩余污泥和化学污泥汇集后首先通过重力浓缩池,水力停留时间为1~2 d,污泥含固率由2%增至5%~7%;用$FeCl_3$和石灰调解污泥pH,提高污泥疏水性能,35%(质量分数)$FeCl_3$的投加量为7~l0 kg/$m^3$污泥,控制pH在7~8之间;板框压滤,过滤面积为242 $m^2$,过滤容积为3 L,过滤周期2~4 h,滤饼含固率为30%~40%左右。滤饼由当地环保部门外运集中处理,滤液重返废水处理系统。

**3. 废水处理运行效果**

废水处理正常运行结果见表5.6。

表 5.6　制革废水生化处理各项指标平均值

| 项　　目 | BOD$_5$ | COD | S$^{2-}$ | 总 Cr | SS | NH$_4^+$-N | pH | 色度 | LAS |
|---|---|---|---|---|---|---|---|---|---|
| 标准 | 30 | 100 | 1 | 1.5 | 200 | 15 | 6~9 | 50 | 10 |
| 1997 | — | 72.6 | <1 | 0.26 | 63 | 43 | 6~9 | <50 | — |
| 1998 | 15.9 | 81.4 | <1 | 0.17 | 47 | 60 | 6~9 | <50 | — |
| 1999 | 7.22 | 54.0 | <1 | 0.11 | 15 | 47 | 6~9 | <50 | 0.3 |

注:除 pH 和色度外,其余指标的单位均为 mg/L。制革厂不生产蓝湿皮和产量较低时,出水氨氮可以达标。

### 5.3.5　氧化沟工艺处理制革废水

广州迪威皮革有限公司是我国一家大型制革企业。该厂于 1985 年开始进行全面技术改造,建成年产 50 万张牛皮革、300 万张猪皮革的现代化制革生产线,并建立了设备、设施完善的制革废水处理厂,其设计处理能力为 8 000 m³/d。根据制革生产皮种不同、生产的产品品种不同、污废水的种类和浓度不同等特点,对制革废水采用废水清浊分流、分隔处理,即含铬、含硫、含油废水单独收集,并进行前处理,回收有用资源。综合废水采用物化和生化处理工艺进行处理,处理后出水达到国家和地方规定的排水要求。

**1. 原废水水质**

广州迪威皮革有限公司制革废水水质情况见表 5.7。

表 5.7　制革废水水质情况

| 水质指标 | 数　　值 | 水质指标 | 数　　值 |
|---|---|---|---|
| COD/(mg·L$^{-1}$) | 2 550 | NH$_4^+$-N/(mg·L$^{-1}$) | 70 |
| BOD$_5$/(mg·L$^{-1}$) | 1 300 | S$^{2-}$/(mg·L$^{-1}$) | 6.14 |
| pH | 4~13 | Cr$^{3+}$/(mg·L$^{-1}$) | 18 |
| SS/(mg·L$^{-1}$) | 1 150 | 油脂/(mg·L$^{-1}$) | 463 |

**2. 废水处理工艺流程**

制革废废水处理工艺流程如图 5.12 所示。

由于制革废水中含有大量的毛、渣等物,因此在制革车间废水排放口需设置格栅以去除体积较大的毛和渣,并在废水进入集水井处设置 2 台自动机械格栅再次去除较大毛渣。机械格栅技术参数为:格栅宽为 600 mm,栅距为 10 mm,倾角为 60°,行速为 2.0 m/s。集水井中设有 4 台 ABS 潜水泵(3 用 1 备),每台泵 $Q=443$ m³/h,$H=18$ m,将废水提升至沉砂池中沉淀,在沉淀池中去除大颗粒的砂、石,再经过 3 台反切式旋转细格栅进一步去除制革废水中的毛渣类污染物。经过上述处理,制革废水中 80% 的杂质、10% 的 BOD$_5$、5% 的 COD 和 15% 的 SS 将被去除,这样可以大大降低后续处理构筑物的负荷。

经过滤、沉淀后的制革废水再进入曝气调节池进行水质、水量调节,调节时间为 18 h。经调节后的废水由 4 台 ABS 潜水泵(每台 $Q=177$ m³/h,$H=12$ m)抽送至一沉池进行沉淀。一沉池采用平流式沉淀池(共 2 座),沉淀时间为 2 h,表面负荷为 1.5 m³/(m²·h);

图 5.12　广州迪威皮革有限公司废水处理工艺流程

一沉池水深为 3 m,水平流速为 3 mm/s。平流式沉淀池内安装有美国 ENVIREX 公司设计的上下刮泥的刮泥设备进行刮排泥。制革废水经一沉处理后进入氧化沟处理单元,两组一沉池的出水经过蝶阀与氧化沟连接。

经一沉处理后的制革废水重力流入氧化沟进行生化处理。迪威皮革有限公司的氧化沟技术是引入美国二级生化处理技术,采用 Orbal 氧化沟和周边进水、周边出水二沉池的生化处理系统。分别设计有 Orbal 氧化沟和二沉池 2 座。每座 Orbal 氧化沟分为三条环形沟,用钢筋混凝土墙分隔。由于制革废水和含有大量生物的絮状活性污泥的混合液在沟内循环流动,因而在 Orbal 氧化沟内兼具有完全混合型和推流型的特点,各沟内形成缺氧区、过渡区和富氧区,使制革废水的各种污染物在氧化沟中均可得到有效去除。

**3. Orbal 氧化沟的主要技术参数**

Orbal 氧化沟主要技术参数见表 5.8。

表 5.8　Orbal 氧化沟主要技术参数

| 参数名称 | 数　值 | 参数名称 | | 数　值 |
|---|---|---|---|---|
| $BOD_5$ 污泥负荷/(kg·kg⁻¹ MLSS·d⁻¹) | 0.128 | 曝气停留时间/h | | 34 |
| $BOD_5$ 容积负荷/(kg·m⁻³·d⁻¹) | 0.64 | | 沟 I | 0~0.5 |
| 混合液污泥浓度/(mg·L⁻¹) | 5 000 | 氧化沟溶解氧值/(mg·L⁻¹) | 沟 II | 1 |
| 污泥龄/d | 19.5 | | 沟 III | 1 |
| 污泥回流化/% | 100 | | | |

**4. Orbal 氧化沟的结构**

氧化沟的结构如图 5.13 所示,由具有较大溶解氧梯度的沟 I、沟 II 和沟 III 组成。

(1) 沟 I

Orbal 氧化沟的沟 I 占总容积的 70%,是 $BOD_5$ 被氧化、氨氮硝化和硝酸盐被还原为氮气的最关键和最重要的区域,该沟内溶解氧质量浓度在 0~0.5 mg/L 之间,而在富氧区(靠近氧化沟转碟碟片处),有机污染物得到好氧分解,氨氮转化为硝酸盐,少量的硫化物作为好氧菌生长的营养物质也被降解。因而,在沟Ⅰ内废水中的有机污染物和硫化物可以被去除。在缺氧区(远离转碟碟片处),反硝化细菌以有机碳作为碳源和能源,以硝酸盐作能源代谢过程中的电子受体,把硝酸盐还原成氮分子,反应式如下

图 5.13　Orbal 氧化沟结构

$$NH_4^+ + 2O_2 \xrightarrow{\text{硝化菌}} NO_3^- + H_2O + H^+ \tag{5.13}$$

$$6NO_3^- + 5CH_3OH \xrightarrow{\text{反硝化菌}} 5CO_2\uparrow + 3N_2\uparrow + 7H_2O + 6OH^- \tag{5.14}$$

该沟内提供的氧仅能将 $BOD_5$ 氧化,但沟体内的溶解氧却接近于零,这样既可以节约供氧能耗,又为反硝化创造了条件。

（2）沟Ⅱ

Orbal 氧化沟的沟Ⅱ占总容积的 20%,它是沟Ⅰ和沟Ⅲ的缓冲地带。沟内有机物($BOD_5$)继续被氧化,氨氮继续被硝化。沟内溶解氧质量浓度升至 1 mg/L。

（3）沟Ⅲ

Orbal 氧化沟的沟Ⅲ占总容积的 10%,该沟已是预排水阶段,沟内溶解氧已经升至 2 mg/L,有机污染物得到最大限度地去除。

三个氧化沟中形成的较大溶解氧梯度,可以有效地去除有机污染物,同时对于氮、硫等污染物的去除也十分有效,也有利于提高氧化沟的充氧效率。

**5. Orbal 氧化沟的特征及设备**

广州迪威有限公司 Orbal 氧化沟共有 2 座,为并联形式,沟体呈椭圆形结构,沟长为 52 m,宽为 42 m,沟深为 4.5 m,有效水深为 3.82 m,最大水深为 3.97 m,总容积为 6 000 m³,有效面积为 1 580 m²。氧化沟的曝气设备为曝气转碟,由曝气碟、轴承、减速器和电机组成。第Ⅰ沟有曝气转碟 164 片,第Ⅱ沟 58 片,第Ⅲ沟 38 片,通过 2 台 37.5 kW 和 2 台 56 kW 的电机驱动 4 根轴承转动曝气碟,曝气碟直径为 1.3 m,碟片上有凹凸曝气孔和三角形块,充氧能力为 1.8~2.0 kg/(kW·h)。氧化沟的进水口设有电动蝶阀可以用来调节进水水量,出水口采用 DY−500×500 可动式堰板,通过调节出水堰板的高度改变沟内水深,从而改变废水在氧化沟内的停留时间、曝气时间,改变曝气碟的浸没深度,使其充氧量适应不同的运行要求。氧化沟的内、外沟内设有溶解氧测定仪,外沟内设有污泥浓度计,可以自动测定沟内的溶解氧和污泥浓度,并将信息传送到中心控制室,便于操作工的操作控制。

考虑到大型制革厂制革生产的季节性,通常将其好氧处理系统设计为 2 套独立单元,这样既可以同时运行,也可分开处理,以节省好氧处理单元的能源消耗。

经氧化沟处理后的废水经重力流入 2 个周边进水、周边出水的二沉池。二沉池技术参数如下:二沉池的直径为 18.5 m,池高为 4.0 m,容积为 781 m³,有效水深为 3 m,停留时间为 2.2 h,水力负荷 $q=1.36$ m³/(m²·h)。废水进入二沉池周边布水槽,在挡流板的引导下缓慢降至池底并汇向池中,再慢慢上升至周边出水堰槽流出。氧化沟固液混合液在周边进水、周边出水的二沉池中进行着层状沉淀和浓缩沉淀。因此,二沉池回流污泥具有较高的生物固体浓度。由于二沉池采用周边进水、周边出水,布水线长,配水均匀,泥水混合物在二沉池中流速小,有利于活性污泥的沉淀、分离,提高了二沉池的沉淀效率。二沉池底部设有快速污泥虹吸管,将污泥虹吸至污泥浓缩池中,实现二沉池连续排泥,减少了污泥在沉淀池中的腐化现象。

**6. 废水处理效果**

广州迪威皮革有限公司的制革废水处理系统于 1993 年试运转,1994 年 6 月验收。其处理效果见表 5.9。

表 5.9　广州迪威皮革有限公司废水处理效果

| 采样点 | | pH | SS | COD | BOD₅ | 硫化物 | 动、植物油 | 总铬 | 色度/倍 |
|---|---|---|---|---|---|---|---|---|---|
| 1 | 处理前 | 8.93 | 428 | 1 350 | 1 020 | 4.87 | 8.80 | 5.21 | 57 |
| | 处理后 | 8.01 | 33 | 173 | 20 | 0.08 | 2.80 | 0.19 | 4 |
| 2 | 处理前 | 9.60 | 1 054 | 1 600 | 715 | 47.2 | 23.0 | 16.8 | 312 |
| | 处理后 | 8.95 | 135 | 158 | 74 | 0.04 | 9.00 | 0.051 | 50 |
| 3 | 处理前 | 8.22 | 902 | 1 660 | 1 200 | 52.7 | 13.0 | 14.2 | 80 |
| | 处理后 | 8.04 | 40 | 45.2 | 32.5 | 0.02 | 9.50 | 0.371 | 10 |
| 4 | 处理前 | 7.88 | 142 | 2 330 | 1 450 | 27.2 | 4.50 | 11.50 | 68 |
| | 处理后 | 7.24 | 44 | 148 | 55.6 | 0.22 | 1.20 | 0.207 | 16 |

注:除 pH 和色度外,单位均为 mg/L。

该套 Orbal 氧化沟处理系统首次应用于制革废水处理,其处理水具有出水水质好、氧化沟缓冲能力强、运行稳定、管理方便等特点,是我国大型制革厂采用氧化沟处理技术处理制革废水的示范工程。

### 5.3.6　两级 A/O 工艺处理制革废水

山东某皮革生产企业主要从事进口绵羊皮加工。该废水处理工程为改扩建项目,改扩建工程实施前,废水处理设施设计规模为 2 000 m³/d,由于原设计及运行中存在的弊端,该系统很难正常运行,达不到设计处理能力。按环保部门的要求,该厂废水处理需要达到《山东省南水北调沿线水污染物综合排放标准》(DB 37/599—2006) 中重点保护区域排放标准后才能排放。因此,该工程于 2012 年 5 月开始施工图设计,工程建设总规模为 4 000 m³/d,2014 年 5 月调试成功。

**1. 设计水量、水质及处理要求**

通过分析现有废水处理设施的情况,并根据企业发展的规划要求,确定该工程建设总规模为 4 000 m³/d,其中新建预处理系统和深度处理系统设计规模为 4 000 m³/d,新建生化系统设计规模为 3 000 m³/d,现有废水处理设施改造设计规模为 1 000 m³/d。

预处理单元设计进水量及水质指标见表 5.10。含铬废水经预处理后进入综合废水处理单元,综合废水处理单元出水水质执行《山东省南水北调沿线水污染物综合排放标准》(DB 37/599—2006)中重点保护区域排放标准,具体见表 5.11。

表 5.10  预处理单元设计水量及进水水质

| 项 目 | 水量/<br>(m³·d⁻¹) | COD/<br>(mg·L⁻¹) | BOD₅/<br>(mg·L⁻¹) | SS/<br>(mg·L⁻¹) | 氨氮/<br>(mg·L⁻¹) | 硫化物/<br>(mg·L⁻¹) | 总铬/<br>(mg·L⁻¹) | pH |
|---|---|---|---|---|---|---|---|---|
| 含铬废水 | 100 | ≤20 500 | ≤10 000 | ≤1 200 | ≤180 | — | 80 | 3.5~5 |
| 其他废水 | 3 900 | ≤10 000 | ≤5 000 | ≤4 000 | ≤250 | 100 | — | 7~9 |

表 5.11  综合废水处理单元设计水量及水质

| 项 目 | 水量/<br>(m³·d⁻¹) | COD/<br>(mg·L⁻¹) | BOD₅/<br>(mg·L⁻¹) | 氨氮/<br>(mg·L⁻¹) | SS/<br>(mg·L⁻¹) | 总铬/<br>(mg·L⁻¹) | 硫化物/<br>(mg·L⁻¹) | 色度/<br>倍 | pH |
|---|---|---|---|---|---|---|---|---|---|
| 进水 | 4 000 | ≤6 000 | ≤3 000 | ≤250 | ≤2 000 | ≤0.5 | ≤100 | ≤600 | 7~9 |
| 出水 | 4 000 | ≤60 | ≤20 | ≤10 | ≤50 | ≤0.5 | ≤0.5 | 30 | 6~9 |

注:出水水质执行《山东省南水北调沿线水污染物综合排放标准》(DB 37/599—2006)

**2. 废水处理工艺流程**

针对工程现有设施的问题,结合皮革废水的水质特点,提出改扩建工程的设计思路:①提升一级处理系统的去除效率和系统稳定性,增加细格栅对动物毛发的收集,增加气浮以便减少重金属等有毒物质对生化处理微生物的毒害;新建沉灰池,增加机械排泥设备,提高一级处理效率,降低后续生化处理负荷。②新建生化处理系统,采用脱氮工艺,强化系统脱氮能力。③在生化处理工段曝气形式的选择上考虑冬季进水水温低的因素。④建立完善的污泥处理工段,减少对周边环境的不利影响。⑤增设深度处理系统。⑥强化配套工程建设。具体处理工艺流程如图 5.14 所示。

**3. 工艺特点**

该工艺操作灵活、运行稳定可靠、管理方便。含铬废水进行预处理,去除有毒有害污染物($Cr^{3+}$),降低废水中有机物污染物和悬浮物的含量,为综合废水处理的稳定运行提供保障。采用两级 A/O 生化工艺,使生化系统运行稳定可靠,确保氨氮和总氮的稳定达标,同时可以减少碱度的补充。一级生化好氧池采用射流曝气系统,充氧效率高,适应高盐高污染物废水水质,射流器内的高流速液体和气体避免了堵塞的发生,维修管理方便,无需池内维修,节省安装时间和安装费用。深度处理采用 Fenton 工艺,并辅助投加粉末活性炭,有效去除不可生化的有机污染物和色度,确保出水能够稳定达标。

**4. 处理设备及技术参数**

(1)含铬废水处理系统

含铬废水单独处理后要求总铬≤0.5 mg/L。

①含铬废水调节池。1 座,钢筋混凝土结构,玻璃钢防腐,有效容积为 100 m³。设格栅 2 套、污水提升泵 2 台、搅拌器 1 台。利用粗、细格栅去除悬浮物,调节水量水质。

② 碱反应沉淀池。2 座,钢筋混凝土结构,玻璃钢防腐。有效容积为 106.5 m³,尺寸($L \times B \times H$) = 4.4 m×4.4 m×5.5 m,周边水深为 3 m。设框式搅拌器 2 台。该单元投加氢氧化钠调节 pH 到 8.5 ~ 10 之间,投加 PAC(200 mg/L)、PAM(5 mg/L)搅拌后静沉。沉淀后的上清液通过不同高度的排水阀门进入集水池。铬泥提升至铬泥浓缩池,浓缩后的铬泥利用板框脱水机脱水,泥饼作为固体废物储存。

图 5.14　制革废水处理工艺流程

(2)综合废水处理系统

① 预处理。

粗格栅渠。钢筋混凝土结构,2 条。设回转式粗格栅 2 套。

提升泵站。钢筋混凝土结构,1 座。有效容积为 80 m³。设提升泵 3 台,2 用 1 备,其中 1 台变频。

细格栅渠。钢筋混凝土结构,2 条。设回转式细格栅 2 套。

沉灰池。钢筋混凝土结构,1 座。$L \times B \times H$ = 24 m×6 m×4.5 m,有效水深为 3.5 m,池底坡度为 1%。设置重型桁车刮泥机 1 套、干式排泥泵 2 台。该单元通过自然沉淀去除灰渣及大颗粒悬浮物,并通过机械排泥的方式对所沉淀的悬浮物进行去除。

调节池(改造现有调节池)。钢筋混凝土结构,1 座。有效容积为 4 000 m³。设穿孔曝气器 1 套、提升泵 3 台。该单元调节综合废水水质水量。

絮凝初沉池。钢筋混凝土结构,1 座。絮凝反应区(分 3 格):$L \times B \times H$ = 11.1 m×3.5 m×5 m,有效水深为 4.5 m,有效容积为 165 m³;沉淀池区:直径为 18 m,表面负荷为0.65 m³/(m²·h)。设框式搅拌器 3 台、半桥式周边传动重型刮泥机 1 台、干式排泥泵2 台。该单元投加硫酸亚铁和 PAM,通过絮凝沉淀进一步去除废水中的悬浮物和硫化物,并通过机械排泥的方式对所沉淀的悬浮物进行去除。

高效浅层气浮池。钢筋混凝土支架,1 座。气浮池设备直径为 9 m,有效水深为 0.9 m。设溶气水泵、空压机、溶气罐及管道混合器等设备。该单元投加 PAC 和 PAM,通过气浮反应进一步去除悬浮物和油脂,再通过机械刮渣的方式对所气浮的悬浮物进行去除。

② 一级生化处理。

一级生化缺氧池。钢筋混凝土结构(循环式),1 座。有效容积为 1 500 m³;池宽为 9 m,有效水深为 7 m,HRT = 12 h,反硝化负荷为 0.05 kg $NO_3^-$-N/(kg MLSS·d)。设潜水推流器 2 台,每台设备功率为 5.5 kW。该单元去除废水中的有机物和总氮等污染物。

一级生化好氧池。钢筋混凝土结构(循环式),1 座。有效容积为 7 500 m³;有效水深为 7 m,HRT = 60 h;硝化液回流比为 400% ~ 800%,污泥回流比为 100% ~ 200%;污泥浓度为 5 ~ 8 g/L,脱碳负荷为 0.1 kg $BOD_5$/(kg MLSS·d),硝化负荷为 0.02 kg $NH_4^+$-N/(kg MLSS·d)。设射流曝气器 57 套、射流泵 3 台、内回流泵 1 台。

一级生化沉淀池。钢筋混凝土结构,1 座,尺寸为 18 m,有效水深为 4 m,有效容积为 1 020 m³;表面负荷为 0.49 m³/(m²·h)。设半桥式周边传动刮泥机 1 套、排泥泵 2 台,污泥回流泵 2 台,其中 1 台污泥回流泵变频。该单元进行泥水分离,上清液外排,污泥回流至一级生化缺氧池,剩余污泥排入综合污泥浓缩池。

③ 二级生化处理系统。

二级生化缺氧池。钢筋混凝土结构,1 座 分 3 格,尺寸($L×B×H$) = 23.1 m×7.5 m× 6.6 m;有效容积为 1 000 m³,有效水深为 6 m,HRT = 8 h,反硝化负荷为 0.05 kg $NO_3^-$-N/(kg MLSS·d)。设潜水搅拌器 3 台,每台设备功率为 4 kW。该单元去除废水中的有机物和总氮等污染物。

二级生化好氧池。钢筋混凝土结构(推流式),1 座。有效容积为 2 500 m³;池宽为 7.5 m,有效水深为 6 m,HRT = 20 h;硝化液回流比为 400% ~600%,污泥回流比为 100% ~ 200%;污泥质量浓度为 3.5 ~ 5 g/L,脱碳负荷为 0.06 kg $BOD_5$/(kg MLSS·d),硝化负荷为 0.01 kg $NH_4^+$-N/(kg MLSS·d)。设微孔曝气管 350 m、内回流泵 1 台。

二级生化沉淀池。钢筋混凝土结构,1 座。尺寸为 18 m,有效水深为 4 m,有效容积为 1 020 m³;表面负荷为 0.49 m³/(m²·h)。设半桥式周边传动刮泥机 1 套、排泥泵 2 台、污泥回流泵 2 台,其中 1 台污泥回流泵变频。该单元进行泥水分离,上清液外排,污泥回流至二级生化缺氧池,剩余污泥排入综合污泥浓缩池。

④深度处理。

Fenton 反应沉淀池。钢筋混凝土结构,玻璃钢防腐,1 座;Fenton 反应区(分 8 格):$L×B×H$ = 25.5 m×12.5 m×5 m,有效水深为 4.45 m,有效容积为 360 m³;沉淀池区:20 m,表面负荷为 0.53 m³/(m²·h)。设框式搅拌器 8 台、半桥式周边传动刮泥机 1 台、干式排泥泵 2 台。该单元投加浓硫酸、双氧水、硫酸亚铁、氢氧化钠、粉末活性炭和 PAM,通过 Fenton 反应和强化絮凝沉淀进一步去除有机物,并通过机械排泥的方式对所沉淀的污染物进行去除。

⑤辅助设施。

加药间。框架结构,1 座,尺寸($L×B$) = 31.78 m×10 m。浓硫酸、双氧水、氢氧化钠、硫酸亚铁、PAM、PAC 及粉末活性炭投加系统各 1 套、电动葫芦 1 台。

鼓风机房。框架结构,1 座,尺寸($L×B$) = 15 m×10.2 m。一级生化采用多级离心鼓风机 3 台,2 用 1 备,1 台变频,$Q=67.5$ m³/min,$H = 68.6$ kPa、$N = 110$ kW。二级生化采用罗茨鼓风机 3 台,2 用 1 备,1 台变频,单台 $Q = 17.89$ m³/min、$H = 68.6$ kPa、$N = 35$ kW。

（3）污泥处理系统

根据污泥的不同性质,分为两套独立的污泥处理系统。

①含铬污泥处理系统。

铬泥浓缩池。钢筋混凝土结构,1 座,尺寸($L×B×H$) = 3.5 m×3.5 m×5 m。设框式搅拌器 1 台。该单元储存铬泥。

含铬污泥板框压滤机。1 台,滤板尺寸为 800 mm×800 mm,过滤面积为 40 m²,滤室 40 个,腔室深度为 30 mm,泥饼含水率≤60% ,滤室总容积为 0.6 m³,带自动移板装置,紧急停车拉索。铬泥压滤机排出的滤液自流入铬水调节池。

②综合污泥处理系统。

污泥浓缩池。钢筋混凝土结构,1 座。尺寸为 20 m×4.4 m。设全桥式周边传动污泥浓缩机 1 台,该单元浓缩储存综合污泥,提高污泥含固率。

污泥调理池。钢筋混凝土结构,1 座分 2 格,尺寸($L×B×H$) = 10.3 m×5 m×5 m；有效池深为 4.5 m,有效容积为 225 m³；设框式搅拌器 2 台。该单元投加 PAM 调理污泥,供板框压滤机脱水使用。

综合污泥脱水机房。框架结构,1 座,$L×B$＝31.5 m×12 m。设隔膜板框脱水机 2 台、高压污泥泵 2 台、低压污泥泵 2 台、空气压缩系统 1 套、空气罐 2 套、压榨泵 2 台、组合水箱 1 套、加药系统 1 套。隔膜板框脱水机过滤面积为 500 m²,滤板尺寸为 1 500 mm×1 500 mm,滤室 128 个,腔室深度为 35 mm,泥饼含水率≤60%,滤室总容积为 8.75 m³,功率为 17.3 kW,带自动移板装置,紧急停车拉索,压滤机排出的滤液自流入集水池。

（4）应急措施

① 含铬废水事故池。钢筋混凝土结构,玻璃钢防腐,1 座,有效容积为 100 m³。设污水提升泵 2 台、搅拌器 1 台。该单元用于储存不能有效处理的含铬废水。

② 综合废水事故池。钢筋混凝土结构,1 座,有效容积为 4 000 m³。设污水提升泵 2 台、搅拌器 4 台。该单元用于储存事故水,提高系统的运行稳定性。

**5. 废水处理效果**

2014 年 1 月开始调试运行,采用接种污泥的方式进行污泥培养。同年 5 月调试成功,正常运行的数据见表5.12。

表 5.12　2014 年 5～10 月平均进、出水水质

| 项　目 | COD/(mg·L⁻¹) | | NH₄⁺-N/(mg·L⁻¹) | | SS/(mg·L⁻¹) | |
|---|---|---|---|---|---|---|
| | 调节池进水 | 最终出水 | 调节池进水 | 最终出水 | 调节池进水 | 最终出水 |
| 5 月 | 5 467 | 56 | 225 | 5 | 2 980 | 20 |
| 6 月 | 5 258 | 53 | 218 | 5 | 2 857 | 25 |
| 7 月 | 4 961 | 54 | 209 | 4 | 2 913 | 21 |
| 8 月 | 5 024 | 48 | 214 | 1 | 2 894 | 18 |
| 9 月 | 4 976 | 49 | 196 | 1 | 2 756 | 20 |
| 10 月 | 5 125 | 51 | 205 | 1 | 2 746 | 19 |
| 标准 | 60 | | 10 | | 50 | |

调节池进水 COD 为 4 500～5 500 mg/L,出水 COD 稳定在 60 mg/L 以下。调节池进水氨氮为 180～250 mg/L,出水氨氮稳定在 10 mg/L 以下。因实际运行水量维持在 3 000 m³/d 左右,故目前只是运行改造后的生化系统,原有的生化系统暂时停止运行。

### 5.3.7　射流曝气工艺处理制革废水

西安制革制鞋厂位于西安市区,是一家生产牛皮革和羊皮革的中等规模的制革厂。1986 年投资 200 余万元建成了制革废水处理工程和铬回收工程。

**1. 原废水水质**

制革废水处理工程设计处理制革废水量为 3 400 m³/d,其制革废水水质情况见表 5.13。

表 5.13　制革废水水质情况

| pH | COD /(mg·L⁻¹) | BOD₅ /(mg·L⁻¹) | 总 Cr /(mg·L⁻¹) | SS /(mg·L⁻¹) | S²⁻ /(mg·L⁻¹) |
|---|---|---|---|---|---|
| 12.64 | 3 200 | 662.4 | 29.86 | 4 302 | 15.30 |

**2. 废水处理工艺流程**

西安制革制鞋厂废水处理工艺流程如图 5.15 所示。

**3. 工艺特点**

由于制革工业生产的特异性,采用此处理工艺时日处理水量可大可小,甚至可以停止进水几天后再进行运转,处理操作十分灵活;可以根据制革废水水质的不同,很方便地调整污泥负荷,保证出水水质稳定达标;特型射流器技术大大地提高了氧的转化率;由于系统氧的转化率高,因此采用此工艺技术对废水进行曝气的时间也就短,通常为 2.5～4 h,曝气池容积小,投资省;工艺简单,运行操作简便,维修方便;运行费用低。

图 5.15　西安制革制鞋厂废水处理工艺流程

### 4. 处理设备和技术参数

（1）粗格栅

粗格栅采用 2 道人工粗格栅,规格为 900 mm×600 mm,第一道栅距为 20 mm,第二道栅距为 15 mm。毛渣、皮渣采用人工清除方式。

（2）沉砂池

采用 2 座平流式沉砂池,设计流速为 0.12 m/s,停留时间为 3 min。沉泥、砂和大块皮渣由机械抓斗抓至干化场。

（3）细格栅

机械筛网,主要用于除去牛、羊毛等细小杂物。筛网孔径为 3 mm,落差为 300 mm。

（4）调节池

调节池停留时间为 5 h,池内设有 2 台水力搅拌器,防止污泥在调节池中沉淀,同时充氧、脱硫。

（5）射流器

用于废水提升预曝气射流器(自吸式)安装在污水提升泵的出水管上,喷射量为 0.039 m³/s。回流污泥射流器(自吸式)安装在回流污泥出水管上,共 3 台(2 用 1 备),每台喷射量为 0.049 m³/s。

（6）预曝气池

预曝气池为钢筋混凝土结构,有效容积为 12.5 m³,预曝气停留时间为 5.5 min。

（7）初沉池

初沉池为钢筋混凝土结构,有效容积为 125 m³,停留时间为 2.6 h,表面负荷率采用 1.25 m³/(m²·h)。

（8）曝气池

曝气池设计参数为：水气比为 1：3；氧利用率为 25%；曝气时间为 2.1 h；回流比为 2.5；$BOD_5$ 污泥负荷率为 0.42 kg/(kg MLSS·d)；$BOD_5$ 容积负荷为 1.68 kg/(m³·d)。

（9）二沉池

竖流式沉淀池 2 座，钢筋混凝土结构，沉淀池有效容积为 175 m³，停留时间为 2.5 h，表面负荷为 2.9 m³/(m²·h)。

**5. 废水处理效果**

二沉池出水必要时经混凝、砂滤后排放。经过以射流曝气为主体的生物处理工艺处理后的制革废水的水质情况见表 5.14。

表 5.14　制革废水采用射流曝气法处理后的水质情况

| 处理工序 | pH | COD /(mg·L⁻¹) | $BOD_5$ /(mg·L⁻¹) | SS /(mg·L⁻¹) | 硫化物 /(mg·L⁻¹) | 总铬 /(mg·L⁻¹) |
|---|---|---|---|---|---|---|
| 进水 | 12.64 | 3 200 | 662.4 | 4 302 | 15.3 | 29.86 |
| 预曝气出水 | — | 1 600 | 350 | 400 | 3.0 | 1.8 |
| 初沉池出水 | — | 651 | 243.8 | 166 | — | — |
| 二沉池出水 | 7.69 | 136 | 33.2 | 138 | 0.94 | 0.84 |
| 清水池出水 | — | 78.7 | 24 | 未检出 | 0.007 | 未检出 |
| 去除率/% | | 95.7 | 95.0 | 96.8 | 93.9 | 97.2 |

# 第6章 制浆造纸工业废水处理

造纸是我国的四大发明之一。我国造纸工业一直发展迅速,目前产量和消费量均居世界首位,总产量接近全球产量的1/4。2015年,全国制浆造纸生产企业约2 900家,纸及纸板生产量为10 710万t,消费量为10 352万t。制浆造纸工业中的制浆是指利用化学方法、机械方法或是化学与机械相结合的方法,使植物纤维原料(包括木材、芦苇、甘蔗渣、稻草、麦秸、棉秸、麻杆等)离解变成本色纸浆或漂白纸浆的生产过程;而造纸则是指将纸浆抄造成纸产品的过程。制浆造纸工业的整个生产过程,包括从备料到成纸、化学品回收、纸张的加工等,都需要大量的水,用于输送、洗涤、分散物料及冷却设备等。尽管在生产过程中也有水的回收、处理及再用,但若处理不当或处理程度不够,大量废水排入受纳水体仍然会造成水环境污染。"十二五"期间,我国造纸行业进行了产业结构调整,生产量和消费量增幅明显放缓,原料结构不断改善,资源利用水平逐步提高,落后产能逐步淘汰,节能减排效果日益明显。然而,2014年造纸行业COD和$NH_4^+-N$排放总量却仍分别占我国工业排放总量的17.4%(排名第一)和7.6%(排名第四)。由于造纸工业原料种类多、工艺复杂,不同原料、不同产品、不同生产过程产生的废水污染负荷均不同,产生的水污染物也千差万别,废水处理存在一定的困难。若废水处理工艺设计欠科学或废水处理厂运行管理不当,均可能导致制浆造纸工业废水的达标排放率低下。排水量之大和污染物浓度之高,致使造纸工业水污染治理已经成为造纸行业乃至全社会关注的热点,也是造纸企业生存与发展的关键。

## 6.1 制浆造纸废水的来源与水量

在制浆造纸的生产过程中,废水主要来源于备料、蒸煮、冷凝、洗浆、漂白和抄造纸等工序。

### 6.1.1 备料过程中的废水

以木材为原料的制浆厂在备料过程中所产生的废水主要包括洗涤水以及湿法剥皮机排出水,其中主要含有树皮、泥砂、木屑以及木材中的水溶性物质,包括果胶、多糖、胶质及单宁等,是废水毒性的重要来源。

不同的制浆方法,对木片的大小、厚度要求不相同,备料废水量及水质也不相同。湿法剥皮废水经格栅及筛网后,可基本去除木屑和树皮,但还会有细小悬浮物留在废水中。为减少污染负荷,有的制浆厂改用干法剥皮机,但其剥皮能力降低50%。采用封闭循环系统是一种消减负荷较彻底的方法,但会造成污染物的积累,因而必须对循环水进行处理,水循环程度的高低决定了废水排放量的多少。

以稻草或麦草为原料的制浆厂,在备料时可采用干湿法,即在原有干法备料的基础上,为防止草屑与灰尘造成大气污染,在集尘和除尘设备中增设对排风的喷淋装置,再对喷淋后含有 SS 和一定量草屑中可溶性有机物的废水进行澄清、净化后,回用或排入末端治理系统。以蔗渣为原料的制浆厂,备料时应尽量除去其中的蔗髓,此时多采用干法。干法备料过程中一般不对水体产生显著污染,而湿法除髓的水污染较大,采用水循环可显著降低废水排放量。表 6.1 为原木与非木材备料工序中废水及污染物排放量的统计值。

表 6.1 备料工序废水及污染物排放情况

| 制浆原料 | 处理方法 | | 废水量 /($m^3 \cdot m^{-3}$) | COD /($kg \cdot m^{-3}$) | SS /($kg \cdot m^{-3}$) | $BOD_5$ /($kg \cdot m^{-3}$) |
|---|---|---|---|---|---|---|
| 原木 | 干法剥皮 | | 0 ~ 2 | 0 ~ 7 | 0 ~ 2 | 0 ~ 3 |
| | 湿法剥皮 | 开放系统 | 5 ~ 30 | 6 ~ 10 | 3 ~ 8 | 3 ~ 5 |
| | | 封闭系统 | 1 ~ 5 | 5 ~ 8 | 0.5 ~ 3 | 2 ~ 3 |
| 非木材 | 干湿法备料 | | 2 ~ 5 | 20 ~ 40 | 30 ~ 60 | 8 ~ 15 |
| | 湿法备料 | | 20 ~ 50 | 30 ~ 60 | 60 ~ 80 | 10 ~ 20 |

## 6.1.2 蒸煮废液

蒸煮是指在一定压力下用化学药液对天然纤维原料进行加热处理的工艺过程,一般可分为间歇式蒸煮和连续式蒸煮。间歇式蒸煮以蒸球或立锅作为主要蒸煮设备,而连续式蒸煮则以管式连蒸器为主要设备。大部分非木材制浆企业使用三管或四管的横管式连蒸器,也有少量企业使用蒸球。对于芦苇原料,大部分企业则使用立锅。

植物纤维原料经化学蒸煮后,一般可得到 50% ~ 80% 的纸浆,而其余的 20% ~ 50% 的物质则溶于蒸煮液中。蒸煮结束时,提取蒸煮液。在碱法制浆中,此液呈黑色,故称"黑液";而在酸法制浆中,此液呈红色,故称"红液"。二者均称为制浆废液,其主要成分是木素、糖类及蒸煮所用的化学药剂。制浆方法和所用纤维原料不同,蒸煮废液的组分也存在很大的差异。

**1. 黑液**

碱法制浆包括烧碱法制浆与硫酸盐法在制浆,蒸煮所用的化学药剂不同,前者为 NaOH,而后者为 NaOH+$Na_2S$。在碱法中,蒸煮后的纸浆与黑液组成一个流态的悬浊物系,黑液大部分分布于纸浆纤维之间的空隙内,部分存在于细胞腔内,也有少部分浸入细胞壁孔隙中。提取黑液是靠挤压、过滤及扩散作用,通过多段逆流提取及高温洗涤来实现的。一般情况下,碱法生产 1 t 化学浆,产生 10 $m^3$ 稀黑液,其中含有原料有机物约为 1.0 ~ 1.5 t,碱类物质约为 400 kg。

实际上,所用纤维原料不同,制浆废液的成分也不同,如表 6.2 所示。由该表可见,黑液中含有有机物与无机物两大类物质。有机物主要是碱、木素、半纤维素的降解产物;无机物中绝大部分是各种钠盐,如硫酸钠、碳酸钠、硅酸钠,以及 NaOH 和 $Na_2S$(硫酸盐法)。若对黑液碱进行回收,制浆厂总排污负荷可减少 80% ~ 85%,还可以回收黑液中有机物燃烧产生的热能及黑液中所含的化学品,是解决制浆厂废水污染的重要途径之一。

表 6.2　不同制浆原料黑液的主要成分

| 成分/%（质量分数） | | 原　料 | | | | | | | |
|---|---|---|---|---|---|---|---|---|---|
| | | 红松 | 落叶松 | 马尾松 | 蔗渣 | 菰 | 苇 | 稻草 | 麦草 |
| 固形物 | | 71.49 | 69.22 | 70.33 | 68.36 | 66.90 | 69.72 | 68.70 | 69.00 |
| 有机物 | 木素 | 41.00 | 43.90 | 37.00 | 34.10 | — | 42.40 | — | 31.60 |
| | 挥发酸 | 7.84 | 11.48 | 11.35 | 16.20 | — | 12.68 | 17.70 | 13.30 |
| | 其他 | 51.16 | 44.62 | 51.62 | 49.70 | — | 45.02 | — | 52.70 |
| 无机物 | 总碱 | 89.60 | 90.60 | 87.00 | 60.80 | 77.40 | 85.00 | — | — |
| | Na$_2$SO$_4$ | 3.64 | 1.89 | 2.25 | 3.30 | — | 5.30 | — | — |
| | SiO$_2$ | 0.75 | 1.89 | 0.75 | 7.44 | 5.44 | 8.83 | 15.00 | 23.90 |
| | 其他 | 6.01 | 7.51 | 10.00 | 28.46 | — | 0.87 | — | — |

### 2. 红液

制浆所用的化学药剂是以钙、镁、钠、铵等为盐基的酸性亚硫酸盐或亚硫酸氢盐时，由于药液 pH 较低，常称为酸法制浆。酸法制浆在制浆工业中所占比例较小，约为世界总浆产量的 6.6%。

酸法制浆的蒸煮废液，即前述的红液，有着十分复杂的化学成分，木素和纤维素是有机物中的主要成分，糖类含量也较多，还有制浆药剂，详见表 6.3。应特别指出的是，酸法中的亚硫酸铵法以亚硫酸铵为蒸煮药剂，其蒸煮废液中虽也是以木素、糖类为主要成分，但其肥分很高，总氮为 1.00%～1.87%（质量分数），总钾为 0.30%～0.58%（质量分数），还含有一定量的磷。在一定条件下，此废液可以用于农业灌溉或制作肥料。

红液也可以回收化学品及热能，这是解决红液污染的根本途径。不过，采用燃烧法回收盐基时，尽管钙、镁、钠、铵盐基红液都具有可行性，但其中镁盐基红液的回收比其他盐基红液回收的工艺可行性高。利用红液生产酒精、酵母、香兰素、木精、黏合剂、扩散剂等，也颇受关注。

表 6.3　亚硫酸盐浆红液成分

| 成分/%（质量分数） | 原　料 | |
|---|---|---|
| | 针叶材 | 阔叶材 |
| 木素磺酸盐 | 54 | 46 |
| 己糖 | 14 | 5 |
| 戊糖 | 5 | 14 |
| 糖衍生物（糖磺酸盐、糖醛酸盐） | 20 | 22 |
| 挥发性有机物（醋酸、甲酸、呋喃等） | 5 | 11 |
| 无机物 | 2 | 2 |

### 6.1.3　污冷凝水

在化学法制浆过程中,蒸煮锅放汽和放锅排出的蒸汽经直接接触冷凝器或表面冷凝器冷却产生的冷凝水,是污冷凝水的来源之一。碱法蒸煮过程中产生的污冷凝水,主要含有烯类化合物、甲醇、乙醇、丙酮、丁酮及糠醛等污染物;硫酸盐法制浆过程,还有硫化氢及有机硫化物。制浆纤维原料是针叶木时,冷凝液表面还会漂有一层松节油。

在对黑液与红液的化学品与热能回收之前,蒸发浓缩过程中产生的污冷凝水是制浆厂污冷凝水的另一来源。黑液蒸发工序中,一般多效蒸发器中的第 1 效的冷凝水是新蒸汽冷凝水,可以供洗涤或苛化工序利用。其余各效的二次蒸汽冷凝水都或多或少带有甲醇、硫化物,有时还会有少量黑液。大约 60% 的黑液蒸发冷凝水只含有少量的挥发性污染物,可以循环使用,代替干净热水。但一般情况下,每吨浆可能产生 $0.5 \sim 1.0\ m^3$ 污冷凝水需要处理。

在亚硫酸盐法制浆厂中,红液蒸发污冷凝水是重要污染源。其中的主要污染物是醋酸,其次是甲醇及糠醛,详见表 6.4。在蒸发前,用碱性物质中和稀红液(碱性物质的盐基,应同蒸煮时所用亚硫酸盐的盐基相同)可以降低冷凝液中的醋酸含量。冷凝液有时可以部分循环再用于制酸工序,但也有一定量的污冷凝水要处理。

**表 6.4　红液蒸发污冷凝水的组成**

| 污染物名称 | 污冷凝液中含量/(kg · t⁻¹浆) | |
|---|---|---|
| | 溶解浆 | 纸浆 |
| 醋　酸 | 28 | 19 |
| 甲　醇 | 10.5 | 8.5 |
| 糠　醛 | 5.5 | 2 |
| 甲　酸 | 0.01 | — |
| 总　计 | 44.01 | 29.5 |

### 6.1.4　机械浆及化学机械浆废水

机械浆得率在 90% ~98% 之间,因此,污染物产生量较少,磨石磨木浆(GMP)及木片磨木浆(RMP)尤其如此。预热磨木浆(TMP)由于磨浆温度较高,木材溶出物多,废水污染负荷相对较高。化学机械浆(CMP)属两步制浆法,即纤维原料在进入机械磨浆之前,先用化学药剂进行温和预处理,故浆得率也较高,污染物的排放负荷比化学制浆过程少得多,但是比传统磨木浆(如 GMP、RMP)排污负荷可能高若干倍,表 6.5 中给出的不同制浆过程中有机物溶出量可以表明这些制浆过程中的排污负荷的相对大小。

表 6.5　不同机械浆生产流程中有机物质的溶出量

| 浆　种 | 有机物溶出量/%（质量分数） | 浆　种 | 有机物溶出量/%（质量分数） |
|---|---|---|---|
| 磨石磨木浆（GMP）木片磨木浆（RMP）预热磨木浆（TMP） | 1～22　2～5 | 化学机械浆（CMP、CTMP、SCMP） | 3～20 |

## 6.1.5　洗浆、筛选废水

在洗浆过程中,设备的跑、冒、滴、漏和洗浆机及相关的贮槽清洗水是洗浆废水的主要来源。这一废水的水质和水量与管理水平关系很大,如果管理得好,则基本上不排废水。

浆料经洗涤提取蒸煮液后,再经筛选去除其中杂质。事实上,不管是采用化学法、机械法,还是采用化学与机械结合法,所得粗浆中都会含有生片、木节、粗纤维素及非纤维素细胞,甚至还有沙砾和金属屑等,因此都要进行筛选和净化。这一工艺环节需用大量的水,而且筛选后还要浓缩排水,它们是筛选废水的主要来源。对化学浆及化学机械浆来说,洗涤与筛选废水的主要污染物同相应的蒸煮废液一样,其浓度高低与蒸煮废液提取率直接相关。此外,还会有一定量的悬浮纤维。但对于机械浆,洗涤与筛选废水中的主要污染物是悬浮纤维以及纤维原料中的溶解性有机物。筛选后浓缩排水及尾浆净化排水,一般称之为"中段废水"。筛选系统的排水量约为 50 m³/t 浆,如果采用筛选后浓缩排水循环到筛选前的稀释工序等措施,可以大幅度减少排水量。

## 6.1.6　废纸回用过程的废水

废纸经过碎解—净化—筛选—浓缩等几个阶段才能制成纸浆。一般用水力碎浆机碎解废纸,再经疏解机将小纸片疏解分散,然后进入净化、筛选及浓缩工序。废纸脱墨要使用化学药品,还要用洗涤法或浮选法洗除纸浆中的油墨粒子。废纸制浆产生的废水主要来自于废纸的碎浆、疏解,还来自于废纸浆的洗涤、筛选、净化、脱墨及漂白过程。回收 1 t 二次纤维一般要排水约 100 m³,但其中污染物较少。

通常,无脱墨工艺的废纸制浆比有脱墨工艺的废纸制浆的废水排放量及有机物浓度均低很多。废水中含有的污染物主要包括总固体悬浮物(纤维、细小纤维、粉状纤维、矿物填料、无机填料、涂料、油墨微粒及微量的胶体和塑料等)、可生化降解有机物(纤维素或半纤维素的降解物、淀粉等)、致色物质(油墨、染料与木素衍生物等)以及一些其他有机物(蛋白质、胶黏剂和涂布胶黏剂等)。此外,在采用氯漂白的造纸漂白废水中,还含有一些可吸附有机卤化物(AOX)。

## 6.1.7　漂白废水

纸浆漂白分两类:一类是以氧化性漂白剂破坏木素及有色物质的结构,使其溶解,从而提高纸的纯度与白度;另一类是以漂白剂改变有色物质分子上发色基的结构,使其脱色,但不涉及纤维组分损失。常用的氧化性漂白剂多是含氯化合物,因此漂白废水污染严重。过氧化物漂白剂多用于高得率浆或废纸回收纸浆的漂白,它们不同于含氯漂白剂,不破坏木素及色素结构,也不使其溶解,浆损失少,污染较轻。

实际上,目前在化学浆漂白中常用多种漂白剂、多次漂白才能满足产品质量的要求。比如,传统漂白流程为 C—E—H 的三段漂白(其中 C 代表氯化,E 代表碱处理,H 代表次氯酸盐漂白),而现在的常规漂白流程则多为 C—E—H—E—P 或 C—E—H—D—E—D(其中 D 代表二氧化氯漂白,P 代表过氧化物漂白,C、E、H 同前)。

机械浆多用保护木素的漂白法,主要漂白剂为 $H_2O_2$ 或连二亚硫酸盐等,由于漂白前后浆的洗涤与浓缩将产生漂白废水,其中主要含有有机物、悬浮物,并具颜色。使用含氯漂白剂时,有机污染物中还有相当数量的氯化物。漂白度越高,有机污染物越多。此外,漂白废水中还含有剩余漂白剂。

为了减少污染,现已出现了许多新的漂白工艺,如氧–碱漂白、$O_3$ 漂白、气相漂白、置换漂白等。

### 6.1.8　造纸废水

造纸过程的废水主要来自打浆、纸机前筛选和抄造等工序。在生产过程中,纸料在造纸机的造纸网上流动时,浆料中添加的辅助化学品和辅助剂一部分保留在浆料中,另一部分则随着用于悬浮纤维的水流向网下。从网上纸料中脱除的水称为"白水",其中含有纤维碎屑、小纤维、颜料、淀粉及染料等。

根据道,中国造纸机耗水量一般高于 200 $m^3/t$,纸机排水中含有的溶解性物质(约 5～10 kg/t)和悬浮物(约 5～50 kg/t)主要来自于原料、辅助化学品及助剂。辅助化学品在纸浆中保留率较高,而辅助剂(如防腐剂、杀菌剂、消泡剂等)在纸浆中保留率很低,相当大的一部分随"白水"排出。

为了减少污染,节省动力消耗,一般造纸车间都建立了"白水"循环系统,以减少其排放量。根据"白水"固形物含量的高低,分别回用于造纸生产系统的不同部位。例如,纸机网部浓"白水"循环到流浆箱,用来稀释纸浆;真空箱脱出的稀"白水"用做喷水管水,等等。剩余"白水"经过过滤、气浮或沉淀等方法处理后,回收纤维,出水再回用于抄纸过程中。

# 6.2　制浆造纸废水的水质特征

## 6.2.1　制浆造纸废水的污染指标

制浆造纸工业废水的主要污染指标包括 COD、$BOD_5$、pH 及 SS。对磨木浆、化学机械浆等制浆废水,重金属离子也是重要污染物。对于硫酸盐法、烧碱法及中性亚硫酸盐半化学法制浆废水,其颜色也是值得重视的。制浆造纸废水中污染物的毒性问题已受到人们的普遍关注,漂白硫酸盐浆厂废水中的二噁英及可吸附的有机卤代物(AOX)的形成及其对环境的影响是目前造纸环保的重要研究课题,已受到了人们的普遍重视。

### 6.2.2 制浆造纸废水的污染负荷

制浆造纸废水的污染负荷与浆得率有直接关系,图6.1反映了浆得率与排放废水中 $BOD_5$ 负荷关系的典型曲线。

图6.1　浆得率与 $BOD_5$ 负荷的关系

表6.6给出了以木材为原料的各种制浆方法的浆得率。由表6.6可见,化学浆得率最低,机械浆得率最高;相应地,化学浆废水的污染负荷也最高,而机械浆废水的污染负荷最低。

表6.6　以木材为原料的各种制浆方法的浆得率

| 制浆方法 | 浆得率/% | 制浆方法 | 浆得率/% |
|---|---|---|---|
| 化学浆 | 40 ~ 60 | 化学机械浆 | 85 ~ 90 |
| 半化学浆 | 60 ~ 85 | 机械浆 | 90 ~ 98 |

由于加工深度、原料材种、工艺条件等因素的影响,不同的制浆方法对水体的污染物排放负荷差别很大。国外制浆造纸废水的排放量和的排放负荷统计数据见表6.7。国内制浆造纸废水排污负荷的典型数据见表6.8。

表6.7　国外不同浆种、纸种的废水量及污染物排放负荷

| 浆种、纸种 | 废水量 /(m³ · t⁻¹)[①] | $BOD_5$ | | SS | |
|---|---|---|---|---|---|
| | | /(kg · t⁻¹)[①] | /(mg · L⁻¹) | /(kg · t⁻¹)[①] | /(mg · L⁻¹) |
| 漂白硫酸盐浆/溶解浆 | 241 | 55.0 | 228 | 113 | 469 |
| 漂白硫酸盐浆/商品浆 | 171 | 40.0 | 234 | 71.5 | 418 |
| 漂白硫酸盐浆/纸板、粗纸、薄纸 | 151 | 37.9 | 251 | 70.5 | 467 |
| 漂白硫酸盐浆/文化纸 | 133 | 32.4 | 244 | 82.0 | 618 |
| 碱法浆 | 144 | 43.3 | 301 | 142.5 | 991 |
| 磨木浆/化学机械浆 | 113 | 95.5 | 846 | 52.0 | 462 |
| 磨木浆/热磨机械浆 | 99 | 28.0 | 282 | 48.5 | 489 |
| 磨木浆/文化纸 | 91 | 16.9 | 186 | 52.0 | 572 |
| 磨木浆/粗纸、新闻纸等 | 99 | 17.4 | 175 | 70.0 | 705 |
| 亚硫酸盐浆/纸 | 220 | 126.5 | 575 | 89.5 | 406 |

续表 6.7

| 浆种、纸种 | 废水量 /(m³·t⁻¹)① | BOD₅ /(kg·t⁻¹)① | /(mg·L⁻¹) | SS /(kg·t⁻¹)① | /(mg·L⁻¹) |
|---|---|---|---|---|---|
| 亚硫酸盐浆/商品纸 | 244 | 123 | 504 | 32.6 | 134 |
| 亚硫酸盐浆/低 α 溶解浆 | 251 | 134 | 534 | 92.5 | 375 |
| 亚硫酸盐浆/高 α 溶解浆 | 247 | 243.5 | 986 | 92.5 | 368 |
| 脱墨 | 104 | 82.5 | 791 | 178.5 | 1 712 |
| 文化纸 | 63 | 10.8 | 170 | 30.8 | 486 |
| 薄纸 | 96 | 11.6 | 121 | 34.1 | 357 |
| 薄纸(回收纸生产) | 94 | 13.0 | 138 | 110.5 | 1 173 |
| 本色硫酸盐浆 | 53 | 16.9 | — | 21.9 | — |
| 中性亚硫酸盐[(NH₄)₂SO₃]浆 | 35 | 33.5 | — | 17 | — |
| 中性亚硫酸盐(Na₂SO₃)浆 | 43 | 25.2 | — | 12.3 | — |
| 硫酸盐–中性硫酸盐浆 | 58 | 19.4 | — | 20.5 | — |

注:① 指每吨风干浆产生的废水量、BOD₅ 或 SS。

表 6.8　我国制浆造纸厂废水量及污染物排放负荷

| 品　　种 | 规模 /(t·d⁻¹) | 废液提取率/% | 排水量 /(m³·t⁻¹) | SS /(kg·t⁻¹) | BOD₅ /(kg·t⁻¹) | COD (kg·t⁻¹) |
|---|---|---|---|---|---|---|
| 硫酸盐本色木浆 | 200 | 97 | 141.8 | 38.0 | 13.3 | 40.9 |
| 纸袋纸 | 20 | — | 154.6 | 17.7 | 3.1 | 9.5 |
| 碱法漂白麦草 | 30 | 75 | 197.0 | 75.0 | 55.0 | 348.7 |
| 印刷纸 | 30 | — | 48.0 | 41.2 | 1.1 | 70.0 |
| 碱法漂白蔗渣浆 | 13 | — | 262.3 | 267.2 | 251.6 | 1 849.3 |
| 纸及纸板 | 13 | — | 193.3 | 74.7 | 15.3 | 112.3 |
| 碱法漂白麦草浆及纸 | 9 | >90 | 650 | 278 | 48.3 | 169 |
| 亚硫酸镁盐苇浆 | 200 | 21 | — | — | 201 | |
| 石灰法稻草黄板纸浆 | 30 | — | — | — | 143～181 | 300～380 |

　　关于污染负荷分布,以 500～1 000 t/d 硫酸盐木浆厂为例,其备料、洗浆、筛选浆、制浆、碱回收、漂白、抄造各工序的排水量和 SS 与 BOD₅ 排放情况统计结果表明,排水量最大的是抄造工序,漂白车间次之;BOD₅ 排放负荷最大者是漂白工序,制浆车间次之,抄造工序为第三;SS 排放负荷,抄造工序远远高于其他任何工序,其次是碱回收工序,但后者比前者低得多。

　　典型的硫酸盐法制浆造纸厂的污染负荷分布情况如图 6.2 所示,其中的负荷均是指每吨风干浆所产生值。由图 6.2 可见,污染负荷的分布符合前述的污染负荷分布一般特点。

图 6.2　硫酸盐法制浆造纸厂的污染负荷分布

### 6.2.3 制浆造纸废水各工序污染指标及其强度

**1. 备料废水**

备料废水污染物排放量随原料种类、备料方法的不同而差别较大（参见表 6.1）。例如，以原木为原料，基于浆得量的废水中 COD、$BOD_5$ 和 SS 分别为 0 ~ 10 kg/t、0 ~ 5 kg/t 和 0 ~ 8 kg/t；以非木材为原料，基于浆得量的废水中 COD、$BOD_5$ 和 SS 分别为 20 ~ 60 kg/t、8 ~ 20 kg/t 和 30 ~ 80 kg/t。

**2. 蒸煮废液**

在化学制浆的整个生产过程中，蒸煮废液污染物产生量最多。例如，碱法制浆黑液几乎集中了制浆造纸过程 90% 以上的污染物，其中含有大量木质素和半纤维素的降解产物、色素、戊糖类、残碱及其他溶出物。由于化学浆得率较低，基于浆得量的废液中 $BOD_5$、COD 和 SS 分别为 350 ~ 425 kg/t、1 060 ~ 1 570 kg/t 和 235 ~ 280 kg/t，废液经碱回收后产生的污冷凝水中 $BOD_5$ 和 COD 分别为 5 ~ 10 kg/t、10 ~ 30 kg/t，SS 含量可忽略不计。

**3. 洗选废水**

洗选废水主要来源于洗选未漂白纸浆时产生的蒸煮废液残留物，此环节排出废水中的污染物被称为洗涤损失。根据《欧盟纸浆与造纸业最佳可行技术》，2001 年前业界的洗涤损失一般为 5 ~ 10 kg COD/t（软木）和 7 ~ 12 kg COD/t（硬木）。筛选系统用水的封闭是提高洗涤效率、减少废水排放量的有效措施。国内洗选废水污染物排放情况见表 6.9。

表 6.9　典型制浆造纸企业单位产品洗选废水排放情况

| 项　　目 | COD/(kg·$t^{-1}$产品) | $BOD_5$/(kg·$t^{-1}$产品) | SS/(kg·$t^{-1}$产品) |
| --- | --- | --- | --- |
| 开放系统 | 16 ~ 25 | 5 ~ 8 | 5 ~ 10 |
| 封闭系统 | 0 ~ 16 | 0 ~ 5 | 0 ~ 6 |

#### 4. 漂白废水

纸浆漂白废水中的污染物主要包括 COD、$BOD_5$ 和 AOX 等。

废水中 COD 产生量为 30～50 kg/t 产品, 其值取决于未漂白纸浆的卡伯值(表示浆料中木素的含量, 是反映纸浆中脱木素程度的指标之一)。根据《欧盟纸浆与造纸业最佳可行技术》, 如果蒸煮或氧气去木质素得到的卡伯值降低一个单位, 那么漂白设备中释放的 COD 将减少大约 2 kg/t 产品。相对于传统原素氯漂白, 采用二氧化氯漂白时, 其漂白废水的 COD 负荷随二氧化氯取代氯的增加而降低, 当二氧化氯完全取代原素氯漂白时, 废水 COD 负荷可降低 20%～25%; 采用氧脱木素同样可降低漂白废水的 COD 负荷, 一般可降低 40%～50%。

废水中 $BOD_5$ 产生量一般为 10～30 kg/t 浆。在漂白过程中, 浆中残余木素及残余黑液中的成分溶出, 使漂白废水的 $BOD_5$ 与未漂浆的卡伯值和洗涤程度密切相关。漂白工艺中二氧化氯取代率对 $BOD_5$ 的影响不大。若在漂白工艺前采用氧进行脱木素预处理, 可降低 $BOD_5$ 产生量 70% 左右。

纸浆中的木质素是漂白废水中 AOX 的来源, 采用延时脱木素技术和氧脱木素预处理技术, 可大大降低待漂浆的卡伯值, 从而降低漂白废水中的 AOX。随着氯化段二氧化氯取代率的增加, 漂白废水中 AOX 负荷呈线性下降。AOX 的形成比较复杂, 取决于漂白工艺中漂白剂的种类、有效氯在各漂白段的分配情况、氯的加入形式等。减少有效氯用量及采取分步加入的漂白工艺, 可以降低漂白废水中 AOX 的负荷。据统计, 对于次氯酸钠单段漂、传统 CEH 三段漂的草浆厂, AOX 产生量分别为 2.4～7.8 kg/t 浆、7.5kg/t 浆; CEH 三段漂的苇浆厂 AOX 产生量为 2.5～7 kg/t 浆, 木浆厂为 4～5 kg/t 浆; OHH 三段漂产生量为 1.5 kg/t 浆。近年来由于欧盟等国采用了低氯或无氯漂白工艺, AOX 排放量大幅降低, 大部分企业的 AOX 产生量低于 1 kg/t 浆。例如, 使用 ECF 漂白很容易将 AOX 水平降至 0.3 kgAOX/ADT 以下, 使用 TCF 漂白几乎不产生 AOX。

#### 5. 机械浆和化学机械浆废水

据统计, 机械浆废水中 $BOD_5$、COD 和 SS 分别为 15～35 kg/t 浆、20～100 kg/t 浆和 15～40 kg/t 浆; 化学机械浆废水中 $BOD_5$、COD 和 SS 分别为 15～35 kg/t 浆、65～160 kg/t 浆和 30～60 kg/t 浆。

#### 6. 废纸浆废水

无化学脱墨的纸浆工艺产生的废水比化学脱墨的纸浆工艺产生的废水的污染负荷低。原料中进口废纸比例高的生产线, 在其他工艺条件相同的情况下, 废水中 COD 和 SS 等相对较低(COD 比国产纸的低约 300～1 000 mg/L)。一般情况下, 无脱墨时, $BOD_5$ 为 6～12 kg/t 浆, COD 为 15～40 kg/t 浆, SS 为 8～15 kg/t 浆; 有机械脱墨时, $BOD_5$ 为 8～20 kg/t 浆, COD 为 25～65 kg/t 浆, SS 为 10～25 kg/t 浆。

#### 7. 纸机白水

纸机白水中的污染物主要来自浆中夹带的流失纤维、填料和溶解性污染物。使用机械浆的造纸厂释放的有机物的量, 一般比使用化学浆的造纸厂释放的有机物的量要高。

## 6.2.4　综合废水的水质指标及排放限值

### 1. 综合废水的水质指标

制浆造纸企业各工序产生的废水经车间处理和回用后,最终要排入末端处理系统并形成综合废水再进行集中处理,处理后的废水达标排放或回用。各工序废水源头治理的效果及回用情况与综合废水污染物的排放量关系很大,表6.10为部分制浆造纸企业的综合废水的实际水质指标,可供设计时参考。

表6.10　部分制浆造纸企业的综合废水的实际水质指标

| 序号 | 原料 | 产品 | 水质指标/$(mg \cdot L^{-1})$ | | | | | |
|---|---|---|---|---|---|---|---|---|
| | | | COD | $BOD_5$ | SS | 氨氮 | TP | AOX |
| 1 | 麦草 | 化学草浆 | 2 300 | 800 | 1 050 | 7 | 1 | 26 |
| 2 | 杨木 | 化学木浆 | 1 600 | 560 | 1 000 | 5 | 1 | 15 |
| 3 | 脱墨废纸、杨木 | 新闻纸 | 3 500 | 1 100 | 1 600 | 10 | 0.5 | — |
| 4 | 棉杆 | 化机浆 | 8 500 | 1 500 | 1 700 | 8 | 1.5 | — |
| 5 | 杨木 | 化机浆 | 7 000 | 1 400 | 1 500 | 6 | 1 | — |
| 6 | 脱墨废纸、商品浆 | 白卡纸 | 1 250 | 420 | 1 150 | 5 | 0.5 | — |
| 7 | 商品浆 | 涂布纸 | 1 800 | 630 | 900 | 3 | 0.5 | — |
| 8 | 商品浆 | 文化纸 | 1 400 | 490 | 650 | 2 | 0.5 | — |
| 9 | 脱墨废纸浆、商品浆 | 文化纸 | 1 450 | 500 | 800 | 4 | 1 | — |
| 10 | 废纸浆 | 箱板纸 | 2 900 | 1 010 | 1 300 | 12 | 1.5 | — |
| 低值 | | | 1 250 | 490 | 650 | 2 | 0.5 | 0 |
| 高值 | | | 8 500 | 1 500 | 1 700 | 12 | 1.5 | 26 |

### 2. 制浆造纸工业废水的污染物排放限值

按照《制浆造纸工业水污染排放标准》(GB 3544—2008)的要求,制浆造纸新建企业自2008年8月1日起、现有企业自2011年7月1日起,其水污染物排放浓度限值及单位产品基准排水量,需执行其中表2(见表6.11)的规定。

表 6.11　制浆造纸企业水污染物排放浓度限值及单位产品基准排水量

| | 企业生产类型 | 制浆企业 | 制浆和造纸联合生产企业 | 造纸企业 | 污染物排放监控位置 |
|---|---|---|---|---|---|
| 排放限值 | 1 | pH | 6~9 | 6~9 | 6~9 | 企业废水总排放口 |
| | 2 | 色度(稀释倍数) | 50 | 50 | 50 | 企业废水总排放口 |
| | 3 | 悬浮物/(mg·L$^{-1}$) | 50 | 30 | 30 | 企业废水总排放口 |
| | 4 | 五日生化需氧量(BOD$_5$)/(mg·L$^{-1}$) | 20 | 20 | 20 | 企业废水总排放口 |
| | 5 | 化学需氧量(COD,mg·L$^{-1}$) | 100 | 90 | 80 | 企业废水总排放口 |
| | 6 | 氨氮/(mg·L$^{-1}$) | 12 | 8 | 8 | 企业废水总排放口 |
| | 7 | 总氮/(mg·L$^{-1}$) | 15 | 12 | 12 | 企业废水总排放口 |
| | 8 | 总磷/(mg·L$^{-1}$) | 0.8 | 0.8 | 0.8 | 企业废水总排放口 |
| | 9 | 可吸附有机卤素(AOX)/(mg·L$^{-1}$) | 12 | 12 | 12 | 车间或生产设施废水排放口 |
| | 10 | 二噁英/(pgTEQ/L$^{-1}$) | 30 | 30 | 30 | 车间或生产设施废水排放口 |
| 单位产品基准排水量/[t·(t浆)$^{-1}$] | | | 50 | 40 | 20 | 排水量计量位置与污染物排放监控位置一致 |

注:

①可吸附有机卤素(AOX)和二噁英指标适用于采用含氯漂白工艺的情况。

②纸浆量以绝干浆计。

③核定制浆和造纸联合生产企业单位产品实际排水量,以企业纸浆产量与外购商品浆数量的总和为依据。

④企业自产废纸浆量占企业纸浆总用量的比重大于80%的,单位产品基准排水量为 20 t/t(浆)。

⑤企业漂白非木浆产量占企业纸浆总用量的比重大于60%的,单位产品基准排水量为 60 t/t(浆)。

# 6.3　制浆造纸工业废水处理技术

## 6.3.1　生物接触氧化法处理中段废水

### 1. 工程概况

某纸业股份有限公司始建于 1940 年,现在已经发展成为全国大型制浆造纸综合企业,主要以落叶松、杨木、桦木为原料,采用硫酸盐法、CTMP、GP、APMP 法制浆,生产新闻纸、文化纸、纸袋纸等机制纸产品,年总产量约为 18 万 t。

1985 年投资 335 万元,建成了设计规模为 1 万 m³/d 的生物接触氧化法处理洗、选、漂废水的试验工程,1987 年通过了部级鉴定。1991 年建成设计规模为 5 万 m³/d 的二期扩建工程,1994 年工程通过验收。

该处理系统的进水水质:COD 质量浓度不大于 800 mg/L;BOD₅ 质量浓度不大于 400 mg/L;SS 质量浓度不大于 200 mg/L;pH 为 6 ~ 9。

出水水质要求:COD 质量浓度不大于 350 mg/L;BOD₅ 质量浓度不大于 150 mg/L;SS 质量浓度不大于 200 mg/L;pH 为 6 ~ 9。

**2. 处理工艺**

(1) 工艺方法

生物接触氧化法处理废水就是指使废水与附着在填料上的微生物膜充分接触,利用微生物的代谢作用使废水中的有机物、氮、磷等污染物质实现分解和转化,从而使废水得到净化的过程。粘附于填料上的生物膜通常是由黏膜层和好氧层、厌氧层组成。当废水与覆盖有生物膜的填料接触时,由于生物黏膜的吸附和渗透作用,废水中的有机物、氮、磷等物质进入生物膜内,低分子量的有机物通常在尚未到达黏膜层即已被生物膜外围的界面层中的附着微生物所完全分解;分子量较大的有机物、芳香族有机物和少数具有一定生物毒性的污染物一般附着在黏膜层上,与黏膜层中的微生物充分接触,被微生物所分泌的细胞酶分解为较小分子,然后才能进入细胞内,进一步降解和被利用。黏膜层厚度通常在 0.1 ~ 2.0 mm 之间,当厚度超过 2.0 mm 时,会严重影响物质转移,黏膜层便失去了在填料表面的黏着力而脱落,这个现象称为脱膜。废水成分、水力负荷以及搅拌(水力剪切)的强度控制脱膜周期,脱膜之后的填料表面还将重新生长出新鲜的生物膜。

利用生物接触氧化法处理废水,通常在所需的 BOD₅ 去除率为 60% 左右时较为经济,在废水流量较小、有机负荷较低时更为如此。与活性污泥法相比,该法通常具有运行简便、抗冲击能力强的优点。随着填料等工艺材料的不断改良和革新,这种方法将更广泛地应用在制浆造纸废水的处理中。

采用生物膜法处理造纸中段废水,BOD₅ 去除率一般可达 70% 以上,COD 去除率仅为 30% 左右,其出水水质仍难达到国家排放标准。中段废水中的 COD 主要成分是溶解于水中的木质素,一般在 800 ~ 1 400 mg/L,其 BOD₅/COD 值为 0.30 左右,为较难生化降解的废水。

利用该公司一期工程进行生产性试验,在接触氧化池出水口处投加工业硫酸铝和聚铁两种混凝剂,在二沉池中混凝沉降后,二沉池出水 COD 含量明显降低。当进水 COD 质量浓度为 800 ~ 1 000 mg/L 时,出水 COD 质量浓度为 280 ~ 350 mg/L,COD 去除率达到 65% ~ 70%,处理后的水质达到国家排放标准。所以,在该工程设计中,采用了生物接触氧化与化学絮凝组合的处理工艺。

(2) 工艺流程

生物接触氧化法处理中段废水的工艺流程如图 6.3 所示。废水首先进入沉砂池,通过沉淀去除相对密度较大的杂质,再经格栅截留大块悬浮物与漂浮物后,由污水泵提升,经配水后送入两个初次沉淀池,除去粗纤维及大部分可沉物后,废水流入生物接触氧化池。在氧化池内废水与生长于软性填料上的微生物接触,并通过向池内鼓风供氧和投加营养盐等手段,使废水中有机物被微生物氧化分解。在接触氧化池出口管道上投加絮凝剂,废水与絮凝剂经管道混合器进入二沉池,出水排入受纳水体。

初沉池产生的污泥,由泥浆泵送入污泥脱水间脱水;二沉池污泥由泥浆泵送入污泥浓缩池,浓缩后的污泥由浓缩泵房内的泥浆泵送入脱水间脱水;脱水后的污泥送该公司林场作林业肥料。

图 6.3　生物接触氧化法处理中段废水的工艺流程

(3) 主要工艺条件

接触氧化池水气比:1∶10 ~ 1∶30;

供风出口压力:大于 0.167 MPa(绝对压力);

絮凝剂投加浓度:$Al_2(SO_4)_3$ 为 500 mg/L,聚合铁为 150 mg/L;

二沉池排泥浓度:含泥的质量分数大于 0.5%;

污泥浓缩池排泥浓度:含泥的质量分数为 1% ~ 3%;

离心脱水机处理能力:5 ~ 11 m³/h;

出泥含水率:65% ~ 75%(质量分数);

带式压滤机悬浮液处理能力:6 ~ 8 m³/h;

出泥含水率:65% ~ 85%(质量分数)。

(4) 主要设备与构筑物

污水泵:12 PWL-12 型,流量为 900 m³/h,扬程为 12 m,配用电机的功率为 55 kW,转速为 742 r/min,共 5 台;

鼓风机:C250-1.7 型,流量为 250 m³/h,出口压力为 0.167 MPa(绝对压力),配用电机的功率为 440 kW,转速为 2 970 r/min,共 4 台;

带式压滤机:DY-2000 型,带宽为 2 000 mm,配用电机的功率为 2.2 kW,共 5 台;

离心脱水机:WLS-350 型,配用的电机功率为 9/11kW,转速为 1 460/2 920 r/min,共 4 台;

初沉池:2 座;

接触氧化池:76.60 m×14.90 m,3 座;

二沉池:37.40 m×5.06 m,2 座;

浓缩池:16.40 m×5.75 m,2 座;

鼓风机房:47.00 m×13.50 m,1 栋;

污泥脱水间:48.75 m×13.00 m,1 栋。

**3. 运行综合评价**

① 该工程建成运转 10 年来,运行稳定,日常维护和运行费用较低,单位运行成本最低约为 0.46 元/t。污泥脱水系统经过调整后,泥饼含水率可达 78%,排水水质可以达到设计要求。

② 与活性污泥法比较,生物接触氧化法不需要污泥回流,增加了软性填料,减小了曝气池(氧化池)容积,建设投资与活性污泥法建设投资基本持平,而运行成本,尤其是在电耗和维护成本方面,该法优于活性污泥法。

③ 该工程中的接触氧化法的处理效率不如活性污泥法高。运行中,短时间内 $BOD_5$去除率有时可达 80% 以上,长期 $BOD_5$平均去除率在 60% ~65% 之间。受进水冲击影响小,冲击后恢复较快。冲击影响最大的因素是 pH 波动,一般日常波动在 2 个 pH 单位,不会造成显著影响,最高可耐受 pH 范围为 5 ~10。

④ 生物接触氧化法的剩余污泥产生量明显低于活性污泥法。但在实际运行中,如发生严重的负荷冲击,会造成生物膜大规模脱落,也会使污泥剧增。剩余污泥相对于活性污泥法的剩余污泥来讲,比较容易脱水。

⑤ 制约生物接触氧化法 $BOD_5$去除率的主要因素是 F/M,只有在较低的 F/M 之下才能取得较高的 $BOD_5$去除率。对于制浆造纸洗、选、漂废水,$BOD_5$容积负荷应控制在 2.0 kg/( $m^3$ · d)以下。

⑥ 生物接触氧化法最常见的故障是填料结球,其主要原因有填料选择不合理、填料空隙过于细密、曝气强度太低、有机负荷太高等。

总之,生物接触氧化法作为一种成熟的废水处理工艺,在一些特定的场合具有很大的优越性,尤其在低负荷、冲击负荷较大的废水处理工程中,具有广阔的应用前景。随着企业排污负荷的逐步降低,填料、曝气、检测控制装置的不断完善,这种工艺将更多地应用到工业废水处理工艺之中。

## 6.3.2　Carrousel 氧化沟处理麦草浆中段废水

**1. 工程概况**

某纸业集团有限公司,碱法麦草浆中段废水量约为 5 万 $m^3$/d,采用的是以 Carrousel 氧化沟为主体的二级生物处理法,处理后的水质完全符合国家《造纸工业水污染物排放标准》(GB 3544—92)①中制浆造纸非木浆漂白二级标准,成为目前我国麦草浆生产企业中废水处理规模最大、操作方便、运行费用低、处理效果好的废水处理设施之一。表 6.12

――――――――――

① 目前,该标准已废除,为与该案例稳合,故此本处依然使用旧标准。

列出了典型监测数据,其中 COD 和 SS 去除率分别为91.6%和98.4%。

表6.12　麦草浆中段废水处理监测结果表(平均值)

| 序号 | 监测点 | 污染指标 | | | | 备　注 |
|---|---|---|---|---|---|---|
| | | pH | COD /(mg·L⁻¹) | SS /(mg·L⁻¹) | BOD₅ /(mg·L⁻¹) | |
| 1 | 进水水质(斜筛后) | 8.22 | 2 298 | 1 609 | — | |
| 2 | 一沉池后 | 7.33 | 1 427 | 584 | 377 | 处理废水量 44 000 m³/d |
| 3 | 总排放口 | 8.05 | 192 | 25 | 51.4 | GB 3544—92 |
| 4 | 标准值 | 6 ~ 9 | 450 | 250 | 200 | |

该设施的主要设计参数:原废水水质 COD 为 1 800 mg/L,BOD₅ 为 600 mg/L,SS 为 2 200 mg/L,pH 为 8 ~ 9,废水水量 $Q$ 为 5 万 m³/d。

设计出水水质 COD 质量浓度不大于 450 mg/L,BOD₅ 质量浓度不大于 200 mg/L,pH 为 6 ~ 9。

**2. 处理工艺**

所选择的中段废水处理工艺流程如图 6.4 所示。中段废水由厂区排水沟汇合流入废水处理厂,经过机械细格栅去除较大悬浮物后进入集水池。在集水池内废水由污水泵一次提升至高位斜筛,去除细小短纤维回收废纸浆后,出水自流入初次沉淀池,从而去除大部分 SS;然后再进入 Carrousel 氧化沟,由低速倒伞型充氧曝气机曝气供氧,在好氧微生物作用下进行生物氧化代谢,降解废水中可溶性有机物。混合液进入二沉池实现泥水分离,澄清水达标排放。底部污泥大部分回流,少量剩余污泥进入浓缩池,经重力浓缩后,同初沉池污泥一起进入污泥脱水机进行机械脱水,泥饼送锅炉焚烧或厂外处置,滤液回流再行处理,不产生"二次污染"。

图 6.4　中段废水处理工艺流程示意图

**3. 主要构筑物及设备简介**

(1)辐流式初沉池

辐流式初沉池 1 座,直径为 50 m,刮泥机采用美国 EIMCO 公司生产的直径为 50 m 的中心驱动刮泥机 1 套,池体采用预应力钢筋混凝土结构。

（2）Carrousel 氧化沟

Carrousel 氧化沟 2 座,每座氧化沟的尺寸 $L×W×H$ 为 110 m×60 m×4.5 m,有效水深为 4.20 m,配套 4 台(套)110 kW、由马来西亚 WWE(M)BHD 工程公司生产的倒伞型表面曝气机,充氧量为 2.10 $kgO_2/(kW·h)$,$v_底$ 不小于 0.3 m/s。

（3）辐流式二沉池

辐流式二沉池 2 座,$D$ 为 48 m,$H$ 为 4.0 m,刮泥机采用国产的直径为 48 m 的周边传动刮(吸)泥机,池体采用预应力钢筋混凝土结构。

（4）污泥浓缩池

污泥浓缩池 2 座,$D$ 为 18 m,$H$ 为 4.8 m,浓缩机采用国产的直径为 18 m 的悬挂式中心传动浓缩机,池体为钢筋混凝土结构。

（5）综合机房

综合机房(主要为污泥脱水机房)1 座,尺寸 $L×B$ 为 42 m×l5 m,单层砖混结构,泥水分离机采用德国汉斯·琥珀(HUBER)公司生产的全自动控制 RO3 型螺旋压榨泥水分离机 3 台(套)。

（6）综合楼

综合楼 1 座,尺寸 $L×B$ 为 24 m×12 m,2 层砖混结构,内设办公室、化验分析室、配电室、仪表控制室等。该工程整个系统采用 PLC 计算机集中控制,流量、液位、设备运行状态等均在中央控制室模拟屏上显示,并与上位机通讯,将数据送至上位机,以保证技术的可靠性。

**4. 调试运行情况及处理效果**

该工程于 1999 年 6 月底开始进行设备调试,并进行活性污泥菌种培养,主要采用粪便水闷曝培养活性污泥,同时投放同类造纸厂中段废水处理部分活性污泥作为菌种,以缩短培养时间。约两周后,经微生物相镜检,污泥内已含有大量菌胶团和纤毛类原生动物,如钟虫、等枝虫、盖纤虫等,同时污泥具有良好的凝聚、沉降性能,说明活性污泥已趋成熟。此后,在进水中逐渐增加中段废水的比例,进行活性污泥驯化。驯化初期,由于氧化沟中微生物对中段废水的适应性尚不强,混合液污泥浓度(MLSS)较低,同时由于进水污染物浓度过高(COD 质量浓度为 2 000～3 000 mg/L),致使氧化沟内产生大量泡沫,甚至发生泡沫外溢现象,二沉池出水 COD 值在 800 mg/L 左右。针对这一问题调试人员一方面进行水力和药剂消泡,以保证曝气机充氧,另一方面使废水进入混合反应池进行加药絮凝处理,泡沫外溢得到一定程度的控制,二沉池出水水质也得到改善,但运行成本较高。经过近两个月的调试运行,氧化沟中 MLSS 值已达 4 000 mg/L 左右,泡沫问题得到了较好的解决,只需间歇投加少量消泡剂即可,同时二沉池出水 COD 值稳定在450 mg/L 以下。

1999 年 12 月,环境监测中心在中段废水处理厂进行了采样、监测,总排放口水质中 pH、COD、SS、$BOD_5$ 等主要污染指标及草浆吨浆排水量均达到当时执行的国家《造纸工业水污染物排放标准》(GB 3544—92)的表 1 中的制浆造纸非木浆漂白二级标准(表6.12和表 6.13)。

表 6.13　排水量监测结果表

| 监测项目 | 监测值 | 监测项目 | 监测值 |
|---|---|---|---|
| 实际麦草浆产量/$(t \cdot d^{-1})$ | 200 | 实际吨浆排水量/$(m^3 \cdot d^{-1})$ | 220 |
| 麦草浆外排水量/$(m^3 \cdot d^{-1})$ | 44 000 | "国标"最高允许排水量/$(m^3 \cdot d^{-1})$ | 370 |

**5. 处理工艺运行综合评价**

（1）制浆造纸废水处理必须重视纤维回收

受目前我国制浆造纸行业技术、设备及管理水平所限,企业排放的中段废水中往往含有大量的细小纤维,造成废水中固体悬浮物浓度高。大部分有机污染负荷来自流失的浆料。目前,大多数企业中均无规范的纤维回收装置,一般只是采用简易的人工斜网捞浆。由于装置简易又极易损坏,废水中的纤维往往得不到有效的回收,这不仅造成很大的浪费,也为后续处理加重了负担。根据调查,采用机械驱动的纤维回收装置虽然处理能力大,操作管理简单,但用于麦草浆中段废水处理中效果不是很理想,这主要是因为麦草浆中段废水中硅含量较高,极易发生类似于草浆碱回收中的"硅干扰",而造成所谓的"糊网",使系统难以正常运行。

在该工程中,设计选用的是无动力弧形细格栅,其操作原理虽然和人工斜网相同,但特殊的弧形结构使处理能力大大加强,回收纸浆以浓缩方式排出,浓度不低于5%（质量分数）。用于麦草浆中段废水纤维回收选用的栅隙一般为 0.20 ~ 0.25 mm,纤维回收率在80%以上,悬浮物去除率不低于40%。

（2）联用的物化-生化处理工艺是麦草浆中段废水处理的最佳选择

草浆造纸工业废水处理一直是困扰我国造纸行业的一个难题,许多采用好氧生物处理工艺的中段废水处理工程,尚无几家能达到国家排放标准,处理效率远低于设计指标,不达标的主要项目为 COD。由于我国麦草浆黑液提取率较低,导致中段废水污染物浓度较高,实际 COD 值通常在 2 000 mg/L 以上。采用常规好氧生物处理,COD 去除率一般在50% 左右,若要达到国家排放标准,则必须增加物化处理单元。实践证明,联用的物化-生化处理工艺是麦草浆中段废水处理的最佳选择。

在该工程设计阶段,由于厂方要求不设事故应急池,作为应付突发事件和确保"达标"排放的手段,在一沉池前设置了混合反应池。但在氧化沟正常运行后,只要进水在原设计指标范围内,废水不经混合反应池而直接进入初沉池和生物处理系统,二沉池出水可以比较稳定地达到国家排放标准。为此,该工程制订了严格的措施,严禁各生产车间超量排放废水。碱回收车间偶有故障,立即通知中段废水处理厂做好应急准备,同时启用混合反应池和调节池,前者进行加药絮凝处理,后者则起到贮存、调节的作用,以避免对后续生化处理系统造成太大的冲击,保证了整个处理系统的正常运行。

（3）Carrousel 氧化沟具有较强的耐冲击负荷能力

我国大部分麦草浆造纸厂黑液提取率较低,且碱回收系统有一定的故障率,因而中段废水处理系统常常要受到高浓度废水的冲击,这正是采用常规好氧生物处理所担心的问题。在该处理工程调试中,原水 COD 值在 2 000 ~ 3 000 mg/L 范围内波动,有时甚至超过

3 000 mg/L,但经活性污泥微生物相镜检表明,生物相并没有因进水浓度有较大的波动而受到破坏,生物相一直很丰富,并保持较高的活性,二沉池出水水质也比较稳定,这充分证明了 Carrousel 氧化沟具有较强的耐冲击负荷能力。原因在于,Carrousel 氧化沟是一个多沟串联的系统,进水与活性污泥混合后在沟内不停的循环流动。可以认为氧化沟是一个完全混合池,原水一进入氧化沟,就会被几十倍甚至上百倍的循环流量所稀释,因而氧化沟和其他完全混合式的活性污泥系统一样,适宜于处理各种浓度的有机废水,对水量和水质的冲击负荷具有一定的承受能力。

（4）Carrousel 氧化沟具有性状优良的活性污泥

具有性状优良的活性污泥,是生物处理成功的关键所在。良好的活性污泥不仅要求其对废水中可溶性有机物的降解率要高,而且其沉降性能必须良好,这样才能获得好的出水水质。活性污泥膨胀是采用活性污泥法处理废水所遇到的最棘手的难题之一。制浆造纸废水因含大量的碳水化合物,容易导致活性污泥膨胀,为避免污泥膨胀,很多单位可能会选用接触氧化工艺。实践证明,采用 Carrousel 氧化沟工艺可以有效地避免活性污泥膨胀的发生。

由于 Carrousel 氧化沟中曝气装置每组沟渠只安装一套,且均安装在氧化沟的一端,因而形成靠近曝气器下游的富氧区和曝气器上游及外环的缺氧、厌氧区,自身组成不同比例的 A/O 或 $A^2/O$ 过程,这不仅有利于生物凝聚,使活性污泥易沉降,而且对抑制泡沫产生及活性污泥膨胀发生均具有十分重要的作用。废水处理微生物学理论表明,绝大多数丝状菌都是专性好氧菌,而活性污泥中细菌有半数以上是兼性菌。氧化沟中缺氧(或厌氧)与好氧状态的交替,能抑制专性好氧丝状菌的过量繁殖,而对多数菌胶团形成菌不会产生不利的影响,这就有效地抑制了活性污泥膨胀的发生。

该处理工程无论是在调试还是在运行期间,都很少有污泥膨胀现象发生。根据现场观察可知,氧化沟中活性污泥呈黄褐色,泥水界面清晰,絮凝和沉降性能非常好。化验分析测得的污泥浓度(MLSS)高达 5 ~ 6 g/L,SVI 为 30 ~ 60 ml/g。经 100 倍镜检可见到数十到上百个菌胶团。经 500 倍镜检可观察到菌胶团均匀透明,边界清晰,相互连接,且新生菌胶团较多,标志着活性污泥性能良好的原生动物如钟虫、豆形虫、漫游虫等也可在镜检中观察到。这充分说明,采取必要手段控制污泥膨胀固然重要,但更重要的是在设计阶段就应考虑选用正确的处理工艺。

（5）Carrousel 氧化沟处理效果优良且稳定

中段废水经 Carrousel 氧化沟工艺处理后,出水水质非常稳定且效果良好(参见表 6.12)。生化系统 COD 去除率达 80% 以上,这是常规好氧生物处理工艺难以达到的。

优良的处理效果与 Carrousel 氧化沟对有机物独特的降解机制密切相关,因为氧化沟中交替存在着好氧区与厌氧(或缺氧)区,这就实现了动态水解酸化-好氧分解功能,厌氧区的存在对生化性较差的中段废水来说,可提高废水 $BOD_5/COD$ 值,增加可生化性。有关试验研究表明,厌氧-好氧生物处理可以取得较高的 COD 去除率。这可能与厌氧反应可以使中段废水中难以降解的木素及其衍生物部分水解为易于生物降解的小分子物质有关。Carrousel 氧化沟正是由于其可以在同一条沟中交替完成厌氧、好氧过程,因而取得了较高的 COD 去除率。

（6）Carrousel 氧化沟对有机卤代物有较好的去除作用

目前，我国大多数造纸厂还无法实现无氯漂白。虽然在国家排放标准中，可吸附有机卤代物（AOX）也只是参考指标，但 AOX 具有致畸、致癌、致突变作用，其危害不可低估，在欧美等发达国家排放标准中已有严格要求。这种有机卤代物很难降解，而采用常规的氯或次氯酸盐漂白时，每吨漂白硫酸盐木浆约产生 10～12 kg 的 AOX，因而采用二级生物处理 AOX 也不能达到国家排放标准。但试验研究证明，在厌氧或缺氧条件下，AOX 却显示出较好的厌氧可生物降解性，因而厌氧还原是一条重要的脱氯途径。可以预见，Carrousel 氧化沟由于好氧、厌氧交替存在，将使中段废水中 AOX 去除率有显著提高，有望实现在低氯漂白条件下的达标排放。无论如何，AOX 的降低对改善水环境、保证人体健康具有十分重要的意义。

（7）适当控制进水浓度并保持高活性污泥浓度，是防止大量泡沫产生的关键

采用活性污泥法处理废水的水厂大都曾受到泡沫问题的严重困扰。泡沫的产生不仅直接与起沫微生物的类群相关，而且与废水性质（pH、温度、$BOD_5$ 等）、活性污泥状况（MLSS、SVI）、工艺运行条件等相关，其产生机理非常复杂。麦草浆中段废水由于含有部分残碱、皂化物及表面活性剂等，稍遇冲击即起泡沫。在曝气池中受到强烈搅拌产生大量泡沫是不可避免的。实践证明，在氧化沟活性污泥驯化初期，污泥浓度较低，加之进水浓度值过高，确有大量泡沫产生；但当控制进水 COD 质量浓度为 2 000 mg/L 左右、并使 MLSS 浓度达到 4 g/L 以上时，氧化沟泡沫产生量能减少到令人满意的程度，且对曝气机充氧没有任何影响，也不会对周围环境产生不利的影响。当运转正常后，氧化沟中活性污泥浓度高达 5～6 g/L，这是常规活性污泥法难以达到的，对抑制泡沫的产生起了决定性的作用。

（8）操作管理简单，维修量小

Carrousel 氧化沟用于处理 5 万 m³/d 的中段废水，只需 8 台大功率倒伞型表面曝气机，操作管理方便，无需专人看护，减小了工人劳动强度。表曝机支承方式为立轴式，机械受力合理，因而使用寿命长，易于维修管理，能长期稳定运行。

**6. 工程投资、占地面积及运行成本**

采用 Carrousel 氧化沟工艺，由于工艺流程简单、构筑物少、机械设备数量少，不仅运行管理方便，工程投资也不高。5 万 m³/d 中段废水处理工程虽然仅引进国外关键工艺设备就花费 1 100 多万元，但工程决算在 4 500 万元之内，吨水投资不超过 1 000 元，达到国内同行业的最经济水平。

Carrousel 氧化沟由于采用了慢速表面曝气机，水深可达 4.0～4.5 m，与传统活性污泥法相当，而且多沟联建后比其他类型的曝气池整齐紧凑，又可免建鼓风机房，故占地面积并不大。该工程中段废水处理厂总占地面积为 5.5 万 m²（其中绿化面积 1.78 万 m²），吨水占地为 1.1 m²。

该工程全流程吨水耗电为 0.40 kW·h，运行费用在 0.65 元/m³ 以内（包括基建设备折旧费用），每去除 1 kgCOD 不超过 0.3 元，在国内同行业中达到了最先进水平。

总的来讲，Carrousel 氧化沟具有独特的水流混合特征和对有机物的降解机制，它维护

管理简单,处理效果很好,且耐冲击负荷能力强、能耗低。通过 5 万 m³/d 中段废水处理工程的运行实践证明,它在麦草浆中段废水处理中具有其他生物处理技术不可比拟的优越性,具有广阔的推广应用前景。

### 6.3.3　完全混合式活性污泥法处理造纸废水

#### 1. 工程概况

某集团公司造纸厂以碱法蒸煮自制的漂白草浆、本色草浆与商品木浆,生产中、高档优质薄型纸和纸板,年产量为 5 万 t。主要产品有卷烟纸、描图纸、电容器纸、书写纸、牛皮纸和箱板纸等。

该厂废水主要包括制浆车间排放的洗涤、筛选、漂白废水,造纸车间排放的纸机废水,碱回收车间排放的污冷凝水,生产用水净化车间与热电分厂排放的废水,以及厂区生活污水等。根据废水水质情况,该厂将中段废水及碱回收过程排放的废水集中进行生化-物化处理,造纸车间及辅助车间排放的废水进行混凝沉降处理,从而实现全厂废水达标排放。

进入处理系统的废水水质指标:$BOD_5$ 浓度为 300 ~ 400 mg/L,COD 浓度为 1 200 ~ 1 600 mg/L,SS 为 600 ~ 800 mg/L,pH 约为 8。处理后排水指标要求:$BOD_5$ 浓度小于 100 mg/L,COD 浓度小于 300 mg/L,SS 小于 100 mg/L,pH 为 6 ~ 7。

#### 2. 处理工艺

由原废水的水质指标可知,进水 COD/$BOD_5$ 的比值约为 3 ~ 3.5,表明其可生化性较差。废水中溶解性有机物主要是木素及其衍生物,若以 COD 计,木素在中段废水中所占比例大于 50% (质量分数)。木素属大分子有机化合物,在好氧生化处理过程中仅有小分子单体衍生物可被降解,其降解率约占木素总量的 15%。所以,当草浆中段废水的 COD 质量浓度大于 1 000 mg/L 时,经好氧生化法处理后,$BOD_5$ 可以达到国家排放标准,但 COD 却难以达标。木素及其衍生物带有负电荷,在水中以胶体形式存在,当遇到带有正电荷的絮凝剂时便会脱稳凝聚,进而析出。因此生化处理后残存在废水中的木素及其衍生物可用化学混凝法去除。

根据中试研究结果和排水水质的要求,1 万 m³/d 的废水处理工程采用沉淀、生物处理、化学混凝-气浮处理的工艺路线,工艺流程如图 6.5 所示。处理后的废水达到国家标准,排入天然水体。

图 6.5　工艺流程示意图

废水经格栅去除粗渣及漂浮物后,由泵提升至一次沉淀池去除水中悬浮物,其后均靠重力流自流至活性污泥曝气池、二沉池、气浮池,出水排入工厂下水道。一沉池的污泥、二沉池的剩余污泥和气浮池的污泥经泵送至污泥浓缩池,经浓缩后再经机械脱水,运出厂外填埋,浓缩池上清液经泵送至一沉池与原水混合进行生化处理。

**3. 主要构筑物及设备特征**

（1）一次沉淀池

采用斜管沉淀池,共 4 座,每座的尺寸为 8 m×8 m×4.5 m,表面负荷为 1.62 m³/(m²·h)。斜管断面为正六边形,倾角为 60°,用聚氯乙烯塑料加工而成。沉淀池底部为多斗式,以利于污泥的浓缩。排泥采用气动、手动两用快速启闭闸板阀。

（2）曝气池

采用完全混合型曝气池,共 6 个单元,每个单元平面尺寸为 13.5 m×3.5m,有效水深为 3.7 m,分为 2 个系列,并联运行。每个系列由 3 个单元串联构成;水力停留时间为 9.7 h。选用鼓风加搅拌的联合供气方式;搅拌选用浸没式叶轮,叶轮外径为 2 m,叶片尺寸为 500 mm×150 mm,叶片数为 6 片。搅拌器驱动电机为 2 kW,配用速度比为 23 的摆线针轮减速器,搅拌转速为 41.7 r/min。搅拌叶轮下方为 1.6 mm×1.6 mm 的方形布气管,管径为 φ100 mm,压缩空气由布气管上均匀分布的 φ10 mm 布气孔进入曝气池。每个曝气池安装机械消沫器 2 个。这种消沫器将曝气过程中液面上的泡沫吸入吸沫口,泡沫被消沫器高速运转的叶轮击碎后,形成的液滴在离心力的作用下从消沫器排出口送入曝气池中,从而保证曝气池泡沫不外溢。曝气池结构示意图如图 6.6 所示。

图 6.6　曝气池结构示意图

1—曝气叶轮;2—进水管;3—配气环;4—进气管;5—放空管;6—消沫器

（3）二次沉淀池

采用辐流式沉淀池,直径为 28 m;池中心处配水,池中心处排泥,池周边出水。表面负荷为 0.67 m³/(m²·h),配有单臂式周边驱动刮泥机。

（4）气浮池

二沉池出水经化学混凝处理后,再流入气浮池内进行泥水分离。气浮池每个单元尺寸为 16 m×4 m,有效水深为 1.7 m。4 个单元并联使用。每个气浮池配溶气罐 1 个,采用加压溶气法制备溶气水。溶气释放选用 YJH-8 型释放器。每个气浮池配用 SD 型刮泥机

1 台。

（5）污泥浓缩池

采用带有刮泥机的辐流式重力浓缩池，直径为 20 m，固体通量为 32 kg/(m² · d)，表面负荷为 0.1 m³/(m² · h)。

（6）机械设备

各构筑物、建筑物内采用的主要机械设备及其规格型号等见表 6.14。

表 6.14　主要机械设备特征

| 构筑物 | 序　号 | 设备名称 | 规格型号 | 数　量 |
|---|---|---|---|---|
| 提升泵房 | 1 | 污水泵 | 6PWL | 3 |
| | 2 | 固定格栅 | 人工除渣、格栅间距 20 mm | 1 |
| 初沉池 | 3 | 斜管 | φ 60 mm 内接六边形 | — |
| | 4 | 气动排泥阀 | 2SZQ-H 型 | 16 |
| 初次污泥泵房 | 5 | 污泥泵 | 4PW | 3 |
| | 6 | 空气压缩机 | 2V-0.3/7 | 2 |
| 曝气池 | 7 | 搅拌叶轮 | 叶轮外径 φ 2 000 mm | 6 |
| | 8 | 消沫器 | 自制 | 12 |
| 鼓风机房 | 9 | 罗茨鼓风机 | L41×49WD1 | 2 |
| 二沉池 | 10 | 刮泥机 | 单臂、周边驱动 φ28 mm | 1 |
| 二沉污泥泵房 | 11 | 污泥泵 | 4PW | 3 |
| | 12 | 污泥泵 | 2.5PW | 1 |
| 气浮池 | 13 | 离心水泵 | 4BA-8A | 2 |
| | 14 | 泥浆泵 | 2PN | 2 |
| | 15 | 刮泥机 | SD 型 | 4 |
| | 16 | 空气压缩机 | 2V-0.3/7 | 2 |
| 污泥浓缩池 | 17 | 刮泥机 | 单臂、周边驱动 φ 20 mm | 1 |
| 污泥浓缩泵房 | 18 | 污水泵 | 2.5PW | 2 |
| | 19 | 污泥泵 | 2PW | 2 |
| 脱水机房 | 20 | 带式压滤机 | DQY2000-XB | 1 |
| | 21 | 水泵 | DA-180×4 | 2 |
| | 22 | 空气压缩机 | 2V-0.3/7 | 1 |
| 调药间 | 23 | 塑料泵 | 102 型 | 10 |

**4. 运行情况及处理效果**

（1）运行工艺条件

① 生化处理。

污泥浓度（MLSS）:3 ~ 5 g/L;

挥发性污泥浓度（MLVSS）:2 ~ 3 g/L;

营养加入量:$BOD_5$ : N : P = 100 : 4 : 0.5;

曝气池混合液溶解氧:1 ~ 2 mg/L;

曝气池混合液温度:10 ~ 36 ℃;

单位质量 MLSS 的 $BOD_5$ 污泥负荷:0.2 ~ 0.3 kg/(kg MLSS · d)。

② 化学混凝气浮处理。

溶气水压力:大于 0.3 MPa;

溶气水量:30% 处理水量;

硫酸铝投加量（对于 COD）:1.0 ~ 1.4 kg/kg。

③ 污泥脱水。

絮凝剂 PAM 投加量（对于干泥）:3 ~ 4 kg/t;

（2）处理效果

各污染指标处理效果平均值列于表 6.15。

**表 6.15　各污染指标处理效果平均值**

| 项　　目 | 原水 | 初次沉淀 | | 生物处理 | | 化学处理 | | 全流程 |
| --- | --- | --- | --- | --- | --- | --- | --- | --- |
| | | 出水 | 去除率/% | 出水 | 去除率/% | 出水 | 去除率/% | 去除率/% |
| $BOD_5$/(mg · $L^{-1}$) | 503 | 482 | 4 | 32 | 93.4 | 14 | 55.3 | 97.2 |
| COD/(mg · $L^{-1}$) | 1 857 | 1 763 | 6 | 733 | 58.0 | 306 | 58.2 | 83.0 |
| SS/(mg · $L^{-1}$) | 566 | 311 | 45 | 69 | — | 80 | — | 85.8 |
| pH | 7.3 ~ 9.0 | 7.1 ~ 8.7 | — | 7.1 ~ 7.6 | — | 6.1 ~ 6.9 | — | — |
| 酚/(mg · $L^{-1}$) | 3.82 | — | — | 0.037 | 99.0 | — | — | 99.0 |

**5. 运行综合分析**

生物处理采用鼓风加搅拌联合供氧方式的完全混合式活性污泥法,使该工程生物处理系统具有以下特点。

良好的搅拌作用使微生物保持均匀悬浮状态,池内各点微生物所处的状态（营养、溶解氧、负荷等）均匀一致,这样就可以通过调整池内污泥负荷等方式使生化处理控制在最佳条件下运行,保持较好的去除效果。由于具有良好的搅拌作用,进入曝气池的废水与池中有机物浓度较低的大量混合液充分混合,使废水得到了很好的稀释,故可承受较大程度的水质变化和冲击负荷,短时间进水 COD 质量浓度高达 2 000 mg/L 以上,亦不会明显影响生物活性和出水水质。

压缩空气从搅拌叶轮下方进入后,粗大气泡迅速被剪切成细小气泡并扩散到整个曝气池中,加速空气中的氧在水中的溶解,使池中溶解氧分布均匀,因此氧的利用率较高,水气比较低,仅为 1 : (8 ~ 12)。

从整个工艺流程的处理效果可以看出,生物处理在有机污染物的去除中起着重要作用,可去除 BOD$_5$ 的量在 90% 左右,二次沉淀池出水 BOD$_5$ 已低于国家标准。对于二沉池出水进一步采用化学混凝–气浮后续处理,COD 去除量占全流程去除量的 30% 左右,考虑到去除单位污染负荷的化学处理费用高于生物处理费用,对于制浆造纸废水采用先活性污泥处理法、后化学混凝–气浮处理的方法是经济合理的。

铝盐混凝剂对于生化处理后二次沉淀池出水中 COD 的去除是非常有效的,但处理过程中产生的污泥相对密度与水相近,因而不易下沉;若采用重力沉降法,则沉淀池占地面积要比气浮池大一倍,而且出水易夹带矾花。该系统采用气浮池进行泥水分离,出水悬浮物少,上浮污泥的质量分数可达 2% ~ 3%,有利于污泥的进一步浓缩和脱水处理。

### 6. 处理设施改造情况

处理系统投入使用后,为了确保设施稳定运行,降低电耗和运行费用,根据运行管理经验,曾经对处理设施进行了多项技术改造,其中主要有以下几个方面。

(1)在一次沉淀池前增加纸浆回收装置

制浆废水中含有一定数量尚可回收利用的纸浆,在进入一次沉淀池前将其回收加以利用,不仅可以降低后续工序的处理负荷,还能使宝贵的资源得到充分利用。回收纸浆可用于抄造低档纸和纸板。现采用斜网过滤回收纸浆,取得了一定的经济效益。

(2)曝气池平板叶轮搅拌器改为潜水曝气机

原设计曝气池采用平板叶轮搅拌器,存在动力消耗高、故障较多、维修工作量较大的弊端。后选用国内新产品 PQG085 型鼓风式潜水曝气机代替,经 3 年试用表明,这种潜水曝气机是完全可行的。该曝气机通过螺旋桨叶轮和散气叶轮的旋转,将压缩空气大气泡切割、破碎与池中混合液混合,再由螺旋桨叶轮提升混合液,使其经导流筒出水口喷射出来在池内循环,从而保证了池中气、固、液三相均匀充分混合,使曝气池保持在良好状态下进行生化反应。该装置备有浸水、过载、过热、断相报警设施,使用安全可靠;与原平板叶轮搅拌器相比,电耗低,电机功率仅 8.5 kW,运行电流约为 12 A,而原搅拌器电机功率为 22 kW,工作电流 36 A,因而大大降低了电耗,节约了运行费用。

(3)消沫器改造

曝气池采用的机械消沫装置是我国自行研制生产的专利产品,其消泡原理是:消沫器启动后由于叶轮的高速旋转,在吸沫罩附近形成一定的负压,池面泡沫被吸入消沫器中,在叶轮的剪切和离心力的作用下泡沫被破碎,变成液滴,经排液口返回曝气池中,从而有效地消除了泡沫,维持曝气池的正常运行。该消沫器具有效果稳定可靠、使用方便、节水、无二次污染等优点。通过对原有消沫机型进行了多项改造,将配用电机由 10 kW 改为 7.5 kW,叶轮改用不锈钢制造,延长了使用寿命,降低了电耗,使其运行更加稳定、可靠。

(4)污泥浓缩池刮泥机改造

原刮泥机为单臂,周边驱动式,行走车轮为胶轮,沿池周水泥平台转动。由于负荷较重,胶轮极易损坏,使用寿命短,影响浓缩池正常运行。将其改造成钢轨及钢轮后,运行稳定。

### 7. 动力消耗及运行成本

该系统正常运行动力消耗为 0.75 kW · h/m$^3$ 废水。运行费用约为 1.00 ~

1.20 元/m³ 废水,其中包括电耗、化学品消耗、设备折旧、大修费、人工费等,详见表 6.16。

表6.16　运行费用估算表

| 项　　目 | 单　　耗 | 单　　价 | 金　额/元 |
|---|---|---|---|
| 电 | 0.75 kW·h/m³ | 0.30 元/(kW·h) | 0.225 |
| 硫酸铵 | 0.056 kg/m³ | 0.54 元/kg | 0.03 |
| 磷酸三钠 | 0.016 7 kg/m³ | 1.80 元/kg | 0.03 |
| 硫酸铝 | 0.7 kg/m³ | 0.70 元/kg | 0.49 |
| 聚丙烯酰胺 | 3 kg/(t 干泥) | 38 元/kg | 0.114 |
| 管理费(人工等) | 0.082 元/m³ | | 0.082 |
| 折旧、大修 | 0.142 元/m³ | | 0.142 |
| 成　　本 | | | 1.143 |

## 6.3.4　CXQF 高效气浮器处理造纸白水

### 1.工程概况

天津 A 厂、吉林 B 公司及山东 C 公司都是制浆造纸联合企业。它们的纸品种及纸机白水产生量如表 6.17 所示。

白水中悬浮物(SS)质量浓度为 800～1 000 mg/L。

上述三企业都应用 CXQF 气浮器处理纸机白水,均取得了很好的运行效果。

表6.17　A、B、C 三企业纸品种及白水产量

| 企业名称 | 产品种类 | 原　　料 | 白水处理量/(m³·h⁻¹) |
|---|---|---|---|
| 天津 A 厂 | 书写纸、办公纸 | 云杉 BKP、芦苇 SP、滑石粉 | 280～330 |
| 吉林 B 公司 | 新闻纸 | 落叶松 BKP、杨木 BCTMP | 250～320 |
| 山东 C 公司 | 胶印书刊纸 | 云杉 BKP、麦草 BKP | 310～340 |

### 2.处理工艺

(1) 工艺流程

CXQF 高效气浮器处理白水的工艺流程如图 6.7 所示。

纸机白水由白水槽贮存,再用白水泵通过支架带动的布水管均匀地进入气浮器的槽体内。一部分净化水经加压泵加压后与压缩空气在一个特殊构造的溶气罐内接触,从而制备溶气水,溶气水经蟹形释放器在气浮器槽体前的管路中与处理前的白水混合。在工艺需要加絮凝剂时,则将制备好的絮凝剂用泵送入溶气水入口处前的管路中,使其与白水混合。

溶气水的空气减压释放形成微小气泡粘附于悬浮物(纸浆、填料)上浮到液面,由旋转的戽斗收集于收浆斗内,并倒入浮渣槽中回收利用。澄清水由集水机构收集,经溢流堰排入净化白水槽中回用或排放。白水中重杂物沉淀于槽底,由滑动的刮泥板刮至排泥槽

图6.7　造纸白水处理工艺流程图

中,通过排泥管定期排出。

（2）主要工艺技术条件

处理水量为 30 ~ 50 $m^3$/h;溶气水压力为 0.5 MPa;槽深为 600 ~ 650 mm;回流比为 25% ~ 30%;有效水深为 400 mm;转速为 0.2 ~ 0.3 r/min;停留时间为 3 ~ 5 min;絮凝剂聚丙烯酰胺加入量为 1 ~ 4 mg/L;表面负荷约为 10 $m^3$/($m^2$·h);水气比为 1：（5 ~ 6）。

**3. 实际运行状况**

用 CXQF 高效气浮器处理造纸白水,在吉林、天津、山东等纸厂（公司）运行都取得了很好的效果,见表 6.18。

表 6.18　CXQF 气浮器运行效果

| 企业名称 | 絮凝剂 PAM 加入量 /(mg·$L^{-1}$) | SS 去除效果 | |
|---|---|---|---|
| | | 进水浓度/(mg·$L^{-1}$) | 出水浓度/(mg·$L^{-1}$) |
| 天津 A 厂 | 1.0 ~ 2.5 | 980 ~ 1 055 | 27 ~ 53 |
| 吉林 B 公司 | | 780 ~ 1 150 | 65 ~ 250 |
| 山东 C 公司 | 2.0 ~ 4.0 | 1 192 ~ 2 032 | 47 ~ 205 |

影响 CXQF 高效气浮器效率的因素较多,主要有白水的性质、SS 浓度、pH、温度和所投加的絮凝剂等。理论和实践都已证明,白水中纸浆纤维的种类及填料含量对气浮效率有很大的影响。一般来讲,化学浆纤维比机械浆纤维易于气浮;草类纸浆纤维比木浆纤维易于气浮;不含填料的白水比含填料的白水气浮处理效率高,这是因为前者密度低,易于粘附气泡。

虽然白水 SS 质量浓度为 300 ~ 2 000 mg/L 时 CXQF 高效气浮器都可以进行处理,但考虑到处理后的白水悬浮物含量的要求,建议用该设备处理的白水 SS 质量浓度不宜超过 1 000 mg/L。白水中 SS 浓度过大时,最好先用圆网过滤机斜筛进行处理,再进行气浮处理。

白水 pH 大于 8.5 时气浮效果较好;白水 pH 过低时,应加碱予以调整。白水温度不宜过高,以不超过 50 ℃ 为宜。

一般情况下,为了简化操作,降低运行费用,有时不加絮凝剂即可以取得较理想的效果。但当白水中 SS 浓度过大,白水中含填料量过高或对处理后水质有特殊要求时,可以考虑加絮凝剂以提高处理效率,絮凝剂一般选择聚丙烯酰胺(PAM)、聚合铝(PAC)等。应该强调的是,一般都应根据白水不同的性质,通过试验选择不同的絮凝剂和加入量。若选用的絮凝剂比较适合,处理效率可以提高 5% ~ 10%。

**4. 综合评价**

气浮法在白水处理上的应用已有 20 多年的历史,通过不断总结、改进,其技术已趋于成熟。CXQF 高效气浮器是非常适用的白水处理设备,对以废纸或草类纤维为原料的纸机白水处理效果更好。

CXQF 高效气浮器运行稳定,易于管理,每班操作工为 1 ~ 2 人,检修、刷洗周期为 1 ~ 3 个月。设备运行能耗低,运行费用小,设备投资回收期短。一般情况下,电耗为 0.20 kW·h/t,不加絮凝剂的条件下运行费用为 0.15 元/t 左右,加絮凝剂后为 0.20 ~ 0.25 元/t,设备投资回收期为 8 ~ 12 个月。

用 CXQF 高效气浮器处理白水,不但可以回收纸浆纤维、填料,节约清水,而且能大幅度削减 COD 排放量,具有明显的环境效益。

以一台直径为 8.2 m 的 CXQF 高效气浮器处理新闻纸白水为例,日处理白水量为 7 000 t,白水中的 SS 质量浓度为 800 ~ 1000 mg/L,白水中纸浆的回收率为 82%,每天可回收纸浆约 5 t,价值 1.75 万元,年产值为 570 多万元(以 330 d 计)。扣除运行费用,不到 8 个月即可回收投资,同时年削减 COD 排放负荷可达 2 500 t 以上。

## 6.3.5　高温厌氧法处理纸浆厂废水

**1. 工程概况**

某年产 12 000 t 纸浆的制浆造纸厂,以木材为原料,采用亚硫酸钙法制浆,制浆废液蒸发浓缩后,用燃烧法回收化学药品及热能。

蒸发过程中产生的污冷凝水与来自该厂核酸生产装置的酵母核酸抽提废液混合,好氧生物处理设备中的剩余活性污泥也加入到混合液中。其中污冷凝水占混合液的 80% 以上,它的主要污染物为醋酸(800 ~ 1 200 mg/L)、甲醇(500 ~ 600 mg/L)、糠醛(250 ~ 1 300 mg/L)等,温度为 59.4 ℃,抽提废液中含有蛋白质及氨基酸等。混合废水水量为 2 394 m³/d,COD 质量浓度为 11 470 mg/L,BOD$_5$ 质量浓度为 7 200 mg/L,pH 为 1.9,温度为 43.4 ℃。表 6.19 给出了污冷凝水与抽提废液的污染物指标。

表 6.19　污冷凝水和抽提废液的污染物指标

| 污染物指标 | 污冷凝水 | 抽提废液 |
|---|---|---|
| pH | 2.2 ~ 2.5 | 1.9 ~ 2.2 |
| COD/(mg·L$^{-1}$) | 8 000 ~ 12 000 | 14 000 ~ 16 000 |
| BOD$_5$/(mg·L$^{-1}$) | 5 500 ~ 6 000 | 6 000 ~ 7 000 |
| 总硫/(mg·L$^{-1}$) | 300 ~ 400 | 250 ~ 300 |
| TKN/(mg·L$^{-1}$) | 未检出 | 600 ~ 750 |
| TP/(mg·L$^{-1}$) | 未检出 | 180 ~ 250 |

**2. 处理工艺**

废水中有机物浓度高,水温也较高,好氧生物处理不可能满足处理要求,故选用了高温厌氧处理法,其工艺流程如图 6.8 所示。

图 6.8　高温厌氧处理工艺流程

向氧化槽内通入空气,其中的 $O_2$ 在 $FeCl_3$ 催化作用下将 $SO_3^{2-}$ 氧化生成 $SO_4^{2-}$,从而实现了污冷凝水在氧化槽中脱除 $SO_3^{2-}$。在中和槽内,将污冷凝水、核酸抽提废液与来自好氧生物处理的剩余污泥混合,加入 $NH_4OH$ 来维持 COD:N:P = 100:5:1 的营养物比例(正常生产中不需加磷),加入漂白工序碱抽提的废液以调节混合液的 pH 为 4.2。

混合液进入厌氧反应器,用水蒸气调节反应温度。正常生产时,混合液进厌氧反应器前温度较高,蒸汽用量很少,甚至可以不用。高温厌氧处理负荷为中温厌氧处理的 2.5 倍,故反应器内温度一般控制在 51 ~ 54 ℃,温度下降,则沼气产量急速下降,但温度上限为 56 ℃。反应器内要保证污泥均匀悬浮在水中,为此设有 4 台消化液循环泵搅拌反应物料(流程中未予表示),还有脱除 $H_2S$ 后的沼气经循环压缩机返回到反应器内,也起到辅助搅拌作用。混合废水在反应器内的停留时间为 2.5 d。正常情况下,该装置的厌氧反应器内污泥 30 min 的沉降比为 30% ~ 40%,MLSS 为 15 000 mg/L 左右。

厌氧反应器出水溢流入沉淀池,在进入沉淀池前加入纸厂带纤维的废水,一方面可使反应器出水降温,终止厌氧反应产气,以保证沉降效果;另一方面细纤维也有絮凝作用,有利于污泥沉降。由于厌氧微生物增殖很慢,沉降污泥要全部返回到厌氧反应器内,故一般没有剩余污泥排出。而氧化槽内加入的 $FeCl_3$,在厌氧反应器内与产生的 $H_2S$ 反应生成

FeS,会悬浮在水中并从沉淀池流出,几乎不在污泥中积累。该系统对 COD 的去除率为80%,对 $BOD_5$ 的去除率为 90%,出水中的 SS 约为 100 mg/L。

虽然 COD 及 $BOD_5$ 去除率已达到较高的水平,但出水的 COD 与 $BOD_5$ 仍然高,所以出水又进入好氧生物处理系统进一步处理,在此不再赘述。

### 3. 主要构筑物和设备

（1）厌氧反应器

厌氧反应器为混凝土制,2 台,反应器上下端为锥形,上部有水封槽,起安全阀作用,器内中部设有不锈钢循环筒,供液体循环搅拌用,反应器内壁涂有树脂防腐层。

（2）沉淀池

沉淀池为混凝土制造,圆形,设有刮泥机。

（3）脱硫塔

脱硫塔体由普通钢板制成,内有塑料填料,内壁也有防腐涂层。

### 4. 运行管理

运行管理指标包括 pH、温度、$H_2S$ 浓度、挥发酸浓度、污泥浓度及沼气组成,其中,pH 尤为重要,一般控制在 7.0 ~ 7.7 范围内,最低为 6.8。厌氧反应器内的 pH 下降现象时有发生,有时是因中和槽操作控制不当引起的;有时是因氧化槽中 $SO_3^{2-}$ 的去除效果不佳所致。甲烷菌对毒物敏感性高于产酸菌,所以毒物进入反应器后,产甲烷菌活性下降,产生了“酸积累”,表现为 pH 下降;有时是因为反应器负荷过高,产酸与产甲烷两个过程不平衡,前者快于后者,也会出现“酸积累”。出现 pH 下降的情况时,除了适当调整相关的操作环节外,还可以适量加入碱性物质调节反应器的 pH。

此外,$H_2S$ 对产甲烷菌的抑制作用应给予充分注意。该装置的运行经验是,正常厌氧消化时,反应器内料液的还原电位为 −400 mV。$H_2S$ 质量浓度在 50 mg/L 以上时,对厌氧消化就会出现不利影响。$H_2S$ 浓度升高可能与进入反应器的 $SO_3^{2-}$ 浓度过高有关,可以投入一定量的 $Fe^{2+}$ 去除 $H_2S$。

该装置每去除 1 kg $BOD_5$ 要消耗电能 0.28 kW·h,去除 1 kg COD 产生 0.6 $m^3$ 沼气。沼气组成（体积分数）：$CO_2$ 为 35% ~ 45%、$H_2S$ 为 0.5% ~ 1.5%、$CH_4$ 为 50% ~ 60%,此外,还有少量水蒸气。用厌氧与好氧活性污泥法比单一的活性污泥法处理费用要减少69%。

# 第7章  石油化工废水处理

石油化工是石油化学工业的简称,它是以石油或天然气为主要原料,通过不同的生产工艺过程、加工方法来生产各种石油产品、有机化工原料、化学纤维及化肥的工业。石油化工是我国国民经济的基础产业之一,经过 70 余年的建设和发展,已建成了门类比较齐全、品种大体配套的工业体系,现能生产 4 万多种产品,其中 10 余种产品产量位居世界前列。石油化工主要有四个行业:石油炼制行业、石油化工行业、石油化纤行业和化肥行业。

石油化工是一个"三废"排放量大、容易产生污染、危害环境的工业部门。石油化工生产的特点决定了其污染的普遍性和复杂性。据报道,石油化工全行业年废水排放量约占全国工业废水排放量的 10%。因此,在加快发展石油化工工业的过程中,必须高度重视污染防治工作,这对石油化工工业可持续发展具有十分重要的意义。

## 7.1  石油化工废水的来源、特征及治理原则

### 7.1.1  石油化工废水的来源及主要污染物

石油化工废水主要包括工艺废水、污染雨水、生活污水、循环冷却水排污水、化学水制水排污水、蒸汽发生器排污水、余热锅炉排污水等。以下按照石油化工的四大行业(石油炼制、石油化工、石油化纤和化肥),分别阐述废水的主要来源及污染物。

**1. 石油炼制行业废水**

在石油炼制过程中,废水主要来源于注水、汽提、冷凝、水洗及油罐切水等加工过程,此外还来源于化验室、动力站、空压站及循环水场等辅助设施以及食堂、办公室等生活设施。按照废水中主要污染物的类别,一般包括含油废水、含硫废水、含碱废水、含盐废水和含酚废水等。

①含油废水主要来自于装置中凝缩水、油气冷凝水、油品油气水洗水、油泵轴封、油罐切水以及油罐等设备洗涤水、化验室排水等。含油废水是石油炼制及储运等过程中排水量最多的一种废水,其中的油类物质多以浮油、分散油、乳化油及溶解油的状态存在。

②含硫废水主要来自炼油厂催化裂化、催化裂解、焦化和加氧裂解等二次加工装置中塔顶油水分离器、富气水洗、液态烃水洗、液态烃储罐切水以及叠合汽油水洗等装置。含硫废水排放量一般不大,但污染物浓度较高。废水中除含有大量硫化氢、氨、氮外,还含有酚、氰化物和油类污染物,并且具有强烈的恶臭。当 pH 低时,硫化物易分解,释放出硫化氢气体,腐蚀设备、污染环境。

③含碱废水主要由常减压、催化裂化等装置中柴油、航空煤油、汽油碱洗后的水洗水以及液态烃碱洗后水洗水所构成。含碱废水的污染物主要是油和游离碱,同时还有含硫化合物、挥发酚和环烷酸,乳化严重,呈乳白色。

④含盐废水主要是原油电脱盐脱水罐排水及生产环烷酸盐类的排水。废水中的污染物主要是盐类,同时还含有油和挥发酚。

⑤含酚废水主要来自常减压、催化裂化、延迟焦化、电精制及叠台等装置。催化裂化装置分馏塔顶油水分离器排出的废水含酚量很大,约占炼油厂外排废水总酚量的50%以上,其余各装置排出的废水酚浓度较低,但水量较大。

**2. 石油化工行业废水**

石油化工生产过程中所用原料种类繁多(有气态、液态、固态或水溶液),反应过程又涉及溶解、萃取、氧化、聚合、精馏、洗涤、分离、吸收和干燥等作业,均与水有接触进而产生工艺废水,是石油化工废水的主要来源。此外,废水还来源于中心化验室、动力站等辅助设施及食堂、办公楼等生活设施。

石油化工行业废水水质成分很复杂,除含有油、硫、酚和氰外,还有苯、醇、醚、醛、酮、有机磷、金属盐类、废催化剂、添加剂、反应残渣和废弃物料等。石油化工废水中有机物浓度高,多为有毒、有害物质,且水量、酸碱度变化很大,经常对后续的废水处理厂形成冲击性负荷。废水中主要污染物浓度及特征因所使用原料、工艺路线及加工过程不同而相差很大。

**3. 石油化纤行业废水**

石油化纤行业以石油产品以及天然气为主要原料,生产聚酯、聚酰胺、己内酰胺、尼龙66盐、锦纶66盐和丙烯腈等各种合成化纤原材料。在有机合成的反应、蒸馏、冷凝、洗涤、吸附与分离等过程中,会产生大量的工艺废水。此外,中心化验室、动力站等生产辅助设施和办公楼、食堂等设施也排出一定量的废水。

石油化纤废水中除含有少量油、硫与酚外,还含有精对苯二甲酸(PTA)、丙烯腈、乙腈、醇、脂、醛、苯、有机酸、无机酸和废聚合物等高浓度有机物以及重金属等,其酸碱度等水质指标变化范围较大,容易对后续的废水处理厂形成冲击负荷。

**4. 化肥行业废水**

化肥行业以石油产品及天然气为主要原料生产尿素、硫酸铵、碳酸氢铵和硝酸铵等肥料,其中以尿素的产量最大。尿素是通过合成氨进行生产的,主要是将石油或天然气进行裂解制氢,并与氮气在高温、高压以及催化剂的作用下合成液态氨,然后将氨与二氧化碳在高温、高压下合成尿素产品。

化肥生产废水主要来自于生产过程中的物料流失,废水水质因所用原料不同而不同。例如,以轻油或天然气为原料生产合成氨,所排废水中主要含有醇、氨和COD等;以渣油为原料生产合成氨,所排废水中会含有醇、氰、碳黑、氨、硫化物以及重金属等;以硝酸为原料生产的硝酸铵,所排废水中则含有甲胺、硝酸;以硫酸为原料生产硫酸铵,所排废水中会含有硫酸等。

## 7.1.2　石油化工废水的水量水质特征

由于石油炼制、石油化工、石油化纤、化肥及合成橡胶生产的产品种类繁多,并随其采用的原料性质、加工过程及工艺方法的不同,产生的废水量及含污染物组分也不同,且十分复杂,一般具有以下特征。

**1. 废水排放量大**

石油化工生产工艺过程较为复杂,产生的废水量变化范围大。如石油炼制,随其加工深度不同,每吨原油在生产过程中废水的排放量变化很大,在 0.69 ~ 3.99 m³ 之间,平均值为 2.86 m³;生产每吨石油化工产品的废水排放量为 35.81 ~ 168.86 m³,平均值为 117 m³;生产每吨石油化纤产品的废水排放量为 106.87 ~ 230.67 m³,平均值为 161.8 m³;生产每吨化肥的废水排放量为 2.72 ~ 12.2 m³,平均值为 4.25 m³;生产每吨合成橡胶的废水排放量平均值为 3.31 m³。当生产不正常或开停工、检修期间,废水排放量变化更大。

**2. 废水中污染物组分复杂**

石油炼制、石油化工、石油化纤、化肥及合成橡胶生产过程中产生的废水,除含有油、硫、酚、氰(腈)、COD、氨氮、SS、酸、碱、盐等外,还含有各种有机物及有机化学产品,如醇、醚、酮、醛、烃类、有机酸、油剂、高分子聚合物(聚酯、纤维、塑料、橡胶)和无机物等。当生产不正常或开停工及检修期间,排放的废水中的污染物含量变化范围更大,往往造成冲击性负荷。

**3. 废水处理难度大**

石油化工废水中的主要污染物,一般可概括为烃类、烃类化合物以及可溶性有机和无机组分。其中可溶性无机组分主要是硫化氢、氨化合物及微量重金属;可溶解的有机组分,大多数能被生物降解,也有少部分难以被生物降解或不能被生物降解,如原油、汽油、丙烯等。主要有机化合物可生化降解性的评定见表7.1。

表7.1　主要有机化合物可生物降解性的评定

| 序号 | 名　称 | | COD/<br>(mg·mg⁻¹) | BOD$_5$/<br>(mg·mg⁻¹) | BOD$_全$/<br>(mg·mg⁻¹) | BOD$_5$/<br>BOD$_全$ | BOD$_全$/<br>COD | BOD$_5$/<br>COD | 可生物降解性 |
|---|---|---|---|---|---|---|---|---|---|
| 1 | 烃类 | 汽油 | 3.54 | — | 0.11 | — | 0.03 | — | 不能降解 |
| 2 | | 苯 | 3.07 | 0.50 | 1.15 | 0.43 | 0.37 | 0.16 | 经长期驯化可降解 |
| 3 | | 丙烯 | — | — | — | — | — | — | 不可降解 |
| 4 | | 甲苯 | 1.87 | 0.19 | 1.10 | 0.17 | 0.59 | 0.10 | 经驯化可降解 |
| 5 | | 苯乙烯 | 3.07 | 1.12 | 1.60 | 0.70 | 0.52 | 0.36 | 可降解 |
| 6 | 醇类 | 丙三醇(甘油) | 1.23 | 0.77 | 0.86 | 0.90 | 0.70 | 0.63 | 可降解 |
| 7 | | 甲醇 | 1.50 | 0.77 | 0.98 | 0.79 | 0.65 | 0.52 | 可降解 |
| 8 | | 乙醇 | 2.08 | 1.25 | 1.82 | 0.69 | 0.88 | 0.60 | 可降解 |
| 9 | | 季戊四醇 | 1.37 | — | 0.21 | — | 0.15 | — | 不能降解 |
| 10 | | 异丙醇 | 2.30 | 2.10 | 1.68 | 0.95 | 0.70 | 0.07 | 经长期驯化可降解 |
| 11 | 醛类 | 甲醛 | 1.07 | 0.68 | 0.72 | 0.94 | 0.67 | 0.63 | 可降解 |
| 12 | | 乙醛 | 1.82 | 0.91 | 1.07 | 0.85 | 0.59 | 0.50 | 可降解 |
| 13 | | 丙烯醛 | 1.98 | 0.43 | 0.53 | 0.83 | 0.26 | 0.22 | 不易降解 |
| 14 | | 丙醛 | 2.20 | — | 1.19 | — | 0.54 | — | 可降解 |
| 15 | | 糠醛 | 1.67 | — | 1.40 | — | 0.84 | — | 可降解 |

续表 7.1

| 序号 | 名 称 | | COD/ (mg·mg⁻¹) | BOD₅/ (mg·mg⁻¹) | BOD全/ (mg·mg⁻¹) | BOD₅/ BOD全 | BOD全/ COD | BOD₅/ COD | 可生物降解性 |
|---|---|---|---|---|---|---|---|---|---|
| 16 | 酮类 | 丙酮 | 2.17 | 1.12 | 1.68 | 0.67 | 0.77 | 0.52 | 可降解 |
| 17 | | 庚酮-2 | 2.80 | 0.50 | — | — | — | 0.18 | 经长期驯化可降解 |
| 18 | | 丁酮 | 3.54 | | 0.11 | — | 0.03 | — | 不能降解 |
| 19 | | 萘醌 | 2.12 | 0.01 | — | — | — | 0.38 | 可降解 |
| 20 | 有机酸及其盐类 | 甲酸 | 0.35 | 0.19 | 0.28 | 0.68 | 0.80 | 0.54 | 可降解 |
| 21 | | 庚酸钠 | 2.10 | 0.33 | — | — | — | 0.16 | 不能降解 |
| 22 | | 草酸 | 0.18 | — | 0.16 | — | 0.89 | — | 可降解 |
| 23 | | 顺-丁烯二酸 | 0.83 | 0.57 | — | — | — | 0.69 | 可降解 |
| 24 | | 棕榈酸钠 | 2.61 | 0.45 | — | — | — | 0.17 | 不易降解 |
| 25 | 酯和醚 | 乙酸乙酯 | 2.20 | 0.52 | — | — | — | 0.24 | 经驯化可降解 |
| 26 | | 乙醚 | 2.59 | 0.86 | — | — | — | 0.33 | 难降解 |
| 27 | 酚类 | 苯酚 | 2.38 | 1.10 | 1.10 | 1.00 | 0.46 | 0.46 | 可降解 |
| 28 | | 间苯三酚 | 2.54 | 0.47 | — | — | — | 0.19 | 不易降解 |
| 29 | | 邻苯三酚 | 1.48 | 0.02 | — | — | — | 0.01 | 不能降解 |
| 30 | | 邻苯二酚 | 1.89 | 0.69 | 1.47 | 0.47 | 0.78 | 0.37 | 可降解 |
| 31 | | 叔辛基酚 | 2.52 | — | 1.10 | — | 0.44 | | 难降解 |
| 32 | 卤化物 | 六六六 | 0.66 | — | — | — | — | — | 不能降解 |
| 33 | | 氯乙醇 | 0.99 | 0.10 | 0.48 | 0.21 | 0.48 | 0.10 | 经驯化可降解 |
| 34 | | 三氯甲烷 | 0.34 | — | — | — | — | — | 不能降解 |
| 35 | | 四氯化碳 | 0.21 | — | — | — | — | — | 不能降解 |
| 36 | | 三氯乙烯 | 0.55 | — | 0.38 | — | 0.69 | — | 可降解 |
| 37 | 含氮化合物 | 苯胺 | 2.41 | 1.76 | 1.90 | 0.93 | 0.79 | 0.73 | 可降解 |
| 38 | | 乙腈 | 1.56 | | 1.40 | — | 0.90 | — | 经长期驯化可降解 |
| 39 | | 吡啶 | 3.13 | 0.06 | 0.02 | 0.03 | 0.65 | 0.02 | 经驯化可降解 |
| 40 | | 喹啉 | 1.97 | 1.77 | — | — | — | 0.71 | 可降解 |
| 41 | | 丙烯腈 | 3.17 | — | 1.21 | — | 0.38 | — | 难降解 |
| 42 | 含磷化合物 | 敌敌畏 | — | — | — | — | — | — | 不能降解 |
| 43 | | 马拉硫磷 | — | — | — | — | — | — | 不能降解 |
| 44 | | 磷酸三丁酯 | 2.16 | | 0.10 | | 0.04 | | 不能降解 |
| 45 | | 乐果 | — | — | — | — | — | — | 不能降解 |
| 46 | | 敌百虫 | — | — | — | — | — | — | 不能降解 |
| 47 | 碳水化合物 | 葡萄糖 | 0.60 | 0.53 | 1.01 | 0.52 | 1.68 | 0.88 | 可降解 |
| 48 | | 淀粉 | 1.03 | 0.63 | — | — | — | 0.61 | 可降解 |
| 49 | | 蔗糖 | 1.12 | 0.70 | — | — | — | 0.63 | 可降解 |
| 50 | | 乳糖 | 2.07 | 0.55 | — | — | — | 0.52 | 可降解 |

续表7.1

| 序号 | 名称 | | COD/ (mg·mg⁻¹) | BOD₅/ (mg·mg⁻¹) | BOD全/ (mg·mg⁻¹) | BOD₅/ BOD全 | BOD全/ COD | BOD₅/ COD | 可生物降解性 |
|---|---|---|---|---|---|---|---|---|---|
| 51 | 金属有机化合物 | 二乙基汞 | — | — | — | — | — | — | 不能降解 |
| 52 | | 氯化乙基汞 | — | — | — | — | — | — | 不能降解 |
| 53 | 染料 | 甲基橙 | — | — | — | — | — | — | 不能降解 |
| 54 | | 甲基紫 | — | — | — | — | — | 不能降解 | |
| 55 | | 酚红 | — | — | — | — | — | — | 不能降解 |
| 56 | | 溴百里酚蓝 | — | — | — | — | — | — | 不能降解 |
| 57 | | 孔雀绿 | — | — | — | — | — | — | 不能降解 |
| 58 | 其他有机化合物 | 松脂皂 | 2.10 | 0.60 | 1.20 | 0.50 | 0.57 | 0.29 | 不易降解 |
| 59 | | 十二烷基硫醇 | 3.19 | — | 2.25 | — | 0.71 | — | 可降解 |
| 60 | | 原油 | 3.94 | — | 0.43 | — | 0.11 | — | 不能降解 |
| 61 | | 重油 | 3.48 | — | 0.35 | — | 0.09 | — | 不能降解 |

注：COD(mg/mg)为单位质量有机物的化学耗氧量；BOD₅(mg/mg)为单位质量有机物的5日生化需氧量；

　　BOD全(mg/mg)为单位质量有机物的第一阶段完全生化需氧量。

### 7.1.3　石油化工废水的治理原则

**1. 控制工艺过程尽量少产生水污染**

增强生产工艺过程的环境保护意识，不断改进技术及设备，选用无污染或少污染的生产工艺、设备及原材料，最大限度地降低排污量及废水排放量。

（1）控制生产过程

石油加工过程采用干式减压蒸馏代替湿式减压蒸馏，用重沸器代替蒸汽汽提。产品精制采用催化加氢工艺代替酸碱洗涤。

（2）选用适当的生产方法

在石油化工生产过程中，用低碱醇解法代替高碱醇解法生产聚丙烯醇，采用裂解法工艺代替脱氢法工艺生产烷基苯。在石油化纤生产过程中，采用直接酯化法代替酯变换法生产聚酯熔体和切片，采用干法纺丝代替湿法纺丝生产丙烯腈。

**2. 节约用水，提高水的重复利用率，降低排水量**

根据炼油、化工、化纤、化肥生产过程对水温、水质的要求不同，采取一水多级串联使用、循环使用、废水处理后再回收利用等方法，减少生产过程的废水排放量。

（1）一水多用

将锅炉使用的一次性水，先用于工艺过程的冷凝、冷却，升温后送化学水处理进行脱盐，再送到除氧器脱氧供给锅炉使用。将丁二烯精馏塔、脱水塔冷却水串级使用之后送循环水厂做补充水用。

（2）循环使用

对工艺过程的冷凝、冷却应首先选择空冷或增湿空冷代替水冷。对必须用水冷却的工艺，则采用循环水进行冷却。改进水质，加强水质稳定处理，提高循环水的浓缩倍数，从而降低循环水的补充用水量，减少循环水的排污量。

（3）废水回用

开源节流，利用中水系统进行废水回用。如将炼油工艺过程中产生的含硫含氨冷凝水，经汽提脱 $H_2S$、氨、氰后的净化水回用作为电脱盐的注水。将冷焦水、切焦水经隔油、沉淀、过滤后闭路循环使用。将洗槽废水经隔油、浮选、过滤后"自身"循环使用。将二级废水处理后的排放水，作为废水处理滤池的反冲洗用水及瓦斯罐、火炬水封罐的补充水。

**3. 加强分级控制，搞好污染源的局部预处理和综合回收利用**

石油化工工艺过程产生的废水中所含的污染物，大多数为生产过程流失的物料及有用的物质。因此，治理废水要从加强污染源控制，实行废水局部预处理及综合回收利用入手，回收废水中有用的物料，降低消耗，变有害为有利。这是消除废水中污染物、减轻对环境污染的有效办法。

（1）采用预处理收油措施

从炼油工艺过程的电脱盐排水、油品冷凝排水、油罐切水中回收油，采用汽提法从含硫废水中回收 $H_2S$、$HN_3$，采用萃取工艺方法从废碱液中回收环烷酸，从含酚废水中回收酚等方法，是提高产物的回收率，减轻废水后续处理负荷的有效措施。

（2）加强废水的预处理

采用蒸馏分离预处理方法，可从甲醇废水中回收甲醇，能有效地降低废水中甲醇的含量；采用三级沉降分离方法，进行二氧化钛废水的预处理，二氧化钛去除率可达99%；采用调节、分离、蒸发、沉淀处理流程进行聚乙烯废水预处理，可有效地降低废水中油、COD 等污染物含量，减轻二级废水处理负荷。

采用酸化法处理 PTA 废水，调节 pH 小于4.2，进行酸化沉淀预处理，可回收 TA，降低废水中 TA 的含量，减轻后续处理负荷；采用超滤膜过滤方法，进行油剂废水预处理既可回收废水中的有用物料（油剂），又降低了废水中油剂含量；既减少了对环境的污染，又可取得一定的经济效益、环境效益和社会效益。

采用脱氰降镍、氨汽提工艺流程和尿素解析工艺流程，对化肥废水进行预处理，回收废水中的氨和尿素，不但降低了废水中的污染物，减少了生物处理负荷，而且为废水达标排放创造了有利条件。

**4. 严格实行清污分流，污污分治，合理划分排水系统**

由于炼油、化工、化纤和化肥等厂的生产性质不同，产品品种差别很大，生产过程中产生的废水种类又较多，水质差异很大，因此，排水系统应主要根据废水的水质特征和处理方法来确定。只有科学合理地划分系统，才有利于清污分流、分级控制及分别进行局部预处理和集中处理，确保废水达标排放。

全厂性废水系统包括生产废水系统（含油废水、工艺废水、有机废水、化学废水）、假定净水系统（包括清洁废水、清净废水）、含油雨水系统和生活污水系统。局部特殊性废水系统包括含酸、含碱、含盐、含硫、含酚、含氰(腈)、含氟、含酮、含醇、含醛、含铬、含氨、含尿素及油剂、焦粉、有机氯、PTA、悬浮物、颗粒物等特殊性物质的废水。

清污分流,进行系统划分的目的是为了能针对含有不同污染物质的废水,分别进行处理及回收有用物质,并有利于提高废水最终处理效果,降低能耗,减少处理费用,为排放废水达标创造条件。

**5. 加强废水的集中处理**

针对炼油、化工、化纤、化肥等厂生产过程中产生的共性废水,需设置集中的废水处理厂(净化水厂),其应具有技术经济合理、便于管理、有利于处理废水达标排放等优点。

一般集中处理的净化深度多为二级,其处理水量变化较大,如炼油行业的废水量一般为 300 ~ 500 m³/h,大型炼油厂的废水量可达 600 ~ 800 m³/h;石油化工企业的废水量一般为 600 ~ 800 m³/h,大型联合企业的废水量可达 1 600 ~ 2 500 m³/h;石油化纤企业的废水量一般为 500 ~ 800 m³/h,大型联合企业的废水量可达 1 800 ~ 3 200 m³/h;化肥企业的废水量通常在 200 ~ 400 m³/h。

废水集中处理设施包括格栅、分离沉淀、pH 调整、水量调节、水质均衡等;去除浮油、粗分散油及悬浮物的处理设施有平流隔油沉淀、斜板隔油;去除细分散油、乳化油及胶体物的处理设施有絮凝、浮选;去除溶解性有机物的处理设施有预曝气、生物曝气(如加速曝气池、传统曝气池、延时曝气池、深层曝气池(井)接触氧化池、生物滤塔、氧化沟等)、二次沉淀池或厌氧兼氧及好氧相结合的 A/O 处理系统等。后续处理设施有砂滤、絮凝沉淀、气浮、生物炭过滤、氧化塘或稳定塘。为保证废水处理后水质达标排放,在总排放口之前设置监护池(监测池)。当监测发现排放超标时,可将不合格废水返回事故存储池,再行处理或及时调整优化处理流程,使处理水质达标。

针对集中处理过程产生的油泥、浮渣、剩余活性污泥,应设置浓缩、机械脱水等设施;泥饼可进行资源化综合利用或焚烧、填埋处理。对集中处理产生的废水与不合格水一并进行再处理。

**6. 建立健全管理制度和体制,提高科学管理水平**

石油化工废水的治理难度很大,即使进行了清污分流和污染物分级处理,也不能发挥其应有的作用,取得好的效果。因此,首先要健全制度,从严管理,方能确保处理后的废水达标。

(1)建立全厂废水排放管理制度

制定生产装置单元废水的排放分级控制指标,像管理工艺生产一样,纳入日常生产管理考核,实行行政、调度、环保三方监督,并列入生产调度管理。

(2)建立独立的水质净化厂,承担废水处理任务

同生产厂或工艺装置一样,进行生产管理考核,并同责任制控制指标及经济效益挂钩,对各排水分厂或装置单元实行按水量、水质分级控制指标考核收费,进行成本核算,把废水管理纳入标准化的科学管理轨道,提高管理水平。

## 7.1.4 石油化工废水的污染物排放限值

按照《石油炼制工业污染物排放标准》(GB 31570—2015)、《石油化学工业污染物排

放标准》(GB 31571—2015)的要求,石油炼制、石油化工的新建企业自 2015 年 7 月 1 日起、现有企业自 2017 年 7 月 1 日起,水染物排放浓度限值需执行各自标准中表 1 的规定。根据环境保护工作的要求,在国土开发密度已经较高、环境承载能力开始减弱,或水环境容量较小、生态环境脆弱,容易发生严重水环境污染问题而需要采取特别保护措施的地区,则需执行各自标准中表 2 规定的水污染物特别排放限值。

## 7.2 影响石油化工废水水量、水质的因素

石油化工是采用物理分离和化学反应相结合的方法,把原油和天然气加工成所需的石油产品、化肥、工业原料和生活用品的化学工业。石油化工的工艺生产过程往往是在高温、高压下进行的,其生产过程中的汽提、注水、精制水洗、冷凝冷却等都需要用水,且多数产品都与水直接或间接接触,使水质受到污染。但由于石油化工的生产原料、生产方法及工艺过程各有不同,所产生的废水量及对水质的污染程度也大不相同,其主要影响因素有以下几个方面。

### 7.2.1 原油和原材料性质的影响

原料油的含硫量高低及杂质的多少,直接影响石油加工过程产生废水的含油、硫、酚、氰、COD 等污染物的多少。常减压蒸馏、催化裂化及焦化装置加工处理不同性质原料油所产生废水中的污染物含量情况参见表 7.2。

表 7.2 同类装置加工每吨原料油产生的污染物量

| 污染物 | 常减压装置 | | 催化裂化装置 | | 延迟焦化装置 | |
|---|---|---|---|---|---|---|
| | 大庆油 | 胜利油 | 大庆、任丘混合油 | 胜利油 | 大庆油 | 胜利油 |
| 油/$(g \cdot t^{-1})$ | 11.3 | 10.43 | 79.43 | 156.56 | 35.28 | 103.04 |
| 硫/$(g \cdot t^{-1})$ | 2.32 | 11.325 | 71.19 | 192.16 | 109.43 | 295.89 |
| 酚/$(g \cdot t^{-1})$ | 0.085 | 2.512 | 30.43 | 63.36 | 6.73 | 16.54 |
| 氰/$(g \cdot t^{-1})$ | 0.023 | 8.075 | 5.28 | 5.62 | 0.85 | 3.21 |
| COD/$(g \cdot t^{-1})$ | 20.62 | 142.97 | 190.57 | 1 312.2 | 524.3 | 2 815.3 |
| pH | 8.92 | 8.89 | 8.22 | 8.26 | 8.60 | 8.16 |

催化裂化装置采用的原料油不同,产生的废水量及水质也不同。例如,以常压渣油为原料的催化裂化装置,为了防止催化裂化反应过程中产生二次反应,采用了加大雾化蒸汽量,从而使分馏塔顶部的油水分离器废水产生量增加一倍,废水中的油、硫、酚、氰等各种污染物含量也明显增多,COD 值也相应增高。

生产合成氨采用的原料不同,其生产过程产生的废水量、水质也有所不同。以油田气为原料,年产 6 万 t 合成氨装置的废水产生量为 16.5 $m^3/h$,水质指标中 $NH_4^+$-N 为 493 ~ 594 mg/L,COD 为 189 ~ 320 mg/L,还有少量油、甲醇以及微量硫、酚等,pH 在 7.83 ~ 9.79 范围内。

以石脑油为原料,年产30万t合成氨装置的废水产生量为49 m³/h,废水水质指标中 $NH_4^+-N$ 为819~1 200 mg/L,甲醇为410 mg/L,COD为1 068~1 467 mg/L,还有微量的 $K_2CO_3$、二乙醇胺及氨基乙酸等。

以渣油为原料年产30万t合成氨装置的废水产生量为40.6 m³/h,废水水质指标中 $NH_4^+-N$ 为4 100 mg/L,$CN^-$ 为0.2~7.79 mg/L,Ni为0.37~7.37 mg/L,油为5.78 mg/L,COD为394~680 mg/L。

### 7.2.2　加工方法、工艺流程的影响

**1. 采用脱氢法和裂解法生产烷基苯工艺的影响**

采用脱氢法工艺,是以蜡油为原料,通过加氢精制,脱氢后得到的单烯烃,在以氢氟酸为催化剂的条件下,使直链单烯烃与苯进行反应,制得直链烷基苯。生产过程中产生的含油废水及含氟废渣较难处理,易造成污染。

裂解工艺是以蜡下油或蜡膏为原料,经裂解制得的 α-烯烃与苯在催化剂 $AlCl_3$ 作用下进行烷基反应,然后经氨水洗、中和、脱苯、精馏后制得烷基苯。生产过程中产生的废水,用蒸汽吹脱法回收苯后,不但大大降低了废水排放量,减少了污染,而且每年还可获得近百万元的经济效益。

**2. 采用低温氧化法、改良高温氧化法和高温氧化法生产对苯二甲酸工艺的影响**

低温氧化法是在低温中压下,以对二甲苯为原料,醋酸钴为催化剂,三聚乙醛为促进剂,用空气氧化反应物制得对苯二甲酸的方法。

高温氧化法是在高温、高压下,以对二甲苯为原料,在醋酸介质中,以钴、锰为催化剂,进行空气氧化,生成粗对苯二甲酸的方法,然后配成水溶液,再在钯、碳催化剂固定床上加氢,去除对甲醛,制得精对苯二甲酸的方法。以该产品为原料生产的聚酯树脂和纤维,质量优良,成本较低,因而近年来发展很快。其生产过程产生的废水量比低温氧化法和改良高温氧化法减少许多。但废水中的TA含量、pH及COD值波动范围大,对生物处理常常形成冲击性负荷,往往影响生物处理的平稳运行,从而造成排放水质超标,易带来对自然水体污染的不良后果。

**3. 采用酯交换法和直接酯化法生产聚酯工艺的影响**

酯交换法是以对苯二甲酸二甲酯与乙二醇为反应原料,在催化剂的作用下,通过连续酯交换及连续缩聚而制得聚酯的方法。其生产每吨产品的废水产生量为7.68 m³,废水中主要含乙二醇、甲醇、二甘醇、氢氧化钠等,经生物处理可消除污染。直接酯化法是以精对苯二甲酸与乙二醇为原料,采用直接酯化连续缩聚工艺生产聚酯的熔体和切片的方法。该方法不但具有投资省、原材料消耗低、生产安全等优点,且设置有乙二醇及三甘醇的回收设施,从而大大减少了污染物的排放量。

生产每吨切片约产生废水量4.5 m³,废水的COD质量浓度为10 mg/L,pH在6~7范围内,易于生化处理,消除污染。

**4. 采用水相悬浮聚合湿法(ACC)纺丝及干法纺丝生产聚丙烯腈工艺的影响**

水相悬浮聚合湿法工艺是采用丙烯腈(AN)、甲基丙烯酸甲酯(MMH)或丙烯酸甲酯

（MA）为原料，水相悬浮聚合，以硫氰酸钠为溶剂，采用湿法纺丝二步法工艺过程进行生产的。废水产生量大，废水生物处理难度大。杜邦干法工艺是采用丙烯腈（AN）、丙烯酸甲酯（MA）、苯己烯磺酸钠（SSS）为原料，水相悬浮聚合，以二甲基甲酰胺（DMF）为溶剂，采用干法纺丝二步法工艺过程进行生产的，产生废水量少，易于生化处理。两种工艺路线所产生的废水量及水质大不相同。

**5. 氧氯化法生产氯乙烯工艺的影响**

目前国内采用 20 世纪 70 年代的氧氯化法，其工艺流程较长，方法繁琐，排放的污染物多，难于处理。如产生的废水中含氯为 0.05%（质量分数），二氯乙烷为 0.8%（质量分数），盐酸为 0.1% ~ 5%（质量分数），三氧化铁为 0.1%（质量分数），排出装置之前，需采用较复杂的中和、沉淀及汽提预处理方法。首先回收二氯乙烷，去除 $Cu^{2+}$、$Fe^{3+}$ 离子，使水中二氯乙烷质量浓度小于 10 mg/L，$Cu^{2+}$、$Fe^{3+}$ 质量浓度小于 2 mg/L，才能排至废水处理厂。缺点是治理耗能高、费用多，易造成污染。

而国外采用乙烯高温法生产氯乙烯，将气相出料改为液相出料，基本上不产生废水，从而基本上消除了废水带来的污染。

## 7.2.3　防止设备腐蚀和结垢加入助剂的影响

为减轻加工设备的腐蚀和堵塞，避免加热炉管的结焦，在原油电脱盐过程中，加入破乳剂和水，使原油中含的无机盐类、悬浮固体物、砷及其他重金属杂质被去除，但其所产生的废水量及水质，随助剂的不同变化较大。

在常减压蒸馏过程中，除原油带来的 0.2% ~ 0.3%（质量分数）水分以外，为防止设备腐蚀，通常需在塔顶注入氨、碱、缓蚀剂和水等，这样就相应增加了废水量及废水中的污染物量。当产品需要精制时，还要进行酸洗、碱洗、水洗等，这也相应增加碱渣、酸渣及废水的排放量。

加氢裂化是在高温、高压下，使原料油进行加氢、裂化和异构化反应的工艺过程。在加氢生成物中，氨和硫化氢易在冷却器内形成硫氢化铵结晶，为防止管壁结垢，需在冷却器入口处注入一定量的软化水，这无形中就增加了油水分离后废水和水中污染物的排放量。

加氢精制是各种油品在催化剂的作用下与氢气进行化学反应，脱除油品中二烯烃、烯烃、硫、氧、氮化合物及金属杂质，从而提高油品的安定性，改进石油馏分品质的一种先进工艺。为防止反应过程中产生的硫化氢和氨生成硫氢化铵在冷却过程中结晶而堵塞管线及设备，需在工艺过程的特定部位注入工艺冲洗水，因而造成从高、低压分离器排出大量含硫、氨废水。

## 7.2.4　冷凝冷却方法、设备不同的影响

减压蒸馏的减压塔抽真空过去常常采用大气冷凝器的方式，用循环水进行直接冷却，一般年产 250 万 t 的常减压装置的减压塔大气冷凝用水量约为 400 $m^3/h$。由于油气与水直接接触，造成循环水排污的水中含油量高达 500 mg/L，同时还含有一定量的硫、酚、氰等污染物。而现今减压塔抽真空方式改用水或空气间接冷凝冷却及干式减压后，彻底消

除了废水及污染物的排放。

在进行冷焦、切焦过程中,水与焦直接接触,造成了排放水中含有大量的焦粉及蜡油、硫、酚、氰、重金属等污染物,难处理,易造成严重污染。工艺经过改革后,将冷焦、切焦水在装置内除油沉淀、过滤后进行闭路循环重复利用,从而基本消除了废水排放所造成的污染。

### 7.2.5　开工、停工、事故等非正常操作运行的影响

石油化工生产大多是在高温、高压及催化剂等条件下,进行物理分离及化学反应。其加工工艺复杂,生产操作难度大,原料品种多变,影响因素很多。装置开工过程一般需较长的时间才能达到稳定的生产条件。在这段开工期间,产生的废水量比正常生产增加很多,甚至成倍增长。废水中污染物浓度波动范围大,往往形成冲击负荷,而影响废水处理的平稳运行。

石油化工生产停工阶段的降温、降压、放料、放空、设备清洗时,往往需用大量的水,因而造成停工过程中的废水排量突然增多和大量的污染物随水排入管网系统,流至废水处理厂,产生严重的不良后果,并影响排水系统及污水处理设施的检修。

石油化工生产中经常发生管道、设备堵塞,需进行清通或酸、碱水冲洗及更换设备。此时要调整工艺流程,进行切换操作。另外,发生事故时,也要调整操作,将产生的大量含生产物料的水,排到事故储存池。

石油化工生产操作不平稳或局部停车等影响水量、水质变化。乙烯、丙烯等生产装置,在正常运行中,污染物流失量很小。当管理不好,各类设备、仪表性能不佳或水、电、气供应可靠性差时,装置运转就会出现不稳定,甚至局部停车或全部停车,进而造成生产物料流失,使废水中污染物浓度增高。当再由停车恢复至正常生产的过程中,各类塔、设备、容器、泵等均要排出一定量的液体,从而增加了废水中油、酚、苯、甲苯、二甲苯等烃类的含量,废水的 COD 及有毒、有害物质含量也会成倍增长。

# 7.3　石油化工废水处理工程实例

### 7.3.1　炼油厂含油废水处理

某炼油厂原采用隔油-浮选-生化处理工艺处理其含油废水,处理达标后外排,现因炼油厂生产规模扩大且环保排放要求趋于严格,现有处理工艺已不能满足排放要求。该厂含油废水主要来源于炼油生产装置及附属装置,由含油废水、含油雨水和厂区生活污水等构成,废水量约为 220 m³/d。根据当地环保部门要求,拟新建炼油废水处理站 1 座,设计处理规模为 250 m³/d,废水经处理后出水水质需满足《石油炼制工业污染物排放标准》(GB 31570—2015)的要求。该炼油厂废水处理站设计的进、出水水质指标见表 7.3。

表 7.3 某炼油厂废水处理的设计进、出水水质指标

| 项目 | pH | SS /(mg · L$^{-1}$) | COD /(mg · L$^{-1}$) | BOD$_5$ /(mg · L$^{-1}$) | 氨氮 /(mg · L$^{-1}$) | 硫化物 /(mg · L$^{-1}$) | 挥发酚 /(mg · L$^{-1}$) | 石油类 /(mg · L$^{-1}$) |
|------|------|------|------|------|------|------|------|------|
| 进水 | 6.0 ~ 9.0 | ≤300 | ≤2 000 | ≤500 | ≤100 | ≤30 | ≤40 | ≤500 |
| 出水 | 6.0 ~ 9.0 | ≤70 | ≤60 | ≤20 | ≤80 | ≤1.0 | ≤0.5 | ≤20 |

**1. 工艺流程**

根据待处理含油废水的水量、表 7.3 的设计进水与出水水质指标,确定采用"除油-气浮-MBR"的处理工艺方案,具体的工艺流程如图 7.1 所示。

图 7.1 某炼油厂含油废水处理工艺流程

含油废水、含油雨水及生活污水首先分别经细格栅去除大块杂物和漂浮物后,进入调节池进行水量与水质调节,调节池内还设置浮动收油器去除浮油。随后,经调节混合后的废水进入斜板隔油池进行隔油和沉淀,分离出来的油排入收集池进行回收。经隔油池处理后的废水进入气浮池,再次进行破乳、除油,同时去除部分 COD。经气浮池处理后的废水再进入水解酸化池,使大分子有机物发生水解酸化降解为小分子物质。水解酸化池的出水再进入 MBR 池进行好氧分解,进一步去除其中的 COD、氨氮、石油类和挥发酚等,出水达标后排放。

**2. 单元设计及参数**

调节池 1 座,HRT 为 15.36 h,有效容积为 160 m$^3$。采用半地下式钢筋混凝土结构,池内设浮动收油器。在含油废水、含油雨水及生活污水进口设置细格栅(栅隙为 5 mm)。

斜板隔油池 2 座,HRT 为 3.84 h,单池有效容积为 20 m$^3$。采用半地下式钢筋混凝土结构,斜板倾角取 30°,斜板间距为 50 mm。

气浮池 2 座,半地下式钢筋混凝土结构,HRT 为 3.07 h,单池有效容积为 16 m$^3$。每座气浮池内各设涡凹气浮成套设备 1 套,主要包括气浮装置本体、溶气水泵、溶气罐、回流系统、刮渣机、刮泥机及控制柜等,单套处理能力为 50 m$^3$/h。

沉淀池 1 座,HRT 为 5.76 h,有效容积 60 m$^3$。采用半地下钢筋混凝土结构,设污泥泵、潜污泵各 2 台(1 用 1 备),$Q = 5$ m$^3$/h,$H = 100$ kPa,$P = 1.2$ kW。

水解酸化池 1 座,HRT 为 9.6 h,有效容积为 100 m$^3$。采用半地下式钢筋混凝土结构,池内设潜水搅拌器 6 台,单台搅拌机功率为 1.2 kW。

MBR 设置 2 座,HRT 为 5.76 h,单池有效容积为 30 m$^3$。采用半地下式钢筋混凝土结

构。每座 MBR 共设置 3 组平板陶瓷膜组件(每组 200 片膜元件),膜元件膜通量为 60 L/($m^2 \cdot h$),膜孔径为 $0.1 \sim 0.2~\mu m$,单片膜有效面积为 1.5 $m^2$。MBR 设有曝气鼓风装置(配曝气管),曝气量为 60 $m^3$/min,功率为 20 kW,正常运行 10 min,反冲洗 2 min。MBR 还配备抽吸泵 2 台、污泥泵 2 台、风机 2 台、膜清洗装置 1 套,膜清洗装置设有水反洗、化学反洗及化学清洗系统。

浮油收集池 1 座,有效池深为 4.0 m,总有效容积为 9 $m^3$。采用地上式钢筋混凝土结构。

**3. 废水处理效果与评价**

该含油废水处理工程于 2018 年 2 月初开始施工,于 5 月底完工后开始调试。投入运行近 1.5 年的运行结果表明,该系统对含油废水的处理效果良好,出水水质稳定。经过 2 次对废水处理站的进水和出水水质进行检测(2018 年 11 月 27 ~ 28 日、2019 年 5 月 6 ~ 7 日),结果见表 7.4。对比表 7.3 的出水水质指标要求不难发现,除了挥发酚以外,处理站出水的 pH 和 SS、COD、$BOD_5$、$NH_4^+-N$、硫化物与石油类浓度,均满足《石油炼制工业污染物排放标准》(GB 31570—2015) 的要求。

表 7.4　某炼油厂废水处理站对含油废水处理效果

| 项目 | pH | SS /(mg·$L^{-1}$) | COD /(mg·$L^{-1}$) | $BOD_5$ /(mg·$L^{-1}$) | 氨氮 /(mg·$L^{-1}$) | 硫化物 /(mg·$L^{-1}$) | 挥发酚 /(mg·$L^{-1}$) | 石油类 /(mg·$L^{-1}$) |
|---|---|---|---|---|---|---|---|---|
| 2018 年 11 月 27 日进水 | 8.38 | 308 | 1 460 | 318 | 35.5 | 18.7 | 68.8 | 154 |
| 2018 年 11 月 28 日出水 | 7.79 | 1.97 | 46.7 | 15.6 | 6.51 | 0.95 | 0.93 | 5.74 |
| 2019 年 5 月 6 日进水 | 8.17 | 321 | 1 650 | 307 | 33.8 | 14.6 | 64.3 | 138 |
| 2019 年 5 月 7 日出水 | 7.83 | 2.45 | 44.1 | 18.2 | 5.24 | 0.81 | 0.97 | 5.25 |

该含油废水处理工程总投资费用为 247.7 万元,含油废水处理运行成本为 5.49 元/$m^3$(其中膜处理成本为 1.33 元/$m^3$)。采用"除油-气浮-MBR"的组合处理工艺,有效解决了传统物化-生化处理系统占地面积大、药剂用量多、污泥产量高、出水水质不达标等系列问题。然而,在隔油、气浮和沉淀物化处理段对浮油、乳化油及细小固体颗粒物去除效果不佳时,容易导致后续生化处理段污染物去除性能变差、膜孔易堵塞等问题,故必须有效控制物化处理段 SS 和石油类污染物的去除并保证其预期效果。

## 7.3.2　乙烯废水处理

**1. 概述**

乙烯废水一般不是指单独的乙烯生产装置的废水,而是包括同时配套的化工生产装置产生的废水及生活污水等。它具有成分复杂、特征污染物较多、污染较严重等特点。本节所选的工程实例为某乙烯厂的废水处理装置。其生产废水含第一期的乙烯、乙醛、乙酸、丁辛醇、高压聚乙烯、低压聚乙烯、原料罐区、成品罐区的生产废水;第二期的线性低密度聚乙烯、甲基叔丁基醚的生产废水;第三期的苯乙烯、聚酯工程的生产废水。

该废水处理厂设计处理能力为 1 200 $m^3$/h,占地面积 4 $hm^2$,由生化处理、高速过滤、活性炭吸附和再生、剩余污泥处理四部分组成。

综合废水水质如下：

pH 为 6～9,SS 质量浓度为 100～500 mg/L,$BOD_5$ 质量浓度为 400～600 mg/L,COD 质量浓度为 1 000 mg/L。

**2. 废水处理工艺流程**

废水处理的工艺流程如图 7.2 所示,乙烯综合废水进入沉砂池,截留水中无机颗粒；然后进入隔油池,去除可能存在的浮油；经隔油池后的废水进入原水池进行水质水量调节,再由原水提升泵将废水提升至中和池,在中和池内投加硫酸,中和碱性水质。呈中性的废水流入曝气池进行活性污泥法生化处理,生化处理后的废水经过高速过滤器,进一步截留废水中的悬浮物,然后再经活性炭吸附塔再次吸附,去除废水中的悬浮物和 COD。最后,用水泵提升送出。

图 7.2　乙烯废水处理工艺流程

**3. 工作过程及设计参数、处理效果**

（1）预处理及生化处理

预处理及生化处理主要由原水池、隔油池、中和池、曝气池和沉淀池完成。自界区外来的废水首先进入沉砂池,以除去废水中所含的重质 SS,然后溢流至原水池。原水池用做：设备检修后再开工时的贮水池；高浓度废水的缓冲池；事故贮水池；水质均匀池。因此,在正常情况下,两个系列原水池其中的一个系列按 35% 负荷运转,另一个系列为备用。为防止 SS 在原水池沉积,池中设空气搅拌装置,强度为 0.02 $m^3/min$,并采用时间程序控制器,分别对各系列的 10 个池子轮流进行搅拌。

原水池各系列的第一池有隔油功能,当生产装置发生事故而原水中又含有大量油分时,能将油分离出去,以免影响曝气池的正常运行。

混合废水中含醋酸钠 300 mg/L。实验表明,在充氧条件下,由于乙酸钠的存在,使混合废水的 pH 由 6～9 提高到 11 左右,这不利于生化处理的正常运行。为保持曝气池中水的 pH 在 6～8 左右,需在中和池内加酸,将水的 pH 调至 4～6,然后再进入曝气池。根据来水的 pH,加酸方式可直接投加 98%（质量分数）的浓硫酸,也可投加 10%（质量分数）的稀硫酸,投加方式及数量均按水的 pH 自动调节。

该处理厂所采用的曝气池为完全混合矩形曝气池(阶段曝气方式),曝气池与沉淀池分建。曝气池共设 8 间,每个系列 4 间。自中和池来的废水,可分别进入 1~4 间的任何一间,最后自第 4 间流入沉淀池。曝气池的设计参数和运转情况如下:污泥负荷以 $BOD_5$ 计为 0.2 kg/(kg MLSS·d);污泥质量浓度为 4 000~5 000 mg/L;DO 值为 0.5~1.0 mg/L;水温为 15~35 ℃;进水 $BOD_5$ 质量浓度为 400~600 mg/L;出水 $BOD_5$ 质量浓度不超过 20 mg/L,去除率在 96% 以上;进水 COD 质量浓度不超过 1 000 mg/L;出水 COD 质量浓度不超过 60 mg/L,去除率在 94% 以上;曝气效率(以单位功率所溶入的 $O_2$ 计)为 1.6~2.0 kg/kW;去除 1 kg $BOD_5$ 耗电 0.82~1.0 kW·h。

曝气池所使用的西格玛曝气机是美国 CLOW 公司研制的新型曝气机。叶轮直径为 2.64 m,转速为 41 r/min,功率为 75 kW。根据曝气池需氧量的变化,叶片的片数可由 32 片调为 24 片、16 片、8 片。当叶片为 32 片时,充氧能力为 97~135 kg/h,耗电为 55~75 kW·h。

DO 和 MLSS 是控制曝气池正常运转的主要参数。DO 和 MLSS 是通过安装于池内的 DO 测定仪和 MLSS 测定仪进行监测指示的;可通过手动调节曝气池的液位调节器来改变叶轮的浸没深度或调整叶片数,从而改变曝气池的 DO 值;MLSS 值可通过调节回流污泥量或进水流量来实现。

沉淀池为圆形辐流式,内设中心柱型桁架式刮泥机。其设计数据,表面负荷为 12 $m^3$/($m^2$·d);污泥负荷(以 SS 计)为 150 kg/($m^2$·d);排泥质量浓度为 10 000 mg/L;回流比为 0.67;刮泥机转速为 0.025 r/min;电机功率为 0.75 kW。

(2)高效过滤(三级处理的预处理)

高效过滤器的水量为 27 600 $m^3$/d(包括反洗水、冲洗滤布水等);滤速为 10~15 m/h;SS 捕集负荷为 20 kg/($m^2$·周期);流入 SS 质量浓度为 40 mg/L;出水 SS 质量浓度小于 10 mg/L。

过滤器型式为立式圆筒下向流压力过滤器;尺寸为 $\phi$5 000 mm×5 000 mm,5 台;过滤面积为 19.6 $m^2$/台;滤料为无烟煤和石类砂,上层无烟煤厚 1 200 mm,下层石英砂厚 600 mm。通常情况下 5 台过滤器并列运转。

反冲洗由时间程序控制器控制,对 5 台过滤器依次进行全自动反洗;当压力损失达 58.8~78.4 kPa(0.6~0.8 kg/$cm^2$)时,紧急自动反洗;也可随时手动反洗。

(3)活性炭吸附

活性炭吸附塔的最大处理水量为 1 135 $m^3$/h(含滤布冲洗水、活性炭输送水等);滤速 $L_v$ 通常为 5~25 m/h,设计值为 20 m/h;体积流速 $S_v$ 通常为 1~5 L/h,设计值为 2 L/h。活性炭对 COD 的吸附量,新炭为 0.07 g/g,再生炭为 0.05 g/g。

进水 $BOD_5$ 质量浓度为 20 mg/L,SS 质量浓度为 8 mg/L;出水 $BOD_5$ 质量浓度小于 10 mg/L,实际值为 4~5 mg/L;出水 COD 质量浓度小于 40 mg/L,实际值小于 30 mg/L。

吸附塔的型式为立式圆筒固定床下向流;尺寸为 $\phi$5 000 mm×4 000 mm,活性炭层高 3 000 mm;每塔装活性炭 60 $m^3$,质量为 26.4 t。

该处理厂共设 12 个吸附塔,分成 3 个系列,每系列 4 个,其中每个系列是 3 塔运转。4 个塔的通水顺序为 1→2→3→4;2→3→4→1;3→4→1→2;4→1→2→3;1→2→3→4。

　　为降低吸附塔的压力损失,通过时间程序控制器依次对各吸附塔定期进行反洗,反洗时的压力损失约为 9.81 kPa(0.1 kg/cm²);当压力损失达 39.2 kPa(0.4 kg/cm²)时可人为地强制反洗。反洗流速为 20 m/h,滤床膨胀率为 30%;反洗时间为 15 min。

　　活性炭的输送分为三种情况:① 自吸附塔向废炭贮槽的输送,采用压槽输送方式,水力输送物流的固液比为 1:19。② 自贮槽向再生炉的输送,采用水射器,水射器的动力源为加压过滤水,输送物流固液比为 1:39。自再生炭贮槽向吸附塔的输送也采用此种方法。③ 自再生炉向再生炭贮槽的输送,用固体泵输送,输送物流固液比为 1:39。

　　(4) 活性炭再生

　　再生能力最大时为 630 kg/h(湿炭),其中活性炭为 300 kg/h,COD 浓度为 15 kg/h,水分为 315 kg/h。再生能力正常时为 420 kg/h(湿炭),其中活性炭为 200 kg/h,COD 浓度为10 kg/h,水分为 210 kg/h。

　　再生的工艺流程是,自活性炭吸附塔排出的废炭,暂贮存于废炭贮槽,然后用设置在贮槽底部的喷射器送至废炭漏斗内,废炭量是依靠斗内的废炭液面控制系统进行自动控制的。废炭自漏斗底部被送至螺旋输送器,在此将水分去除到 50%(质量分数)以下后,则连续定量地送至再生炉。再生好的炭一出来就进入急冷槽。再生炉进炭量的调节是通过安装于活性炭漏斗底部的自动阀的开关计时器控制的。为使急冷槽的活性炭总是处于流动状态,需通水搅拌,该水量一降低,流量发出报警,自动停止再生。急冷槽内的再生炭和水一起用活性炭输送泵抽提,以浆液状态送至再生炭贮槽,之后再用喷射器自废炭贮槽送至活性炭吸附塔。

　　再生炉为钢板制的圆筒形壳体,直径为 2 800 mm,高为 5 700 mm。炉内衬耐火砖,内部由耐火砖砌的炉床将炉子分为 6 段。中心有以 0.6 ~ 2 r/min 转速旋转的轴,每段有 2 根或 4 根耙臂安装于轴上。

　　再生炉热负荷正常为 2.07×10⁶ kJ/h(49.44×10⁴ kCal/h),最大为 2.73×10⁶ kJ/h (65.23×10⁴ kCal/h)。炉内温度,一段为 400 ℃,二段为 500 ℃,三段为 650 ℃,四段为 800 ℃,五、六段为 900 ℃。炉内压力(正压)设计值为 19.6 Pa(2 mmH₂O),使用值为 9.81 Pa(1 mmH₂O);停留时间为 30 ~ 45 min。炉内剩余氧量小于 1%(体积分数);再生损失为5% ~ 7%。

　　(5) 污泥浓缩脱水

　　来自沉淀池的污泥由各系列的回流污泥泵提升至浓缩池,所排剩余污泥量,可通过流量计进行指示调节。

　　经充分浓缩的污泥由刮泥机收集于池底的坑内,然后用泵输送至污泥贮存池。若想变更污泥的浓缩率,可根据浓缩污泥浓度计的指示值,调节浓缩污泥计量槽的排放量。

　　浓缩了的污泥,在凝聚反应槽中投加凝聚剂(FeCl₃)及高分子凝聚助剂(K 助剂、A 助剂)后进入脱水机进行脱水。使用 FeCl₃ 原液,浓度为 45%(质量分数),用计量泵连续地定量供给。K、A 助剂为粉状,贮存于助剂定量供给器的漏斗里,通过计时器程序自动定量地送至助剂罐。助剂的溶解是由装在各助剂罐上的液面控制系统和上述计时器程序自动操作的。溶解了的 K、A 助剂用助剂泵送至反应槽。

　　设计界区内产生的污泥量最大为 6 600 kg/d 干基(包括流入的全部 SS 及 BOD₅ 的

35%),正常为 6 000 kg/d。排放的污泥质量浓度为 10 000 mg/L(沉淀池排泥),最大量为 660 m³/d,正常量为 600 m³/d。

污泥脱水采用高压带式脱水机,由日本因卡公司生产制造。通过重力及真空吸滤进行浓缩,然后以低压滚压、高压挤压连续进行脱水处理。滤布的冲洗使用工业水连续进行。为防止滤布跑偏,滤布上设有通过空压自动调整偏移的设施。当调偏设施发生故障时,可发出报警并紧急自动停车。脱水机的处理能力为 275 kg/h×11 m³/h,滤布速度为 1 ~ 4 m/min,电机功率为 2.2 kW×4P。辅助机械包括油压装置、真空风机、真空泵和真空罐等。

(6)污泥焚烧炉

焚烧炉采用立式多段炉,直径为 5 100 mm,最大处理能力为 2 350 kg/h(含水 80%),焚烧温度为 800 ℃。

**4.综合评价**

处理设施在线分析仪表齐全,报警、联锁、调节比较完善,并在过滤和吸附装置处设置了时间程序控制系统。其自动化程度高、运行管理方便、劳动强度较低。同时,还能准确迅速地检测出影响废水处理装置正常运行的各项指标,并能采取相应的措施。因而,工艺运行稳定,出水质量好于原设计参数。

三段脱水的脱水机可使泥饼含水率降至 70% 以下,好于一般带式脱水机,大大降低了最终处置的负担。

处理工艺的构筑物均加盖保护,既杜绝了废气挥发产生异味,又可避免冬季水温的降低,在实际运行中效果良好。

工艺所选活性炭再生炉在微正压下操作,这样,就可避免外界氧进入炉内,从而减少再生损失,使再生损失率维持在 5% ~ 7%,而国内同样的再生炉再生损失率一般在 10% 左右。

工艺流程较长,对污染物去除彻底。出水如经进一步净化,则较容易进行回用。如果在工艺运行中加强操作管理,提高出水质量,也有达到回用水质标准的可能。在实际应用中,部分工程已经开始把沉淀池出水作为过滤器的反洗水,过滤器出水作为活性炭吸附塔反洗水及废炭输送水,吸附塔出水作为滤布冲洗水等,均大大降低了清洁水的用量,达到了资源综合利用的目的。

## 7.3.3 化肥厂低浓度甲醇废水的处理与回用

**1. 概述**

在大型氮肥生产工艺中,有许多环节的生产废水仅受轻度污染或温度有所提高(热污染)。全国几十家的氮肥企业,每天产生的工艺冷凝液和尿素水解水有几十万吨,是潜力巨大的废水资源,它的排放实质就是水资源的严重浪费。将这类废水作为水资源回收利用,是氮肥生产最经济的选择,对环境保护也会起到积极的作用。

大庆石化公司化肥厂是一个年产合成氨 30×10⁴ t、尿素 48×10⁴ t 的大型氮肥厂,所排放的工艺冷凝液、尿素水解水及尿素蒸气冷凝液均属受轻度污染的工业废水,年排放量约

130 万 $m^3$,其中主要的污染物为甲醇。因此,处理这种低浓度甲醇废水,并使之应用于工业废水的回用,具有重要的社会效益、经济效益和环境效益。对于这种污染物,采用物理吸附的方法不能达到预期的目的。哈尔滨工业大学与大庆化肥厂联合攻关,利用固定化生物活性炭作为主体工艺对该废水进行处理,其目的是利用活性炭的物理吸附能力和微生物的降解能力协同去除污染物甲醇。

化肥厂生产工艺的废水总水量为 100 $m^3$/h;在各个工艺排出的生产废水水质各不相同,现分述如下。

（1）合成氨工艺冷凝液

在化肥厂合成氨生产过程中,需要利用水蒸气与天然气反应制取水煤气。为了保证转化过程的彻底进行,实际生产过程中所通入的蒸汽量往往要高于理论值,如合成转化工段所采用的水碳比理论值为 2.0,而实际运行中往往控制水碳比为 3.5。多余的水蒸气经冷却进入变换器分离罐凝结成水,即成为工艺冷凝液。

在合成气的转化过程中,大量过热水蒸气参与的一段、二段转化工艺过程,如图 7.3 所示。

$$CH_4 \xrightarrow[\text{二段转化}]{Ni\ 催化剂} CO \xrightarrow[\text{一段转化}]{N_2、Fe_3O_4、Cu} CO_2 \longrightarrow 冷凝液 \longrightarrow 甲醇、甲醛等$$

图 7.3　合成气转化过程

上述物质在转化过程中将会的有副产物生成,这些副产物主要是甲醇、甲醛、甲酸、$CH_3NH_2$ 和 $NH_2OH$ 等有机物。

工艺冷凝液中所含污染物主要为氮($NH_3$)和甲醇($CH_3OH$),水质检验结果为:pH 为 6.0;甲醇为 74 mg/L;$NH_3$ 为 4.7~56 mg/L;COD 为 80~270 mg/L。

（2）尿素水解水

尿素水解水是尿素生产中的副产物,尿素生产过程主要是氨与 $CO_2$ 反应,生成氨基甲酸铵(甲铵),甲铵脱水生成尿素。有关化学反应式为

$$2NH_3 + CO_2 = NH_4COONH_2 \tag{7.1}$$

$$NH_4COONH_2 = CO(NH_2)_2 + H_2O \tag{7.2}$$

从上述反应方程式看出,从甲铵转变为尿素过程中的副产物是水,脱出的这部分水经水解后除去水中大量的 $NH_3$ 和 $CO_2$ 即为尿素水解水。

尿素水解水所含污染物为少量的氨和甲铵,pH 在 9.0 以上,水质分析结果为:pH 大于 9.0,尿素为 5 mg/L,甲醛为 0~3 mg/L,COD 为 20~150 mg/L,$CO_3^{2-}$ 为 0.4 mg/L,电导为 9.0 $\mu$S/cm$^2$。

（3）尿素蒸气冷凝液

尿素车间 $CO_2$ 压缩机透平使用的是电厂送来的压力为 38.5 kg/m$^2$、温度为 365 ℃ 的中压蒸汽;另一部分是工艺反应中用来加热的蒸汽。这两股蒸汽一股集中在 905-F,另一股集中在 905-C,混合后成为尿素的蒸气冷凝液。这部分冷凝液流量为 100 $m^3$/h,温度为 56 ℃。因该废水水质较好,改造前有 30 $m^3$/h 左右送回电厂,剩余 70 $m^3$/h 水进入水气车

间冷凝液回收罐供脱盐水系统使用。但因工艺限制仅能部分回收,其中近 50 m³/h 水无法利用,被排放掉。尿素冷凝液水的水质优于前两种废水,各项水质指标:pH 为 7.0 ~ 9.0,$NH_4^+$ 为 0.072 mg/L,$Na^+$ 为 0.042 mg/L,$HCO_3^-$ 为 0.12 mg/L,$CO_3^{2-}$ 为 0.08 mg/L,电导为 16 μS/cm²,$SiO_2$ 为 0.01 mg/L,总碱度为 0.2 mmoL/L。

从以上数据可以看出,生产废水的水质随工艺生产操作情况不同而有较大的变化。

**2. 废水处理工艺流程**

从合成氨工艺冷凝液、尿素水解水和尿素蒸气冷凝液的水质数据可知,该厂产生废水为低浓度有机废水,主要污染物是甲醇。废水处理的工艺流程如图 7.4 所示。

图 7.4　废水处理工业化流程图

将原有的冷凝液储罐改制成曝气混合罐,使工艺冷凝液、尿素水解水等在其内部进行混合与曝气充氧,提高废水的含氧量;利用盘式过滤机去除因混合曝气产生的甲醛肟的铁络合物等沉淀物,以利于后续生物活性炭滤的正常运行;利用活性炭上人工固定化的生物工程菌对废水中微量的有机物进行吸附降解,其出水再进入原有的阳树脂床和阴树脂床等装置。

工业化中将水质较好的尿素蒸气冷凝液全部回收到脱盐水系统,设计流量为 50 m³/h。

**3. 主要设备设计参数**

(1) 盘管式换热器

材质为碳钢;换热面积为 312 m²;冷却水水量为 200 m³/h;冷却水水温为 20 ℃;pH 为 7± 0.5。

（2）曝气罐

有效容积为 120 m³；停留时间为 40 min；空气用量为 75 m³/h；pH 为 8±0.5。

（3）盘式过滤机

处理水量为 200 m³/h；停留时间为 5 min；过滤等级为 55 μm。

（4）生物活性炭滤罐

设计处理能力为 100 m³/h；滤罐直径为 2.5 m；滤罐有效容积为 10 m³；停留时间为 40 min。

（5）处理后水质

处理后的水 pH 介于 7.0～8.0 之间，甲醇质量浓度小于 5 mg/L，COD 质量浓度小于 12 mg/L，$NH_4^+$-N 最大质量浓度为 10 mg/L。

**4. 运行情况**

（1）盘管式换热器

因为工艺冷凝液和尿素水解水属高温废水，不利于生物活性炭对废水的处理，所以对这两股水必须进行必要的降温处理。

工艺冷凝液和尿素水解水在进入换热器前混合，经换热后的混合液出水水温可降至 40 ℃以下，流量为 100 m³/h。

（2）曝气罐

曝气罐的作用是对两股废水进行必要的混合与曝气充氧，增加水中溶解氧的含量，以利于生物活性炭对废水中的有机污染物的氧化分解；同时由于工业风的吹入，可对混合液起到进一步的降温作用。

曝气罐是利用原水预处理工艺中的 120 m³ 贮水罐，其内壁包有不锈钢铁皮，可防止高温液体对罐体的腐蚀。在罐内设置空气管和曝气头。通入空气量（工业风）为 75 m³/h，空气温度为 20 ℃。为保持生产工艺所需的脱盐水量，还需加入澄清水，澄清水的设计水量是 50 m³/h。

混合液在该反应器内的停留时间为 45 min，曝气后的出水温度可以进一步降低到 35 ℃以下，pH 接近 8，这样就可以满足后续工艺的要求。

（3）中间加压泵

中间加压泵是利用原脱盐水系统泵房内的 2 台卧式离心泵，水泵流量为 150 m³/h，扬程为 80 m。

（4）机械过滤

工艺冷凝液和尿素水解水相互混合后，会产生一种黄色絮状物，它能堵塞活性炭的孔隙，抑制生物工程菌的分解作用，故在生物活性炭过滤罐的前段，设置一个过滤设备，有效地去除废水混合后生成的杂质。选用的设备是 1 台从以色列进口的盘式过滤机，目的是减轻生物炭滤罐的处理负荷。

（5）生物活性炭滤罐

生物活性炭具有除臭、除色、除重金属的功效；同时由于活性炭具有较大的比表面积，因而可以利用活性炭对水中微小粒子的吸附作用，截留甲醇等有机污染物；而固定在活性炭上的高效生物工程菌对甲醇等有机污染物具有很强的氧化分解能力,可以有效地降解有机物(BOD 和 COD)。

生物活性炭滤罐内部采用 PVC 滤帽配水系统和三角堰进水方式。经过炭滤罐的吸附、降解,混合液的出水水质就可以达到进脱盐水系统的要求。

(6)脱盐水系统

脱盐水系统原有设施不变,只是将尿素蒸气冷凝液由 1 台管道加压泵接入到混合交换床,这样改造后的工艺就可以同时回收三股废水。

### 5. 运行周期及工艺特点

(1)生物活性炭滤罐运行周期

脱盐水系统原工艺中有 2 台普通活性炭滤罐,其运行周期是 1 d,即每天都要对炭滤罐进行反冲洗。改造后的生物炭滤罐运行周期是 15 ~ 25 d,这就极大地降低了工人劳动强度,还节省了冲洗水量。

(2)树脂床运行周期

根据化肥厂水气车间生产日报表的分析,工业化前,阳树脂床再生周期平均为 2.5 d。工业化后,阳树脂平均 7 d 再生一次,运行周期延长了 2 倍多,其再生所需用的化学试剂、再生水量也相应地降低。

(3)工艺特点

工艺所选用的各种国内外设备均在其相应的领域具有国内乃至国际的先进水平。

该项目是在已有厂房内增设和更新设备,只需为生物活性炭滤罐做混凝土基础及排水沟,并无大规模的土建施工。

根据工艺操作的需要,增加了流量、温度、电导、pH 等在线控制仪表,自动化程度高,运行操作方便。

该工艺中只有部分设备反洗时产生反洗废水,此外并无其他污染物产生,反洗废水由厂区管网进入大庆石化公司水气厂废水处理厂,经统一处理后可达标排放。

### 6. 综合评价

采用生物工程技术筛选、培养和驯化的工程菌与活性炭形成的生物活性炭对含甲醇等微污染有机废水的处理是行之有效的,且出水水质稳定,完全能够达到回用脱盐水系统的标准。

工业化改造提出的工艺流程是合理的,当原废水中 COD 质量浓度控制在 40 mg/L 以下时,生物活性炭对废水中 COD 的去除率可以在 90% 以上,超过了设计值所确定的 70% 的去除率,出水水质优于原工艺中普通活性炭滤器。

生物活性炭的稳定运行取决于进水的 pH、COD 浓度、$NH_4^+$-N、水温、DO 等指标,所以控制工艺中影响上述指标的各类条件是保证废水回收工艺稳定、高效运行的关键。

该项目实施后,每年直接回收的生产废水就有 130 万 $m^3$,为企业节约的原水费用为 300 万元,大大降低了脱盐水工艺的处理成本。

通过生物活性炭运行周期及树脂床制水量的对比,表明该废水回用工程带来的经济效益是显著的,社会效益和环境效益是十分巨大的。

　　含甲醇微污染废水回收的工业化改造是成功的,工艺的选择是适宜的,减轻了对环境的污染,为企业的可持续发展提供了必要的保障。

# 第8章 精细化工废水处理

　　精细化工是化学工业中的新兴领域,范围较广(包括染料、农药、制药、香料、涂料、感光材料和日用化工等40多个行业),在我国国民经济中占有相当大的比重。精细化工是综合性较强的技术密集型行业,其生产过程工艺流程长、单元反应多、原料复杂、中间过程控制要求严格,涉及到多步合成、分离、性能筛选、复配、剂型研制和商品化加工等多学科领域;其生产产品种类繁多,包括农药、染料、涂料(含油漆和油墨)、颜料、试剂和高纯物、信息用化学品(含感光材料、磁性材料等)、食品和饲料添加剂、黏合剂、催化剂和各种助剂、化工系统生产的化学药品(原料药)和日用化学品、高分子聚合物中的功能高分子材料(含功能膜、偏光材料等)11个精细化工产品类别,直接服务于国民经济的诸多行业和高新技术产业的各个领域。大力发展精细化工,已成为世界各国调整化学工业结构、提升化学工业产业能级和扩大经济效益的战略重点。再者,随着各国环境保护要求的不断提高,欧盟、美国和日本工业发达国家,陆续把许多化工企业向发展中国家转移。毫无疑问,随着精细化工生产规模的发展和扩大,其生产过程对自然环境的水体造成污染的潜在可能性也日益增加,对人类健康的潜在威胁与危害也会日益普遍和严重。由于精细化工废水中的污染物大多属于结构复杂、有毒、有害和难于生物降解的有机物质,治理难度大且处理成本高,已成为化工废水治理中的难点和重点。因此,精细化工产品废水对水环境污染的控制及其治理技术的研究已经成为国内外环境科技工作者的一个重要课题。对于废水中有机污染物治理技术的研究,特别是一些有毒有害的、难于生物降解的有机污染物的处理技术,在20世纪50年代已逐步开始,60年代以后就取得了较大的进展,特别是最近30～40年来,许多治理技术在工程应用上获得了成功,这些研究成果无疑对解决精细化工废水的污染问题具有现实的指导意义。

## 8.1 精细化工废水的来源特性和治理原则

### 8.1.1 精细化工废水的来源

精细化工厂所排放的有机污染废水的来源有以下几方面。

**1. 工艺废水**

工艺废水是指生产过程中生成的浓废水(如蒸馏残液、结晶母液、过滤母液等),一般来说有的有机污染物含量较多,有的含盐浓度较高,有的还有毒性,不易生物降解,对水体污染较重。

**2. 洗涤废水**

洗涤废水包括一些产品或中间产物的精制过程中的洗涤水,间歇反应时反应设备的洗涤用水。这类废水的特点是污染物浓度较低,但水量较大,因此污染物的排放总量也较大。

**3. 地面冲洗水**

地面冲洗水中主要含有散落在地面上的溶剂、原料、中间体和生产成品。这部分废水的水质水量往往与管理水平有很大关系。当管理较差时,地面冲洗水的水量较大,且水质也较差,污染物总量会在整个废水系统中占有相当的比例。

**4. 冷却水**

冷却水一般均是从冷凝器或反应釜夹套中放出的冷却水。只要设备完好没有渗漏,冷却水的水质一般都较好,应尽量设法冷却后回用,不宜直接排放。直接排放一方面是资源浪费,另外也会引起热污染。一般来说,冷却水回用后,总是有一部分要排放出去的,这部分冷却水与其他废水混合后,会增加处理废水的体积。

**5. 跑、冒、滴、漏及意外事故造成的污染**

生产操作的失误或设备的泄漏会使原料、中间产物或产品外溢而造成污染,因此,在对废水治理的统筹考虑中,应当有事故的应急措施。

**6. 二次污染废水**

二次污染废水一般来自于废水或废气处理过程中可能形成的新的废水污染源,如预处理过程中从污泥脱水系统中分离出来的废水、从废气处理吸收塔中排出的废水。

**7. 工厂内的生活污水**

厂区内工作人员洗漱、淋浴、食堂等排放的生活污水。

## 8.1.2　精细化工废水的特性

精细化工废水的特点主要表现为以下方面。

**1. 水质成分复杂**

精细化工产品生产的特点是流程长,反应复杂,副产物多,反应原料常为溶剂类物质或环状结构的化合物,使得废水中的污染物质组分繁多复杂,增加了废水的处理难度。

**2. 废水中污染物含量高**

污染物含量高是精细化工生产废水的一个显著特点,特别是一些用老工艺生产的传统产品,设备陈旧,产品得率低,往往造成废水中的污染物含量居高不下,这类情况在小型企业和乡镇企业中比较多见。

**3. COD 值高**

在制药、农药、染料等行业中,COD 浓度通常在几万至几十万毫克每升的废水是经常可以见到的。这是由于原料反应不完全所造成的大量副产物和原料,或是生产过程中使用的大量溶剂介质进入了废水体系中所引起的。

**4. 有毒有害物质多**

精细化工废水中有许多对微生物有毒有害的有机污染物,如卤素化合物、硝基化合物、有机氮化合物、叔胺及季铵盐类化合物及具有杀菌作用的分散剂或表面活性剂等。

**5. 生物难降解物质多**

精细化工废水中的有机污染物大部分属于难于生物降解的物质,如卤素化合物及醚类化合物、硝基化合物、偶氮化合物、叔胺及季铵盐类化合物、硫醚及砜类化合物及某些杂环化合物等。

**6. 有的废水中盐分含量高**

染料、农药行业中的盐析废水和酸析、碱析废水经中和处理后形成的含盐废水盐分含量较高。废水中过高浓度的盐分对微生物有明显的抑制作用。例如,当废水中的氯根离子超过 3 000 mg/L 时,一些未经驯化的微生物的活性将受到抑制,COD 的去除率会明显下降;当废水中的氯离子质量浓度大于 8 000 mg/L 时,会造成污泥膨胀,水面泛出大量泡沫,微生物甚至会相继死亡。

**7. 有的废水色度非常高**

染料、农药等废水的色度一般均在几千倍甚至数万倍以上。有颜色的废水,本身就表明水体中含有特定的污染物质,从感观上使人产生不愉快和厌恶的心理。另外,有色废水可以阻截光线在水中的通行,从而影响水生生物的生长,以及抑制由日光催化分解有机物质的自然净化能力。

这些废水往往治理难度大且处理成本高,是废水治理中的难点和重点。

## 8.1.3 精细化工废水的治理原则

为了提高精细化工废水治理的效率,更好地保护环境,在处理精细化工工业废水时,我们应从以下几个方面进行综合考虑。

**1. 重视清洁生产**

在生产过程中尽量采用无公害或少公害的生产工艺。这方面工作应由生产工艺工程师及环境工程师共同合作完成。应该认识到保护环境不只是环境工程师的工作,而是要从污染源头进行控制,这样才能真正把废水治理好。因此,在工艺设计、产品试制时就要考虑今后可能发生的环境污染问题。在选择合成路线时,要选择原料利用率最高的路线,在生产工艺中不用或少用难生物降解物质或有毒有害物质,包括原辅材料及溶剂。并加强溶剂、副产品回收及综合利用工作。

**2. 重视预处理**

由于生化处理技术的可靠性高及运行费用低,绝大部分有机化工废水都是通过生化处理来完成净化的。但考虑到有机化工废水的特殊性,必须加强预处理,消除妨碍生化反应的不利因素,这方面的措施有:加强溶剂回收;去除或转化有毒有害物质;削减 COD 负荷;浓废水采用焚烧等。

**3. 提高生化处理能力**

虽然生化处理是目前处理有机废水最好的方法,但为了提高处理效率,做到达标排放,仍需对相应的生化技术不断改进。针对有机化工废水的特点,可以在以下几个方面做些强化与改进。

① 加大调节池容量,对水量、水质进行充分调节。有机化工废水往往水量排放不均匀,水质波动也较大,为了维持生化处理的有效进行,必须加大调节池的容量。一般调节池的设计水力停留时间均需在 8 ~ 12 h 以上,对某些废水,还可增加到 24 h 甚至更多。

② 有机化工生产过程中,常采用不少的酸、碱及盐类,因此废水中的盐分常较高,建议在可能的情况下,采用适当生活污水稀释,以减轻盐分、有毒有害物质对生化处理的影响,且生活污水中的一些有机质可以作为营养,对化工废水的生化降解是有益的。

对于盐分,除了适当利用生活污水进行稀释外,还可对活性污泥进行驯化,使其适应较高的盐浓度。据文献报道,在驯化过程中只要缓慢地提高盐的浓度,就可以使废水中的活性污泥耐受较高的盐浓度。其中对硫酸盐的驯化又较氯化物容易。经过驯化的活性污泥可以在百分之几的盐浓度下,正常进行生物降解。

除了对原有的活性污泥进行驯化外,也可采用嗜盐菌,或在活性污泥中加入嗜盐菌以提高生物对盐分的耐受力。如美国从大盐湖中分离出一支细菌,可以在含盐工业废水中去除酚(PhOH),在室内试验中,当有 9.0% ~ 17.5% 氯化钠的存在下,可以完全分解 110 mg/L 的酚;当氯化钠的质量分数为 1% ~ 2% 时,降解时间最短,降解速率最快 [23 mg PhOH/(L·h)]。在序批式生物膜反应器中进行的长期试验结果表明,均取得了良好的效果。再如,意大利学者利用鱼罐头废水培养嗜盐菌,在高盐(30 g NaCl/L)的情况下发现 SBR 中 $BOD_5$ 和 TSS 的去除率分别为(98±1)% 和(93±3)%;在快速硝化-反硝化过程中,脱氮效率达到(97±2)%。同时,自养和异养的嗜盐菌都表现出较高的生物活性。

另有报道,100 mg/L 的含酚废水可用嗜盐菌 Halomonas 降解,以此作为唯一的碳源,氯化钠的质量分数可达 1% ~ 14%。当氯化钠质量分数为 5% 左右时,降解性能最好,其降解途径系邻位裂解,并有顺粘康酸中间体形成。如在分解时加入 Fe、N 及 P 等,则苯酚的去除率可达 99%。还有报道,采用氯化钠和氯化镁的培养基从棉花脱绒废水中分离纯化出嗜盐菌,将其用于厌氧流化床中去除合成高盐废水中的铁和硫酸盐,在最佳 HRT 为 24 h 和起始硫酸盐浓度 2 500 ~ 3 000 mg/L 的情况下,厌氧流化床对 Fe 和 $SO_4^{2-}$ 的去除率分别可达 85.3% 和 78.4%。

③ 选择合适的工艺参数,如 pH、DO 等。pH 应视有机污染物的降解特性而定,如醋酸废水,在降解过程中,其 pH 会随过程进行而上升,故应以酸性 pH 进水,或不经中和,并采用完全混合活性污泥法为宜。相反,有机磷废水、有机卤素废水、有机硫废水等,它们在生物降解并无机化时,会产生磷酸、盐酸或其他卤化氢及硫酸等,处理过程中 pH 降低会很迅速,因此要求提高进水 pH,或在生物降解过程中,不断地补加碱液等,以保证完全混合液中的 pH 在微生物适宜的范围内。例如,有些有机磷农药废水,含有机磺酸基团的染料生产废水,生化池的进水 pH 往往在 11 ~ 12 之间。

④ 好氧处理前增加兼氧段,或在调节池后段加设填料,以提高废水的可生化性。由于不少难降解的有机化合物在兼氧情况下,可以分解(或水解)成易于生物降解的小分子化合物,因此在正式进入好氧段进行降解前,先进行生物预处理,可以提高整个生化系统的稳定性和有效性。根据有机物质的不同,兼氧段可有 15% ~ 30% 的去除率,有的甚至

可达到 30% ~ 50% 或更高。兼氧段出水的 $BOD_5/COD$ 比值常有不同程度的提高,为后续的好氧处理打下了良好的基础。

⑤ 对含有毒有害物质的废水,最好不要采用间歇式的生化处理装置(如 SBR 技术),应尽量采用完全混合式生化处理装置。因为采用 SBR 技术,其进水时间较短,有毒有害物质来不及降解,容易在生化池中累积起来,浓度过高时,使生化处理失败。采用完全混合式的生化处理工艺时,这个问题就容易解决了。特别是当有毒有害物质在边缘浓度的情况下,更需注意这个问题。

⑥ 对含有毒有害物质的废水及生物难降解废水,生化处理时可考虑投加添加剂来提高生化处理效率。最有效的做法是加入微量活性炭及微量元素,如在活性污泥中加入粉末活性炭及硫酸锰或硫酸铁(单独加入锰盐也可)会提高活性污泥的活性,加入铁铝等离子可提高硝化及反硝化的速率。另外在处理焦化废水时,还可加入小剂量的葡萄糖(10 mg/L),可以因葡萄糖降解产生的三碳化合物(如丙酮酸等)而加强微生物的三羧酸循环,从而提高酚的去除率。其他促进剂还有在活性污泥中加入吲哚乙酸可以提高处理甲基吡啶的能力。在生化系统中加入维生素 B、叶酸或二氢叶酸也有利于生化反应的进行。而加入适量的乳酸还可以促进厌氧颗粒污泥的形成。

⑦ 在必要时,生化出水还可进一步进行混凝沉降处理,以除去更多的 COD。

⑧ 为了解决特殊有机废水的难生化处理问题,可以筛选新菌种或利用基因工程,研究出新的高效降解菌。

# 8.2　精细化工废水处理技术

精细化工废水中各类有机化合物的去除,包括烃、卤烃、醇与醚、醛与酮、酸与酯、酚与醌、酰胺与腈、硝基与有机胺类等有关化合物、有机硫化合物、杂环化合物、有机元素化合物及水溶性高分子聚合物等。由于有机化工废水的复杂性,因此可以根据废水中所含有机物的种类及特性,寻找符合各类废水特征的处理方法,并在此基础上,研究其综合治理的技术。以下主要介绍部分精细化工废水的处理技术。

## 8.2.1　醇及醚类废水的处理技术

### 1. 醇类废水的处理

(1)蒸馏法

对于水溶性的醇,混凝沉降的效果比较差。对一些沸点较低而挥发性高的醇可用蒸馏法或汽提法回收去除。如一些酚醛树脂的生产废水中往往含有甲醇(质量分数为2%),这一部分甲醇系由甲醛溶液带入的,可用蒸馏法回收,当废水被加热到 90 ~ 95 ℃时,一般可回收 81% ~ 92% 的甲醇。

在一些甲醇浓度较低的生产废水中,如果工艺允许,可以套用多次,使甲醇累积到一定浓度,再进行蒸馏回收。例如,在生产季戊四醇时,1 t 产品约伴有 20 $m^3$ 废水产生。废水中含有甲醇、甲醛及甲酸等。这种废水回用于下一批生产过程,套用 5 次后,甲醇质量浓度可增至 1 800 mg/L,然后进行蒸馏回收。

（2）氧化法

醇类化合物可很容易地用湿式氧化方法分解。如含有甲醇、甲醛等的废水,可在温度为 120 ℃、压力为 0.3 MPa 下,加入 700 mg/L 的碳酸钙,最后在温度为 180 ℃、压力为 0.8 MPa 的有氧存在下加热 1 h 而去除。又如甲醇废水(含甲醇 50 000 mg/L)经湿式氧化后,甲醇的去除率为 76.8%。聚乙二醇被认为是一种较难生化处理的物质,含聚乙二醇的废水可在 Mn/Co 复合氧化剂的存在下,用湿式氧化法处理,这种复合催化剂的作用要比 Co/Bi 或 Cu 为好。还有研究表明,Feroton-SBR 工艺对高浓度聚乙醇废水也有很好的处理效果。

用于处理含醇废水的化学氧化剂主要有臭氧、过氧化氢、氯系氧化剂,以及其他一些氧化剂。

氯及其氧化性衍生物可以有效地处理含醇废水,如能结合催化氯氧化或光诱导氧化则效果尤佳。在用氯氧化处理时,如能在紫外辐射的诱导下进行,其效果更佳。如含有丙二醇及羧酸的盐水,可加入次氯酸钠溶液,并在 360 nm 的紫外辐射下得到净化。本法需用少量的氯,因为光的氧化能力强,COD 的去除率也比一般的常规氧化法大。

还有不少的含醇废水可以由电解氧化法予以去除。如在尿素树脂生产废水的处理中,可在废水中加 1 mol/L 的氢氧化钠,用不溶性阳极 PbO$_2$ 作电极,在电流密度为 0.19 ~ 0.22 A/cm$^2$ 下电解 3 h,可使废水中的甲醇全部被分解。

（3）生化法

大部分工业中常见的醇类化合物均可用生化法予以降解。例如,甲醇、乙醇、环己醇、2-乙基己醇、甲基苄醇、乙二醇、丙二醇、二甘醇、三甘醇、季戊四醇等,在一般情况下既可用活性污泥法处理,也可用厌氧处理法处理。在用活性污泥法处理含醇废水时,醇的易降解程度常按甲醇、乙醇、正丁醇、正戊醇、正丙醇、异丙醇的次序递减。在代谢过程中,能发现有相应的脂肪酸生成;直链醇类的化合物易被微生物所降解,但在链上若有甲基取代(或烷基)的话,则常在较大程度上影响微生物可生化降解特性。如果连接羟基的碳原子上同时引入两个甲基而成为叔醇时,则几乎成为不可生化降解的物质。例如,叔丁醇的 BOD$_5$/COD 比值约为零,属于难生化降解物质。

利用硝酸盐在硝酸盐还原菌的存在下,可以处理甲醇废水。在 pH 为 7.5、温度为 25 ℃、碳氮比为 1:4 时,COD 去除率及硝酸盐氮利用率均可达到最佳值,停留时间为 12 h 时的 COD 去除率及硝酸盐氮的利用率均可达到 80% 以上。当废水中的 COD 值在 600 mg/L 左右时,出水 COD 值可降至 158 mg/L 左右。每消耗 1 mg 的硝酸盐氮可去除 2.992 mg 的 COD,与进水浓度、碳氮比及停留时间关系不大。

乙醇也较易用生化法处理。例如,啤酒厂或生产酵母及乙醇的废水中含有一定量的乙醇,可用生化法进行处理。

乙二醇、丙二醇、庚醇、环己醇可用活性污泥法处理。在己内酰胺生产的废水中含有环己醇,可用间歇厌氧发酵法处理。用活性污泥法处理高级醇时,能形成相应的脂肪酸,其生物降解能力随碳链的增长而减弱,己醇的七个异构体能相似地被降解,伯醇氧化成酸,仲醇氧化成酮,而叔醇只能部分被降解。

**2. 醚类废水的处理**

与醇类化合物相比,醚类化合物的生化降解性能要差得多。因此,用物化或化学方法进行处理或预处理是合适的。

（1）吸附法

聚醚类化合物可以用活性炭进行吸附处理,而黏土类吸附剂的效果也非常理想。如用蒙脱土可以吸附聚乙二醇,吸附可在 30 min 内达到平衡。膨润土、酸性黏土及活性黏土等的吸附容量也是很大的,可达到活性炭的 30% ~ 50%。

用铁交换的高岭土可以用来吸附非离子表面活性剂如 OP-7,吸附容量在 pH 为 1.1 时为 0.71 g OP-7/g 铁交换高岭土。据测定,从水中吸附中性表面活性剂,膨润土要比活性炭的吸附能力大 10 ~ 20 倍。

钙式膨润土也是一个极好的吸附聚乙二醇壬基苯基醚的吸附剂。如从合成革厂出来的含该表面活性剂的废水可用 2 500 ~ 4 000 mg/L 的钙式膨润土及 80 ~ 150 mg/L 的三氯化铝处理,TOC 的去除率为 85% ~ 90%,由钙式膨润土而来的污泥具有较好的脱水性能。

（2）膜分离法

用膜技术处理醚类废水可用反渗透、超滤及微滤等方法。利用反渗透技术,可从水中去除二甲醚、苯甲醚、乙烯基乙醚、苯乙醚及一些中性表面活性剂。常用的膜材料为醋酸纤维素膜或芳香聚酰胺膜。用醋酸纤维素膜时,操作可在较高压力下进行。

在处理中性表面活性剂时,如用醋酸纤维素膜,压力一般维持在 1.0 ~ 5.0 MPa。对于聚乙二醇壬基苯基醚,其去除率随废水中表面活性剂的浓度增加而增加。聚乙二醇庚基醚则随温度的上升去除率下降,聚乙二醇的相对分子质量以 200 ~ 1 000 时效果为最好。

非离子表面活性剂用超滤方法处理,其效果要比用阴离子表面活性剂处理更好。但工作压力不可过高,过高会使处理效率下降。由于一些醚型中性表面活性剂在废水中具有发泡作用,因此可以采用气浮或泡沫分离法予以净化。

## 8.2.2 醛及酮废水的处理技术

含醛废水中最常见、对环境危害也最大的要属含甲醛废水。甲醛废水中最常见的是由酚醛树脂生产中排出的含甲醛、酚废水,这种废水对人类危害较大。

**1. 醛-酚废水处理**

（1）缩合法

缩合法是甲醛-酚废水处理的最常用方法之一,其原理是利用酸碱催化及加热,使甲醛进一步与酚类物质缩合产生不溶性的物质而去除。例如,将含甲醛-酚的废水加热到 90 ~ 100 ℃,使之缩合聚合,生成的聚合物可用作滑模剂,而水质又得到进一步净化。

生产酚醛树脂时产生的含酚含醛废水,可根据其酚浓度的大小,补加甲醛进一步缩合生产油溶性酚醛树脂 220-1 和 220-2,用于生产酚醛漆料和配帛酸醛色漆。

在用这种缩合法处理含甲醛-酚废水时,如果同时在 1 m³ 废水中加入 0.2 ~ 2 kg 的铝盐或铁盐作混凝剂,再将水加热到接近沸点,形成的固体缩合物比较松散,容易过滤分离,分出的上清液浊度也低,处理时间也比较短。

（2）空气催化氧化法

催化剂可采用经硫酸活化过的软锰矿（颗粒直径约为 5 ~ 10 mm）,以空气作氧化剂去除其中的甲醛与苯酚。用软锰矿作催化剂、并当 pH 小于 7 时,甲醛与酚的催化氧化与废水的 pH 无关。例如,某废水含甲醛 14 000 mg/L、苯酚 8 000 mg/L,在上述催化剂的存在下,经过 2 h 曝气,甲醛的去除率为 87% ~ 95%,苯酚的去除率为 99%。

**2. 含醛（不含酚）废水处理**

（1）回收法

含甲醛（不含酚）废水可用回收法处理,这是一种比较经济的方法,主要用于高浓度的甲醛废水处理。如含 0.1% ~ 20%（质量分数）的甲醛溶液,可加入足量的甲醇（甲醛摩尔量的 4 倍）,然后用硫酸调整 pH 令其小于 4,蒸馏回收二甲氧基甲烷及未起反应的甲醇,甲醛以缩醛的形式回收。经上述处理后,废水的毒性也大为下降,即可用生化方法处理。水中较高浓度的甲醛,还可在随意的温度下加入氨,使之形成乌洛托品,并经蒸发而得到回收。

（2）缩合法

利用缩合法处理含甲醛废水可分两大类。第一类为在催化剂存在下的自身缩合聚合,第二类是用其他缩合剂处理。

甲醛在碱性条件下（pH 为 8 ~ 11）加热能发生树脂化反应,这种聚合反应能被用来处理含甲醛废水,去除率可达 96% 以上。例如在生产聚氧化甲烯（$CH_2O)_n$ 时产生的含甲醛废水,用氢氧化钙在 600 ℃ 温度下处理 20 min,即可消除废水中的甲醛。此反应可被葡萄糖（2.8 ~ 10 g/L）催化,使反应时间减少一半。经红外光谱及核磁共振技术证明,反应产物具有碳水化合物的结构。例如,用 0.35% ~ 0.5% 的氢氧化钙可以使 10 ~ 15 g/L 的甲醛转化成 5 g/L 的还原糖。

（3）氧化法

含甲醛废水可用湿式氧化法去除。例如,某废水中甲醛浓度为 10 g/L、甲醇浓度为 3 g/L、甲酸浓度为 0.1 g/L,与质量浓度为 350 mg/L 的镁盐混合,并在 pH ≥ 10、温度为 100 ~ 200 ℃、压力为 1.7 MPa 下加热 2 h,甲醛即可被氧化,COD 值从原有的 17 000 mg/L 降低到 2 000 mg/L。该处理方式可用镁盐催化,也可用钙盐催化。再如,某废水中甲醛浓度为 16 480 mg/L,COD 为 23 175 mg/L,在 115 ℃、0.2 MPa 氧分压的条件下经改性 Pt/C 电极催化湿式氧化 16.67 min 后,出水甲醛和 COD 的浓度分别为 38 mg/L 和 268 mg/L。

甲醛可在铁存在下被过氧化氢所氧化,在反应过程中也可以通入空气以提高去除率。在活性炭的存在下,$H_2O_2/Fe^{2+}$ 可使含甲醛废水的 COD 质量浓度从 439.5 mg/L 降至 34.2 mg/L。

次氯酸钠也是一个常用的氧化剂,甲醛的氧化产物是二氧化碳。如甲醛质量浓度为 24 000 mg/L 的含甲醛废水,用 1.5 mol 含 9.12% 活性氯的次氯酸钠溶液处理,并同时用氢氧化钠调整,使 pH 为 12,在 30 ℃ 下维持 3.5 h,处理后甲醛的残存质量浓度为 500 mg/L。

（4）生化法

生化法中常用活性污泥法或生物膜法处理含甲醛废水。在对含有甲醛的葡萄糖废水进行厌氧处理时,甲醛厌氧过程的 50% 抑制质量浓度为 300 mg/L,如系木胶废水,则其 50% 抑制质量浓度为 150 mg/L,故其抑制作用与甲醛本身浓度以及废水中其他成分及时间有关。甲醛的质量浓度为 200 mg/L（木胶废水）或 400 mg/L（葡萄糖废水）时,可有 90% 的甲醛被降解。实际中采用更多的是用活性污泥法处理含甲醛废水,甲醛浓度低于 1 g/L 对活性污泥不会产生不良影响。

除甲醛外,在工业中常遇到的对环境污染较大的醛类化合物有乙醛、氯代醛、巴豆醛及糠醛等。它们的化学活性常常没有甲醛大,其中不少醛类化合物对活性污泥还呈毒害作用,因此这种醛类化合物需预处理,使之对生化处理无危害作用。

由于醛类具有还原性,因此极易被氧化剂所氧化。如三氯乙醛、丙烯醛、丁醛及乙醛等均极易用臭氧氧化法去除。丙烯醛还可用质量分数为 65% 的硝酸及 20% 的硫酸处理,并在 150 ~ 160 ℃加热,最后用石灰中和。所得的出水刺激性极小,便于随后进一步处理。

含乙醛废水可在无机混凝剂的存在下,加入次氯酸钠或次氯酸钾来处理,次氯酸钠的加入量为 COD 值的 1.5 倍。如质量浓度为 1 000 mg/L 的含乙醛废水,加入次氯酸钠溶液及三氯化铁的质量浓度为 2 000 mg/L,然后调整 pH 到 6.5 ~ 7.0,废水搅拌 20 min,处理后的 COD 值可由 450 mg/L 降至 185 mg/L。

**3. 含酮废水处理**

对低沸点、挥发性强的酮类化合物,可用汽提或蒸馏法将其从废水中回收去除。如制备双酚 A 的废水,丙酮的含量为 2 ~ 19 g/L,可通过汽提法去除。

不饱和酮的可生化降解性较差,可通过加碱（pH 至 8 以上）,在 80 ~ 100 ℃的温度下加热 15 ~ 30 min 去除,如用这种方法可从废水中去除乙烯基酮等。

生化法是处理含酮废水的一个重要手段。含丙酮或丙酮-甲醛-酚的废水可以连续在曝气池中得到净化。在生产 EF-1 树脂的废水中含丙酮,回收后,用生活污水进行稀释,然后可进行生化氧化。

### 8.2.3　酸及酯类废水的处理技术

羧酸及酯在工业中使用较广,是许多精细化工产品的原料,或作为反应溶剂使用。高沸点的酯还可作塑料工业中的增塑剂用,这类酯对环境的危害已受到人们的重视。

**1. 酸类废水处理**

在废水中出现的有机酸有甲酸、乙酸、长碳链脂肪酸、柠檬酸、草酸、芳香族羧酸及二元酸等。

（1）蒸馏及蒸发法

含甲酸较多的废水,可加入过量的甲醇,并加入少许硫酸作催化剂,由于产生甲酸甲酯,其沸点（32 ℃）较甲醇及甲酸均低,故可从废水中蒸出。待甲酸回收完毕后,再加热回收甲醇,用此法可以有效地从废水中回收甲酸。例如,在 1-苯基-2,3-二甲基-4-（二甲胺基）-5-吡唑酮的生产废水中有甲酸钠存在,用质量分数为 48% 的硫酸调 pH 为 3.5,加入甲醇,在 82 ℃的温度下加热 2 h,蒸馏所得的馏分中含甲酸甲酯 89.2%、甲醇 10.8%(均为质量分数)。

（2）混凝沉降法

废水中的对苯二甲酸可用硫酸铁或三氯化铁在 pH 为 4 ~ 5.5 时处理,加入聚丙烯酰胺可以提高去除率,对苯二甲酸的回收率大于等于 90%;也可通过絮凝酸化的方法处理,应调节 pH 在 2 ~ 4 之间,酸化前先在废水中加入适量的絮凝剂,使沉淀形成较大的絮凝体,易于沉降、过滤及脱水。处理后出水中的 COD 主要由废水中的醋酸引起。采用本法可使 COD 值降至 500 mg/L,对苯二甲酸由 2 000 ~ 3 000 mg/L 降至 50 mg/L,出水经 pH 调节后符合生化处理的进水要求。

（3）吸附法

羧酸也可以用大孔吸附树脂进行吸附回收。由苯乙烯–二乙烯苯为原料形成的聚合物几乎都可以定量地吸附水中的脂肪酸,然后再从吸附树脂上回收出来。上述树脂结构中如果引入氯、乙酸基或硝基,可用来吸附丙酸及苯甲酸等。废水中的间硝基苯甲酸,如果同时尚有无机盐存在,可用不含离子交换基团的合成树脂在 pH 小于 7 下进行吸附并回收。此外也可用离子交换法处理。例如,可用离子交换法回收酒厂废水中的酒石酸;废水中的草酸可用弱碱性阴离子交换树脂去除。

（4）萃取法

生产醋酸丁酯的废水中的醋酸,可用丁醇萃取(醇:水 = 0.86:1),需 2.2 理论萃取段,COD 可去除 70%。萃取液为含有醋酸的丁醇,可回用于生产中去。废水中的醋酸可用 $C_5$ ~ $C_7$ 的脂肪醇或其酯进行回收。萃取液进行蒸馏,即可回收醋酸。如含 15%(质量分数)的醋酸溶液可用醋酸乙酯萃取 4 次,醋酸乙酯与废水之比为 2.5:1;也可以利用醋酸乙酯回收 $C_1$ ~ $C_4$ 的脂肪酸。此外,还可用渗透膜萃取有机酸,如三元乙丙橡胶膜(EPDM)对氨基苯甲酸的去除率可达 40%。

（5）沉淀法

含芳香酸或其盐的废水可用三价铁盐作沉淀剂,调节 pH 为 2.0 ~ 5.0,产生沉淀,然后过滤而去除。如 1 L 中含 40 mmol 的苯甲酸,用质量分数为 10% 的三氯化铁溶液处理,再在 pH 为 3.5 时过滤,可去除 90% 的苯甲酸。在处理邻苯二甲酸废水时,其最佳的 pH 为 3.1。

用 $Fe_2(SO_4)_3$ 溶液处理含二羟基苯甲酸废水时,可获得 35% 的去除率。去除率与废水处理后最终的 pH 有关,pH 上升则去除率下降,而去除率与污染物的浓度无关。含间硝基苯甲酸的水溶液,在 pH 小于 7 时,可用 $Fe^{3+}$ 盐沉淀出来,再用酸进行酸化沉淀而回收。如将 0.01 mol 的铁矾加到 900 mL 含 3 g 间硝基苯甲酸的水溶液中,调整 pH 为 2.9,即得 3.86 g 间硝基苯甲酸的铁盐,这个铁盐如果经质量分数为 25% 硫酸处理,可回收 90% 的间硝基苯甲酸。也可以用硝酸铈铵代替铁盐来处理这类废水。类似的方法也可用于脂肪酸废水的处理。如含 0.005 mol 的丁二酸,在 pH 为 4 ~ 5 时,用三氯化铁溶液沉淀,丁二酸的去除率可达 96%。

（6）氧化法

大多数羧酸类生产废水可用氧化法处理。个别羧酸如氯代苯氧乙酸及其衍生物还可用还原法处理,如用金属可使其发生脱卤反应。

含甲酸及甲酸盐的废水可在 260 ℃ 及 2MPa 的氧压下进行批式液相氧化,甲酸盐降解为碳酸氢盐,而甲酸除氧化外还可通过脱水及脱羧进行分解。乙酸及乙醛的存在促进甲酸氧化或脱羧分解。

甲酸的湿式氧化可因钯(有或无载体的存在)的催化而加速。当温度为 100 ~ 150 ℃、压力为 1.0 ~ 4.0 MPa、流速为 1 ~ 5 L/h、甲酸浓度为 0.01 ~ 0.005 5 mol/L、溶氧浓度为 0.002 ~ 0.016 mol/L 时(钯的质量浓度低于 50 mg/L),甲酸进行湿式氧化,然后再进行生化处理。

甲酸很易用臭氧处理予以降解。单纯的臭氧对醋酸进行氧化比较困难,在 pH 小于 7 时,基本上不发生氧化,而在 pH 为 12 左右时,温度为 20 ℃ 反应 2 h 后,能有 85% 的氧化率。如用紫外辐射进行催化,醋酸钠的氧化率可达 98.8%。也有报道表明,过氧化氢与臭氧联合使用,可提高臭氧对醋酸或醋酸钠的氧化作用。

除甲酸以外,可以用臭氧氧化的脂肪酸还有丁酸、羟乙酸、草酰乙酸、丙二酸、羟基丙二酸、棕榈酸、甘氨酸、酒石酸等。一般而言,提高 pH 有利于臭氧化反应的进行。

(7) 生化法

极大部分的脂肪酸,如甲酸、乙酸、丙酸、丁酸以及其他长碳链的脂肪酸,均可采用好氧生化法处理。从化学结构与生化降解性之间的关系来看,可以认为直链的脂肪酸很易生化降解,在直链上只引入一个甲基对生物可降解性没有大的影响,但是如在同一碳原子上同时引入两个甲基,不论是羧酸的 α 位或是 β 位,均对生化降解产生非常不利的影响。如果两个甲基不是取代在一个碳原子上,则产生的不利影响较少,可随处理时间的延长而提高处理效果。但这个规律并不适用于二元酸,即使在二元酸的主碳链上同时引入两个甲基,也不会对生物可降解性带来太大的不利影响。直链脂肪酸的碳链上如果引入氨基和苯基,则氨基对生化降解性能影响不大,但苯基取代的位置与生化降解性能影响很大,如2-苯基丁酸的生化降解性能较差,而4-苯基丁酸的生化降解性能较好。

**2. 酯类废水的处理**

废水中酯类污染物最引人重视的是苯二甲酸酯类。

在实际生产过程中,酯类废水处理最常用的方法为萃取法。一般用其生产原料的醇作萃取剂,萃取液经脱水后回用于原生产工艺中,而萃余水相可作进一步净化,包括生化处理。制备邻苯二甲酸二异辛酯或其他邻苯二甲酸酯的废水,其中往往含有双酯、单酯、游离的邻苯二甲酸及硫酸。前三者可用大于 $C_4$ 的醇萃取,最好用生产酯的醇来萃取,萃取液送至下一批作投料用,萃取应在酸性条件下进行。很明显,这种方法不太适宜处理邻苯二甲酸二甲酯、二乙酯、二丙酯及二异丙酯的生产废水,因为甲醇、乙醇、丙醇及异丙醇均能与水互溶,不能用做萃取溶剂,如果用大于 $C_4$ 的醇作萃取剂,就会增加溶剂回收的环节。例如,制备邻苯二甲酸二异辛酯时,水中的单酯可用质量分数为 96% 的硫酸酸化,并在 70 ~ 95 ℃ 的温度下加入异辛醇(2-乙基己醇),使混合物的 pH 在 1 ~ 2.5 之间,分出有机相并用于下一批投料用。如水相 $BOD_5$ 为 28 000 mg/L 时,用异辛醇萃取,所得废水用水蒸气蒸馏去除异辛醇后,$BOD_5$ 值可降至 18 mg/L。利用本法还可处理邻苯二甲酸二异癸酯等。

# 8.3　精细化工有机废水的脱色技术

不少有机废水具有独特的颜色,特别是印染工业及染料工业废水,其色度较大,给废水带来了不良的感观,同时这些有色污染物也往往是一种环境毒物。这些工业废水中的有色污染物质,往往是一些具有共轭体系(发色团)的化合物,常见的多为偶氮染料及杂环共轭系统。对一些易被活性污泥中微生物降解的污染物可用生化方法进行处理,对多数不易被生化系统所脱色的污染物就要用物理或化学的方法进行脱色。以下主要介绍用物化方法来进行脱色的技术。

用物化方法进行脱色,比较适用于工程实际的有药剂法、吸附法、化学氧化法及化学还原法等。

## 8.3.1　药剂法

药剂法是有色废水脱色常用的技术之一,由于染料品种较多,用同一种药剂并不可能对所有的染料均具有较好的脱色作用,还必须根据污染物的特征来选择合适的药剂。

用来脱色的药剂可分无机药剂和有机药剂两种,其中无机药剂价格较低,效果显著,故得到较广的应用;而有机药剂价格较贵,投药量较大,故目前尚未得到广泛应用。

### 1. 无机药剂脱色法

常用的无机药剂有铝盐、亚铁盐、铁盐、镁盐及其他盐类,它们的脱色机理也不尽相同。

① 常用的铝盐(有聚合氯化铝或硫酸铝等)。它们主要是在水体中发生水解反应而产生氢氧化铝的絮凝体,而新形成的絮凝体具有一定的吸附作用,从而使废水中的有色物质得到吸附去除。然而这种絮凝体的吸附作用是有限的,因此在一般的剂量下,铝盐的脱色效果并不是非常理想,但如能结合有机絮凝剂则可以提高其脱色作用。如可利用工业硫酸铝结合质量浓度为 $1 \sim 3$ mg/L 的非离子型、阳离子型或阴离子型的聚丙烯酰胺,处理中长纤维的染色废水,不但可以降低 COD,脱除色度,而且水质的 $BOD_5/COD$ 比值有较大的提高,提高了废水的可生化降解性能。在铝盐中同时掺入铁盐则可以提高其脱色作用,如废水中的阳离子染料碱性晶红,可以采用聚合硫酸铝铁进行处理,在处理过程中加入适量的十二烷基苯磺酸钠作为助剂,脱色率最高可达99%,在处理过程中,废水中的阳离子染料分子与十二烷基苯磺酸钠之间发生化学反应,靠氢键及静电键结合,使原来带正电荷的阳离子染料粒子转变为带负电荷的粒子,再与带正电荷的聚合硫酸铝铁的胶体作用产生絮凝沉淀,而使废水得到净化。

② 硫酸亚铁。它是一个良好的脱色药剂,其脱色机理与铝盐不同。根据研究,硫酸亚铁在微碱性介质中,可以形成蓝绿色的氢氧化亚铁的沉淀,这种沉淀在常温下对硝基、偶氮基等氧化性的含氮基团具有强烈的选择性还原作用。如硝基苯、偶氮染料在 pH 为 $8 \sim 9$ 的范围内,硫酸亚铁可以将它们还原成苯胺类化合物,这点已被红外光谱所证实。例如活性艳红 X-3B 的水溶液,在微碱性的条件下,用足量的硫酸亚铁处理,可以得到几乎无色的溶液,而经处理的碱性溶液中可以用红外光谱证明有苯胺存在,也可用其他化学方

法证明其中含有苯胺。几乎大部分的偶氮型染料均可以用这个方法进行脱色。

根据硫酸亚铁的脱色原理,我们可以知道,脱色过程是一种还原性断键过程,脱色后,原有的染料分子分裂成为无色的小分子并仍留在溶液中。正因为这个原理,用硫酸亚铁进行脱色,其脱色效果虽然很好,但其 COD 的去除效果是不好的。

用硫酸亚铁进行脱色的实例较多,例如含硫化蓝、硫化红、硫化棕及活性艳红的印染废水可用硫酸亚铁作混凝剂进行脱色处理,脱色率可达 95% ~97%。采用硫酸亚铁废液作混凝剂可用来处理硫化物染色废水。色度可被去除 95%,硫化物被去除 96%,$BOD_5$ 被去除 59%,TOC 被去除 66%,SS 被去除 48%,并可提高生化处理的效果。以活性染料为主的高碱性、高色度及高 COD 印染废水可以用硫酸亚铁在 pH 为 8.2 ~9.7 的范围内进行混凝处理,脱色率可达 75% ~94%。

③ 三价铁盐。对不少染料具有较好的脱色效果,用得较多的是三氯化铁或聚合硫酸铁。例如,利用聚合硫酸铁处理印染废水,可收到较好的效果,特别是对硫化及分散染料的脱色效果更好。利用三价铁盐处理印染废水,出水的 COD 浓度可接近国家排放标准,$BOD_5$、SS、色度、pH、$S^{2-}$ 及 $Cr^{6+}$ 等项可达标。絮体对微气泡有强烈的吸附作用,因此也可用于上浮装置中,利用三价铁盐脱色特别适用于不宜生化处理的废水。废水中的活性染料、直接染料可以先进行曝气,再进行混凝。直接染料可直接投加三氯化铁,其最佳投加量为 200 mg/L,pH 为 5 ~6。

三价铁盐对染料的脱色机理和硫酸亚铁不同,应控制 pH 在微酸性条件下,常以 pH 在 5 左右为好。其原理是在该 pH 下,三价铁盐发生水解反应生成了氢氧化铁,这种氢氧化铁具有选择性吸附作用,对具酸性基团如磺酸基团、羧酸基团的染料分子具有良好的吸附作用,从而达到脱色效果,其脱色效率常在 95% ~99% 以上,吸附过程符合 Langmuir 吸附方程式。由于利用三价铁盐的脱色是整个分子的吸附去除,所以在脱色的过程中,同时具有较大的 COD 去除率。在用聚合硫酸铁处理印染废水时,COD 及色度的去除率往往可以超过 90%,废水经处理后有时还可回用于生产中。

④ 镁盐。对含有酸性基团(如羧酸基团、磺酸基团)的染料分子有较好的去除效果。镁盐对染料废水脱色作用的原理与铁盐有些相似,即在 pH 为 11 ~12 的情况下,镁盐即转化为氢氧化镁的沉淀,而新产生的沉淀具较强的吸附作用,可以把染料分子整个地从溶液中吸附下来,从而起到脱色的作用。因此在脱色的同时,其 COD 去除率也相当高,这对原有 pH 较高的某些废水较为适用。吸附过程也同样符合 Langmuir 吸附方程式。处理过程中如同时存在钙离子,对脱色过程更为有利。

例如,染料废水可用氯化镁进行脱色,对活性染料,处理过程中应使 pH 不小于12.5,对分散染料,pH 不小于 12.0。氯化镁-氢氧化钙的性能要优于硫酸铝、聚合氯化铝及硫酸铁-氢氧化钙。氯化镁处理印染废水时,可有 88% 以上的脱色率,其有效质量浓度为 200 ~1 000 mg/L的氯化镁和 400 mg/L 的氢氧化钙,pH 必须大于 11.0,以沉出所有的氢氧化镁;也可用硫酸镁处理 5 min 后,再用氢氧化钙在 pH 为 11 下处理 5 ~20 min,除具有较好的脱色效果外,出水 $BOD_5$ 及 COD 均可达到较低的水平。镁盐也可用海水代替,如印染废水可用海水加石灰处理,COD 及色度的去除率可分别达到 90.2% ~98.2% 及99.2% ~99.9%。含 C. I. 还原 6、C. I. 还原黄 22、C. I. LevcoS 蓝 7 及 C. I. 分散蓝 3 等染料废水,可用碳酸镁、氢氧化钙等联合处理。此法对还原性及硫化染料效果较好,对分散性染料效果较差,对于高 pH 废水,只需加入碳酸镁,即能取得满意的效果。

⑤ 复配药剂。这类药剂常由铝盐、亚铁盐、铁盐、镁盐或其他盐类组成。如一种由煤脉石制得的复合铝铁混凝剂可用来处理印染废水,COD 及色度的去除率分别为 90.5% 及 87%,该混凝剂含有 34%(质量分数)的三氧化二铝及 4%(质量分数)的三氧化二铁。再如,一种非晶态合金 $Fe_{78}Si_9B_{13}$,也可用于不同反应温度下对不同初始浓度的偶氮染料水进行脱色。染色废水还可用新型无机高分子絮凝剂聚硅酸硫酸铝处理,其对色度、COD 及 SS 等具有良好的处理效果。含有金属离子的聚硅酸脱色絮凝剂(PSAM)可用来处理活性、分散及酸性印染废水,在 pH 为 6~8 及 pH 为 13.0 左右有两个最佳脱色区。

**2. 有机药剂脱色法**

除了无机药剂以外,也可用有机药剂进行脱色。到目前为止,在工业规模上利用有机药剂进行脱色的实例还比较少,但也是一个研究的方向,主要的原因是价格较贵,而投药量较高。除了配合无机药剂进行脱色外,单独使用有机药剂的机会不多。一般来说,碱性染料可用阴离子絮凝剂、酸性染料可用阳离子絮凝剂从废水中去除。如可用硫酸铝 2 000 mg/L、氢氧化钠 200 mg/L 及聚丙烯酰胺 5 mg/L 对碱性紫之染料去除,处理后出水可以达到无色的程度。

用来对染料废水进行脱色的有机药剂大多是阳离子聚合物,如聚丙烯酰经双氰胺改性后可用来处理活性红 X-3B;印染废水可用聚二甲基二烯丙基氯化铵及聚合氯化铝(内含质量分数为 1%~5% 的硫酸根)处理;阴离子染料可用 5~1 000 mg/L 的有机絮凝剂处理,如采用聚二烯丙基二甲基氯化铵及 10~1 000 mg/L 的无机混凝剂(如三氯化铁、硫酸铝或 PAC)在 pH 为 4.0~6.5 进行处理。

利用双氰胺、甲醛和改性剂在一定酸度的条件下反应制得的凝胶状物来处理活性染料,对活性艳红 X-3B 的脱色率可达 96% 以上;对酸性染料、分散染料和直接染料也有良好的脱色效果。当配合二水氯化钙、用量为 1 500 mg/L 时,可用来处理质量分数为 0.3% 的分散性染料,脱色率可达 99.89%。

另一种类似的药剂是用多聚甲醛分批加到双氰胺、氯化铵、甲醇及水中,并在 80~90 ℃下搅拌 2 h,即可得到一种缩合物。将 50 mg/L 的这种药剂及 250 mg/L 的硫酸铝加到含有分散染料的废水中可取得较好的效果。处理后 ADMI 色度可从 483 降到 84,$BOD_5$ 由 194 mg/L 降低到 77 mg/L,COD 由 782 mg/L 降低到 299 mg/L,TOC 由 204 mg/L 降低到 178 mg/L,表面活性剂由 12 mg/L 降低到 3.8 mg/L。

利用聚丙烯腈与双氰胺反应制得的絮凝剂可以用来处理活性染料、分散染料及酸性染料废水,在 pH 为 3.0 及 pH 为 13.0 时,去除率各有一个极大值,其脱色机理被认为是聚合物分子中的胍胺结构与染料分子发生了化学作用,通过静电键和分子间氢键的形成以及聚集作用,将分布于水中的有色物质絮凝沉降而被去除。

## 8.3.2 吸附法

活性炭仍是含染料废水的最好吸附剂,如可用活性炭从废水中去除碱性黄等。阴离子染料 Metanil 黄与亚甲蓝分子大小相似,但带相反电荷,可用活性炭吸附去除,并符合

Freundlich吸附等温线。在硫化蓝 BRN 的中和废水中投入 1/1900 倍的活性炭,去色率可达 100%。用颗粒活性炭吸附染料,大分子染料吸附在过渡态孔隙中,而小分子染料吸附在小孔中,活性炭热再生时其小孔减少很多,故用于吸附小分子染料的再生活性炭效果比新的差,而对大分子染料则再生活性炭比新炭好。印染废水可用煤粉处理,再用硫酸铝进行混凝沉降。此外还可用泥煤、泥炭、活化煤、木炭、煤渣、炉渣、粉煤灰等作为吸附剂进行脱色处理。带有磺酸基团的染料废水可用磺化煤(H 型)吸附处理。如 Rhodamine B、亚甲蓝及SandolanRhodine,其吸附主要是化学作用。

除了上述吸附剂外,还可用一些天然的矿物质作吸附剂,如可用凹凸棒石(200 目)、酸性白土、蒙脱土、高岭土、膨润土等作为吸附剂。一些人工合成的无机吸附剂也具有较好的吸附性能,如由氧化镁及氢氧化钙等混合成粒,并在 400 ~ 1 000℃的温度下灼烧,可得一种易于再生能循环使用的吸附剂。例如,用氧化镁 2 份、氢氧化钙 1 份及二氧化硅0.3份制成的吸附剂,可用来处理含染料废水。反应性染料 C. I. 活性黄 2 及 C. I. 活性蓝26,可以采用$Al_2O_3 \cdot MgO$作吸附剂,在 pH 为 4 ~ 10 的条件下处理 24 h,可有 100% 的脱色率。利用氧化镁吸附酸性、直接、分散、媒介、中性、活性、硫化染料均有良好作用,脱色率及 COD 去除率均比活性炭好,可以热再生,脱色率一般在 90% 以上,COD 去除率在50% 左右。

利用吸附法进行脱色,如果吸附后的废渣不能得到合理的再生或处置,就会遇到二次污染的问题,这也是选择吸附法进行脱色时必须考虑的问题。

### 8.3.3　氧化法

利用氧化剂进行染料废水的脱色是早期流行的方法,在实际操作上的确有一定的效果,但由于处理费用偏大,残余的氧化剂或留下的盐类化合物常给后续的处理带来困难,因此目前用氧化剂进行脱色的实例越来越少。常用的氧化剂有次氯酸钠、臭氧、过氧化氢和半导体粒子光催化氧化。

废水中的甲基红、甲基紫、甲基蓝、孔雀绿及甲基橙可用次氯酸钠进行脱色,其染料脱色效果按以下次序递减:孔雀绿>甲基紫>甲基橙>甲基红>甲基蓝。染料废水可用聚合硫酸铁-次氯酸钠法处理。当废水中主要染料成分为还原、分散、活性及硫化染料时,可先进行聚合硫酸铁絮凝,再进行氯氧化,如染料成分主要是阳离子、酸性或直接染料时,则可考虑先进行氯氧化,再进行聚合硫酸铁絮凝。

印染废水还可以用臭氧处理,处理效率随 pH 的上升而提高。如直接偶氮染料用臭氧处理,其臭氧用量与偶氮基团多少有关。例如,对于质量浓度分别为 0.1 mol/L 的直接红 2S、直接棕 ZhK 及直接黑 2S,其臭氧用量的质量浓度分别为 80 mg/L、79 mg/L 和 130 mg/L。某染料中间体废水,COD 值为 16 000 mg/L,经 5.1 g/L 及 2.0 g/L 的过氧化氢处理,色度及 COD 去除率不超过 60% ,并使 $BOD_5/COD$ 大于 0.3。

废水中活性艳红 X-3B 在合适的紫外光强度以及过氧化氢浓度的条件下,可以有效地被脱色,经 10 min 的处理后,活性艳红的质量浓度可从 10 mg/L 降到 1 mg/L 以下,脱色率在 90% 以上,对单偶氮染料的脱色效果较好。半导体复合体系氧化锌-氧化铜-过氧化氢-空气可对活性艳红 X-3B 等六种有机染料进行光催化分解,并具有较高的脱色效果及 COD 去除率。以二氧化钛为催化剂,可对质量浓度为 10 mg/L 的直接耐酸大红 4BS、酸性红 G 进行光催化分解,当用高压汞灯照射 20 ~ 30 min 后,两染料均褪色,染料分子中的芳环断裂。

对含亚甲蓝的废水,也可用粉状软锰矿作催化剂处理,如质量浓度为 100 mg/L 的亚甲蓝的废水,加入 100 mg/L 的过氧化氢和 50 g 粉状软锰矿,在 pH 为 3 时进行处理,可得到 92% 的去除率。而铁屑/过氧化氢处理印染废水,脱色率可达 90%,COD 的去除率可达 99% 以上。

染料废水还可以用电化学氧化法处理。用电解法可以处理废水中的刚果红、酸性蓝 2 K 及酸性亮橙。在最佳条件下,染料可有 60% ~ 70% 的去除率,并伴有 5% ~ 6% 的氧化态或还原态的芳香族化合物生成,处理后的出水对活性污泥不具毒性,有利于进一步生化处理。

### 8.3.4　还原法

还原法对染料废水的脱色也有较好的作用,近年来更受到生产单位的重视。上述药剂法中的硫酸亚铁实际上就是一种还原法的应用例子。

除了硫酸亚铁外,近年来对铁炭法的研究也比较多。在酸性条件下,有色废水经过铁屑和炭(或颗料活性炭)的混合床,发生了微电解过程,使污染物中的发色基团受到破坏,从而达到脱色目的。利用铁炭滤料具有的微电解过程来处理高浓度水溶性染料废水,其脱色率可达 50% ~ 90%,并且提高了废水的 $BOD_5$/COD 比值,增加了废水的可生化降解性。内电解法使用的惰性电极不用更换,腐蚀电极每年需补充投入 2 次,采用内电解法不需要投入药剂,不消耗电能,运转费用较低。染料废水,特别是含有偶氮基团的染料废水,可以用铁炭粒料进行处理,脱色率达 50% ~ 98%,并提高了废水的 $BOD_5$/COD 比值。

例如,三苯甲基染料的废水,其中所含有的三苯甲基染料可用铸铁或铁屑在酸性条件中处理,再用(质量分数)12% ~ 18% 的石灰乳中和、过滤而得到去除。分散染料废水可用三级铁屑处理,废水的 COD 去除率可达 64.4% 左右,脱色率达 97.5%,$BOD_5$/COD 比值可提高到 0.3 左右,提高了可生化降解性。

印染废水可以通过改性铁屑并辅以其他活性材料构成填料塔进行处理,对不溶性染料而言,其脱色率与 COD 去除率要比常规的铁屑法提高 20% ~ 30%,反应的 pH 为 5 ~ 6,反应接触时间为 13 ~ 15 min。含 3B 红的染色废水可用铁炭内电解法处理,COD 的去除率可达 49% ~ 69%,色度的去除率可达 95% ~ 97.5%。靛蓝染料生产废水可用铁炭内电解法处理,COD 的去除率可达 78% ~ 88.5%,苯酚的去除率可达 71.4% ~ 97.8%,苯胺的去除率可达 73% ~ 86%,硝基苯的去除率可达 78% ~ 93%。含偶氮染料,如甲基橙、活性艳红 X-3B、活性红 KD-8B、阳离子红 X-GRL 的工业废水经废铁屑处理,可使其色度下降 95% 左右,COD 降低 40% 左右。其脱色机理主要是基于还原作用,使偶氮染料分子中的偶氮键断裂,从而破坏了整个偶氮染料分子的共轭发色体系,达到了脱色目的。

利用微电解的方法来进行脱色效果较好,但在实际处理过程中,应注意铁屑结板的问题,在工程设计时要充分考虑这种因素。一般而言,槽式的反应器要比塔式的反应器更易控制。另外,在进行微电解处理后,废水中含有较大量的二价铁及三价铁离子(以二价铁离子为主)需要去除,以便后续生化处理的进行。一般 pH 需调至 8～8.5 才能将二价铁离子去除。

# 8.4　精细化工废水处理工程实例

## 8.4.1　乌兰察布某精细化工厂综合废水处理

乌兰察布某大型精细化工厂车间生产过程中产生的工艺废水全部回用于磺酸结晶和化酸、消化酚钠与酸化酚钠稀释等。来自各装置机泵冷却、装置(单元)地面冲洗、罐区切水等的含油废水(约 2 $m^3/d$)经厂区内排水管网收集至隔油池,经隔油池处理后再进入厂区的废水处理站,收集的浮油送至碱熔工序雾化后作为燃料使用;碱熔锅产生的冷凝废水(约 24 $m^3/d$)和生活污水(约 13.1 $m^3/d$)进入厂区内的废水处理站进行处理;此外还有其他微污染生产废水,流量约为 2.9 $m^3/d$。综上,该厂的废水处理工程所处理的综合废水总量约为 42 $m^3/d$,设计处理水量为 50 $m^3/d$,处理系统拟连续 24 h 运行。有关废水处理站的进水水质指标及排放指标(执行 GB 8978—1996 二级排放标准)见表 8.1。

**表 8.1　有关废水处理站的进水水质指标及排放标准**

| 项　目 | COD /($mg \cdot L^{-1}$) | $BOD_5$ /($mg \cdot L^{-1}$) | SS /($mg \cdot L^{-1}$) | 石油类 /($mg \cdot L^{-1}$) | pH |
|---|---|---|---|---|---|
| 综合废水 | 350 | 160 | 70 | 15 | 6～9 |
| 碱熔锅冷凝水 | 1 800 | — | 413 | — | 9 |
| 排放标准 | ≤ 150 | ≤ 30 | ≤ 150 | ≤ 10 | 6～9 |

### 1. 工艺流程

根据该类精细化工厂废水的特点(如综合废水的 $BOD_5/COD>0.40$)并参考现有精细化工废水处理经验,确定采用碱熔锅冷凝水先进行催化氧化处理,再与其他废水一并处理的“物化-生化”处理的工艺方案,具体的工艺流程如图 8.1 所示。

含油废水、生活污水、微污染生产废水分别经排水管道进入集水池后,由提升泵提升至调节池进行水质水量调节。

碱熔锅冷凝水由于 COD 较高,先通过 Fenton 催化氧化后,再与其他废水自然流入气浮反应器,通过气浮进一步去除其中的悬浮物、浊度、色度及部分有机污染物等。

经过上述预处理后的废水自流进入厌氧生化池,通过厌氧微生物将废水中的有机物通过水解、产酸和产甲烷等作用进行厌氧降解。

厌氧生化池出水进入水解酸化池,再进一步提升废水的可生化性后进入接触氧化池,废水在流经填料时与其上形成的生物膜充分接触,在生物膜微生物的新陈代谢作用下,将废水中的有机物进一步转化为简单的无机物。

### 2. 单元设计

该废水处理工程的主要单元设计、构筑物及设备情况分述如下。

图 8.1　乌兰察布某精细化工厂废水处理工艺流程

集水池 1 座,钢筋混凝土结构,尺寸为 2.0 m×1.5 m×3.0 m。

调节池 1 座,钢筋混凝土结构,尺寸为 4.0 m×5.0 m×3.0 m。主要设备包括潜污泵 2 台(1 用 1 备),型号为 WQ7-10-0.75,$Q=7$ m³/h,$H=10$ m,$P=0.75$ kW;三针液位计 1 套,类型为 61F-G;LZS 塑料管转子流量计 1 台,型号为 LZS-50(0.4 ~ 4 m³/h)。

催化氧化器 1 台,碳钢防腐,尺寸为 2.0 m×2.0 m×3.0 m。主要设备为曝气搅拌系统 1 套。

气浮反应器 1 台,碳钢防腐,尺寸为 2.21 m×2.0 m。主要设备含溶水系统 1 套,收水系统 1 套,刮泥系统 1 套。

厌氧生化池 1 座,钢筋混凝土结构,尺寸为 2.0 m×3.5 m×3.0 m。主要设备包括 GW 无堵塞管道排污泵 1 台,$Q=8$ m³/h,$H=22$ m,$P=1.1$ kW;吸泥系统 1 套;布泥系统 1 套;填料型号 $\phi150×2.0$ m,数量 14 m³;填料支架 1 套。

水解酸化池 1 座,钢筋混凝土结构,尺寸为 2.0 m×3.5 m×3.0 m。主要设备包括曝气器 20 套,微孔曝气器(包括池内全套管路系统及主配气管顶端阀门)材质 ABS,规格 $\phi180$ mm;布水系统 1 套;收水系统 1 套;填料型号为 $\phi150×2.0$ m,数量 14 m³;填料支架 1 套。

接触氧化池 1 座,钢筋混凝土结构,尺寸为 2.0 m×3.5 m×3.0 m。主要设备包括曝气器 20 套,微孔曝气器(包括池内全套管路系统及主配气管顶端阀门)材质 ABS,规格 $\phi180$ mm;布水系统 1 套;收水系统 1 套;填料型号为 $\phi150×2.0$ m,数量 14 m³;填料支架 1 套;鼓风机 2 台(1 用 1 备),型号 NSR-50A,$Q=1.43$ m³/min,$H=53.9$ kPa,$P=3$ kW。

二沉池 1 座,钢筋混凝土结构,尺寸为 2.0 m×2.0 m×3.0 m。主要设备包括布水系统 1 套;收水系统 1 套;排泥系统 1 套。

清水池 1 座,钢筋混凝土结构,尺寸为 2.0 m×2.0m×3.0 m。

污泥消化池 1 座,钢筋混凝土结构,尺寸为 2.0 m×2.0 m×5.0 m。

加药系统的主要设备包括加药罐 4 台,碳钢防腐,尺寸 $\phi 1.0 \times 1.5$ m;加药储罐 2 台, PE, $V = 3$ m³;加药泵 4 台(4 用 1 备),$Q = 1.1$ m³/h,$H = 8.5$ m,$P = 0.18$ kW;计量泵 3 台 (2 用 1 备),型号 GM25/1.2,$Q = 25$ L/h,$H = 1.0$ MPa,$P = 0.25$ kW;搅拌器 4 台,$P = 0.75$ kW。

**3. 运行效果**

乌兰察布某精细化工厂废水处理工程竣工后,调试与运行结果(各指标的具体检测结果见表 8.2)表明,该废水处理系统对精细化工废水处理效果良好,出水水质稳定,各项指标均达到最初设计要求。工程实践证实采用"物化-生化"处理精细化工废水的工艺方案可行,各项出水指标可以达到《污水综合排放标准》(GB 8978—1996)中的二级排放标准要求。

表 8.2　工艺设计的污染物去除效果

| 项　目 | 物化系统 | | | 生化系统 | | | 最终出水 |
|---|---|---|---|---|---|---|---|
| | 进水 | 出水 | 去除率/% | 进水 | 出水 | 去除率/% | |
| COD/(mg·L⁻¹) | 350 | 158 | 55 | 158 | 69 | 56 | 69 |
| BOD₅/(mg·L⁻¹) | 160 | 84 | 48 | 84 | 28 | 67 | 28 |
| SS/(mg·L⁻¹) | 70 | 22 | 69 | 22 | 12 | 46 | 10 |
| pH | 6 ~ 9 | — | | — | — | | 6 ~ 9 |
| 石油类/(mg·L⁻¹) | 15 | 5 | 66 | 5 | 3 | 40 | 3 |

注:表中所列数值为多次测得结果的平均值。

## 8.4.2　吉化公司混合废水处理

吉化公司生产废水中含染料、中间体、化肥、有机合成材料等多种污染污物,废水处理厂设计处理水量 19.2 万 m³/年(目前为 13.7 万 m³/年),采用亚深层编流式曝气处理染料化工混合废水,是国内化工系统最大最完善的废水处理厂。

**1. 水质及设计指标**

吉化公司废水处理厂的进水水质及各处理装置对不同污染物的去除率见表 8.3。

表 8.3　各级处理装置设计处理效果

| 项　目 | BOD₅ /(mg·L⁻¹) | 去除率 /% | COD /(mg·L⁻¹) | 去除率 /% | 悬浮物 /(mg·L⁻¹) | 去除率 /% | 备　注 |
|---|---|---|---|---|---|---|---|
| 进水水质 | 200 ~ 250 | | 400 ~ 500 | | 150 | | ①染料厂水质:COD 700 ~ 44 000 mg/L;pH 为 1 ~ 2;酸度为 40 ~ 50 mg/L |
| 预处理 | 137 ~ 190 | 5 | 380 ~ 480 | 5 | 100 | 33 | |
| 生化处理 | 19 ~ 24 | 90 | 114 ~ 144 | 70 | 50 | 50 | |
| 浓度处理 | | | 85.5 ~ 108 | 25 | ≤20 | 60 | ②总出口、处理水达国家标准 |

**2. 工艺流程**

工艺流程中一级处理(预处理)采用曝气除油沉淀池,二级处理(生化处理)采用亚深层编流式鼓风曝气池,深度处理采用脉冲澄清池(混凝沉淀)。工艺流程简图如图 8.2 所示。

图 8.2　吉化公司污水处理流程示意图

染料厂、水泥厂、电石厂的化学废水经隔油沉淀预处理后,与化肥厂含氮废水和生活污水在混合池混合,用轴流泵提升至高位槽经配水井流入亚深层编流式曝气池生化处理。二沉池出水经脉冲混凝沉淀,清水在接触池加氯消毒后排放。污泥浓缩后用板框压滤脱水,污泥用焚烧法处理。

**3. 主要装置的工艺参数**

(1) 预曝气除油沉淀池

预曝气除油沉淀池是由预曝气池、隔油沉淀池(56.8 m×54 m)组合而成的,预曝气时间为 10 min,曝气强度为 23 $m^3/(m^3$ 废水·h),空气量约为 4 000 $m^3/h$。混合反应时间为 12 min,斜板沉淀池水平流速为 9 ~ 8 mm/s,斜板间停留时间为 20 min。絮凝剂聚氯化铝质量浓度为 5 ~ 10 mg/L。

(2) 亚深层编流式曝气池

曝气池(60 m×40 m×7.2 m)总容积为 691 200 $m^3$,聚乙烯曝气头 5 120 个,布置在水面下 7.03 m。污泥负荷为 0.3 $kgBOD_5/(kgMLSS·d)$。污泥浓度为 2g/L。回流比为 50%,曝气时间为 8.5 h。

(3) 辐流式二沉池

辐流式二沉池 $\phi$37 m,设桁架式刮泥吸泥机。表面负荷为 1.27 $m^3/m^2$,上升流速为 0.35 mm/s。停留时间 1.91 h,周边圆形三角堰出水。

(4) 脉冲澄清池

脉冲澄清池 6 座,每座处理能力为 1 333 $m^3/h$,每座脉冲池(25.8 m×17 m×6 m)停留时间为 1.42 h。池中有脉冲发生器,以气动隔膜阀程控自动排泥。脉冲周期 40 s(充水时间为 20 s,放水时间为 10 s),脉冲时高低水位差 $\Delta h$ 为 0.5 m。清水层上升流速 $v$ 为 0.862 mm/s。

(5) 接触池

接触池容积为 175 $m^3$,停留时间为 1.32 min,内设四道隔板使氯水和污水充分混合接触,氯投加量 10 mg/L。

（6）污泥脱水间

设 3 个污泥池（$\phi = 3$ m,$H = 4$ m,$V = 28$ m³），聚氯化铝投加量按污泥质量的 6% 计。板框压滤机 6 台,滤饼含水率为 75%,滤布为锦纶中丝滤布。

**4. 处理效果**

吉化公司污水处理厂处理运行情况见表 8.4。

（1）预处理

COD、BOD₅、SS、油、色度去除率分别为 7%、11%、3%、52%、4%;苯系物去除率为 55%;氨基物去除率为 13%;硝基物沸点太高,不易挥发,短时间吹脱去除率仅 4%。

**表 8.4　吉化公司污水厂预处理运行情况简表**

| 日期 | COD/(mg·L⁻¹) | | | BOD₅/(mg·L⁻¹) | | | SS/(mg·L⁻¹) | | | 苯系物/(mg·L⁻¹) | | |
|---|---|---|---|---|---|---|---|---|---|---|---|---|
| | 进水 | 出水 | 去除率/% | 进水 | 出水 | 去除率/% | 进水 | 出水 | 去除率/% | 进水 | 出水 | 去除率/% |
| 1981年10月平均值 | 466.5 | 432.2 | 7 | 180.7 | 161.3 | 11 | 275.0 | 157.9 | 43 | 8.03 | 4,42 | 55 |

| 日期 | 硝基物/(mg·L⁻¹) | | | 氨基物/(mg·L⁻¹) | | | 油/(mg·L⁻¹) | | |
|---|---|---|---|---|---|---|---|---|---|
| | 进水 | 出水 | 去除率/% | 进水 | 出水 | 去除率/% | 进水 | 出水 | 去除率/% |
| 1981年10月平均值 | 14.8 | 14.62 | 2 | 8.80 | 7.69 | 13 | 6.6 | 3.1 | 52 |

（2）废水生化处理

生化处理各项指标去除率大约为:COD 57%,BOD₅ 92.3%,油 26.6%,苯系物(苯、甲苯、氯苯、二甲苯)92%;酚类(苯酚、二甲酚)78.7%;污水处理成本 0.60 元/m³ 废水。

## 8.4.3　江苏四菱染料集团公司染料废水处理

江苏四菱染料集团公司以生产还原染料及中间体为主,废水排放量为 4 000 m³/d。经一级处理系统处理后,绝大部分染料中间体被去除掉,一级处理后的出水 COD 在 1 500 ~ 2 000 mg/L。二级处理采用生物法,因水中含有难降解的蒽醌和蒽酮及中间体,再加之含有磺酸盐、醇类等溶剂物质及 $SO_4^{2-}$、$Cl^-$、$Br^-$ 等无机物,使得废水生化处理难度增加;同时,由于废水间歇式排放,水质水量变化剧烈,就更增加了处理难度。

**1. 染料废水一级处理工程**

江苏四菱染料集团公司在 1995 年以前只有一套日处理 1 000 m³ 废水的一级处理装置,日处理量平均只有 720 m³,处理水量仅占排污总量的 21%,大量未经处理的工业废水直接排入硅河。由于未经处理的废水中含有大量的染料及中间体,废水的 pH 不稳定,有时是酸性废水,有时是碱性废水,再加之含有大量的有机物,故严重地污染了受纳水体。随着企业技改步伐的加大,新产品不断上马,使得废水量逐年增加。与此同时,淮河流域水污染综合防治工作已全面展开,为此,四菱染料集团于 1995 年 8 月建成 4 000 m³/d 的一级处理装置,并投入运行,该装置的处理流程如图 8.3 所示。

图 8.3　染料废水一级处理流程图

废水一级处理采取废水调节、中和及沉淀等几个步骤,设计出水指标应达到 COD 小于 600 mg/L、石油类小于 30 mg/L、SS 小于 150 mg/L、pH 为 6.5 ~ 8.5。从运行效果来看,除 COD 在 300 ~ 2 000 mg/L 范围内波动,其他指标均达到设计要求。

江苏四菱染料集团公司现生产染料及中间体 20 ~ 30 种,常年生产 8 ~ 9 种,但均为 AQ(蒽醌)系列还原染料。AQ 还原染料及中间体属多环稠苯大分子化合物,易溶于强酸、难溶于水,且毒性较大,几乎不为生物降解。而一旦酸度减小,则由于溶解度迅速降低,很容易从水中脱稳析出,故经过一级中和沉降处理后,废水中的染料及中间体沉降,COD 大幅度下降,而在染料合成中排放的低分子溶剂是构成废水中稳定 COD 的主要成分,使废水的可生化性显著增加。因此一级处理装置对减少染料废水中污染物的排放量及毒性起到了积极的作用;同时,也为废水进行生物处理打下良好的基础。

**2. 水解-酸化-好氧工艺处理染料废水试验研究**

生物法处理废水具有效率高、日常运行费用低、操作简单、处理能力大、易于管理等优点,因此在染料生产废水处理的实际工程中应用最为广泛。生物处理法包括活性污泥法、生物膜法以及厌氧-好氧处理法,虽然这些方法在处理特定的染料生产废水中取得了一定的效果,但仍存在很大的问题,其中最关键的还是技术上的问题。由于单一的活性污泥法或生物膜法,以及简单的厌氧-好氧组合技术不适应染料生产废水的处理,因此根据染料生产废水的特点,如何消除废水中的有毒有害及难降解的大分子物质,已成为染料生产废水能否进行生物处理的关键。

从现有生物处理技术来看,厌氧处理工艺可以解决这一关键问题,但完整的厌氧处理过程适用于 COD 质量浓度在 2 000 mg/L 以上的废水,且投资大,运行管理复杂,对污染废水不宜采用。通过总结和借鉴现有废水处理技术,对染料废水采用厌氧处理前段-水解和酸化过程,再进行好氧生物处理是行之有效的,其原因阐述如下。

① 提高了废水的可生化性。通过水解和酸化过程,可以将复杂的大分子有机物降解为易于生物处理的小分子有机酸、醇,并通过少量 $CO_2$ 等气体的释放,去除部分 COD,同时可大大提高废水的可生化性。

② 抗冲击负荷能力强,水质稳定。厌氧污泥起着吸附和水解、酸化的双重作用,抗冲击负荷能力强,可为后续的好氧处理提供稳定的进水水质。

③ 运行稳定,费用低廉。由于反应控制在水解酸化阶段,反应进行得比较迅速,故使水解酸化池体积缩小,同时由于不需要设置水、气、固三相分离器,结构简单,故可大大降低工程造价。由于此阶段的厌氧微生物可使硫酸盐还原释放出部分 $H_2S$,减轻了好氧处理的负担,使得整个系统运行稳定。

④ 操作简单,易于管理。由于反应只控制在水解酸化阶段,故对环境条件的变化适应性较强,运行操作比较简单,易于维护管理。

水解酸化工艺是区别于传统厌氧反应工艺的新型处理工艺,它能够在常温下迅速将固体物质转化为溶解性物质,大分子物质分解为小分子物质,可以大大提高废水 $BOD_5$ 和 COD 的比值,缩短后续好氧处理工艺的水力停留时间。缩小占地面积,它不需要密闭的反应池,不需要水、气、固三相分离器和连续搅拌,降低了造价,也便于维护。同时,由于反应控制在水解、酸化阶段,故出水无厌氧发酵所具有的强烈刺激的不良气味,有助于改善废水处理厂的环境。产泥量少,有利于污泥的处理。另外,水解酸化对中等浓度的有机废水(COD 为 1 500 ~ 2 000 mg/L)很适用。因此采用以水解-酸化-好氧处理为主体的工艺,来处理染料及中间体的废水是适宜的。

由于采用单一的好氧处理对染料废水很难达到高效、稳定的处理效果,研究和开发高效、经济、节能的染料及中间体废水生化处理技术迫在眉睫。通过利用厌氧阶段(水解)酸化过程和好氧处理工艺对江菱四菱染料集团染料废水的小试、中试研究后,得到如下的研究成果。

① 采用水解-酸化-好氧生物处理工艺,对染料生产废水进行二级生化处理是行之有效的,且具有运行稳定、抗冲击负荷能力强、运行费用低廉、维护管理简单的特点。但是,必须在一级处理充分发挥其功能的前提下,处理效果才加以保证。该工艺的最佳运行参数是水解段 HRT 为 6 h,酸化段 HRT 为 7 h,好氧段 HRT 为 6 h,DO 为 3 ~ 5 mg/L。

② 在进水 COD 质量浓度为 400 ~ 1 500 mg/L 范围内时,出水的 COD 平均在 200 mg/L 以下。当进水 COD 质量浓度低于 600 mg/L,去除率在 70% 左右;当 COD 质量浓度在 600 ~ 1 500 mg/L 时,去除率最高,在 85% 左右;当 COD 质量浓度大于 1 600 mg/L 时,去除率逐渐下降。因此,在生物量相对稳定,环境条件适宜的情况下,对于整个系统而言,存在着最佳进水浓度范围,而对于微生物而言存在着最佳底物浓度范围。

③ 整个处理工艺的效率取决于好氧处理单元,因为水解-酸化作用仅能去除 5% ~ 15% 的 COD 甚至出现负去除率,而且厌氧污泥增长速率很慢,污泥量基本上保持不变,因此,如何保证曝气池中的生物量和充足的 DO 最为重要。水解和酸化作用已为好氧处理创造了良好的条件。曝气池中的生物量可以通过 SV、SVI、MLSS、MLVSS 控制,稳定运行条件下,各参数的最佳值是:SV 介于 12% ~ 28% 之间,SVI 为 50 ~ 110,MLSS 浓度为 1.88 ~ 2.6 g/L,MLVSS/MLSS 为 30% ~ 50%。

④ 当 DO 大于 3 mg/L 时,处理效率较高。当 DO 小于 2 mg/L 时,去除率逐渐下降,此时丝状菌大量出现,污泥构散,沉降性能极差。及时加大曝气量,增加污泥回流量,此问题就可以得到解决。

⑤ 实验研究表明,无论是单组分为主的染料生产废水,还是综合染料生产废水,对水解和酸化作用来说影响较小,但对于好氧作用影响较大。一般来讲,以单组分为主的染料生产废水比综合性废水更易于处理。

⑥ 当进水水质发生变化时,COD 去除率要下降 10% ~20%,经过 24 ~48 h 的稳定运行后,可以恢复正常状态。如果长期连续运行,就会大大缩短这一时间,这是因为微生物需要经过培养和驯化,逐步适应水质变化的缘故。

⑦ 水质变化及运行效果可以通过微型动物种类和数量定性地反映出来。钟虫、水熊等少数种类,适应性较强,称之为广谱型微型动物;而轮虫,草履虫,吸管虫等种类适应性差,对水质变化反应敏感,称之为窄谱型微型动物。当广谱型微型动物的数量急剧减少甚至消失时,说明废水有很强的毒性。当水熊大量生长时,污泥松散,沉降性能差,预示着污泥膨胀将要发生。

⑧ 通过对 $NH_4^+$-N 的测定,证明了水解过程中发生了加氨反应,而酸化过程发生了脱氨作用,最终使大分子有机物变成小分子的有机酸、醇等,再经过好氧处理生成 $H_2O$ 和 $CO_2$ 而被彻底矿化。硫化物经过水解作用后含量增加很多,但对于后续好氧处理单元影响不大。

**3. 染料废水二级处理工程**

江苏四菱染料集团公司产生的废水中除含酸、碱、盐外,还含有流失的染料、中间组分、溶剂等多种有机物,成分复杂,水质水量变化较大,被列为染料废水限期治理企业。二级生物处理工程的设计处理能力为 4 000 $m^3$/d,是在原有一级处理设施的基础上改造成水解-酸化-好氧处理工艺,将水中 COD 由一级出水的 1 500 mg/L 降至 200 mg/L 以下,以达到行业废水排放标准。

二级生物处理系统进水与原一级处理系统出水相衔接,其中包括新建 $\phi$10 m 水解反应池 2 座,$\phi$12 m 酸化反应池 2 座,20 m×14 m 的组合式曝气沉淀池 1 座,并将原有氧气库改建为鼓风机房。

（1）工艺流程

江苏四菱集团染料废水二级生物处理工艺流程如图 8.4 所示。

图 8.4　二级处理工艺流程图

（2）工艺说明

① 水解反应池。水解反应池为 2 座 $\phi$10 m 钢筋混凝土池,为使池中布水均匀,并减

少水流扰动,采用旋转布水器,水力停留时间为 7 h,有效水深为 7.56 m。在水解反应池内加设 ZY 笼球形厌氧填料,厚度为 0.5 m,以防止浮泥流失。

② 酸化反应池。酸化反应池包括 $\phi$12 m 钢筋混凝土池 2 座,水力停留时间为 5 h,有效水深为 6.25 m。为便于池中污泥的沉降、积累,酸化反应池的沉淀区直径由 10 m 放大到 12 m,进水亦采用旋转布水器,上部加设 ZY 笼球形厌氧填料。

③ 组合式曝气沉淀池。为减少占地,将曝气池和二次沉淀池合建为组合式曝气沉淀池,气水比为 8.3:1,采用微孔曝气,有效水深为 4.2 m,停留时间为 7 h。曝气池平面尺寸为 20 m×14 m,曝气池分为 4 个廊道,每个廊道分为 3 个格,其中一格加设厚度为 1.5 m 的交叉流填料。

二次沉淀池采用方形的竖流式沉淀池,边长为 7 m,有效水深为 3.78 m,中心管直径为 1.22 m。

由于染料序批式生产,废水量变化较大,组合曝气沉淀池出水通过变频调速泵调节回流水量,以保持进入二级生物处理系统中水力负荷均匀稳定。为补充水解、酸化反应池的生物量,同时降低污泥处理费用,好氧剩余污泥可排入水解、酸化反应池。

④ 鼓风机房。鼓风机房利用原有氧气库改建,平面尺寸为 7.8 m×6 m。选用 SS-R150-150A 型罗茨风机 3 台,其中 1 台备用,供气能力为 12.11 m³/min,风压为 5 m,配用电机功率为 18.5 kW。

# 第9章 中药加工废水处理

几千年来,中医药为中华民族的健康做出了巨大的贡献。在国家政策的支持下,中药凭借着毒副作用小和药效持久等优势,其产业得到了快速的发展。2015—2018 年,我国规模以上医药工业企业中,中药饮片的加工主营业务收入和利润总额均保持 10% 以上的增速增长。2019 年,我国中药工业(包括饮片加工、中成药生产)产值达 6 520.2 亿元,占我国医药工业总产值的 25%。由此可见,我国中药产业正处于快速发展之中,拥有着广阔的发展前景和潜力。然而,在中药加工过程中产生的加工废水成分复杂、变化大、种类多,含有毒难降解有机物并伴随着生态风险,是难处理的工业废水之一。因此,对中药加工废水进行有效的、规范的处理,使处理后水质达到国家要求的排放标准,对保护生态环境、人类社会可持续发展具有重要意义。

## 9.1 中药加工废水的来源

### 9.1.1 中药加工基本工艺流程

中药加工企业以中草药为原材料,通过复杂的工序制成片剂、针剂、胶囊、丸剂、口服液等中药制品。典型的中药加工工艺流程如图 9.1 所示,主要包括前处理、提取、浓缩和制剂等工序,不同工序产生的废水量也不同。

图 9.1 典型中药加工工艺流程

### 9.1.2 中药加工废水的来源

中药加工废水是指中药加工过程中产生的废水,主要来源于三个方面:各工序的生产废水,提取等工序排放的有机废液,清洗设备和生产车间地面产生的废水。此外,还包括厂区生活污水及其他辅助车间排水。其中,提取车间排放的有机废液是中药废水有机污染物的主要来源。表 9.1 列举了河南、湖北某企业中药加工过程中不同工艺产生的废水水量及其水质。

中药加工过程产生大量的废水,易造成环境污染,如未进行有效的治理,将会制约中药产业的良性发展。

表 9.1　中药加工废水不同来源废水水量及水质

| 废水来源 | 水量 /(m³·d⁻¹) | pH | COD /(mg·L⁻¹) | BOD₅ /(mg·L⁻¹) | 氨氮 /(mg·L⁻¹) | SS /(mg·L⁻¹) | 色度 /稀释倍数 |
|---|---|---|---|---|---|---|---|
| 河南某中药加工企业 | | | | | | | |
| 洗药废水 | 72 | 6.8~7.0 | 320 | 50 | 11 | 70 | 150 |
| 水提浓缩废水 | 260 | 6.2~6.3 | 880 | 300 | 2.8 | 20 | 150 |
| 醇提浓缩废水 | 14.5 | 6.3~6.5 | 9 000 | 6 300 | 7 | 200 | 850 |
| 设备清洗废水 | 85 | 6.8~6.9 | 2 400 | 1 300 | 1.5 | 185 | 190 |
| 生活污水 | 30 | 6~9 | 290 | 160 | 22 | 200 | — |
| 纯化废水 | 127 | 6~9 | 50 | — | — | 60 | — |
| 循环冷却水 | 85 | 6~9 | 40 | — | — | 50 | — |
| 锅炉软化废水 | 24 | 6~9 | 40 | — | — | 60 | — |
| 湖北某中药加工企业 | | | | | | | |
| 醇提废水 | 5 | 3~10 | 100 000 | 35 000 | 285 | 5 300 | — |
| 生产废水 | 500 | 1~5 | 600 | 210 | 20 | 250 | — |
| 生活污水 | 13.5 | 6~9 | 400 | 210 | 60 | 250 | — |

# 9.2　中药加工废水的水质特征

## 9.2.1　中药加工废水水质差异大

　　不同的原料和处理工艺对不同种类的中药加工废水的水质影响较大。中药加工厂综合排放废水水质特性见表 9.2。中药废水成分复杂,主要含有木质素、色素、蛋白质、氨基酸、糖类、酚类、醇类、萜类、鞣质及生物碱等。

表 9.2　中药加工厂综合排放废水水质特性

| 项目 | pH | BOD₅/(mg·L⁻¹) | COD/(mg·L⁻¹) | 氨氮/(mg·L⁻¹) | SS/(mg·L⁻¹) |
|---|---|---|---|---|---|
| 浓度 | 5~8 | 2 000 | 3 000~8 000 | 20~100 | 400~700 |

　　中药加工废水主要特点具体如下:

　　①中药的原料基本上是天然有机物,如植物的根、茎、叶部分及动物皮毛等,经过复杂的中药加工过程,使大量的有机物及中间产物随着废水排出,最终导致中药加工废水的组成成分十分复杂。

　　②中药加工企业生产作业是按批次计划生产,各工序排水多是间歇排水,导致中药加工废水水量和水质波动较大。

③由于中药提取过程需要添加大量的有机溶剂,如乙醇、乙醛等,连同大量的浓缩有机药液随清洗废水流出,导致中药加工废水中含有有机污染物,包括烷烃、烯烃、氯代烃、醇类、醛类、有机酸、芳香烃类和酯类等物质。其中,萘、三氯甲烷、二氯甲烷和1,4-二氯苯均为中国水环境优先控制污染物和美国环境保护局列出的水环境优先控制污染物。中药加工废水中含有半挥发性有机物邻苯二甲酸二辛酯,属于美国优先控制污染物。中药加工废水中常见有机污染物见表9.3。

表9.3　某地中药加工废水中毒性污染物

| 有机污染物 | 名　　称 |
| --- | --- |
| 卤代脂肪烃类 | 氯仿、一氯二溴甲烷、二氯一溴甲烷、二氯甲烷、1,1,1-三氯乙烷、1,1-二氯乙烯、三氯甲烷、三氯乙烯、四氯乙烯、六氯丁二烯、四氯化碳、1,2 二氯乙烷、1,2-二氯乙烯 |
| 单环芳香族化合物 | 六氯苯、二甲苯、1,2-二氯苯、三氯苯(总量)、甲苯、苯、苯乙烯、氯苯、乙苯、1,4-二氯苯 |
| 多环芳烃类 | 苯并(a)芘、萘 |
| 增塑剂 | 邻苯二甲酸二辛(2-乙基巳基)酯 |

④中药加工废水一般含有大量纤维素等难降解物质,可生化性一般较低,因不同加工原材料,中药加工废水的可生化性差异也较大。

⑤中药加工废水中有机物浓度较高,含有一些具有生物毒性的物质,如原儿茶醛、丹酚酸 B、迷迭香酸、丹参素钠、挥发性有机酸(戊酸、丁酸、丙酸、乙酸)等。2008 年,原国家环境保护部和国家质量监督检验检疫总局共同发布了《中药类制药工业水污染物排放标准》(GB 21906—2008),明确规定中药加工废水急性毒性 $HgCl_2$ 指标毒性当量排放限值是 0.07 mg/L。典型中药的毒性成分和毒性特征具体见表9.4。

表9.4　典型中药的毒性成分及毒性特征

| 品种 | 毒性成分 | 毒性特征 |
| --- | --- | --- |
| 桔梗 | 桔梗皂苷、新远志酸、桔梗酸 A、桔梗酸 B、桔梗酸 C | 水煎液小鼠灌胃给药 $LD_{50}$ 为 24 g/kg。皂苷小鼠、大鼠灌胃给药 $LD_{50}$ 分别为 420 mg/kg、800 mg/kg;腹腔注射 $LD_{50}$ 分别为 22.3 mg/kg、14.1 mg/kg;豚鼠腹腔注射的 $LD_{50}$ 为 23.1 mg/kg |
| 金银花 | 绿原酸 | 幼年大鼠灌胃给药绿原酸 $LD_{50}$ 为大于 1 g/kg,腹腔注射的 $LD_{50}$ 大于 0.25 g/kg |
| 板蓝根 | 靛玉红 | 靛玉红给小鼠腹腔注射的 $LD_{50}$ 为 1.1~2.0 g/kg |
| 柴胡 | 柴胡皂苷、生物碱 | 小鼠口服柴胡皂苷 $LD_{50}$ 为 4.7 g/kg,豚鼠腹腔注射 $LD_{50}$ 为 53.8 g/kg |
| 苍术 | 苍术苷、挥发油 | 小鼠灌胃北苍术挥发油的 $LD_{50}$ 为 4.71 mL/kg |
| 丹参 | 毒性蛋白、丹参酸性酚 B | 小鼠腹腔注射丹参注射液的 $LD_{50}$ 为 36.7 g/kg |
| 黄连 | 绿原酸、小檗碱 | 小鼠腹腔注射盐酸小檗碱 $LD_{50}$ 为 24.3 mg/kg,灌胃给药小鼠 $LD_{50}$ 为 392 mg/kg |

续表 9.4

| 品种 | 毒性成分 | 毒性特征 |
|---|---|---|
| 杜仲 | 绿原酸 | 水煎剂豚鼠腹腔注射 10~15 g/kg,3~5 天半数动物死亡。杜仲水煎剂会引起大鼠、兔、犬的肾脏有轻度水肿变性 |
| 川乌 | 乌头碱、塔拉第胶、川乌碱甲、川乌碱乙 | 川乌毒性很强,属大毒之品,如用量过大,煎煮时间不够或患者体质虚弱,容易发生中毒。人口服乌头碱 3~4 mg 可致死。小鼠灌胃、腹腔注射皮下注射及静脉注射 AC(乌头碱)的 $LD_{50}$ 分别为 1.8 mg/kg、0.38 mg/kg、0.26~0.29 mg/kg 及 0.12~0.27 mg/kg。MAC 的 $LD_{50}$ 分别为 1.9 mg/kg、0.2~0.26 mg/kg、0.21~0.30 mg/kg 和 0.1~0.13 mg/kg,而 HAC 则分别为 5.8 mg/kg、1.19 mg/kg、1.1 mg/kg 和 0.47 mg/kg |
| 连翘 | 连翘脂苷 | 连翘注射液(1:1)小鼠腹腔注射 $LD_{50}$ 为(24.85±1.12)g/kg,连翘壳煎液(1:1)小鼠皮下注射 $LD_{50}$ 为 29.37 g/kg,连翘心、青翘壳、青翘心分别为 30 g/kg、13.23 g/kg、28.35 g/kg |
| 绞股蓝 | 绞股蓝皂苷 | 绞股蓝皂苷(绞股蓝皂苷 70%,灰分 0.73%,水分 7.21%)对 SD 大鼠的胚胎毒性试验发现,剂量为 100 mg/kg 及更高剂量组引起怀孕母鼠部分胚胎死亡 |
| 白芍 | 白芍总苷 | 白芍总苷给小鼠一次静脉注射或腹腔注射,$LD_{50}$ 分别为 159 mg/kg 及 230 mg/kg。芍药苷给小鼠静脉和腹腔注射的 $LD_{50}$ 分别为 3 530 mg/kg、9 530 mg/kg |
| 冬花 | 总生物碱、克氏千里光碱 | 冬花醇提液小鼠口服的 $LD_{50}$ 为 112 g/kg。醚提取物小鼠腹腔注射的 $LD_{50}$ 为 43 g/kg |
| 射干 | 草夹竹桃苷 | 小鼠灌服射干乙醇提取物 $LD_{50}$ 为 67.8 g/kg,临床使用有明显消化道反应。 |
| 紫苏 | 挥发油成分 | 紫苏成分 3-取代呋喃类化合物紫苏酮、白苏酮、异白苏酮和紫苏烯能致动物广泛肺水肿和大量腹腔渗出物,前三者小鼠腹腔注射的 $LD_{50}$ 均小于 10 mg/kg,约在 24 h 内死亡。紫苏醇具有毒性和刺激性致敏作用。紫苏酮分别给雄山羊和安格斯小母牛静脉注射 19 mg/kg,30 mg/kg 可致死,但口服 40 mg/kg 仍可存活。紫苏的水提物有致突变作用,活性成分碱性条件下稳定 |

⑥中药加工废水含有大量的沉淀物,在萃取过程中会有大量的药物残留物排入废水中,导致废水含有悬浮物浓度过高。

⑦有些中药加工工序需要做酸处理或碱处理,另外清洗罐体需要添加大量的碱,导致中药加工废水的 pH 变化较大。

⑧中药加工过程中需要高温煎煮,导致中药加工废水的水温较高,有一定的中草药气

味,且中药加工废水色度较高。

## 9.2.2　中药加工废水危害重

中药加工废水具有有机物含量高、难降解物质含量高、水质情况复杂、水量变化大且具有一定的生物毒性的特征。中药加工废水如不经妥善处理,进入环境将会对环境周围水生、陆生动植物产生毒害,严重冲击原有的生态系统,对生态环境造成极大危害。中药加工废水中有些物质无法在水中降解,进而进入食物链产生富集效应,最终影响人类的身体健康。

## 9.2.3　中药加工废水排放标准

《中药类制药工业水污染物排放标准》(GB 21906—2008)自 2008 年 8 月 1 日开始实施,为各地环保部门在有效控制中药加工企业排污问题上提供了依据。最终标准中规定中药生产企业主要污染物排放浓度限值执行表 9.5 的规定。

表 9.5　企业废水总排放口水污染物排放浓度限值及单位产品基准排水量(不包括特别保护措施地区)

| 控制项目 | pH | $BOD_5$ /(mg · L$^{-1}$) | COD /(mg · L$^{-1}$) | SS /(mg · L$^{-1}$) | 氨氮 /(mg · L$^{-1}$) | TP /(mg · L$^{-1}$) | $HgCl_2$毒性当量 /(mg · L$^{-1}$) | 单位产品基准排水量 /(m$^3$ · t$^{-1}$) |
|---|---|---|---|---|---|---|---|---|
| 限值 | 6 ~ 9 | 20 | 100 | 50 | 8 | 0.5 | 0.07 | 300 |

## 9.2.4　中药加工废水急性毒性检测方法及优化

急性毒性检测方法——发光细菌检测法(GB/T 15441—1995),是根据抑制发光细菌发光的程度来评价毒性物质毒性水平。该急性毒性指标的检测方法操作十分复杂,一般需经过专业培训人员进行检测,并且每次检测都需要购买昂贵的发光细菌冻干粉。鉴于《中药类制药工业水污染物排放标准》(GB 21906—2008)对急性毒性限定非常严格,急性毒性指标检测方法非常复杂,检测菌剂费用昂贵,现有制药企业对急性毒性进行日常监测非常困难。因此,有必要开发一种采用常规水质指标替代急性毒性的预测方法。

由于中药加工废水中含有大量芳香族化合物,会在紫外线 254 nm 波长有较强吸收,此外,药物残留和挥发性脂肪酸(VFAs)是中药加工废水主要毒性组分。因此,采用 $UV_{254}$ 和 VFAs 进行中药加工废水急性毒性预测具有理论可行性。通过对湖北某丹参加工废水为实验对象,开展以 $UV_{254}$ 及 VFAs 两个常规指标对中药加工废水的急性毒性($TU_{50}$)模型建立及验证,得到模型如式(9.1)所示。

$$TU_{50} = 0.679 · UV_{254} + 0.006 · VFAs + 1.855 \tag{9.1}$$

预测 $TU_{50}$ 和实验 $TU_{50}$ 值均表现良好线性相关性($R^2 = 0.832 ~ 0.872$),说明可以通过 $UV_{254}$ 和 VFAs 值对中药加工废水急性毒性进行预测。该计算模型仅适用以丹参为主要加工原材料的中药废水,其他类型的中药加工废水需要进一步验证模型的合理性。由于不同种类的中药加工废水的代谢程度、毒性组分及其他影响急性毒性因素不同,不能针对所有中药加工废水建立明确数量关系。但是,针对不同种类中药加工废水,可以构建急性毒性计算通用模型(见式9.2)。

$$TU_{50} = a \cdot UV_{254} + b \cdot VFAs + c \tag{9.2}$$

式中　　$a$、$b$——系数;

　　　　$c$——常数,均由具体废水拟合求得。

# 9.3　中药加工废水处理技术

中药加工废水的成分复杂,而且不同种类之间水质差异较大,应针对不同性质的中药加工废水采取不同的处理技术。中药加工废水处理技术较多,大体上可分为三类:物化处理技术、生物处理技术、物化-生物联合处理技术。中药加工废水的处理应以高、低浓度废水分质处理为原则,即对高浓度的生产污水先进行单独处理后,在与厂内其他低浓度废水在调节池混合后进行处理。

## 9.3.1　物化处理工艺

物化处理技术在工业废水处理中应用较多,在处理中药加工废水方面,一般作为生物处理的预处理或深度处理工序,也可以作为独立的处理工艺。比较常用的物化处理方法有:混凝沉淀法、吸附法、气浮法和高级氧化法等。

混凝沉淀法是中药加工废水处理中常用的物化处理方法,通过投加混凝剂和助凝剂使中药加工废水中悬浮颗粒聚集成絮体,然后在沉淀池中沉淀去除。混凝沉淀可去除大部分悬浮固体(SS)及部分COD,可改善中药加工废水的可生化性。比较常用的混凝剂有聚合氯化铝(PAC)、聚合氯化硫酸铝和聚合硫酸铁等,常用的助凝剂为聚丙烯酰胺(PAM)。

吸附法是利用吸附剂来吸附废水中的污染物质使废水净化的方法。吸附法具有良好的脱色效果,一般用于预处理或深度处理。中药加工废水处理中,一般常用的吸附剂有粉煤灰和活性炭等。

气浮法也是处理中药加工废水比较常见的一种处理方法,因为中药加工废水中含有大量密度较轻的悬浮颗粒,气浮法比较适合。气浮法是通过在废水中产生大量微气泡,而微气泡通过黏附废水中悬浮颗粒上浮至水面,然后通过刮渣装置将废水中污染物去除。最常用的气浮工艺是加压溶气气浮工艺,目前一些高效的气浮装置得以应用,如浅层气浮装置、涡凹气浮装置,使气浮处理效果得以明显提高。

高级氧化法是通过产生强氧化能力的羟基自由基(·OH)等氧化污染物的方法,常用于处理有毒或难生物降解废水。高级氧化法一般分为Fenton氧化、光化学氧化、电化学氧化、臭氧氧化等。采用高级氧化法处理中药加工废水不仅可以实现对难降解物质的分解,而且也可以改善中药加工废水的可生化性。

此外,还有其他物化法用于处理中药加工废水,如:微电解法、微波法、蒸馏法等。

物化法往往需要投加药剂或消耗大量电能,运行费用较高。尤其是处理高浓度中药加工废水,物化法一般不作为处理中药加工废水的主体工艺,常用作预处理或深度处理单元。

### 9.3.2　生物处理工艺

生物处理技术在工业废水处理中应用最广,污水生物处理具有技术成熟、处理费用低的优势。针对高浓度有机废水的处理,如中药加工废水,生物处理技术常用作主体工艺,根据工艺是否曝气,生物处理又分为好氧生物法和厌氧生物法。

好氧生物法是利用好氧微生物去除水中的污染物,可分为活性污泥法和生物膜法。好氧处理技术启动快、技术成熟、效果稳定,在中药加工废水处理中应用非常广泛。

厌氧生物法是利用厌氧菌和兼性菌在厌氧条件下代谢作用,对废水中有机物进行生化降解的过程。厌氧生物法不需供氧,可节省大量曝气耗能,污泥量少,而且厌氧生物法可产生甲烷等清洁能源。厌氧生物法较适于处理高浓度有机废水。因此针对高浓度的中药加工废水,厌氧生物法是高效、经济的处理方法。

综上,好氧生物法处理效率高,但好氧生物法处理的能耗较高,剩余污泥量大,适合低浓度中药加工废水的处理。厌氧生物法处理能耗低,可产生能源,而且污泥产量小,特别适合高浓度中药加工废水的处理。但是,厌氧生物法处理有机物降解不彻底,仍然需要采用好氧工艺进一步处理,此外,厌氧生物处理可以把难降解或不溶性的大分子有机物分解为小分子可溶性有机物,利于后续的好氧生物处理。因此,采用厌氧-好氧组合工艺处理中药加工废水是最经济有效的方法之一。

### 9.3.3　物化-生物联合处理工艺

中药加工废水成分复杂,一般含有大量难降解有机物或含有生物毒性物质,其导致生物处理系统处理效果不佳,很难达到出水排放标准。物化-生物联合处理技术是以物化法作为预处理,并以生物法为主体的处理工艺。物化-生物联合处理技术在中药加工废水处理中具有非常广泛的应用。

从表9.6可以看出,物化-生物联合处理技术的工艺流程基本都是按“物化预处理-厌氧-好氧-物化深度处理”工艺进行组合。物化预处理的作用主要是去除不溶解的污染物或提高废水的可生化性;物化深度处理的作用主要是降解生物法未能降解的污染物使废水达标排放。生物处理单元是处理中药加工废水的主体工艺。处理高浓度的中药加工废水,大部分有机污染物都是在厌氧处理单元被去除的,一般中药加工废水的 COD 浓度大于 2 000 mg/L 时,就需要设置厌氧处理单元,如仅采用好氧处理,能耗非常大,而且产生大量的剩余污泥,而污泥的处理也需要大量的费用。相反,厌氧处理工艺节能,污泥产量少,而且会产生新的能源,处理费用比较低。

处理高浓度中药加工废水的关键在于采用高效的厌氧处理技术,尤其是开发针对难降解或有毒废水的厌氧技术,这样可以省去前端或后端的部分物化处理单元,从而减少中药加工废水的处理费用。

表9.6　物化-生物联合处理技术处理中药加工废水的组合工艺

| 序号 | 工艺组合 | 进水 COD /(mg · L⁻¹) | 出水 COD /(mg · L⁻¹) | COD 去除率 /% |
|---|---|---|---|---|
| 1 | 微电解-UASB+MBBR | 7 300 ~ 7 900 | 140 ~ 190 | >97 |
| 2 | 气浮-UASB-A/O+芬顿 | 5 869 | 80 | 98.6 |
| 3 | IC-MBR-高级氧化 | 6 000 ~ 8 000 | ≤ 100 | ≥ 99 |
| 4 | 微电解-UASB-两级 HCR-气浮 | 2 715 ~ 2 901 | 41.20 ~ 49.65 | 98.37 |
| 5 | 混凝沉淀-ABR-UBF-曝气沉淀-A/O | 33 260 ~ 34 100 | 80.64 ~ 82.71 | 99.75 |

# 9.4　中药加工废水处理工程实例

**1. 湖北某药业中药加工废水中试研究及工程方案**

（1）中试研究概况

湖北某药业有限公司厂区现有的污水处理站,采用"水解酸化-好氧生物接触氧化"为主的处理工艺,其投入运行后处理效果不够稳定。为确保该公司废水达标排放,废水处理站需要进行工艺改造,拟通过现场中试试验研究确定适合的处理工艺及工艺技术参数,为此构建了 2 m³/d 中试试验研究装置,采用"强化物化预处理-双循环厌氧-好氧生物处理"为主的处理工艺。由于该公司醇沉废水属于间歇排放,排放频率4 ~ 5 次/日,一次排放过程持续时间15 ~ 20 min,所以在中试试验研究中,每日从污水处理站的调节池取水样,通过体积混合作为综合废水实验水样,其水质情况见表9.7。针对中药加工废水有机污染物和悬浮物浓度高、水质水量波动大、污水成分复杂,含有毒难降解污染物,通过中试试验装置开展基于污染物和毒性联合减排的高效低耗物化/生物控制技术研究,开发中药加工废水物化/生化强化处理集成技术,建立成套的高效低耗短流程技术方案。

表9.7　醇沉废水和综合废水情况

| 实验水样 | COD /(mg · L⁻¹) | SS /(mg · L⁻¹) | TN /(mg · L⁻¹) | TP /(mg · L⁻¹) | 氨氮 /(mg · L⁻¹) | pH | 色度 | B/C | 毒性 /(mg · L⁻¹) HgCl₂ |
|---|---|---|---|---|---|---|---|---|---|
| 综合废水 | 3 092 | 624 | 48.4 | 2.51 | 18.6 | 6.60 | 400 | 0.39 | 1.56 |
| 醇沉废水 | 134 800 | 13 560 | 5 063.4 | 741.6 | 724.5 | 5.35 | 15 450 | 0.38 | 56.72 |

（2）中试处理工艺及效果

中试处理工艺采用"强化物化预处理-双循环厌氧-好氧生物处理"组合工艺,具体工艺流程如图9.2所示。

①混凝沉淀预处理。

针对中药加工废水的水质确定混凝剂种类及投加量,同时考查了 pH 及助凝剂对混凝效果的影响,对混凝影响因素通过响应面优化,确定混凝工艺参数为:PFS 投加量为

图 9.2　"强化物化预处理-双循环厌氧-好氧生物处理"组合工艺流程图

468. 27 mg/L、PAM 投加量为 7. 85 mg/L、pH 为 7. 01,对 COD 去除率为 39.3%、悬浮物 (SS)去除率为 98.9%。

　　由图 9.3 可见,混凝-生化处理对 COD 的去除率明显高于单独生化处理对 COD 的去除率,增幅在 10% 左右。混凝预处理工艺提高了废水 COD 去除率,有利于出水达标排放。在毒性控制方面,结果如图 9.4 所示,混凝-生化处理的毒性去除率明显高于单独生化处理的毒性去除率,说明混凝预处理工艺对废水毒性的去除发挥了一定的作用。

图 9.3　不同工艺的废水 COD 去除情况

　　② 新型复合双循环厌氧反应器。

　　厌氧处理技术是一种低成本的废水处理技术,它有效地把废水的处理和能源的回收利用相结合,广泛应用于工业废水的处理。针对中药废水高有机浓度及毒性大的特点,该中试采用了新型复合双循环厌氧反应器(CDC)。CDC 反应器(图 9.5)可解决常规厌氧处理反应器处理难降解或有毒工业废水效能差、抗冲击负荷能力弱、运行成本高等问题。CDC 反应器在内循环厌氧反应器(IC)的基础上增加了外循环系统和内、外循环动力系统,这样可以在处理难降解或有毒废水时人为控制内、外循环强度,提高污泥与废水的传质效率,从而促进污染物的降解。

　　CDC 反应器具有较常规厌氧反应器明显的技术优势,主要体现在:① 高效性,复合双循环厌氧反应器处理高浓度有毒工业废水能力较强,通过优化水力条件减少了反应器内死区比例,解决了常规厌氧处理工艺水力停留时间长、处理效率较低的问题;② 经济性,复合双循环厌氧反应器具有较低的高径比,设备投资运行费用低,管理更方便。另外其抗

图9.4　不同工艺的废水毒性去除情况

进水有机负荷冲击能力较强,二次启动较快;③ 新颖性,复合双循环厌氧反应器设置了内、外循环系统和内、外循环提升系统,不但可实现产酸相与产甲烷相进一步分离,而且内外双循环的设置保证了反应器内高污泥浓度。

图9.5　CDC厌氧反应器设计简图及装置图

　　CDC厌氧反应器启动过程(图9.6)经历3个阶段:阶段(a)是水力停留时间(HRT)逐渐缩短阶段,包括三个时期(1~3),在这个阶段进水COD浓度维持在3 000 mg/L不变,而HRT逐步缩小(36 h,24 h,18 h);阶段(b)是进水浓度逐渐增加阶段,包括五个时期(4~8),在这个阶段进水HRT维持在18 h不变,而进水COD浓度逐步增加(5 000 mg/L,7 000 mg/L,9 000 mg/L,11 000 mg/L,13 000 mg/L);阶段(c)是运行稳定阶段,包括 1 个时期(9),在这个阶段进水 HRT 为 18 h,进水 COD 浓度为 11 000 mg/L。在时期 1~8,进水有机负荷(OLR)从 2 逐渐增加到 17.33 kg COD/(m³·d),稳定运行期 OLR 稳定在 14.67 kg COD/(m³ d)。CDC 反应器启动期对 COD 去除的结果表明,经过 4 个多月的培养,CDC 反应器在 OLR 为 14.67 kg COD/(m³·d)条件下,COD 的去除率可达到 95%,甲烷产率为 0.33 m³CH₄/kg COD,出水挥发性有机酸稳定在 90 mg/L 以下。

(a) CDC反应器启动期的COD去除

(b) 甲烷产率和挥发性脂肪酸(VFAs)变化

图 9.6　CDC 反应器启动期的 COD 去除、甲烷产率和挥发性脂肪酸(VFAs)变化

与常规厌氧反应器相比,该 CDC 反应器具有更高的 COD 去除率,见表9.8。

**表9.8　复合双循环厌氧反应器与常规反应器处理中药加工加工废水效能对比**

| 处理工艺 | OLR /(kg COD · m$^{-3}$ · d$^{-1}$) | HRT /h | 进水 COD /(mg · L$^{-1}$) | 出水 COD /(mg · L$^{-1}$) | COD 去除率 /% |
|---|---|---|---|---|---|
| UASB | 6.30 | 24 | 6 300 | 945 | 85.0 |
| EGSB | 13.00 | 24 | 13 000 | 2 860 | 78.0 |
| ABR | 4.02 | 24 | 4 021.68 | 836.5 | 79.2 |
| 两相厌氧反应器 | 12.64 | 51 | 10 874.4 | 1 030.4 | 90.5 |
| CDC 厌氧反应器 | 13.00 | 24 | 13 000 | 754 | 94.2 |

③水解-生物接触氧化。

针对实际中药加工废水具有生物毒性、可生化性差的水质特征,采用高性能填料对水解-生物接触氧化工艺进行强化,并通过工艺条件优化,形成中药加工废水强化复合生物处理工艺。最终确定的主要工艺参数为:水解酸化池水力停留时间控制在 18 h,生物接触氧化池的水力停留时间控制在 30 h,污泥回流比为 100%。

在上述工艺参数条件下,水解-生物接触氧化工艺对于 COD、TN 和 TP 等污染物的去除效果见表9.9。

**表9.9　水解-生物接触氧化工艺对污染物去除效果**

| 污染物指标 | 水解池 | | | 生物接触氧化池 | | |
|---|---|---|---|---|---|---|
| | 进水 | 出水 | 去除率/% | 进水 | 出水 | 去除率/% |
| COD/（mg · L$^{-1}$） | 1 236 | 833 | 32.56 | 511 | 162 | 67.78 |
| TN/（mg · L$^{-1}$） | 29.9 | 16.2 | 46.24 | 7.2 | 3 | 59.19 |
| TP/（mg · L$^{-1}$） | 2.44 | 1.07 | 54.98 | 1.75 | 0.77 | 58.13 |
| SS/（mg · L$^{-1}$） | 145 | 85 | 41.23 | 174 | 77 | 56.40 |
| 色度/倍 | 19 | 14 | 26.28 | 20 | 11 | 44.69 |

中药加工废水的有毒有机污染物特性以 HgCl$_2$ 毒性当量来表征,以填料复合强化的水解-生物接触氧化工艺对中药加工废水毒性去除具有显著的效果(表9.10)。水解池对急性毒性的平均去除率为 22.51%,生物接触氧化池对急性毒性的平均去除率为 37.38%,生物接触氧化池对毒性的去除优于水解池。工艺最后出水毒性平均为 0.069 mg/L HgCl$_2$ 毒性当量,达到了《中药类制药工业水污染物排放标准》(GB 21906—2008)中对中草药生产废水中对毒性指标的要求。

填料复合强化的水解-生物接触氧化工艺,在冬季低水温、有机负荷波动等不利环境条件下,表现出对中药加工废水的高效、稳定的去除效率。水解-生物接触氧化工艺在环境温度较低(低于 10 ℃)时,调整部分工艺的运行参数:水解池与生物接触氧化池内 HRT 分别为

24 h 和 36 h,污泥回流比均为 1∶1,平均 COD 去除率为 87.4%,出水 pH 稳定在 7 左右。

表 9.10　水解-生物接触氧化工艺对急性毒性去除效果

| 取样次数 | 水解池进水 /(mg·L$^{-1}$) | 水解池出水 /(mg·L$^{-1}$) | 生物接触氧化池 出水/(mg·L$^{-1}$) | 水解池去除率 /% | 生物接触氧化池 去除率/% |
|---|---|---|---|---|---|
| 1 | 0.142 | 0.111 | 0.073 | 21.83 | 34.23 |
| 2 | 0.142 | 0.111 | 0.067 | 21.83 | 39.63 |
| 3 | 0.143 | 0.109 | 0.067 | 23.77 | 38.53 |
| 4 | 0.142 | 0.108 | 0.070 | 23.94 | 35.18 |
| 5 | 0.142 | 0.112 | 0.068 | 21.12 | 39.28 |

④组合工艺效果。

针对中药加工废水中悬浮物和有机污染物浓度高、污水成分复杂、水质水量波动大、特别是有毒难降解污染物含量较高的特点,首先,利用经济高效的无机和有机复配絮凝剂对中药加工废水中的悬浮物及色度进行强化去除,同时去除一部分有机物及毒性物质;其次,利用高效的复合双循环厌氧反应器去除大部分有机物及毒性物质;最后,利用高效水解-好氧组合工艺进一步去除剩余的有机物及毒性物质。中试系统稳定运行时,各工艺单元处理效果见表 9.11。各工艺单元发挥了各自的处理优势,使中药加工废水经过“强化物化预处理-双循环厌氧-好氧”工艺处理可稳定达到《中药类制药工业水污染物排放标准》(GB 21906—2008)中规定的水污染物排放限值。

表 9.11　“强化物化预处理-双循环厌氧-好氧”组合工艺对污染物去除效果

| 水样 | | CODcr /(mg·L$^{-1}$) | BOD$_5$ /(mg·L$^{-1}$) | 氨氮 /(mg·L$^{-1}$) | SS /(mg·L$^{-1}$) | pH | 色度 /倍 |
|---|---|---|---|---|---|---|---|
| 车间浓水调节池 | | 15 000 | 6 600 | 80.5 | 1680 | 5~12 | 1 717 |
| 混凝沉淀池 | 去除率/% | 12 | 12 | 10 | 50 | | 30 |
| | 出水 | 13 200 | 5 808 | 72.5 | 840 | 5~12 | 1 202 |
| 双循环厌氧罐 | 去除率/% | 94.30 | 94.40 | 14.30 | 51.20 | | 62.60 |
| | 出水 | 750 | 325 | 62.1 | 410 | 7~8.5 | 450 |
| 混合污水水质 | | 685 | 205 | 18.5 | 383 | 6~8 | 52 |
| 水解池 | 去除率/% | 35 | 25.80 | 18.10 | 41.30 | | 19.20 |
| | 出水 | 445 | 152 | 15.2 | 225 | 5.5~7 | 42 |
| 生物接触氧化池 | 去除率/% | 89.40 | 91.30 | 90.10 | 93.30 | | 52.40 |
| | 出水 | 48 | 13 | 1.5 | 15 | 7~8.5 | 20 |
| 无烟煤/石英砂滤罐 | 去除率/% | 12.80 | 23.30 | 6.70 | 66.70 | | 25.00 |
| | 出水 | 41 | 10 | 1.4 | 5 | 7~8.5 | 15 |
| GB 21906—2008 | | ≤50 | ≤15 | ≤5 | ≤15 | 6~9 | ≤30 |

⑤成本分析。

中试处理工艺的运行费用大幅度降低,处理每立方米废水较一期工程运行费用可节省 2.12 元。以日处理废水量 800 m³/d 计算,采用该工艺,每日可节省成本 1 696 元,每月可节省 5 万元左右。中试处理工艺的成本为 2.53 元/吨,低于同行业平均成本(3.50 元/吨)的 27.7%。

(3)CDC 厌氧-好氧组合工艺工程方案

①工程概况。

通过中试处理工艺研究验证了"强化物化预处理-双循环厌氧-好氧"组合工艺处理中药加工废水的可行性,结合湖北某药业有限公司已现有一期污水处理工艺流程的实际情况,确定了工程工艺方案。该方案收集的废水包括:中药材提取车间生产废水、大输液车间生产废水、以及大输液车间员工生活废水及综合废水。废水水质水量情况见表9.12。最终设计规模确定的 800 m³/d。

表 9.12　废水水质水量表

| 废水来源 | 水量 /(m³·d⁻¹) | 污染物指标 | | | | |
|---|---|---|---|---|---|---|
| | | COD /(mg·L⁻¹) | BOD₅ /(mg·L⁻¹) | 氨氮 /(mg·L⁻¹) | SS /(mg·L⁻¹) | pH |
| 中药材提取车间生产废水 | 5 | 100 000 | 35 000 | 285 | 5 300 | 3~10 |
| 大输液车间生产废水 | 500 | 600 | 210 | 20 | 250 | 1~5 |
| 大输液车间员工生活废水 | 13.5 | 400 | 210 | 60 | 250 | 6~9 |
| 综合废水 | 518.5 | 1553 | 545 | 24 | 300 | 3~9 |

②工艺方案选择。

示范工程工艺按照了"清污分流""分而治之"的理念进行设计,同时采用了"余热利用"及"沼气利用"等经济、高效的环保技术,可以减少向外部环境排放废水量,同时可以产生额外的能源,真正做到了"废物利用"。具体工艺流程如图9.7所示。中药提取车间前面设置了 60 m³ 的调节池,经过调节池的调节,调节池的出水 COD 平均为 100 000 mg/L 左右。首先将浓度较高的中药提取车间废水用大输液车间排水稀释到 COD 浓度为 10 000 mg/L 左右,对其用"混凝沉淀-双循环厌氧"工艺进行处理,然后将处理水同剩余大输液车间排水混合,后续采用"水解-好氧"工艺 进行处理。按照"清污分流""分而治之""混凝沉淀-双循环厌氧"部分工艺设计规模为 50 m³/d,"水解-好氧"后续工艺设计规模为 800 m³/d。

③工程方案处理效果。

各级构筑物对污染物的预期去除效果见表9.13。可见采用"强化物化预处理-双循环厌氧-水解-好氧"工艺处理该废水,出水指标可达到《中药类制药工业水污染物排放标准》(GB 21906—2008)的要求。

图9.7　污水处理工艺流程

表9.13　污染物的预期去除效果

| 水样 | | COD /(mg·L⁻¹) | BOD₅ /(mg·L⁻¹) | 氨氮 /(mg·L⁻¹) | SS /(mg·L⁻¹) | pH | 色度 /倍 |
|---|---|---|---|---|---|---|---|
| 车间浓水调节池 | | 10 500 | 3 700 | 90 | 755 | 3~9 | 1 100 |
| 混凝沉淀池 | 去除率 | 12% | 12% | 10% | 50% | — | 30% |
| | 出水 | 9 200 | 3 200 | 80 | 370 | 6~8 | 770 |
| 双循环厌氧罐 | 去除率 | 92% | 90% | −4% | 40% | — | 40% |
| | 出水 | 740 | 320 | 83 | 220 | 7~8 | 460 |

续表 9.13

| 水样 | | COD /(mg·L⁻¹) | BOD₅ /(mg·L⁻¹) | 氨氮 /(mg·L⁻¹) | SS /(mg·L⁻¹) | pH | 色度 /倍 |
|---|---|---|---|---|---|---|---|
| 混合污水水质 | | 610 | 220 | 25 | 250 | 6～8 | 55 |
| 水解池 | 去除率 | 30% | 20% | 20% | 20% | — | 25% |
| | 出水 | 430 | 180 | 20.0 | 200 | 5.5～7 | 42 |
| 生物接触氧化池 | 去除率 | 90% | 95% | 92.5% | 92% | — | 52.4% |
| | 出水 | 43 | 9 | 1.5 | 16 | 7～8.5 | 20 |
| 无烟煤/石英砂滤罐 | 去除率 | 10% | 10% | 5% | 65% | — | 25% |
| | 出水 | 39 | 8 | 1.4 | 6 | 7～8.5 | 15 |
| 《中药类制药工业 水污染物排放标准》 (GB 21906—2008) | | ≤50 | ≤15 | ≤5 | ≤15 | 6～9 | ≤30 |

④技术优势。

该工艺采用高效的双循环厌氧反应器,产生的沼气(234 m³/d,主要成分为甲烷)可作为燃料用于燃气锅炉车间,产生的蒸汽一部分用于厌氧反应器进水加热,另一部分可用于生产热水供给员工淋浴间。若厌氧反应器满负荷运行,可节省天然气 234 m³/d,每月可节省天然气 7 000 m³,以非居民用天然气价格约为 3 元/ m³计,则每月可节省燃气费用2.1 万元。

**2. 水解酸化-UASB 高效组合工艺处理中药加工废水**

江西某药业有限公司废水来源分为高浓度和低浓度有机废水,其排放量各为100 m³/d,其中高浓度有机废水包括清洗药材废水、精馏塔釜底残液、减压浓缩冷凝水和设备清洗废水;低浓度有机废水包括洗瓶清洗废水、清洗车间废水和职工生活废水等。废水水质及相应的纳管标准值见表 9.14。

表 9.14　废水水质及相应的纳管标准值

| 参数 | 高浓度废水 | 低浓度废水 | 工业园区纳管标准值 |
|---|---|---|---|
| pH | 5～10 | 6～9 | 6～9 |
| COD/(mg·L⁻¹) | 5 000 | 298 | ≤500 |
| BOD₅/(mg·L⁻¹) | 1 392 | 156 | ≤300 |
| SS/(mg·L⁻¹) | 400 | 229 | ≤400 |
| 氨氮/(mg·L⁻¹) | 90 | 18.8 | ≤25 |

(1)工艺方案选择

如图 9.8 所示,采用组合工艺"格栅-调节池-絮凝反应池-水解酸化-UASB 反应器"处理高浓度废水,而处理后的高浓度废水与低浓度废水在预曝气池混合后采用组合工艺

"接触氧化-二沉池"处理。此工艺既能够保证处理效果,也能够减少工程投资和后期的运行成本。

图 9.8　中药加工废水处理工艺流程

（2）运行情况及处理效果

不同工艺阶段对中药加工废水的去除率见表 9.15。絮凝反应池和沉淀池对 SS 去除率效果最佳;水解酸化池-UASB 反应器-沉淀池对高浓度制药废水的处理效果明显,能够去除大部分的有机物（COD、$BOD_5$）和小部分的氨氮;接触氧化池对混合后的废水处理效果较好,能够去除大部分的有机物和氨氮。废水处理系统各处理单元运行稳定,高浓度和低浓度废水经组合工艺处理后,出水 COD、$BOD_5$、SS、氨氮分别达到 214 mg/L、59 mg/L、54 mg/L、18 mg/L,去除率分别为 95.72%、95.76%、86.5%、80%,出水水质稳定,满足该水厂所在工业园区纳入排水管网的标准（参见表 9.14）。

表 9.15　不同工艺阶段出水水质监测结果

| 水质指标 | 絮凝反应池-沉淀池 | | 水解酸化-UASB-沉淀池 | | 预曝气-接触氧化池-二沉池 | | 总去除率/% |
|---|---|---|---|---|---|---|---|
| | 出水 | 去除率/% | 出水 | 去除率/% | 出水 | 去除率/% | |
| COD/(mg·L⁻¹) | 4 750 | 5 | 713 | 84.99 | 214 | 69.99 | 95.72 |
| BOD₅/(mg·L⁻¹) | 1 322 | 5.03 | 198 | 85.02 | 59 | 70.20 | 95.76 |
| SS/(mg·L⁻¹) | 120 | 70 | 108 | 10 | 54 | 50 | 86.5 |
| NH₄⁺-N/(mg·L⁻¹) | 86 | 4.44 | 60 | 30.23 | 18 | 70 | 80 |

（3）成本分析

该工程土建投资为 23.39 万元,设备投资为 114.53 万元,总投资为 137.92 万元(表 9.16)。工程装机总容量为 50.0 kW,其中使用功率为 25.4 kW,日电费为 428.04 元。由于该工程采用 PLC 自动控制,仅需 2 名运行管理工人,人均月工资 3 000 元,药剂费每吨为 0.48 元/m³,最后核算出该中药加工废水运行成本为 3.62 元/(m³·d)。

表 9.16　项目投资及运行成本

| 投资项目 | 土建工程/万元 | 设备/万元 | 电耗/(元·d⁻¹) | 人员工资/(元·d⁻¹) | 单位运行成本/(元·m⁻³·d⁻¹) |
|---|---|---|---|---|---|
| 金额 | 23.39 | 114.53 | 428.04 | 300 | 3.6 |

### 3. 铁碳微电解-催化氧化-A/O 处理中药加工废水

浙江某中药公司废水主要来自药材洗泡、蒸煮炮制等加工过程,主要包括中草药材清洗水、蒸煮冷凝水等。废水中有机污染物种类复杂、色度高,其中生产过程中产生的含苯环类蒸煮残液导致其可生化性差。工程设计处理规模为 350 m³/d,要求设计出水水质达到《中药类制药工业水污染物排放标准》(GB 21906—2008)规定的标准值。实际进水水质和设计出水水质见表 9.17。

表 9.17　实际进水水质和设计出水水质限值

| 项　目 | pH | COD/(mg·L⁻¹) | BOD₅/(mg·L⁻¹) | SS/(mg·L⁻¹) | 氨氮/(mg·L⁻¹) | 色度/倍 |
|---|---|---|---|---|---|---|
| 进水 | 5~8 | 2 600 | 500 | 256 | 20 | 300 |
| 出水限值 | 6~9 | 100 | 20 | 50 | 8 | 50 |

（1）工艺方案选择

针对该废水含有药物残渣、色度与有机物浓度较高的特点,采用物化预处理与生物处理组合工艺比较适宜。该废水中 $BOD_5/COD=0.19$,表明其可生化性较差,所以采用铁碳微电解—催化氧化工艺对难降解有机污染物进行预处理,以提高废水的可生化性。因此,该工程采用"滚筒筛网-铁碳微电解-催化氧化-A/O 生化"组合工艺处理该废水,出水水质指标均达到《中药类制药工业水污染物排放标准》(GB 21906—2008)的要求。具体工艺流程如图 9.9 所示。

图 9.9　浙江某中药公司废水处理工艺流程

(2)运行情况及处理效果

生产废水经过滚筒筛网去除废水中的药渣,然后进入调节池。调节池废水通过泵提升进入铁碳反应器,调节废水 pH 至 3.0 左右,铁碳填料发生电化学反应,产生新生态的 [H]和[O],有机污染物发生氧化还原作用,可以显著降低废水色度,并降低部分 COD(27% ~ 29%)。铁碳反应器出水进入催化氧化池,ORP 在线仪自动控制加入 $H_2O_2$ 与铁碳微电解产生的 $Fe^{2+}$ 反应,产生具有强氧化能力的·OH 和 $O_2$·对废水中的带环的大分子有机污染物进行开环,使其断链形成小分子物质,从而提高废水的可生化性。

该组合工艺对中药加工废水的处理效果见表 9.18。催化氧化对废水的 COD 去除率可达 60% 以上,其出水 $BOD_5$/COD 稳定在 0.4 左右,结果表明物化预处理工艺有效提高了废水的可生化性,保障后续 A/O 生化工艺的正常运行。催化氧化池出水进入 pH 回调池,通过调整废水 pH 至 8.5 去除多余铁离子,加入 PAM 进行絮凝,从而加速固液分离。在还原池中加入焦亚硫酸钠,消除催化氧化单元残留的自由基,避免其对后续生化单元中菌种活性产生抑制作用。还原池出水进入 A/O 生化池,废水在缺氧区通过水解酸化作用将大分子有机物转化为小分子,进入好氧区,大量微生物附着于填料上提高降解菌的生物量,将有机物矿化成水和二氧化碳,少部分同化为生物膜物质。同时对生化好氧区的出水回流至厌氧区,将氨氮进行好氧硝化及缺氧反硝化,最终被转化成氮气。基于物化预处理提高了废水的可生化性,A/O 生化工艺阶段的 COD 和 $BOD_5$ 的去除率达到 90% 以上,氨氮去除率在 60% 以上,出水指标稳定达到《中药类制药工业水污染物排放标准》(GB 21906—2008)的要求。

表 9.18　不同工艺阶段出水水质监测结果

| 水质指标 | 调节池出水 | 铁碳微电解出水 | 催化氧化-初沉池出水 | A/O-二沉池出水 |
|---|---|---|---|---|
| pH | 5 ~ 8 | 2.5 ~ 3.0 | 8.0 ~ 8.5 | 7.8 ~ 8.2 |
| COD /(mg · L$^{-1}$) | 2 462 ~ 2 520 | 1 726 ~ 1 830 | 823 ~ 957 | 65 ~ 83 |
| BOD$_5$/(mg · L$^{-1}$) | 470 ~ 482 | 382 ~ 457 | 337 ~ 380 | 12 ~ 15 |
| SS /(mg · L$^{-1}$) | 125 ~ 153 | 92 ~ 116 | 15 ~ 22 | 12 ~ 18 |
| NH$_4^+$-N /(mg · L$^{-1}$) | 16 ~ 20 | 11 ~ 13 | 5 ~ 8 | 1 ~ 3 |
| 色度/倍 | 128 ~ 256 | 32 ~ 64 | 8 ~ 16 | 8 ~ 16 |

(3)成本分析

该项目总投资约为 200 万元,其中土建投资为 80 万元,设备材料及运输安装费用为 120 万元。废水处理成本为 3.27 元/m$^3$,其中药剂费 1.60 元/m$^3$,人工费 0.57 元/m$^3$,电费 1.1 元/m$^3$。

**4. ABR-UBF-曝气沉淀-A/O-曝气生物滤池-过滤处理中药加工废水**

河南郑州某中药生产企业废水来源主要为提取黄芩产生的废水,由前处理洗药、泡药,提取车间煎煮和部分提取液及冲洗排放工艺产生的废水组成。废水中主要含中药有效成分残留物、纤维素、半纤维素、木质素、乙醇、甙类、蒽醌类、老化的大孔树脂、生物碱及其水解产物等,pH 约为 1.0 ~ 2.0。该工程设计处理规模为 120 m$^3$/d,设计进、出水水质见表 9.19。

表 9.19　设计进出水水质

| 项目 | COD/(mg · L$^{-1}$) | BOD$_5$/(mg · L$^{-1}$) | SS/(mg · L$^{-1}$) | 氨氮/(mg · L$^{-1}$) | pH |
|---|---|---|---|---|---|
| 进水 | 35 000 | 10 500 | 15 000 | 100 | 1.8 |
| 出水 | ≤100 | ≤20 | ≤50 | ≤8 | 6 ~ 9 |

(1)工艺方案选择

该中药加工废水处理工艺流程如图 9.10 所示,采用"混凝沉淀-厌氧折流板反应器(ABR)-上流式污泥床过滤器(UBF)-曝气沉淀-A/O"的主要处理工艺及"曝气生物滤池-过滤"的深度处理工艺。

(2)运行情况及处理效果

该组合工艺对黄芩中药加工废水的处理效果见表 9.20。废水经格栅进入混凝沉淀池,可去除 75% 的 SS、部分 COD(30%)和 BOD$_5$(25%)。然后废水进入 ABR 和 UBF 处理单元,对废水的 COD 和 BOD$_5$ 去除率可达到 95%,SS 去除率达到 85%,表明 ABR 和 UBF 处理单元对废水中有机物的降解效果较好。ABR 内部有多个独立的反应室,可实现分相多阶段缺氧,可有效分解大分子有机物和毒性物质。UBF 出水经过曝气沉淀池,去除废

图 9.10　废水处理工艺流程图

水中 $H_2S$ 等有害气体,保证了后续 A/O 处理工艺的稳定运行。A/O 处理工艺对 COD、$BOD_5$、SS 和氨氮均有较高的去除率,分别为 90%、92%、80% 和 80%。废水经 A/O 工艺处理后分别再经过曝气生物滤池、多介质过滤、活性炭过滤组合工艺进行深度处理,进一步去除水中的有机物、氨氮、SS、胶体和色度等,保证了出水的稳定达标。

表 9.20　不同工艺阶段出水水质监测结果

| 项目 | COD/(mg·L$^{-1}$) | BOD$_5$/(mg·L$^{-1}$) | SS/(mg·L$^{-1}$) | 氨氮/(mg·L$^{-1}$) | pH |
|---|---|---|---|---|---|
| 原水 | 33 260 ~ 34 100 | 9 980 ~ 10 230 | 13 850 ~ 14 520 | 88 ~ 96 | 1.6 ~ 1.8 |
| 调节池出水 | 33 260 ~ 34 100 | 9 980 ~ 10 230 | 13 850 ~ 14 520 | 88 ~ 96 | 6 ~ 9 |
| 混凝沉淀池出水 | 23 282 ~ 23 870 | 7 485 ~ 7 672.5 | 3 462.5 ~ 3 630 | 83.6 ~ 91.2 | 6 ~ 9 |
| 单元去除率/% | 30 | 25 | 75 | 5 | — |
| ABR-UBF 出水 | 1 164.1 ~ 1 193.5 | 374.25 ~ 383.63 | 519.4 ~ 544.5 | 83.6 ~ 91.2 | 6 ~ 9 |
| 单元去除率/% | 95 | 95 | 85 | — | — |
| 曝气生物滤池出水 | 89.6 ~ 91.9 | 20.96 ~ 21.48 | 51.9 ~ 54.45 | 7.5 ~ 8.2 | 6 ~ 9 |
| 单元去除率/% | 20 | 30 | 50 | 55 | — |
| 过滤系统出水 | 80.64 ~ 82.71 | 17.82 ~ 18.26 | 31.14 ~ 32.67 | 7.1 ~ 7.8 | 6 ~ 9 |
| 单元去除率/% | 10 | 15 | 40 | 5 | — |
| 总去除率/% | 99.75 | 99.84 | 99.76 | 92.8 | — |

（3）成本分析

该工程总投资 310 万元,其中构（建）筑物、设备等投资 270 万元,设计费、调试费等共计 40 万元。该工程总运行功率为 40.2 kW,电费为 481.25 元/d;工作人员 4 人,人均工资为 3 000 元/月;药剂费用约 2 150 元/d,直接运行费用 3 031.25 元/d,折算成废水处理成本为 25.3 元/m$^3$。该工程组合工艺单元较多,采用深度处理工艺保证了出水稳定达标,同时也导致处理成本增高。

# 第10章 重金属废水处理

重金属废水是指机械加工、矿山开采与冶炼、钢铁以及有色金属冶炼、化工、电子、仪表等工业生产过程中排放出的含重金属的废水,是对环境污染最严重、对人类危害最大的工业废水之一(如含镉、镍、汞、锌等重金属废水)。重金属一般不能被分解破坏,具有较强的迁移、富集和隐藏性,可经空气、水、食物链等途径进入人体,生物毒性显著,易引发慢性中毒,具有致癌、致畸及致突变作用,对免疫系统有一定影响,威胁人体健康和食品安全。由于重金属污染持续时间长、治理技术落后、监督管理薄弱,重金属的不可降解性使部分地区水体底泥、场地和土壤中污染物不断累积,潜在的事故风险较高。据不完全统计,2005~2009年,全国发生重金属污染事件39起,特别是2009年以来连续在陕西凤翔县、湖南武冈市和浏阳市等地发生的20多起重特大重金属污染事件,对群众健康造成了严重威胁。重金属废水的污染防治方法首先是改革生产工艺,不用或少用毒性大的重金属,再则是在生产地点就地(如不排出生产车间)采用化学沉淀、离子交换法等进行处理,处理后重金属低于排放标准限值的水可以排放或回用。对于那些新形成的重金属浓缩产物,应尽量回收利用或加以无害化处理。

重金属废水的处理方法大体上可分为两类:一是使废水中呈溶解状态的重金属转变成不溶的重金属化合物或元素,经沉淀和上浮(如中和沉淀、硫化物沉淀、上浮分离、离子浮选、电解沉淀或电解上浮、隔膜电解等)从废水中去除,应用较广;二是将废水中的重金属在不改变其化学形态的条件下采用物化方法(如蒸发、离子交换、电渗析和反渗透等)进行浓缩和分离,具有不需添加任何化学药剂、重金属以原状浓缩并可直接回收利用等优点。

## 10.1 重金属废水的来源与特性

含金属离子的工业废水主要来源于机械加工、矿山开采与冶炼、钢铁与有色金属冶炼以及部分化工企业。

### 10.1.1 机械加工重金属废水

1997年对10 000个机械加工企业的统计表明,含金属离子的工艺废水年排放量达到11亿 $m^3$,可见数量之大。

**1. 酸、碱废水和废液的来源和性质**

含酸废水和废液主要来自重型机器厂、电器制造厂、汽车厂、锅炉厂、农机制造厂、标准件厂、工具厂等的酸洗钢材的酸洗车间;另外也有部分来自电器制造厂、电缆厂等的铜件、铝件酸洗以及仪表、电子器材、整流器等制造厂的酸洗不锈钢件工段;其他如硅片制造和某些专业厂(如砂轮厂)的碳化硅、刚玉等的酸洗也排出含酸废水和废液。这些含酸废水中除含有硫酸、盐酸、硝酸、氢氟酸等外,还含有大量金属离子,如铁、铜、铝及部分添加剂等,根据生产工艺、酸洗、材质、操作条件等不同,其成分差异很大。一般钢铁件酸洗后的清洗废水中含酸浓度约为 0.1 ~ 1.5 g/L。其他还有一些化工性质的机械厂(如铅蓄电池制造厂)在生产过程中也排出大量含酸废水或废液,但这部分废水或废液的成分较单一,浓度也较高,比较容易处理或回收。另外,像工件电镀、印刷线路板等车间排出的含酸废水,成分虽然较复杂,但量较少,一般均在车间排出口进行单独处理。

机械加工行业含碱废水和废液的量相对较少,主要来自工件酸洗前的碱洗、中和等工序,一般含有油和油污等,它与酸洗车间排出的含酸废水混合后,废水一般呈酸性。其他一部分含碱废水来自通风吸收洗涤塔、洗衣房、乙炔站以及零件清洗机等。

**2. 含铅废水的来源和性质**

机械工业含铅废水主要来自于铅蓄电池制造厂,以及铅蓄电池维修站、废电池回收站、电瓶车库等的生产排水,这部分废水往往还带有大量硫酸和机油等。另外,电镀车间镀铅、电泳涂漆中的染料和烧制铅玻璃等过程中的排水中也都含有少量铅或铅离子。

铅蓄电池制造厂排出的含铅废水主要含有铅粉、铅离子和硫酸。其中铅粉主要来自蓄电池厂制粉、涂板等车间的淋洗水、洗布水、设备和场地的冲洗水,以及通风除尘系统的洗涤水等。铅粉中的主要成分为氧化铅,其粒径范围为 5 ~ 200 μm,其中大部分粒径为 33 ~ 100 μm。废水中含铅粉的浓度根据工厂管理水平、工艺条件和操作方法等不同而差异很大。一般正常生产时,含铅的质量浓度在 100 mg/L 以下;当冲刷沟管、地坪、设备时,废水含铅的质量浓度可达 2 000 ~ 5 000 mg/L;管理不善(如铅膏洒落)或发生事故时,废水中含铅粉量更高。废水的 pH 一般在 6 左右,当硫酸发生跑、冒、滴、漏时,废水 pH 就很低,可为 1 ~ 2。废水中含铅离子质量浓度一般均在 10 mg/L 以下。另外废水中还可能含有铁离子,其质量浓度约为 30 ~ 100 mg/L。含铅废水中的酸主要来自铅蓄电池制造厂的化成车间、配酸站等的冲洗水、废电解液以及酸的跑、冒、滴、漏。这部分含酸废水中含硫酸质量浓度一般为 0.5 ~ 2.0 g/L,管理不善时可高达 5 g/L 以上。

**3. 电镀废水的来源和性质**

电镀是利用化学的方法对金属和非金属表面进行装饰、防护及获取某些新的性能的一种工艺过程。为保证电镀产品的质量,使金属镀层具有平整光滑的良好外观并与其牢固结合,电镀时必须在镀前把镀件(基体)表面上的污物(油、锈、氧化皮等)彻底清理干净,并在镀后把镀件表面的附着液清洗干净。因此,电镀生产过程中必然排出大量废水。电镀废水的来源一般为:镀件清洗水;废电镀液;其他废水包括冲刷车间地面、刷洗极板及通风设备冷凝水;由于镀槽渗漏或操作管理不当造成的跑、冒、滴、漏的各种槽液和排水;设备冷却水。冷却水在使用过程中除温度升高以外,一般未受到重金属污染。

电镀废水的水质、水量与电镀生产的工艺条件、生产负荷、操作管理与用水方式等因素有关。电镀废水的水质复杂,成分不易控制,其中含有的铬、铜、镍、镉、锌、金、银等金属离子和氰化物等毒性较大的物质,有些属于致癌、致畸、致突变的剧毒物质,对人类危害极大。因此,对于电镀废水必须认真进行回收处理,做到清除或减少其对环境的污染,以保护环境。

根据多年对机械工业电镀废水的调查和资料积累,电镀废水主要包括含氰废水、含铬废水、含镍废水、含铜废水、含锌废水、磷化废水等。

含氰废水来源于镀锌、镀铜、镀镉、镀金、镀银、镀合金等氰化镀槽,废水中主要含有氰的铬合金属离子、游离氰、氢氧化钠、碳酸钠等盐类,还有部分添加剂、光亮剂等。一般废水中氰质量浓度在 50 mg/L 以下,pH 为 8~11。

含铬废水来源于镀铬、钝化、化学镀铬、阳极化处理等,废水中主要含有六价铬、三价铬、铜、铁等金属离子和硫酸等;钝化、阳极化处理等废水还含有被钝化的金属离子和盐酸、硝酸以及部分添加剂、光亮剂等。一般废水中含六价铬质量浓度在 200 mg/L 以下,pH 为 4~6。

含镍废水来源于镀镍,废水中主要含有硫酸镍、氯化镍、硼酸、硫酸钠等盐类,此外还有部分添加剂、光亮剂等。一般废水中含镍质量浓度在 100 mg/L 以下,pH 在 6 左右。

含铜废水来源于酸性镀铜和焦磷酸镀铜。酸性镀铜废水中的污染物有硫酸铜、硫酸和部分光亮剂,一般废水含铜质量浓度在 100 mg/L 以下,pH 为 2~3。焦磷酸镀铜废水中的污染物有焦磷酸铜、焦磷酸钾、柠檬酸钾、氨三乙酸等以及部分添加剂、光亮剂等,一般废水含铜质量浓度在 50 mg/L 以下,pH 在 7 左右。

含锌废水来源于碱性锌酸盐镀锌、钾盐镀锌、硫酸锌镀锌和铵盐镀锌。碱性锌酸盐镀锌废水中的污染物有氧化锌、氢氧化钠和部分添加剂、光亮剂等,一般废水含锌质量浓度在 50 mg/L 以下,pH 在 9 以上。钾盐镀锌废水中的污染物有氯化锌、氯化钾、硼酸和部分光亮剂等,一般废水含锌质量浓度在 100 mg/L 以下,pH 在 6 左右。硫酸锌镀锌废水中含有硫酸锌、硫脲和部分光亮剂等,一般废水含锌质量浓度在 100 mg/L 以下,pH 为 6~8。铵盐镀锌废水中含有氯化锌、氧化锌、锌的络合物、氨三乙酸和部分添加剂、光亮剂等,一般废水含锌质量浓度在 100 mg/L 以下,pH 为 6~9。

磷化废水来源于磷化处理,废水中主要含有磷酸盐、硝酸盐、亚硝酸钠、锌盐等。一般废水含磷质量浓度在 100 mg/L 以下,pH 为 7 左右。

## 10.1.2　矿山冶炼重金属废水

有色金属工业废水是指在生产有色金属及其制品过程中产生和排出的废水。有色金属工业从采矿、选矿到冶炼,以至成品加工的整个生产过程中,几乎所有工序都要用到水,均有废水排放。

有色金属开采和冶炼也是我国的用水大户,有色金属冶炼过程中单位用水量也比较大,如铜、铅、锌、镍和汞的吨产品用水量分别为 290 $m^3/t$、309 $m^3/t$、309 $m^3/t$、2 484 $m^3/t$ 和 3 135 $m^3/t$。

有色金属采选或冶炼排水中含重金属离子的成分比较复杂,因大部分有色金属和矿石中有伴生元素存在,所以废水中一般含有汞、镉、砷、铅、铍、铜、锌、氟、氰等。这些污染成分排放到环境中去只能改变形态或被转移、稀释、积累,却不能降解,因而危害较大。有色冶金的废水中单位体积中的重金属含量不是很高,但废水量大,向环境排放的绝对量大。

### 10.1.3　其他含重金属离子的工业废水

其他行业虽然不是重金属离子工业废水的主要来源,但也有排放重金属废水的可能。如化工行业在生产合成无机盐类时会排放有含重金属的废水,其排放废水量虽然不大,但排放浓度高,品种多,处理比较复杂;又如,使用催化剂的化工工艺也会有重金属甚至是稀有金属废水的排放等。

# 10.2　废水中重金属的危害

重金属污染物往往是以不同的化学形态、并伴随着一些非金属物质一起随废水排放的,会对环境和人体产生严重的的危害,例如,人们在酸洗处理金属表面氧化物时要用到氢氟酸,这样在含氢氟酸的废水中有金属的污染存在;在电镀行业中常有含氰化物的废物排放和含氰废水的排放;而钢铁工业在冶炼过程中必用人工发生煤气,洗涤煤气废水中含有的酚、氰浓度也很高。这里将介绍重金属废水中常见的重金属和非金属物质对环境和人体造成的危害。

废水中的铬有三价($Cr^{3+}$)和六价[$Cr(Ⅵ)$]之分。通常人们认为三价铬是生物所必需的微量元素,有激活胰岛素的作用,可以增加对葡萄糖的利用。三价铬不易被消化吸收,在皮肤表层和蛋白质结合而形成稳定络合物,因此不易引起皮炎和铬疮。三价铬在动物体内的肝、肾、脾和血中不易积累,而在肺内存量较多,因此对肺有一定的伤害。三价铬对抗凝血活素有抑制作用。实验证明三价铬的毒性仅为六价铬的1%。

六价铬对皮肤有刺激和过敏作用,对呼吸系统和内脏能产生损害。六价铬对皮肤的危害主要表现在工人经常接触铬酸盐、铬酸雾的部位(如手、腕、前臂、颈部等)处出现皮炎。六价铬经过伤口和擦伤处进入皮肤,会因腐蚀作用而引起铬溃疡(又称铬疮)。溃疡呈圆形,直径约为2~5 mm,边缘凸起,呈苍白或暗红色,中央部分凹陷,表面高低不平,有少数脓血粘连,有时覆有黄色痂,压之微痛,愈合后会留下界线分明的圆形萎缩性疤痕。六价铬对呼吸系统的损害主要表现在鼻中隔膜穿孔、咽喉炎和肺炎。长期接触铬雾,可首先引起鼻中隔膜出血,然后鼻中隔黏膜糜烂,鼻中隔膜变薄,最后出现穿孔。常接触铬雾还能造成咽喉充血,也可能引起萎缩性咽喉炎。吸入高浓度的铬雾后,刺激黏膜,导致打喷嚏、流鼻涕、咽痛发红、支气管痉挛、咳嗽等症状,严重者也可能引起肺炎等。六价铬经消化道侵入,会造成味觉和嗅觉减退以致消失。剂量小时也会腐蚀内脏,引起肠胃功能降低,出现胃痛,甚至肠胃道溃疡,对内脏还可能造成不良影响。

多数研究者倾向于铬化物能致呼吸道癌,主要是支气管癌。在电镀操作中或有关生产铬化物的场所,主要应防止铬烟雾对人体的影响。

金属镉是一种有毒物质,进入人体的镉主要分布于胃、肝、胰腺和甲状腺内,其次是胆囊、睾丸和骨骼中,在人体内可留存3~9年。口服镉盐后中毒潜伏期极短,经10~20 min后即发生恶心、呕吐、腹痛、腹泻等症状,严重者伴有眩晕、大汗、虚脱、上肢感觉迟钝、麻木,甚至可能休克,口服硫酸镉的致死剂量约30 mg。众所周知的"骨痛病"首先发生在日本的富山省神通川流域,这是一种典型的镉公害病,原因是镉慢性中毒,导致镉代替了骨骼中的钙而使骨质变软,患者长期卧床,营养不良,最后发生废用性萎缩、并发性肾功能衰竭和感染等合并症而死亡。

铅及其化合物对人体的很多系统都有毒性作用。急性铅中毒突出的症状是腹绞痛、肝炎、高血压、周围神经炎、中毒性脑炎及贫血,慢性中毒常见的症状是神经衰弱症。铅中毒引起的血液系统的症状,主要是贫血和铅溶。除此之外,铅中毒还可以引起泌尿系统症状,一是铅大量侵入人体后会造成高血压,二是引起肾炎。

镍进入人体后主要是存在于脊髓、脑、五脏和肺中,以肺为主。如误服较大量的镍盐时,可以产生急性胃肠道刺激现象,发生呕吐、腹泻。其毒性主要表现在抑制酶系统,如酸性磷酸酶。镍及其盐类对电镀工人的毒害,主要是导致镍皮炎。某些皮肤过敏的人长期接触镍盐,会发痒起病,在接触镍的皮肤部位首先产生皮疹,呈红斑、红斑丘疹或毛囊性皮疹,以后出现散布在浅表皮的溃疡、结痂,或出现湿疹样病损。

铜本身毒性一般很小,在冶炼铜时所发生的铜中毒,主要是由于与铜同时存在的砷(As)、铅(Pb)等引起的。皮肤接触铜化合物,可发生皮炎和湿疹,在接触高浓度铜化合物时可发生皮肤坏死。抛光工人吸入氧化铜粉尘可发生急性中毒,症状为金属烟尘热。长期接触大量铜尘及铜烟的工人,经常出现呼吸系统症状的疾病。眼接触铜盐可发生结膜炎和眼睑水肿,严重者可发生眼混浊和溃疡。

锌是人体必需的微量元素之一,正常人每天从食物中摄取锌 $10 \sim 15$ mg。肝是锌的储存器官,锌与肝内蛋白结合成锌硫蛋白,供给机体生理反应时所必需的锌。人体缺锌会出现不少不良症状,误食可溶性锌盐对消化道黏膜有腐蚀作用。过量的锌会引起急性肠胃炎症状,如恶心、呕吐、腹痛、腹泻,偶尔腹部绞痛,同时伴有头晕,周身乏力。误食氯化锌会引起腹膜炎,导致休克而死亡。

银对人体的影响在临床上是发生银质沉着病,可在局部皮肤出现,也可能发生于全身皮肤。银在局部皮肤上由于光的作用转变为白蛋白银,在一定组织上遇硫化氢转变为硫化银,而在真皮的弹力纤维中形成蓝灰色斑点所构成的色素沉着,进而形成由细微的银颗粒构成的放射状网,即所谓“职业性斑点症”。银对眼睛有伤害;对呼吸道的损害主要是呼吸道银质沉着症,并可能伴有支气管炎症。

氰化物(包括硫氰化物)是极毒的物质,含氰废水主要产生于稀有金属冶炼和电镀生产。人体对氰化钾中毒的致死剂量为 $0.25$ g(纯净的氰化钾为 $0.15$ g),瞬间就可死亡。废水中的氰化物,即使是络合状态,当 pH 是酸性时,亦会成为氰化物气体逸出而发生毒害作用。氢氰酸能与活细胞内的 $Fe^{3+}$ 络合,特别是和含铁呼吸酶结合,即可使全部组织的呼吸麻痹;对呼吸中枢施以极短时间的刺激,也可能迅速使之麻痹。高等动物的氰化物中毒症状具有共同之处,即最初呼吸兴奋,经过麻痹、横转侧卧、昏迷不醒、痉挛、窒息、呼吸麻痹等过程,最后致死。

在氟化物中,氟化物的水溶物——氢氟酸毒性最大。在含氟的废气中,毒性最大的就是氟化氢。氟化氢对人体的危害作用比二氧化硫大 20 倍,对植物的影响比二氧化硫大 $10 \sim 100$ 倍。长期饮用含氟高于 $1.5$ mg/L 的水会引起氟中毒。氟化物对人体的危害,主要是骨骼受损害,临床表现为上、下肢长骨疼痛,严重者发生骨质疏松、骨质增殖或变形,并发生原发性骨折;其次,氟化物能损害皮肤,使皮肤发痒、疼痛,引发湿疹及各种皮炎。

汞是一种毒性很强的污染物,它能与各种蛋白质的巯基极易结合,而这种结合又很不容易分离。汞会引起人体消化道、口腔、肾脏、肝等损害。慢性中毒时,会引起神经衰弱症状,表现为极易兴奋、震颤、口腔汞线及炎症,肾功能损害,眼晶体改变,甲状腺肿大,女性月经失调等。

砷及所有含砷的化合物都是有毒的,三价砷较五价砷的毒性更强,有机砷化合物又比无机砷化物毒性更强。它们在人体内积累都是致癌、致畸物质。砷化物即使达到100 mg/L的剧毒浓度,人们往往仍感觉不出来,因为它不会改变水的颜色及透明度,对水的气味也无影响,只是味道有轻微的改变。

以上论述的是人体直接接触或吸收有毒物质及其化合物而引起的中毒症状。除此以外,人们还可能通过其他的途径接触到有毒化合物而引起慢性中毒。如有毒物质或它们的化合物污染了水或土壤后,经过动植物的吸收和聚集,再通过饮食就可以转移到人体上引起慢性中毒。例如,日本出现过的轰动一时的骨疼痛、水俣病,就是由于当地居民长期食用含有毒物质的食物造成的;骨疼痛病就是长期饮用含氟水造成的。要严防有毒物质及其化合物对人们的毒害作用,不但不能直接接触或食用,还要注意对环境的保护,通过有效的管理手段和治理技术,保护我们的饮用水和食物不被污染。

# 10.3　重金属废水处理技术

在本节中,将以含铬废水、含氰废水、含镉废水和电镀混合废水为例,阐述可用于重金属废水处理的有关技术。由于重金属废水所含成分的特殊性,其处理多采用化学法和物理化学法。

## 10.3.1　含铬废水

含铬废水可采用电解法、化学还原法和活性炭吸附法等进行处理。

### 1. 电解法

（1）工艺流程

电解法处理含铬废水的工艺流程如图10.1所示,其中调节池的有效容积按不小于2 h 的平均流量计算。

图10.1　电解法处理含铬废水工艺流程

(2) 电解法处理含铬废水的工艺参数

① 废水的 pH。电解后含铬废水 pH 的提高程度与电解前废水中的 Cr(Ⅵ)浓度和废水离子的组分有关。Cr(Ⅵ)浓度越高,pH 提高得越多,一般电解后 pH 提高 1~4。经验表明,当原水中 Cr(Ⅵ)浓度在 20 mg/L 以下时,如原水 pH 在 4.5~5 范围内,电解后废水的 pH 大于 6,Cr(OH)$_3$ 沉淀较为完全。

实践表明,原水 pH 低虽对电解有利,但对氢氧化物的沉淀不利。一般电镀厂的含铬废水的 pH 为 4~6.5,电解后为 6~8。因此,电解法处理含铬废水一般不需调整废水的 pH。

② 电解槽极板间距。电解除铬装置的电解槽极板间距离多数为 10 mm,也有采用 5 mm 或 20 mm 的。减少极板间净距能降低极板间的电阻,使电能消耗降低,并可不用食盐。但考虑到安装极板的方便,极距(净距)一般采用 10 mm。

③ 阳极钝化和极板消耗。在一定条件下,由于铬酸根、硝酸根和磷酸根的作用,电解含铬废水时铁阳极表面会产生钝化现象,使铁板电化学溶解速度迅速降低,从而降低除铬效率。

为避免阳极钝化,可采用电流换向、投加食盐、降低 pH 和提高电极间的水流速度(使雷诺数 Re 约为 4 400)等措施来实现。当电极间的水流速度大于等于 0.03 m/s 时,可使水流处于紊流状态。

阳极耗铁量主要与电解时间、pH、食盐浓度和阳极电位有关。当 pH 为 3~5、Cr(Ⅵ)质量浓度为 50 mg/L 时,铁极板消耗量 Fe:Cr(Ⅵ)(质量比)为(2~2.5):1。

铁电极的消耗量还与实际操作条件有关。如电解时采用的电流密度过高,电解历时太短,则极板消耗量增加。当电解槽停止运转时,槽中水放空后浸泡清水,导致极板氧化,也会增加铁极板消耗量。极板的利用系数与铁板的厚度有关,一般为 0.6~0.9。

④ 电流换向。为了避免阳极钝化,电解槽的电极电路一般按两极换向设计。电极换向除能减少钝化作用外,还可使极板均匀消耗。因此,设计电解装置时应考虑设电极换向装置。

电极换向间隔时间可按废水中含铬浓度、极板布置情况及是否投加食盐等具体情况确定,一般以每 15 min 一次为宜,也有采用每隔 30~60 min 手动或自动换向一次的。

⑤ 投加食盐。电解除铬时在水中投加食盐以增加水的电导率,使电压降低,电能消耗也相应减少。食盐中的氯离子还可以活化铁阳极,减少钝化。当废水成分复杂时,铁阳极容易钝化,电流换向效果不好,投加少量食盐可取得一定效果。但投加食盐后的水中氯离子增多,不利于水的回用。投加食盐量一般按 0.5 g/L 计算。

⑥ 空气搅拌。电解槽用空气搅拌可减少电解过程中的浓差极化,还可以防止电解槽内积泥。但废水中的溶解氧要氧化一部分亚铁离子,从而降低电解效率,增加耗电量。

⑦ 单位耗电量。为了保证一定的除铬效果,必须供给足够的电量,还原 1 g 铬所需的电荷量(Q)理论上为 3.09 A·h。但在实际生产或试验中,Q 值往往大于理论值。

Q 值与电解槽特性、废水性质等因素有关,应通过试验确定。在缺乏实验资料时,废水中含 Cr(Ⅵ)质量浓度为 50 mg/L 左右时,铁板电极的 Q 值一般可取 4~5 A·h,食盐投加量对 Q 值并无影响。

⑧ 电解时间和阳极电流密度。使废水中六价铬全部还原为三价铬所需的电解时间，由铁阳极溶解到废水中的 $Fe^{2+}$ 离子量确定，而 $Fe^{2+}$ 量是通过废水中的电荷量决定的。

电解时间和电流成反比关系。当电流密度不变、废水中含铬浓度高时，则所用的电解时间长，反之则短。阳极电流密度与废水中 $Cr(Ⅵ)$ 的浓度、极距、电解时间的关系见表 10.1。

表 10.1　电解除 $Cr(Ⅵ)$ 浓度与电解时间及阳极电流密度的关系

| 工厂编号 | 食盐投加量/$(g \cdot L^{-1})$ | 废水中 $Cr(Ⅵ)$ 浓度/$(mg \cdot L^{-1})$ | 极距/mm | 电解时间/min | 采用阳极电流密度/$(A \cdot dm^{-2})$ |
|---|---|---|---|---|---|
| 1 | 0 | 35 | 20 | 18 | 0.16 ~ 0.17 |
| 2 | 0 | 100 | 10 | 13 | 0.1 |
| 3 | 0 | 60 ~ 80 | 10 | 18 | 0.15 ~ 0.16 |
| 4 | 0 | 50 | 5 | 8 ~ 10 | 0.1 ~ 0.2 |
| 5 | 0 | 50 | 5 | 5 | 0.1 ~ 0.17 |
| 6 | 0.5 ~ 1 | 48 | 10 | 4.5 | 0.35 |
| 7 | 0.25 ~ 0.5 | 10 ~ 50 | 铁屑电极 | 3 ~ 6 | 0.14 ~ 0.58 |

在电解过程中，极板逐渐消耗，阳极面积减小，因此在设计中应考虑阳极面积减少系数，一般采用 0.8。

根据上述实测情况，当极板净距为 5 mm（或 10 mm）、进水 $Cr(Ⅵ)$ 质量浓度为 50 mg/L 时，电解时间宜采用 5 min（或 10 min），电流密度宜采用 0.15 A/dm²（或 0.2 A/dm²）。

⑨ 极间电压和安全电压。极间电压由废水导电性能和所选用的电流密度确定。在实用范围内，极间电压与电流密度近似地成直线关系，一般可表示为

$$V = a + bi \tag{10.1}$$

式中　$V$——极间电压，V；

　　　$i$——阳极电流密度，A/dm²；

　　　$a$——表面分解电压，V；

　　　$b$——系数。

$a$、$b$ 值根据试验确定，国内测定结果见表 10.2。经验证明，当缺乏试验数据时，可以采用表中的 $a$、$b$ 值。

表 10.2　电解除铬极间电压与电流密度的关系

| 极距/mm | 食盐投量/$(g \cdot L^{-1})$ | 水温/℃ | $a$/V | $b$ | 关系式 $V = a + bi$ |
|---|---|---|---|---|---|
| 10 | 0.5 | 10 ~ 15 | 1 | 10.5 | $V = 1 + 10.5i$ |
| 15 | 0.5 | 10 ~ 15 | 1 | 12.5 | $V = 1 + 12.5i$ |
| 20 | 0.5 | 10 ~ 15 | 1 | 15.7 | $V = 1 + 15.7i$ |
| 20 | 0.5 | 15 | 0.54 | 13 | $V = 0.54 + 13i$[①] |

注：① 相关系数为 0.954。

⑩ 单位电耗与电源功率。采用电解法处理含铬废水时单位电耗见表 10.3。

表 10.3　电解除铬的单位电耗

| 废水 Cr(Ⅵ)浓度 /(mg·L⁻¹) | 极矩/mm | 投加食盐量 /(g·L⁻¹) | 单位电耗 /(kW·h·m⁻³) |
| --- | --- | --- | --- |
| 16~20 | 20 | 0 | 0.4~0.5 |
| 35 | 20 | 0 | 0.9 |
| 50 | 10 | 0 | 1.0 |
| 100 | 10 | 0 | 2.1 |
| 200 | 10 | 0 | 4.5 |

在实际运行中,进入电解槽的废水含铬浓度可能有变化,短时间内会超出设计浓度,所以电源功率应大于设计计算的功率,一般可增大 30%~50%。在条件允许时也可采取减少流量、延长处理时间等方式以处理高浓度含铬废水。

⑪ 用废铁屑代替铁极板。铁屑电极比钢板具有更大的比表面积,易放电且不易钝化,同时节省大量钢板,降低处理成本。采用铁屑电极可以不投加食盐,不用空气搅拌,既降低了工程投资,也为水的回用创造了有利条件。铁屑电极电解除铬工艺流程如图10.2所示。铁屑电极还原 1 g Cr(Ⅵ)所消耗的电荷量平均值为 2.42 A·h,低于计算的理论值 3.09 A·h,而铁板电极的电荷量都高于理论值。

图 10.2　铁屑电极电解法处理含铬废水工艺流程

(3) 污泥的组分与利用

电解法除铬产生的污泥,主要成分是铁和铬的化合物,其化学成分见表 10.4。电解除铬产生的污泥经综合利用,可以用做抛光膏、铸石、锰锌铁氧体天线磁棒等。

表 10.4　电解除铬污泥的化学成分

| 编号 | 化学成分与含量(质量分数)/% | 编号 | 化学成分与含量(质量分数)/% |
| --- | --- | --- | --- |
| 1 | $Cr_2O_3$　8.02,$Fe_2O_3$　56.34 | 5 | $Cr_2O_3$　10.04,$Fe_2O_3$　30.20 |
| 2 | $Cr_2O_3$　13.87,$Fe_2O_3$　51.03 | 6 | Cr　3.51,Fe　42.6 |
| 3 | $Cr_2O_3$　10.81,$Fe_2O_3$　55.52 | 7 | Cr　6~8,Fe　30~32 |
| 4 | $Cr_2O_3$　8.66,$Fe_2O_3$　55.52 | 8 | Cr　11,Fe　40 |

### 2. 化学还原法

（1）工艺流程

化学还原法处理含铬废水有槽内处理、间歇处理、连续处理和气浮处理4种方式。

以亚硫酸氢钠为还原剂的含铬废水槽内处理工艺流程如图10.3所示，这种方法可以省去化学法处理含铬废水的土建工程，减少工程投资。

图 10.3 亚硫酸氢钠槽内处理含铬废水工艺流程

间歇式处理法工艺流程如图10.4所示。反应池的容积一般按2~4 h的废水量设计，反应池内设有空气搅拌或水力、机械搅拌，投药方式采用干投，反应池设两格，交替使用。

图 10.4 间歇式处理含铬废水工艺流程

连续式处理法的工艺流程如图10.5所示。连续式处理应采用自动控制，以确保处理后的水质达到排放标准，同时减轻劳动强度。投药方式采用湿投，药剂配制浓度为5% ~ 10%（质量分数）。反应池只需1个，其容积略大于完全反应所需时间的排水量，池内应设有搅拌装置。

气浮法工艺流程如图10.6所示。以气浮槽代替沉淀槽，不仅设备体积小，占地少，能连续生产，而且处理后的出水水质好。

图 10.5　连续式(自动控制)处理含铬废水工艺流程

图 10.6　气浮法处理含铬废水工艺流程

1—集水池;2—泵;3—FeSO₄投药箱;4—NaOH投药箱;5—污泥脱水机;6—污泥槽;

7,13—流量计;8—释放器;9—气浮罩;10—气浮池;11—清水池;12—溶气罐;

14—溶气水泵;15—空气罐

(2) 化学还原法处理含铬废水的工艺参数

在槽内处理法中,若采用亚硫酸氢钠为还原剂,$NaHSO_3$ 的浓度为 3 g/L,pH 调到 2.5~3.0,适用于镀铬和镀黑铬(不适于钝化)废水的处理;若采用水肼为还原剂,溶液含 $N_2H_4 \cdot H_2O$ 浓度为 0.5 g/L,若将废水的 pH 调到 3 以下,适用于镀铬废水;若将废水的 pH 调到 8~9 时,适用于钝化。

失效的铬液调 pH 至 8~9,静置沉淀可回收氢氧化铬。

间歇式和连续式处理法,工艺参数见表 10.5。

表 10.5　化学还原法处理含铬废水工艺参数

| 药剂名称 | 投药比(质量比) | | 调 pH | | 反应时间/min | | 沉淀时间/h | 出水水质 | |
|---|---|---|---|---|---|---|---|---|---|
| | 理论值 | 使用值 | 酸化 | 碱化 | 还原反应 | 碱化反应 | | 含 Cr(Ⅵ)/(mg·L⁻¹) | 含 Cr³⁺/(mg·L⁻¹) |
| NaHSO₃ | Cr(Ⅵ):NaHSO₃ =1:3.16 | 1:(4~8) | 2~3 | 8~9 | 10~15 | 5~15 | 1~1.5 | <0.5 | <1.0 |
| FeSO₄·7H₂O | Cr(Ⅵ):FeSO₄·7H₂O =1:16 | 1:(25~32) | <3 | 8~9 | 15~30 | 5~15 | 1~1.5 | <0.5 | <1.0 |
| N₂H₄·H₂O | Cr(Ⅵ):N₂H₄·H₂O =1:0.72 | 1:15 | 2~3 | 8~9 | 10~15 | 5~15 | 1~1.5 | <0.5 | <0.1 |
| SO₂ | Cr(Ⅵ):SO₂ =1:1.85 | 1:2　2 ; 1:(2.6~3)　3~4 ; 1:6　6 | | 8~9 | 15~30 | 15~30 | 1~1.5 | <0.5 | <140 |

在气浮法中,投药比及 pH 和反应时间的工艺参数同表 10.6 的各项数据,其他工艺参数如下:溶气压力为 $(2.5 \sim 5) \times 10^5$ Pa,可根据溶气水温的高低和污泥量的多少在此范围内调整;微气泡直径小于 100 μm。溶气罐、释放器、气浮槽等设备均有配套产品出售,可以根据生产条件进行选用。

**3. 活性炭吸附法**

（1）工艺流程

活性炭吸附法处理含铬废水的工艺流程如图 10.7 所示。活性炭处理含铬废水的设备,国内也已有成套设备出售,可根据生产条件选用。

（2）活性炭吸附法处理含铬废水的工艺参数

活性炭吸附的工艺参数包括 pH、吸附容量、炭层高度、滤速和阻力损失等。

pH 是活性炭吸附处理含铬废水的主要工艺条件,一般控制 pH = 3.5 ~ 4.5。当 pH<2 时,活性炭将 Cr(Ⅵ)全部还原为 Cr³⁺,活性炭对 Cr³⁺无吸附作用;当 pH = 8 ~ 12 时,活性炭对 Cr(Ⅵ)几乎不吸附。

活性炭的工作吸附容量和饱和吸附量,是指对于某一选定的炭层高度,在一定的工作条件下出水分别达到控制标准和出水中 Cr(Ⅵ)浓度达到进水浓度的 90% ~ 95% 时,单位吸附剂所能吸附废水中 Cr(Ⅵ)的质量。一般平均工作吸附容量 $q = 10 \sim 20$ g/L,饱和吸附容量 $q_{饱} = 30$ g/L。

炭层高度一般采用 3 ~ 4 m。吸附设备的高度可以分段、串联工作,以便于制造、安

图 10.7　活性炭吸附法处理含铬废水工艺流程

装。炭层上部应有 0.2 ~ 0.3 m 的空间高度。

活性炭吸附处理含铬废水的滤速为 10 ~ 12 m/h。废水通过 1 m 活性炭层(床)的阻力损失为 0.6 ~ 0.7 m。

活性炭的粒径为 20 ~ 40 目,碘值大于 800 mg/L,机械强度大于 70%。

(3) 活性炭的再生

活性炭的再生包括碱再生和酸再生 2 种方式。

碱再生时再生剂 NaOH 的质量分数为 8% ~ 15%,再生效率为 60% ~ 80%。再生剂量与活性炭的体积相同,炭与碱的接触时间为 30 ~ 60 min。活性炭经碱再生后需用酸进行活化,硫酸的质量分数为 5% ~ 10%,用量为活性炭体积的 50%。碱再生的再生液为铬酸钠,可用于钝化,或经脱钠后回收铬酸。

酸再生时再生剂用硫酸,其质量分数为 10% ~ 20%,用量为活性炭体积的 50%,浸泡时间为 4 ~ 6 h,再生效率 90% 左右。再生过程中如向炭床通入空气,再生效率可以提高 10% 左右。酸再生的再生液为硫酸铬,可以用作鞣革剂或用以制作抛光膏。

**4. 含铬废水处理案例**

(1) 二氧化硫还原法处理含铬废水

采用二氧化硫作还原剂处理高浓度大流量的含铬废水,除铬效果良好,进水的六价铬质量浓度为 90.0 ~ 430.8 mg/L,经还原、沉淀处理后,出水中六价铬质量浓度在 0.5 mg/L 以下。该工艺可以实现二氧化硫的闭路循环,提高二氧化硫的利用率,并减少对环境的污染。

采用 $SO_2$ 处理含铬废水的有关基本化学反应方程式如下

$$S+O_2 \Longrightarrow SO_2 \uparrow \tag{10.2}$$

$$SO_2+H_2O \Longrightarrow H_2SO_3 \tag{10.3}$$

$$H_2Cr_2O_7+3H_2SO_3 \Longrightarrow Cr_2(SO_4)_3+4H_2O \tag{10.4}$$

$$Cr_2(SO_4)_3+6NaOH \Longrightarrow 2Cr(OH)_3 \downarrow \tag{10.5}$$

$$H_2SO_3+2NaOH \Longrightarrow Na_2SO_3+2H_2O \tag{10.6}$$

$$Na_2SO_3+1/2O_2 \Longrightarrow Na_2SO_4 \tag{10.7}$$

根据废水性质及排水要求,可采用三级还原、中和、反应、沉淀的处理工艺流程,沉淀后的污泥经浓缩池浓缩后进压滤机脱水,干污泥外运,如图 10.8 所示。废水处理流程的控制项目和指标见表10.6。

图10.8　$SO_2$还原法处理含铬废水工艺流程

表10.6　含铬废水处理流程的控制项目和控制指标

| 物　　流 | 取样点 | 控制项目 | 技术指标 |
|---|---|---|---|
| 原水 | 调节池 | Cr(Ⅵ) | <300 mg/L |
| | | pH | <7 |
| 一级还原水 | 贮水槽1 | Cr(Ⅵ) | <150 mg/L |
| 二级还原水 | 贮水槽2 | Cr(Ⅵ) | <50 mg/L |
| 三级还原水 | 中和槽出口 | Cr(Ⅵ) | <0.5 mg/L |
| 排水 | 反应槽出口 | Cr(Ⅵ) | <0.5 mg/L |
| | 沉淀出口 | pH | 6～8 |
| 发生炉出口 $SO_2$ 气体 | | $SO_2$ | 10%（体积分数） |

　　具体运行参数为：处理水量25 $m^3/h$，调节池停留时间0.5 h，喷射器进口水压0.2 MPa，每级还原罐反应时间2.4 min，三级共7.2 min，一二级贮水槽停留时间均为35 min，中和槽停留时间7.2 min，反应槽停留时间4.8 min，斜板沉淀池沉淀时间0.9 h，斜板沉淀池表面水力负荷2.2 $m^3/(m^2 \cdot h)$，湿泥含水率98%，脱水后含水率80%。

　　用二氧化硫还原六价铬时，反应速度与废水的pH有较大关系。工程运行实践表明，废水的pH为3.0～4.0时还原速度较快，pH>4.0时还原速度较慢。

　　用二氧化硫还原六价铬时，也可用氧化还原电位来控制处理过程，其数值与所用的药剂和测定电极的种类有关。一般来讲，废水中的六价铬完全还原为三价铬时，其电位值约为300～400 mV。

　　当废水中无其他氧化剂存在时，根据前面基本反应式可知1 mol的$H_2Cr_2O_7$和3 mol的$H_2SO_3$反应生成1 mol的$Cr_2(SO_4)_3$，由此可以计算出每天的理论投料量（以S计）为

99.9 kg。在实际运行过程中投料量是理论投料量的 1.21 倍,处理后水中的六价铬含量能达到允许的排放标准。实际投料比还与废水的 pH 有关,pH 低时投料比小,pH 高时投料比大。不同的 pH 对应的投料比见表 10.7。

表 10.7　不同 pH 时的实际投料比

| 废水的 pH | 6 | 5 | 4 | 3 | 2 |
|---|---|---|---|---|---|
| 实际投料比 [Cr(Ⅵ):S] | 1:1.36 | 1:1.26 | 1:1.14 | 1:1.10 | 1:1.09 |

用二氧化硫处理后的废水 pH 一般为 3~5,废水中含有低毒的硫酸铬,必须加入碱液,使碱与硫酸铬反应生成氢氧化铬沉淀而除去三价铬,并使 pH 保持在 7~8 才能符合排放标准。适合氢氧化铬沉淀的理论 pH 是 5.6,但实践证明工艺运行中适宜的 pH 为 7~8。

（2）活性炭吸附法处理含铬废水

某活性炭法处理含铬废水工程的部分工艺参数和处理效果见表 10.8。

表 10.8　活性炭吸附法处理含铬废水

| 进水 Cr(Ⅵ) 浓度 /(mg·L$^{-1}$) | 进水 pH | 滤速 /(m·h$^{-1}$) | 接触时间/min | 出水 Cr(Ⅵ) 浓度 /(mg·L$^{-1}$) | 出水 pH | 工作吸附容量 /(g·L$^{-1}$) | 备　注 |
|---|---|---|---|---|---|---|---|
| 20 | 3.5~5 | 10~12 | 18~22 | <0.5 | 6~7 | 7~10 | 出水中有少量 Cr$^{3+}$ |
| 50 | 3.5~5 | 10~12 | 18~22 | <0.5 | 6~7 | 15~20 | 出水中有少量 Cr$^{3+}$ |
| 100 | 3.5~5 | 10~12 | 18~22 | <0.5 | 6~7 | 25~30 | 出水中有少量 Cr$^{3+}$ |

活性炭吸附床推荐的典型参数为:活性炭柱由两根聚氯乙烯塑料柱组成,单柱直径为 270 mm,高为 1 250 mm;处理量为 0.3~1 m³/h;固液两相接触时间为 10 min;进炭柱质量浓度小于 80 mg/L;活性炭层总高为 2.4 m;活性炭吸附容量为 15 g/L;进液 pH 为 3~4。

采用新华 8 号活性炭,其预处理方式是首先将活性炭筛去灰分,水洗除去漂在水面上的灰分,然后用质量分数为 5% 的 $H_2SO_4$ 浸泡 4 h 以上,用水洗至出水 pH=4,即可用于处理含铬废水,以吸附 $HCrO_4^-$ 和 $HCr_2O_7^-$。

当测定出水中 Cr(Ⅵ)浓度超过排放标准时,活性炭应进行再生。再生时用 2 倍于活性炭体积的质量分数为 5% $H_2SO_4$ 溶液分 2 次浸泡,每次浸泡 2 h 以上,然后用水洗至 pH 为 3~4,即可循环使用。

活性炭吸附床可以采用两柱或三柱串联的工艺流程。根据以上活性炭吸附原理,柱的直径和高度可根据实验确定。三根柱吸附床可以提高活性炭吸附容量,延长使用周期。

## 10.3.2　含氰废水

含氰废水可采用碱性氯化法、二氧化氯协同破氰法、电解氯化法和臭氧氧化法等进行处理。

**1. 碱性氯化法**

废水中的氰(CN⁻)采用碱性氯化法处理时,可采用的氯系氧化剂有液氯、次氯酸钠和二氧化氯等。碱性氯化法的第一阶段是通过局部氧化将 CN⁻ 氧化成毒性比 CN⁻ 小很多的 CNO⁻,但该步反应对破氰来说不彻底,故称作"一级氧化处理",反应方程式如下:

$$CN^- + OCl^- + H_2O \Longleftrightarrow CNCl + 2OH^- \tag{10.8}$$

$$CNCl + 2OH^- \Longleftrightarrow CNO^- + Cl^- + H_2O \tag{10.9}$$

第二阶段是将氰酸盐(CNO⁻)进一步氧化分解成 $CO_2$ 和 $N_2$,为"二级氧化处理",反应方程式如下:

$$2CNO^- + 3ClO^- + H_2O \longrightarrow 2CO_2\uparrow + N_2\uparrow + 2OH^- + 3Cl^- \tag{10.10}$$

当废水处理量较小、水质浓度变化不大时,宜采用间歇式一级氧化处理;废水处理量较大、水质浓度变化幅度较大且对排放水质要求较高时,宜采用连续式二级氧化处理。

(1)工艺参数

pH:一级氧化处理时,pH 控制在 10 ~11;二级氧化处理,pH 控制在 6.5 ~7.0。

需要特别说明的是,采用碱性氯化法时若处理操作不当,会造成氰污染和中毒。在不完全氧化阶段,pH 越高,水温越高,有效氯浓度越高,CNCl 水解成 CNO⁻ 越快,但在酸性条件下 CNCl 极易挥发,CN⁻ 有剧毒,所以操作时必须严格控制废水的 pH。

反应时间:对于一级氧化反应,pH 应控制在 10 ~11,反应时间宜为 10 ~15 min;对于二级氧化反应,pH 应控制在 6.5 ~7.0,反应时间宜为 10 ~15 min。

投药量:使用不同药剂($Cl_2$,HClO,NaClO)处理氰化物时的投药比见表 10.9。

表 10.9　碱性氯化法处理氰化物的投药比(质量比)

| 名　称 | 局部氧化反应生成 CNO⁻ | | 完全氧化反应生成 $CO_2$ 和 $N_2$ | |
|---|---|---|---|---|
| | 理论值 | 实际值 | 理论值 | 实际值 |
| CN : $Cl_2$ | 1 : 2.73 | 1 : (3 ~4) | 1 : 6.83 | 1 : (7 ~8) |
| CN : HClO | 1 : 2 | — | 1 : 5 | — |
| CN : NaClO | 1 : 2.85 | — | 1 : 7.15 | — |

投药量不足或过量,对含氰废水处理均不利。为监测投药量是否恰当,可采用 ORP 氧化还原电位仪自动控制氯的投量。对一级氧化处理,OPR 达到 300 mV 时反应基本完成;对二级氧化处理,OPR 需达到 650 mV。通常水中余 Cl⁻ 量为 2 ~5 mg/L 时,可认为氰已基本被破坏。

(2)反应时间

对于一级氧化处理,pH≥11.5 时,反应时间 $t = 1$ min;pH = 10 ~11 时,$t = 10$ ~15 min。

对于二级氧化处理,pH = 7 时,$t = 10$ min;pH = 9 ~9.5 时,$t = 30$ min,一般选用 15 min。

(3)温度的影响

一级氧化处理时,包括两个主要反应(参见式 10.8 和式 10.9)。

第一个反应生成剧毒的 CNCl,第二个反应 CNCl 在碱性介质中水解生成低毒的 CNO⁻。CNCl 的水解速度受温度的影响较大,温度越高,水解速度越快。

为防止处理后出水中有残留的 CNCl,在温度较低时,需适当延长反应时间或提高废水的 pH。

（4）工艺流程

碱性氯化法的间歇处理流程如图 10.9 所示,连续处理流程如图 10.10 所示,完全氧化处理流程如图 10.11 所示,兰西法处理流程如图 10.12 所示。

图 10.9　碱性氯化法间歇处理含氰废水工艺流程

图 10.10　碱性氯化法连续处理含氰废水工艺流程

图 10.11　含氰废水完全氧化处理工艺流程

图 10.12　兰西法处理含氰废水工艺流程

碱性氯化法处理含氰废水的效果见表 10.10。

**表 10.10　碱性氯化法处理含氰废水的效果**

| 项　　目 | 局部氧化 | 完全氧化 |
|---|---|---|
| 废水含 $CN^-/(mg \cdot L^{-1})$ | 50～60 | 50～60 |
| 投药比（$CN:Cl_2$，以质量计） | 1:(3.7～4.3) | 1:(7.8～8) |
| 反应时间/min | 30 左右 | 30 左右 |
| 处理后水 $CNO^-$ 含量（以 $CN^-$ 计）/($mg \cdot L^{-1}$) | <50～60 | 4 左右 |
| 处理后水中 $CN^-$ 含量/($mg \cdot L^{-1}$) | 0～0.1 | 0～0.1 |
| 处理后水中总 CN 含量/($mg \cdot L^{-1}$) | <3.5 | <3 |
| 处理后水中 CNCl 含量/($mg \cdot L^{-1}$) | 0 | 0 |
| 处理后水中剩余活性氯含量/($mg \cdot L^{-1}$) | 10～100 | 10～100 |

**2. 二氧化氯协同破氰法**

随着水处理技术的发展，近年来在含氰废水处理技术方面出现了一种新技术——二氧化氯（$ClO_2$）协同破氰法。所谓二氧化氯协同破氰法，即在制取二氧化氯的同时有 $H_2O_2$、$Cl_2$、$O_3$ 产生，这些氧化剂均对氰有氧化去除作用。

（1）二氧化氯协同发生器工作原理

二氧化氯协同氧化剂由专用发生器产生，发生器由电解槽、直流电源和吸收管组成。电解槽由隔膜分成阳极室（内室）和阴极室（外室）；内室有阳极和中性电极，外室有阴极。二氧化氯协同发生器的工作原理如图 10.13 所示。

图 10.13　$ClO_2$ 协同氧化剂发生原理
1—阳极；2—阴极；3—中性电极；4—隔膜

（2）二氧化氯协同氧化剂在含氰废水中的作用

二氧化氯具有较强的氧化性，其活性为氯的 2 倍多。二氧化氯协同氧化剂处理含氰废水的过程，是利用其强氧化性在碱性条件下氧化氰，使其转化成 $N_2$ 和 $CO_2$ 气体，从而达到破氰消毒的目的。

一级反应：在 $pH=8.5\sim11.5$ 条件下，一级反应的化学方程式如下

$$2ClO_2+2NaCN+NaOH+2H_2O \longrightarrow 2NaCNO+2NaCl+6OH^- \tag{10.11}$$

二级反应：在 $pH=7.5\sim8.5$ 的条件下，则有

$$2NaCNO+2ClO_2+2H_2O \longrightarrow 2CO_2+N_2+4OH^-+2NaCl \tag{10.12}$$

同时利用氧化还原的原理，还可以消除废水中的部分阴离子，如 $S^{2-}$、$SO_3^{2-}$、$NO_2^-$；除去部分阳离子，如 $Fe^{2+}$、$Mn^{2+}$、$Ni^+$。

（3）投加量和反应时间

当含氰质量浓度为 100 mg/L 时，二氧化氯投加量为 100 mg/m$^3$，反应时间为 24 h。$ClO_2$ 协同氧化剂处理含氰废水，药剂投加量是碱性氯化法处理废水时药剂投加量的 1/5，同等处理量时，设备的一次性投资比次氯酸钠发生器少 20%～30%。

**3. 电解氯化法**

（1）工作原理

废水中的简单氰化物和络合物通过电解，在阳极和阴极上产生化学反应，把氰电解氧化为二氧化碳和氮气。利用这一原理可有效去除废水中的氰。

① 在阳极产生的化学反应：

对简单氰化物，第一阶段的反应是

$$CN^-+2OH^--2e \longrightarrow CNO^-+H_2O \tag{10.13}$$

反应进行得很强烈，接着发生第二阶段的两个反应

$$2CNO^-+4OH^--6e \longrightarrow 2CO_2\uparrow+N_2\uparrow+2H_2O \tag{10.14}$$

$$CNO^-+2H_2O \longrightarrow NH_4^++CO_3^{2-} \tag{10.15}$$

电解过程中，产生一部分铵。

对络合氰化物，反应过程如下

$$Cu(CN)_3^{2-}+6OH^--6e \longrightarrow Cu^++3CNO^-+3H_2O \tag{10.16}$$

$$Cu(CN)_3^{2-} \Longleftrightarrow Cu^++3CN^- \tag{10.17}$$

在电解的介质中投加食盐时发生下列反应

$$2Cl^--2e \longrightarrow 2[Cl] \tag{10.18}$$

$$2[Cl]+CN^-+2OH^- \longrightarrow CNO^-+2Cl^-+H_2O \tag{10.19}$$

$$6[Cl]+Cu(CN)_3^{2-}+6OH^- \longrightarrow Cu^++3CNO^-+6Cl^-+3H_2O \tag{10.20}$$

$$6[Cl]+2CNO^-+4OH^- \longrightarrow 2CO_2+N_2+6Cl^-+2H_2O \tag{10.21}$$

② 在阴极产生的化学反应

$$2H^++2e \longrightarrow H_2\uparrow \tag{10.22}$$

$$Cu^{2+}+2e \longrightarrow Cu \tag{10.23}$$

$$Cu^{2+}+2OH^- \longrightarrow Cu(OH)_2\downarrow \tag{10.24}$$

（2）处理方式与工艺流程

电解法处理含氰废水的工艺流程如图 10.14 所示，按处理方式有间歇式和连续式两种。

图 10.14　电解法处理含氰废水工艺流程

（3）工艺参数

调节池的有效容积按 1.5 ~ 2.0 h 平均流量计算。废水的 pH 宜控制在 9 ~ 10,可用 NaOH 溶液进行调节。间歇式处理(无调节池)时阳极采用石墨,极板厚 25 ~ 50 mm;阴极采用钢板,极板厚 2 ~ 3 mm;阳、阴极板间距为 20 ~ 30 mm;阳极电流密度宜控制在 0.3 ~ 0.5 A/dm², 槽电压为 6 ~ 8.5 V。NaCl 投加量可按氰浓度的 30 ~ 60 倍估算。废水含氰浓度与槽电压、电流密度、电解时间的关系见表 10.11。

表 10.11　电解法处理含氰废水工艺参数

| 含 $CN^-$ 浓度 /(mg·$L^{-1}$) | 槽电压/V | 电流浓度 /(A·$L^{-1}$) | 电流密度 /(A·$m^{-2}$) | 电解时间 /min | 食盐投量 /(g·$L^{-1}$) |
|---|---|---|---|---|---|
| 50 | 6 ~ 8.5 | 0.75 ~ 1.0 | 0.25 ~ 0.3 | 25 ~ 20 | 1.0 ~ 1.5 |
| 100 | 6 ~ 8.5 | 0.75 ~ 1.0 ~ 1.25 | 0.25 ~ 0.3 ~ 0.4 | 45 ~ 35 ~ 30 | |
| 150 | 6 ~ 8.5 | 1.0 ~ 1.25 ~ 1.5 | 0.3 ~ 0.4 ~ 0.45 | 50 ~ 45 ~ 35 | 1.5 ~ 2.0 |
| 200 | 6 ~ 8.5 | 1.25 ~ 1.5 ~ 1.75 | 0.4 ~ 0.45 ~ 0.5 | 60 ~ 50 ~ 45 | |

空气搅拌用气量(相对于 1 m³ 废水),对间歇式为 0.1 ~ 0.3 m³/(min·m³),连续式为 0.1 ~ 0.5 m³/(min·m³),空气压力为 (0.5 ~ 1.0)×10⁵ Pa。

（4）处理效果

含氰废水经电解法处理后,出水含 $CN^-$ 质量浓度为 0 ~ 0.5 mg/L,同时可在阴极回收金属。但在处理过程中会产生少量 CNCl 气体,故需采取防护措施。

**4. 臭氧氧化法**

臭氧氧化法是利用臭氧作为氧化剂来氧化消除氰污染的一类方法。用臭氧处理含氰废水,臭氧氧化氰一般分为两个阶段:第一阶段是将氰氧化成 $CNO^-$,第二阶段再将 $CNO^-$ 氧化为 $CO_2$ 和 $N_2$。由于第二阶段反应慢,需要加入亚铜离子作为催化剂。该方法的特点是处理水质好,不存在氯氧化法的余氯问题,污泥少;但电耗大,设备投资高,工程实际应用较少。

（1）工艺参数

臭氧投量:总投量为每氧化 1 g $CN^-$ 需投加 4.6 g $O_3$。因废水中其他杂质也消耗 $O_3$,实际投加量为氧化 1 g $CN^-$ 需投加 5 g $O_3$。

接触时间:对于游离 $CN^-$,接触时间 $t = 15$ min 时,去除率为 97%;$t = 20$ min 时,去除率为 99%。对络合 CN,在上述时间条件下只能分别去除 40% 和 60%。

pH:随废水 pH 升高,$CN^-$ 的去除率增加,但随着 pH 的升高,又会导致 $O_3$ 在水中的溶解度降低,因此需综合考虑,一般以 pH=9~11 较为宜。

催化剂的影响:当废水中存在 1 mg/L 的 $Cu^+$ 时,$O_3$ 去除 $CN^-$ 的接触时间可较正常时间缩短 1/4~1/3。因此,$O_3$ 处理含废水时常以亚铜离子为催化剂。

(2) 处理流程

臭氧氧化法处理含氰废水的工艺流程如图 10.15 所示。

图 10.15　臭氧氧化法处理含氰废水工艺流程

(3) 处理效果

当废水含 $CN^-$ 质量浓度为 20~30 mg/L 时,按 $CN^-$:$O_3$ 为 1:5(质量比)投加 $O_3$ 后,处理后的出水含 $CN^-$ 质量浓度可达到 0.01 mg/L 以下,可作为清洗水回用。

### 10.3.3　含镉废水

含镉废水可采用离子交换法、化学沉淀法、电解气浮法和化学沉淀-反渗透法等进行处理。

**1.离子交换法**

(1) 工艺流程

含镉废水的处理可以采用双阴离子交换树脂柱串联全饱和流程,工艺流程如图 10.16 所示。

(2) 工艺参数

交换容量:370# 大孔弱碱阴离子交换树脂对 $Cd(CN)_4^{2-}$ 的饱和交换容量为 31 mg/g,因对 $Cd(CN)_4^{2-}$ 的交换势优于 $CN^-$,故阴离子交换树脂柱出水中含有一定浓度的 $CN^-$。

交换速度、交换终点:交换速度以每小时 20 倍离子交换树脂体积为宜。进水含 Cd 质量浓度在 10~100 mg/L 范围内工艺比较稳定。交换终点控制在 Cd 的泄漏量为 0.1 mg/L。

离子交换树脂再生:再生剂用 $NH_4NO_3$ 和 $NH_4OH$ 混合液,每小时用量为 4 倍于树脂体积,再生速度每小时用 1~2 倍于树脂体积进行交换。

阳离子交换树脂柱交换、再生:选用 732# 强酸型阳离子交换树脂,交换容量为40 g/L。阳离子树脂交换柱要与阴离子树脂交换柱同步再生。再生剂为 HCl,质量分数为 6%~8%;交换流速为 20 m/h,再生流速为 0.5 m/h,再生剂用量为 2 倍于树脂体积。阳离子树

图 10.16　离子树脂交换法处理含氰含镉废水工艺流程

脂交换柱洗脱液排入中和池处理。

（3）次氯酸钠除氰

处理后阴离子树脂交换的出水中还有大量游离氰（$CN^-$），必须经过除氰处理后才可排放，可采用次氯酸钠发生器或二氧化氯协同发生器电解食盐产生次氯酸钠，来处理阴离子树脂交换柱出水含有的 $CN^-$，使出水达到排放标准。

（4）镉的回收

阴离子交换树脂洗脱液的主要成分是 $Cd(CN)_4^{2-}$ 离子，但也含有少量的 $Fe(CN)_6^{3-}$、$Fe(CN)_6^{4-}$ 和 $Cu(CN)_4^{3-}$ 等离子，因此不能直接回用，必须经过提纯才能回镀槽使用。

**2.化学沉淀法**

（1）加碱处理无氰镉废水

将废水加碱剂调 pH 至 10.5 以上，发生如下反应

$$Cd^{2+}+2OH^- \longrightarrow Cd(OH)_2 \tag{10.25}$$

$$CdY+Ca(OH)_2 \longrightarrow Cd(OH)_2 \downarrow +CaY \tag{10.26}$$

式中　Y——络合基团的简式。

碱剂可采用 NaOH 或 $Ca(OH)_2$，处理后出水中含镉量可达到排放标准。

（2）加漂白粉或次氯酸钠处理氰化镀镉废水

采用漂白粉，或利用次氯酸钠发生器或二氧化氯协同发生器电解食盐产生的次氯酸钠，处理氰化镀镉废水，控制余 $Cl^-$ 质量浓度为 3～6 mg/L，使废水中的 $CN^-$ 全部氧化，然后用碱性药剂调 pH=11～12，经沉淀可以使处理后出水 Cd 的质量浓度小于 1 mg/L；若要出水质量浓度达到 0.1 mg/L，则需经其他过滤设备（如预涂硅藻土的聚氯乙烯微孔滤管压滤等），一般滤后 $Cd^{2+}$ 的质量浓度小于 0.01 mg/L。沉淀的镉渣需进行处理或综合利用。

**3. 电解气浮法**

电解气浮法处理含镉废水的工艺流程如图 10.17 所示。

图 10.17　电解气浮法处理含镉废水工艺流程

将废水调至中性（pH=7～9）后进入铝阳极电解槽，在直流电的作用下，从阳极溶出的铝成为氢氧化铝；在阴极附近的重金属镉与氢氧根结合生成氢氧化物，吸附在阴极产生的氢气上，因而很容易上浮。为加速上浮，可采用溶气气浮工艺进行再处理。上浮的污泥用刮泥机去除，处理后的水可达到排放标准。

**4. 化学沉淀-反渗透法**

应用化学沉淀-反渗透法处理氰化镀镉漂洗水，可以将水回用于漂洗槽，将浓缩液中的碳酸镉用氰化钠溶解回用于镀槽，从而实现闭路循环，其工艺流程如图 10.18 所示。

图 10.18　化学沉淀-反渗透法处理氰化镀镉漂洗水工艺流程

操作顺序：回收槽中 $Cd^{2+}$ 最大允许质量浓度为 20 mg/L，将该漂洗水用液下泵送至贮槽，分批加入工业级 $H_2O_2$（体积分数为 20%～30%）溶液破氰，由于破氰反应剧烈，所以应边缓慢加过氧化氢边搅拌。将破氰后的溶液静止一段时间后,送到重力沉降槽静置,使沉淀物沉降,上清液用离心泵经过滤器送入贮槽 2;然后进行反渗透浓缩,分离淡水回到漂洗槽 3,作漂洗用水;浓缩液送到贮槽 2。在每次处理回收槽液的同时,将各个漂洗槽的水依次倒入前槽,继续使用,实现闭路循环。

### 10.3.4 电镀混合废水

随着近年来电镀工业的发展趋向于集约化生产,很少再有单个镀种的车间,基本都是多镀种的电镀车间或专业电镀厂。这些车间或电镀厂除对贵金属设单个回收工艺外,其余重金属一般不设单个处理工艺。近年来研究和发展较快的、而且又比较成熟的工艺是对电镀废水进行综合处理,采用的工艺包括中和沉淀法、电解气浮法、化学处理闭路循环法、铁屑内电解法和离子交换法等。

#### 1. 中和沉淀法

传统的中和沉淀法是向废水中投加碱性物质,使重金属离子转变为金属氢氧化物沉淀除去。设 $M^{n+}$ 为重金属离子,则它与碱反应生成金属氢氧化物 $M(OH)_n$,其反应式为

$$M^{n+} + OH^- \longrightarrow M(OH)_n \tag{10.27}$$

金属氢氧化物的溶度积 $K_s$ 为

$$K_s = [M^{n+}][OH^-]^n \tag{10.28}$$

$$[M^{n+}] = K_s / [OH^-]^n \tag{10.29}$$

水的离子积常数 $K_w = [H^+][OH^-]$,即 $[OH^-] = K_w/[H^+]$,代入式(10.3)并取对数,则有

$$\lg[M^{n+}] = \lg K_s - n\lg K_w - n\mathrm{pH} \tag{10.30}$$

式中  $[M^{n+}]$——与氢氧化物沉淀共存的饱和溶液中的金属离子浓度。

由于 $K_w$、$K_s$ 均为常数,重金属离子经中和反应沉淀后,在水中的剩余浓度仅与 pH 有关,据此可以求得某种金属离子溶液在达到排放标准时的 pH。部分金属离子的氢氧化物溶度积、排放标准及 pH 参数见表 10.12。

表 10.12  部分金属离子浓度与 pH 的关系

| 金属离子 | 金属氢氧化物 | 溶度积 $K_s$ | 排放标准 /($\mathrm{mg \cdot L^{-1}}$) | 参考 pH |
|---|---|---|---|---|
| $Cd^{2+}$ | $Cd(OH)_2$ | $2.5 \times 10^{-14}$ | 0.1 | 10.2 |
| $Co^{2+}$ | $Co(OH)_2$ | $2.0 \times 10^{-16}$ | 1.0 | 8.5 |
| $Cr^{3+}$ | $Cr(OH)_3$ | $1.0 \times 10^{-30}$ | 0.5 | 5.7 |
| $Cu^{2+}$ | $Cu(OH)_2$ | $5.6 \times 10^{-20}$ | 1.0 | 6.8 |
| $Pb^{2+}$ | $Pb(OH)_2$ | $2 \times 10^{-16}$ | 1.0 | 8.9 |
| $Zn^{2+}$ | $Zn(OH)_2$ | $5 \times 10^{-17}$ | 5.0 | 7.9 |
| $Mn^{2+}$ | $Mn(OH)_2$ | $4 \times 10^{-14}$ | 10.0 | 9.2 |
| $Ni^{2+}$ | $Ni(OH)_2$ | $2 \times 10^{-16}$ | 0.1 | 9.0 |

表 10.12 中的 pH 是指单一金属离子存在时达到表中所示排放浓度时的 pH。当废水中含有多种金属离子时,由于中和产生共沉作用,某些在高 pH 下沉淀的金属离子被在低 pH 下生成的金属氢氧化物吸附而共沉,因而也可能在较低 pH 条件下达到最低浓度。

常用的中和剂有石灰、石灰石、电石渣、碳酸钠、氢氧化钠等,其中以石灰应用最广。石灰可同时起到中和与混凝的作用,其价格比较便宜,来源广,处理效果较好,几乎可以使除汞以外的所有重金属离子共沉除去,因此,它是国内外处理重金属废水的主要中和剂。美国在 1980 年评选重金属废水处理方法中,首先推荐的就是石灰中和法。石灰石价格便宜,具有中和生成的沉淀物沉淀性能好、污泥脱水性好等优点,但其中和能力弱,pH 不易提高到 6 以上,不适用于某些需在高 pH 条件下才能完成沉淀的重金属离子(如镉)的去除,只能作为前段中和剂,用于除铁、铝等离子。在某些情况下,如水量小、希望减少泥渣量时,也可考虑采用氢氧化钠作中和剂,但是它的价格较高,国内采用的不多。

采用中和法的关键是要控制好 pH。要根据处理水质和需要除去的重金属种类,选择合适的中和沉淀工艺,一般有一次中和沉淀和分段中和沉淀两种。一次中和沉淀法是指一次投加碱剂提高 pH,使各种金属离子共同沉淀,其工艺流程简单,操作方便,但沉淀物含有多种金属,不利于金属回收。分段中和法是根据不同金属氢氧化物在不同 pH 下沉淀的特性分段投加碱剂,控制不同的 pH,使各种重金属分别沉淀。此法工艺较复杂,pH 控制要求较严,但有利于分别回收不同金属。用仪表分段自动控制 pH 的工艺已有报道,用户可以根据废水情况参考选用。

采用将部分石灰中和沉渣返回反应池的碱渣回流法,可比采用传统石灰中和法节约石灰用量 10% ~ 30%,而且中和沉渣体积减小,其脱水性能也得到改善。

**2. 电解气浮法**

电解气浮法是将电解反应、絮凝沉淀以及气浮法结合起来的一种新方法。在电解过程中,废水中的金属离子随可溶性阳极(铝或铝合金)的剥离生成胶状氢氧化物,并借助于电解时产生的氢气和氧气泡浮升到液面,经刮除予以分离。

采用电解气浮法能同时去除多种金属离子,具有净化效果好、泥渣量少、占地面积小、噪音小等优点,但电耗较大。

采用 MEF 式电解槽(图 10.19)处理含镉、铜、铬废水,效果良好,处理效果见表 10.13。

图 10.19　MEF 式废水处理流程

1—搅拌机;2—pH 计;3—整流器;4—刮泥机;5—电解气浮槽;
6—凝聚槽;7—电解槽;8—pH 调整槽

表 10.13　MEF 式电解气浮处理效果

| 废水种类 | 金属元素 | 处理前浓度/(mg·L⁻¹) | 处理后浓度/(mg·L⁻¹) |
|---|---|---|---|
| 电镀废水(1) | Fe | 242 | 1 |
| | Cu | 610 | 4 |
| | Zn | 393 | 6 |
| | Cr | 157 | 0.5 |
| 电镀废水(2) | Zn | 82 | 3 |
| | Cu | 59 | 2 |
| | Fe | 38 | 2 |
| | Ni | 71 | 3 |
| 镀镉废水 | Cd | 315 | 2 |
| | Cr | 590 | 0.5 |

**3. 化学处理闭路循环法**

(1)氧化-还原-中和沉淀处理

混合电镀废水可在同一装置内完成"六价铬还原为三价铬—酸碱中和—重金属氢氧化物沉淀—清水回用或排放—污泥过滤干化"或"氰氧化—酸碱中和—重金属氢氧化物沉淀—清水排放或回用—污泥过滤干化"等过程。技术指标:Cr(Ⅵ)去除率为 99.99%;Zn²⁺去除率为 99.99%;CN⁻去除率为 99.0%。用该方法处理电镀混合废水可以一次去除氰、铬、酸、碱及其他重金属离子,适合于大、中、小型电镀企业和电镀车间。

(2)电镀混合废水一步净化器

根据氧化-还原-中和高效絮凝沉淀处理电镀混合废水的原理,近几年研究开发出新的处理装置——工业废水一步净化器,工艺流程如图 10.20 所示。

一步净化器工作原理如图 10.21 所示,其内部分为 5 个区:高速涡流反应区,渐变缓冲反应区,悬浮澄清沉淀区,强力吸附区和污泥浓缩区。这 5 个区分别具有下述 5 种功能:氧化还原,中和反应,高速凝聚,悬浮澄清,强力吸附和污泥浓缩作用,因而可以对包括电镀废水在内的多种工业废水进行有效处理。

**4. 铁屑内电解法**

铁屑内电解法处理混合电镀废水的主要特点是:工艺流程简单,对几种废水可以不分流,直接处理综合性电镀废水,并一次处理达标;处理后的废水中的各种金属离子浓度不但远远低于国家排放标准,并且还有一定脱盐效果和去除 COD 的能力;运行费用低,因为除了电耗外,消耗的主要原材料是铁屑(可加部分焦炭粉),其价格低廉,来源广泛。不仅如此,这种原料的消耗量随着废水中有害物质浓度而改变,不用人工调整,它会自动调节,而且催化氧化、还原、置换、共沉絮凝、吸附等过程集于一个反应柱(池)内进行,因此操作管理十分简便,又不会造成浪费,材料利用率高。

根据上述铁屑内电解法的原理制造的处理设备,以前一般采用顺流工艺流程,工作过

图 10.20　一步净化器废水处理工艺流程

图 10.21　一步净化器工作原理

1—高速涡流反应区;2—渐变缓冲反应区;3—悬浮澄清沉淀区;

4—强力吸附区;5—污泥浓缩区

程中因处理柱表层有结块现象而堵塞,影响了处理柱的正常工作。为了克服结块现象,新一代的处理设备采用逆向处理工艺流程。这一技术的特点是将过去的顺流处理改为了逆向处理,但由于反应生成的沉积物首先在底部形成,所以要将其反冲出来是极为不利的,因此该装置在改进的处理过程中采用了压缩空气间歇脉冲式反冲的办法,处理流程如图10.22 所示。

　　废水用泵逆向打入装有活化铁屑的处理柱,发生一系列反应,将废水中各种重金属离子除去,废水再经沉淀或其他脱水设备进行渣水分离,清水排放或回用。

　　在处理过程中自动通气反冲,使反应生成的沉积物能及时有效地被冲走,消除了产生

图 10.22　铁屑内电解法逆向处理工艺流程

1—废水池;2—磁力泵;3—处理柱;4—碱槽;5—沉淀槽;6—空气压缩机

铁屑结块的因素和隐患。不仅如此,由于铁屑表面沉积物随时被冲走,使表面与废水保持良好接触,极大地改善了电极反应。所以改进以后的处理效果更加理想,使用该装置的厂(车间)到目前为止,都没有发现排水超标现象和铁屑结块问题。

### 5.三床离子交换法

对于含有 Cu、Cd、Ni、Zn 等金属离子和 $CN^-$ 的混合废水(不含 Cr( VI)),可采用三床离子交换树脂处理,工艺流程如图 10.23 所示。

废水依次通过时,强酸性阳离子交换树脂柱吸附各种金属离子,用酸再生;弱碱性阴离子交换树脂柱吸附各种络合阴离子,用碱再生;强碱性阴离子交换树脂柱吸附游离氰根和其他阴离子,用碱再生。阳离子交换树脂柱与阴离子交换树脂柱的洗脱液进行中和,再用氯使氰化物氧化,用石灰沉淀重金属。再生洗脱液处理后排放,经离子交换法处理后的出水回电镀车间作清洗水回用。此种处理方法要求混合废水中不包括含铬废水。若混合废水中不含氰化物,则可省掉弱碱性阴离子交换树脂柱,三床法即可改为两床法,即只保留强酸性阳离子交换树脂柱和强碱性阴离子交换树脂柱。

图 10.23　三床离子交换树脂法处理金属混合废水

# 10.4　重金属废水处理工程实例

## 10.4.1　某精密模具零件公司废水处理改造工程

某精密模具零件公司专业从事精密模具设计、制造及精密零件制造。该公司排放废水中的主要污染物为镍、铅、铜等重金属离子,此外还有一些 COD、SS 和氰化物,厂内废水处理站的规模为 500 m³/d。由于排放标准提高后,原废水处理工艺已经无法满足新的排放标准要求,因此需要对原处理工艺进行改造,设计进、出水的水质指标见表 10.14。

表 10.14　某精密模具零件公司废水处理改造工程设计进、出水水质指标

| 项目 | pH | COD /(mg·L⁻¹) | Ni²⁺ /(mg·L⁻¹) | Cu²⁺ /(mg·L⁻¹) | Pb²⁺ /(mg·L⁻¹) | SS /(mg·L⁻¹) | 总氰化合物 /(mg·L⁻¹) |
|------|------|------|------|------|------|------|------|
| 进水 | 2~7 | 200 | 150 | 100 | 0.15 | 300 | 50 |
| 出水 | 6~9 | ≤80 | ≤0.5 | ≤1 | ≤0.2 | ≤50 | ≤0.3 |

**1. 原废水处理工艺及存在的问题**

某精密模具零件公司原废水处理工艺流程如图 10.24 所示。

图 10.24　原废水处理工艺流程

原废水处理工程的运行存在以下问题:连续反应池(3 格,分别投加 NaOH、PAM、PAC)在加入 NaOH 后再加入 PAC,结果是 PAC 以偏铝酸盐形式与 Ni²⁺反应,生成可溶性偏铝酸镍,造成出水中含有大量镍离子;连续反应池加入 NaOH 后反应时间约为 5 min(应控制在 10~15 min),反应时间过短,废水中重金属离子无法反应彻底;沉淀池负荷过高,沉淀效果不好,出水中含有大量悬浮物;活性炭过滤器运行 3 个月后严重板结堵塞,影响滤速和过滤效果。

**2. 废水处理的改造工艺及单元设计**

改造后废水处理的工艺流程如图 10.25 所示。

连续反应池经改造后分成 2 格,在连续反应池只投加 NaOH,反应时间控制在 10~15 min。为防止 pH 过高时铝盐转化成偏铝酸盐,连续反应池不投加 PAC。由于原连续反

应池的搅拌器功率较小,流速太小,反应效果不佳,故新增不锈钢搅拌器3台。

斜管沉淀池的出水中增设硫化钠(或重金属捕捉剂)与PAC投加装置,再投加PAM使微细的金属沉淀物进一步通过絮凝作用去除。同时,新增一体化反应池1座(混凝沉淀池2格,斜管沉淀池1格)。

活性炭过滤器改造成石英砂过滤,并将过滤器上的多路阀改成气动蝶阀。

图 10.25　改造后的废水处理工艺流程

### 3. 改造后废水处理效果

某精密模具零件公司废水处理改造工程竣工完成后投入运行,2011年1~4月的运行结果表明,废水经改造工程处理后,运行稳定,出水可达标排放。该工程各处理工段对各污染物的去除效果见表10.15。工艺改造后运行成本也较低,系统可操作性较强,维护简便。

表 10.15　改造后的废水处理各工段的去除效果

| 工段 | COD/(mg·L$^{-1}$) | Ni$^{2+}$/(mg·L$^{-1}$) | Cu$^{2+}$/(mg·L$^{-1}$) | pH | 总氰化合物/(mg·L$^{-1}$) |
|---|---|---|---|---|---|
| 破氰池 | 150 | 100 | 80 | 2~7 | 0.5~0.6 |
| 连续反应池-斜管沉淀池 | 100 | 10 | 10 | 10~12 | 0.4~0.4 |
| 一体化反应池 | 60 | 0.6 | 0.6 | 10~12 | 0.3~0.4 |
| 二沉池 | 50 | 0.4 | 0.4 | 7~8 | 0.3~0.4 |
| 石英砂过滤器 | 40 | 0.3 | 0.3 | 7~8 | 0.2~03 |

## 10.4.2　某汽车标准件生产厂废水处理与回用工程

某汽车标准件生产厂主要生产汽车高强度螺栓等,其电镀废水主要由生产车间排出的脱脂废水、酸碱综合废水、含磷废水和清洗废水等组成,废水排放量为200 m³/d,主要含有锌、镍、铬、磷、阴离子表面活性剂(LAS)和油脂等污染物,具有重金属含量高、成分复杂、可生化性差等特点。该废水处理与回用工程项目的设计进水与排放水质指标见表10.16。回用水则要求达到 COD≤30 mg/L、电导率≤40 μS/cm、硬度≤10 mg/L、pH 6~9 的指标要求。

表 10.16　电镀废水处理站设计进、出水水质指标

| 项目 | pH | COD /(mg·L⁻¹) | SS /(mg·L⁻¹) | 石油类 /(mg·L⁻¹) | 氨氮 /(mg·L⁻¹) | 总铬 /(mg·L⁻¹) | 总锌 /(mg·L⁻¹) | 总镍 /(mg·L⁻¹) | 总磷 /(mg·L⁻¹) |
|---|---|---|---|---|---|---|---|---|---|
| 进水 | 6~10 | ≤2 000 | ≤500 | ≤100 | ≤100 | ≤50 | ≤400 | ≤400 | ≤20 |
| 排放标准 | 6~9 | ≤80 | ≤50 | ≤3.0 | ≤15 | ≤1.0 | ≤1.5 | ≤0.5 | ≤1.0 |

**1. 废水处理工艺流程**

根据该厂待处理废水的水量（200 m³/d）、水质（较高 COD、SS 和石油类和较多重金属等）及处理与回用标准要求，确定采用"物化预处理–生化处理–物化深度处理"的工艺方案，具体的工艺流程如图 10.26 所示。

图 10.26　某汽车标准件生产废水处理工艺流程

电镀废水收集后进行 pH 调整，然后进行混凝与沉淀，以期去除废水中大部分 SS、重金属、TP 及部分 COD。经混凝沉淀等预处理后，沉淀池的出水进入水解酸化池进一步提高废水的可生化性，然后进入膜生物反应器（MBR）进行有机物的生化降解。MBR 池出水经过中间水池，依次进入砂滤器、炭滤器、螯合树脂塔、保安过滤器和 RO 系统，经进一步深度处理后回用。为确保回用水质达到回用要求，RO 系统部分淡水返回到前面以稀释 RO 进水，RO 系统淡水直接回用于生产，RO 系统浓水达标排放。

**2. 单元设计**

调节池 1 座，钢砼结构，内衬 FRP 防腐。HRT 为 13.0 h，有效容积为 108 m³，工艺尺寸为 6 000 mm×4 000 mm×5 000 mm。在该池设置液位控制器 3 套，提升泵 2 台（1 用 1 备）；通过液位控制提升泵，高位启动，低位停止，超低位报警。设水力搅拌系统 1 套。

pH 调整池 1 座，钢砼结构，内衬 FRP 防腐。HRT 为 1.0 h，有效容积为 8.7 m³，工艺尺寸为 1 700 mm×1 700 mm×3 500 mm。在该池设搅拌机 1 套，药剂投加装置 1 套，pH 控制器 1 套。

混凝反应池 1 座，钢砼结构，内做 FRP 防腐。HRT 为 1.0 h，有效容积为 8.7 m³，工艺尺寸为 1 700 mm×1 700 mm×3 500 mm。该池内设设搅拌机 1 套，药剂投加装置 2 套。投加的药剂包括重金属捕捉剂（二硫代胺基甲酸盐类衍生物，DTC 类）和助凝剂（PAM）。

　　沉淀池 1 座,采用斜板沉淀池,钢砼结构,内衬 FRP 防腐,HRT 为 2.0 h,有效容积为 16.8 m³,工艺尺寸为 1 700 mm×3 400 mm×4 000 mm,表面负荷率为 1.4 m³/(m²·h)。经过沉淀分离出来的泥渣进入污泥池做进一步处理。

　　水解酸化池 1 座,采用钢砼结构,HRT 为 15.4 h,有效容积为 128 m³,工艺尺寸为 4 000 mm×8 000 mm×4 500 mm。池内设有潜水搅拌机 2 台,单机功率 1.5 kW。水解酸化池放置软性填料,溶解氧维持在 0.5 mg/L。

　　膜生物反应器(MBR)1 座,钢砼结构,HRT 为 11.5 h,有效容积为 96 m³,工艺尺寸为 4 000 mm×6 000 mm×4 500 mm。MBR 主要由膜组件、膜架、膜出水泵、鼓风机以及相应清洗系统组成。MBR 膜组件材质为偏氟乙烯材质的中空纤维膜,型号 FP-AI115,膜孔径为 0.25~0.35 μm,每片面积为 20 m²,设计膜通量为 10 L/(m·h),共 42 片;膜架为不锈钢材质。设计流量为 8.3 m³/h,24 h 连续运行。

　　中间水箱 1 个,是一个 20 m³ 的 PE 桶,内设提升泵 2 台,1 用 1 备。

　　砂滤器 1 台,过滤速度为 7.4 m/h,净空尺寸为 D 1 200 mm×1 500 mm,精制石英砂滤料层高 1.2 m,分上、下两层(下层高 0.1 m,粒径为 1.72~4.75 mm;上层高 1.1 m,粒径为 0.19~0.36 mm)。砂滤器自动反冲洗,设气动阀 6 个,每天进行 1 次反冲洗,反冲洗历时为 8 min。

　　炭滤器 1 台,过滤速度为 7.4 m/h,净空尺寸为 D 1 200 mm×1 500 mm,果壳活性炭滤层高度为 1.2 m,投加量为 1.2 t。活性炭过滤器内吸附于活性炭表面的氯(次氯酸)在炭表面被还原成氯离子,确保出水余氯小于 0.1 mg/L,以满足后续反渗透膜的运行条件。

　　螯合树脂塔 1 座,净空尺寸为 D 1 000 mm×1 500 mm,采用英国漂莱特 S930 螯合树脂,树脂层高度为 1.2 m,投加量为 1.2 t。设树脂再生系统 1 套,设计再生周期为 3~5 d。

　　保安过滤器 1 台,规格为 10 芯×1 000 mm,材质为 304 不锈钢。每个滤芯规格为 5 μm×1 000 mm。

　　RO 系统 1 套,主要由 RO 膜元件、高压泵、加药系统和 PLC 自控系统等组成。RO 膜元件为聚酰胺抗污染反渗透膜,型号 BW30-365-FR,共 9 支,设计处理规模为 8.3 m³/h,24 h 连续运行,产水率为 60%,RO 系统进水条件是反渗透膜 SDI 小于 5。设阻垢剂加药系统和反渗透清洗装置 1 套。

**3. 废水处理效果**

　　该废水处理与回用工程于 2014 年 7 月开始设计,施工和调试历时 6 个月,2015 年 1 月完成环保验收。该工程自 2014 年 12 月实际运行以来,各处理工段对废水中各污染物的去除效果见表 10.17。可以看出,RO 系统出水水质完全可以达到生产工艺用水水质要求。RO 系统的回用水产水率为 60%(另有 30% 的 RO 浓水达标排放),每天可为该企业节约 120 m³ 的自来水,节能减排效果显著。

表 10.17　各处理工段对废水中各污染物的去除效果

| 工段 | COD | 电导率/(μS·cm⁻¹) | 硬度/(mg·L⁻¹) | 氨氮/(mg·L⁻¹) | 总铬/(mg·L⁻¹) | 总锌/(mg·L⁻¹) | 总镍/(mg·L⁻¹) | 总磷/(mg·L⁻¹) | pH |
|---|---|---|---|---|---|---|---|---|---|
| 原水 | 1 596~1 872 | 4 352~4 663 | 7.78~8.32 | 47~82 | 31.3~44.6 | 241.2~325.8 | 9.2~15.4 | 11.7~17.4 | 8.64~10.11 |
| 混凝沉淀出水 | 1 243~1 486 | 5 543~5 715 | 7.94~8.59 | 41~69 | 0.4~1.2 | 0.6~1.6 | 0.3~0.6 | 0.4~0.9 | 8.12~8.36 |
| MBR出水 | 28~35 | 4 921~5 214 | 7.42~7.97 | 4~5 | 0.2~0.5 | 0.4~0.8 | 0.2~0.4 | 0.2~0.4 | 7.35~7.75 |
| 反渗透产水 | 7~9 | 25~33 | 5.75~7.22 | 1~3 | 0.1~0.2 | 0.1~0.3 | 0.1~0.2 | 0.1~0.2 | 7.01~7.13 |
| 反渗透浓水 | 52~74 | 16 435~17 264 | 16.91~21.22 | 7~10 | 0.3~0.7 | 0.6~1.3 | 0.2~0.4 | 0.2~0.8 | 7.35~7.96 |

# 第11章 煤气化废水处理

煤炭是古代植物埋藏在地下经历了复杂的生物化学和物理化学变化逐渐形成的固体可燃性矿物。我国的煤炭资源远比石油和天然气丰富,人均煤炭、石油和天然气的可采储量分别为世界平均水平的 55.40%、11.10% 和 4.30%。进入 21 世纪以来,国际能源价格逐步攀升,其中原油、天然气价格涨幅较大,而煤炭价格涨幅相对较小,煤炭与石油、天然气的价差不断扩大。2012 年下半年以来,随着煤炭价格的快速下跌,原油与煤炭的价格比进一步提高。煤炭和原油价格表现的差异,使得煤炭作为原材料的成本优势得到提升,煤化工的经济性逐步显现。所谓煤化工,就是以煤为原料,经过化学加工使煤转化为气体、液体、固体燃料以及化学品的过程,从煤的加工过程看可分为干馏(含炼焦和低温干馏)、气化、液化和合成化学品等。煤气化在煤化工中占有很重要的地位,是煤炭利用最清洁的方式,用于生产城市煤气及各种燃料气(广泛用于机械或建材等工业),也用于生产合成气(作为合成氨或合成甲醇等的原料)。目前全国煤气化公司数量超过 218 家,建成煤气化装置数量达到 655 套。随着气化新技术的开发应用,煤气化仍将是煤化工的一个主要分支,将煤气化制成合成气、然后通过碳一化学合成一系列有机化工产品,是进展较快且引起关注的领域。然而,煤气化等煤化工企业是耗水大户(如起码要保证每小时上千吨新鲜水供应,真正上规模的煤化工企业用水量达 2 000 ~ 3 000 m³/h),废水的排放量也大,而且所含污染物成分复杂、浓度高。煤气化废水是较难处理的工业废水之一,企业面临污染和减排压力较大,因而寻求处理效果更好、工艺稳定性更强、运行费用更低的废水处理技术,已经成为煤化工发展的自身需求和外在要求。

## 11.1 煤气化过程与工艺设备

### 11.1.1 煤气化过程

煤气化过程是一个热化学过程,它是指煤在特定的设备内,在一定温度及压力下使煤中有机质与气化剂(如蒸汽/空气或氧气等)发生一系列化学反应,将固体煤转化为含有 $CO$、$H_2$、$CH_4$ 等可燃气体和 $CO_2$、$N_2$ 等非可燃气体的过程。煤气化必须具备气化炉、气化剂、热量供给三个条件,三者缺一不可。气化所得的气化煤气可用做城市煤气、工业燃气和化工原料气。

从工程和化学的角度来看,气化与液化有很大不同。气化也不同于干馏,干馏仅能将煤本身不到 10% 的碳作为副产品变为不同数量(取决于煤化程度和温度)的可燃气体混合物,气化则将煤中全部的碳都转化成气态。煤化程度和温度对气化速率有影响,如有必要,可使气中除含少量其他气体(如 $H_2S$)外几乎完全由 $CO$ 和 $H_2$ 组成。

煤气化过程主要包括以下几个步骤:煤炭干燥脱水,热解脱挥发分,挥发分和残余碳

(煤焦)与气化剂反应,该过程如图 11.1 所示。

图 11.1 煤气化过程

煤的气化过程是在煤气发生炉(又称气化炉)中进行的,而发生炉是由炉体、加料装置和排灰装置等三大部分构成的。采用固定(移动)床气化时,发生炉与气化过程如图 11.2 所示。原料(煤或煤焦)由上部加入炉腔,原料层及灰渣层由下部炉栅支撑,空气中通入一定量的水蒸气所形成的气化剂由下部送风口进入,经炉栅均匀分配,与原料层接触发生气化反应。反应生成的气化煤气由原料层上方引出,气化反应后残存的炉渣由下部的灰盘排出。水夹套可以防止炉体经受高温,并可回收炉体散热。

图 11.2 发生炉与气化过程
1—炉体;2—加料装置;3—炉栅;
4—送风口;5—灰盘;6—水夹套

煤气化的实质是将煤由高分子固态物质转化为低分子的气态物质;而由固态变为气态的过程,也就是改变燃料中碳、氢比结构的过程。当煤气作为气态燃料使用时,其有效成分为 $CO$、$H_2$ 及 $CH_4$;当煤气作为各种化工合成工业的原料时,其有效成分为 $CO$、$H_2$,经净化处理后,这两种成分含量在 80% 以上。

## 11.1.2 煤气化技术与设备

煤气化是生产合成气产品的主要途径之一。根据煤的性质和对煤气的不同要求,煤气化技术一般包括固定床气化、流化床气化和气流床气化三种,相应的气化设备分别为固定床气化炉、流化床气化炉和气流床煤气化炉。

固定床气化炉主要形式为鲁奇炉(全称为鲁奇式加压气化炉),在气化过程中,煤由气化炉顶部加入,气化剂由气化炉底部加入,煤料与气化剂逆流接触,相对于气体的上升速度而言,煤料下降速度很慢,可视为固定不动。流化床气化炉主要形式为温克勒炉,是以粒度为 0 ~ 10 mm 的小颗粒煤为气化原料,在气化炉内使其悬浮分散在垂直上升的气流中,煤粒在沸腾状态进行气化反应,从而使得煤料层内温度均一,易于控制,提高气化效率。气流床煤气化炉主要形式为德士克炉,是一种并流气化,用气化剂将粒度为 100 μm 以下的煤粉带入气化炉内,也可将煤粉先制成水煤浆,然后用泵打入气化炉内,煤料在高于其灰熔点的温度下与气化剂发生燃烧反应和气化反应,灰渣以液态形式排出气化炉。

鲁奇气化法是世界上最早(1927 ~ 1928 德国鲁奇公司)采用的加压气化法,在技术上比较成熟,煤气中的甲烷含量也较高,所以目前建设大型煤的气化工厂仍以鲁奇气化法为主。鲁奇炉在我国主要用于生产城市煤气并联产甲醇、合成氨、二甲醚、甲醇、煤间接液化及生产天然气。使用的煤种以褐煤和次烟煤为主,还有贫瘦煤(天脊集团使用)。表 11.1列出国内鲁奇式气化炉的使用情况。

**表 11.1 我国鲁奇式气化炉使用情况**

| 序号 | 公司名称 | 使用台数 | 产品名称 |
|------|----------|----------|----------|
| 1 | 山西化肥厂(一期)—天脊集团 | 8 | 65 万吨合成氨 |
| 2 | 大唐国际发电股份有限公司—宁东 | 48 | 发电 |
| 3 | 大唐国际发电股份有限公司—多伦 | 45 | 167 万吨甲醇 |
| 4 | 大唐克旗煤制天然气 | 48 | 40 亿方 SNG |
| 5 | 大唐阜新煤制天然气 | 48 | 40 亿方 SNG |
| 6 | 河南煤气集团义马气化厂 | 5 | 煤气 120 万立方米 |
| 7 | 山西潞安煤基合成油有限公司 | 6 | 16 万吨煤基合成油 |
| 8 | 哈尔滨气化厂 | 5 | 城市煤气 |
| 9 | 云南解化集团 | 14 | 30 万吨合成氨 |
| 10 | 兰州燃气化工集团公司煤气厂 | 5 | 20 万吨甲醇 |
| 11 | 新疆广汇新能源有限公司 | 14 | 120 万吨甲醇 |
| 12 | 国电内蒙古能源有限公司 | 8 | 30 万吨合成氨 |
| 13 | 内蒙古庆华集团 | — | 55 亿方 SNG |
| 14 | 山东新汶矿业集团 | — | 100 亿方 SNG |
| 15 | 神华宁夏煤业集团 | — | 52 万吨丙烯 |
| 16 | 内蒙古神东天隆集团 | — | 13 亿方 SNG |
| 17 | 中国电力投资集团公司 | — | 16 亿方 SNG |
| 18 | 中海油新能源投资有限公司 | — | 40 亿方 SNG |
| 19 | 新疆庆华能源有限责任公司 | 16 | 13 亿方煤制气(一期) |
| 20 | 伊利新天煤化工有限责任公司 | 22 | 20 亿方煤制气 |
| 21 | 苏新能源和丰有限公司 | — | 40 亿方煤制气 |

注:SNG(Synthetic Natural Gas)指的是煤制天然气。

鲁奇加压气化工艺(图 11.3)是以水蒸气–氧气为气化剂,在 1.96～2.94 MPa 压力下和 1 100～1 400 ℃温度下对原料煤进行的干馏气化,从其流程上来看,主要包括煤的气化、粗煤气的净化及煤气组成的调整处理三个部分。一般称从气化炉出来的煤气为粗煤气,经冷却净化处理后作为燃料煤气供给民用或作为合成氨的原料供给工业用户使用。

下面对粗煤气的净化和煤气组成调整的各个工段分别加以介绍。

(1) 气化工段

气化工段生成的粗煤气约在 454 ℃时被排出。粗煤气中含有焦油、石脑油、酚类、氨和少量未经反应的煤和灰分等。粗煤气出口与冷却洗涤用的洗涤器相连,用循环煤气水

图 11.3　鲁奇加压气化工艺流程

洗净粗煤气,再经废热锅炉冷却到 182 ℃左右;回收的焦油送入气化炉进行再循环,产生的灰排入灰槽,用水直接冷却。

（2）CO 变换工段

为把冷却后部分粗煤气中的 CO 和 $H_2O$ 转换成 $H_2$ 和 $CO_2$,将其送入 CO 转换段,用催化剂进行转换;为脱除石脑油等烃类及含水酚类和氨等,要进行冷却;在送入后面低温甲醇洗涤工段之前,应与粗煤气相混合,把 $H_2$：CO 值调整为 3：1。

（3）低温甲醇洗涤工段

在此工段使用 −45.6 ℃的低温甲醇,有选择地将 $H_2S$、$CO_2$ 和 CO 吸收脱除,同时减少 CO 和水分,使之成为可送入甲烷化工段的洁净煤气。

（4）甲烷化工段

在固定床上,以 Ni 作催化剂,在一定条件下与 CO、$H_2$ 进行甲烷化反应,产生的水回收后作为气化流程中的锅炉用水,产生的反应热用来产生水蒸气,其反应式为

$$CO+3H_2 \xrightarrow{\text{催化剂}} CH_4+H_2O \tag{11.1}$$

（5）$CO_2$ 洗涤工段

由甲烷化工段出来的产品煤气,经过冷却并在最后 $CO_2$ 洗净工段中将 $CO_2$ 脱除。

（6）脱酚工段

在洗涤中,把粗煤气中含有的酚类进入循环过程的煤气水送入脱酚工段,与异丙醚接触,将酚萃取出来,达到回收酚的目的。

## 11.2　煤气化废水的来源及水量水质特征

煤气化废水是在发生煤的气化过程中所产生的污染物浓度极高的污水,水量较大,且含有大量的酚、氨、硫化物、氰化物和焦油以及众多的杂环化合物和多环芳烃。

### 11.2.1　煤气化废水的来源及水量

煤气化废水主要产生于煤气洗涤、冷凝和分馏塔等处,具体来源包括:原料煤制气工段产生的洗涤水和水蒸气伴随煤气从造气炉中排放出来,形成原料废水;在进行煤气净化的过程中产生的冷凝水;在水冷器热交换过程中,从循环水中产生的废水。其中,所形成的洗涤水和冷凝水是其主要来源。对于煤气化加压工艺,粗煤气在冷凝冷却时,其中所含的饱和水分(主要是加压气化工艺过程需加入水蒸气和煤本身所含的水分)逐步在冷却过程中冷却下来,这些冷凝水汇入喷淋冷却系统循环使用,为了使循环过程的水平衡,需将多余的水排除而形成废水。也就是说,煤加压气化工艺所产生的废水实质上是来源于其盈水循环系统的排污水,其中溶解或悬浮有粗煤气中的多种成分,除了残余的有机物以外,还有硫、氯、氮等在气化时转化成的硫化物、氰化物、氨和氯化物等有毒有害成分。

表 11.2 列出了不同燃料(煤、焦炭和木材)气化时产生的废水量。

**表 11.2　不同燃料气化废水量比较**

| 燃　　料 | 不循环/($m^3 \cdot t^{-1}$) | 全部循环/($m^3 \cdot t^{-1}$) |
|---|---|---|
| 焦炭和无烟煤 | 16 ~ 25 | 0.1 ~ 0.15 |
| 硬煤 | 25 ~ 30 | 0.1 ~ 0.25 |
| 褐煤 | 15 ~ 25 | 0.1 ~ 0.35 |
| 泥煤 | 15 ~ 25 | 0.1 ~ 0.25 |
| 木材 | 15 ~ 25 | 0.8 ~ 1.20 |

对于目前比较典型的鲁奇加压气化工艺,每气化 1 t 煤约产出 1.0 $m^3$ 废水,除蒸汽冷凝水外还有煤本身所含有的水分。不同煤质因所含水分不同,煤气化废水的排放量也大不相同,一般每吨无烟煤产水约为 0.65 ~ 0.75 $m^3$,每吨褐煤产水 0.85 ~ 0.95 $m^3$,每吨烟煤产水 0.8 ~ 0.9 $m^3$。表 11.3 列举的是不同产地、不同煤种的鲁奇加压气化炉的废水量实测结果。

**表 11.3　不同煤种加压气化的产水量**

| 序　　号 | 煤　　种 | 产水量/($m^3 \cdot t^{-1}$) |
|---|---|---|
| 1 | 辽宁沈北褐煤 | 0.915 ~ 0.930 |
| 2 | 甘肃密街烟煤 | 1.310 ~ 1.418 |
| 3 | 吉林舒兰褐煤 | 0.875 |
| 4 | 浦河煤 | 1.022 ~ 1.171 |
| 5 | 霍林河褐煤 | 0.890 ~ 0.906 |
| 6 | 广西南宁褐煤 | 0.850 ~ 0.950 |

尽管来源于不同产地、不同煤种的废水量略有不同(介于 0.875 ~ 1.418 $m^3$/t 之间),但鲁奇加压气化工艺废水的来源构成基本上相差不多,大致比例详见表 11.4。

表 11.4　鲁奇加压气化工艺废水来源构成

| 项目 | 煤中含水 | 未分解水蒸气水 | 蒸汽冷凝水 | 生成水 | 蒸油分离水 | 煤气净化水 |
|------|---------|--------------|-----------|-------|-----------|-----------|
| 水量/% | 21.0 | 53.6 | 13.1 | 7.1 | 2.3 | 2.9 |

## 11.2.2　煤气化废水的水质特征

煤气化废水的水质受诸多因素影响,如原料煤种类与成分、气化工艺及其操作条件等,废水中各污染物浓度会有所差异。

由于煤主要是由碳、氢、氧、氮和硫等元素组成,在煤气化生成的粗煤气中,会含有焦油、石脑油、酚类、氨和少量未经反应的煤和灰分等。煤中含氮较多,煤气中含氮化物为 $6 \sim 12$ g/m³,经脱苯、洗氨后煤气中的氮化物降低至 $0.05 \sim 0.08$ g/m³,故废水中会含有很高的氮化合物(以循环氨水污染最为严重),此外还含有大量酚类化合物以及有机组分、CN⁻、SCN 和硫化物等。

中国科学院环化所对煤加压气化废水的检测结果表明:废水中含有脂肪烃类 24 种,多环芳烃类 24 种,芳香烃类 14 种,酚类 42 种,其他含氧有机化合物 36 种,含硫有机化合物 15 种,含氮有机化合物 20 种,共计 164 种。可见煤气化废水的有机物种类多、毒性大,污染程度高,COD 值一般都在 6 000 mg/L 以上,最高可达到 25 000 mg/L 左右,而且焦油中还含有致癌物质。

目前工业化运行的煤气化生产工艺主要有固定床、流化床和气流床工艺,不同的煤气化工艺产生的废水水质不同,具体见表 11.5。与固定床相比,流化床和气流床工艺的废水水质比较好一些。3 种气化工艺产生的废水中氨含量均很高,固定床工艺产生的酚和焦油含量高,而其他 2 种气化工艺酚和焦油含量较低。

表 11.5　三种典型气化工艺的废水水质

| 废水中杂质 | 固定床<br>(鲁奇炉) | 流化床<br>(温克勒炉) | 气流床<br>(德士克炉) |
|-----------|------------------|------------------|------------------|
| 苯酚/(mg·L⁻¹) | 1 500 ~ 5 500 | 20 | < 10 |
| 氨/(mg·L⁻¹) | 3 000 ~ 9 000 | 9 000 | 1 300 ~ 2 700 |
| 焦油/(mg·L⁻¹) | < 500 | 10 ~ 20 | 无 |
| 甲酸化合物/(mg·L⁻¹) | 无 | 无 | 100 ~ 1 200 |
| 氰化物/(mg·L⁻¹) | 1 ~ 40 | 5 | 10 ~ 30 |
| COD/(mg·L⁻¹) | 3 500 ~ 23 000 | 200 ~ 300 | 200 ~ 760 |

表 11.6 列出了武汉、长春和上海采用不同气化炉时所产生废水的水质指标。可以看出,气化工艺不同,废水水质也不尽相同。

表 11.6　不同气化工艺的废水水质

| 废水中杂质 | 武汉某煤气化厂(两段炉) | 长春某煤气化厂(伍德炉) | 长春某煤气化厂(焦炉) | 上海某煤气化厂(水煤气) | 上海某煤气化厂(油制气) |
|---|---|---|---|---|---|
| pH | — | 9.2 | 9.5 | 7.95 | — |
| 悬浮物/(mg·L⁻¹) | — | 20 | 11.8 | — | 2~3 |
| 总固体/(mg·L⁻¹) | | 1 150 | 591 | | |
| 挥发酚/(mg·L⁻¹) | 3 000 | 1 292 | 832 | 1.08~0.32 | 3~10 |
| COD/(mg·L⁻¹) | 11 000 | 4 794 | 3 690 | 204~280 | 1 000~1 200 |
| 焦渣 | 300 | 43.5 | 33 | 6.79~8.89 | 200~600 |
| BOD₅/(mg·L⁻¹) | 6 000 | 2 397 | 1 886 | — | 500~700 |
| 氨氮/(mg·L⁻¹) | 3 000 | 2 411 | 1 289 | 16.8~42.68 | — |
| 硫化物/(mg·L⁻¹) | 900 | 30.2 | 65.0 | 0.82~2.36 | 4.3 |
| 氰化物/(mg·L⁻¹) | 150 | 20 | 33 | 1.73~5.06 | 10~20 |
| 总磷/(mg·L⁻¹) | — | 0.16 | 0.49 | — | — |

对于不同的煤种,废水中污染物会有所差异,但水质组分大致相同,特别是酚的组成基本恒定,浓度很高,废水中 COD 的 60%(质量分数)以上是酚类物质,其中挥发酚占40%(质量分数)以上。从表 11.4 中可以看出,在采用鲁奇加压气化工艺时,废水中酚含量可高达 5 500 mg/L,远远地超过了出水含酚质量浓度小于 0.5 mg/L 的排放标准(GB 8978—1996)。另外,污染物质中氨的浓度也很高,若直接对此类废水进行生化处理,很难使处理后的废水达到排放标准。因此,一般均首先回收酚和氨,通常使生化处理前的废水酚含量不超过 200~300 mg/L,然后进行生化处理。酚和氨的回收不仅避免了资源的浪费,而且大大降低了后续废水的处理难度,对处理后的出水效果有着重大的影响。

# 11.3　煤气化废水处理技术

煤气化废水成分复杂,污染物浓度高,仅仅采用简单的处理方法一般都达不到预期的处理效果。在煤气化废水处理过程中,应首先着眼于将其中的有价物质回收,然后考虑其他污染物的无害化处理。

按照废水中污染物的去除程度和先后顺序,煤气化废水处理技术通常可归为三类,即预处理、二级处理和深度处理。预处理主要是指调节、除油和有价物质(酚、氨乃至氰等)的分离与回收,如溶剂萃取脱酚、蒸汽提氨等,在回收有价物质的同时可大幅度减轻后续处理构筑物的负荷(煤气化废水采用萃取脱酚和蒸汽提氨后,废水中挥发酚和挥发氨能去除98%以上,COD 也相应去除90%左右);二级处理主要是生化处理,包括活性污泥法、生物膜法以及两者的变形工艺,用以去除煤气化废水中的可降解有机污染物;深度处理一般采用物化或者高级氧化工艺,如混凝沉淀法、过滤、活性炭吸附、膜处理和臭氧氧化法等。在工程实际应用中,往往是将上述三种技术方法有机结合,形成一个有效地处理工艺流程,每种方法都是有选择地去除或回收废水中某一种或几种污染物质。物理化学法通常运行费用较高,主要是作为生物处理的预处理和后处理,或用于废水回用的处理工艺;生物处理法因具有运行费用低、操作简便、适用范围广等特点仍是煤气化废水处理工艺中的主体。

## 11.3.1　预处理技术

为保证煤气化废水生化处理系统的正常运行,通常需要控制进水酚、氨、氰等有害物质在限定范围之内,如挥发酚低于 300 mg/L,挥发氨低于 300 ~ 400 mg/L,氰化物不高于 40 mg/L。根据以上要求,煤气化废水在进入生化处理系统之前,需要对废水中的酚、氨、氰等有价物质进行脱除与回收,常用的方法主要有溶剂萃取脱酚、蒸氨、除氰等。此外,对预处理后的废水进行水量水质调节,也是必不可少的。

**1.酚的脱除与回收**

在煤加压气化过程中,煤的大分子端部分含氧化合物大约在 250 ~ 350 ℃ 之间开始分解,酚便是其中的主要产物,它随着粗煤气的流动进入煤气净化系统。含酚废水的来源有两个方面:一是制气原料煤未完全分解,随煤气夹带出来的系统冷凝废液;二是粗煤气在冷却、洗涤过程中产生的过剩废水。

到目前为止,国内外去除或降低煤气废水中酚含量的方法很多,但主要有两个基本途径:一是从生产工艺着眼,尽可能改革工艺,降低污染物浓度,减少废水水量,并循环或重复使用煤气洗涤水,使废水趋于“零排放”;二是当废水洗涤是盈水循环系统时,采用回收利用或处理方式解决外排废水。采用的主要方法包括溶剂萃取法、蒸汽脱酚和吸附脱酚法等。对于高浓度含酚废水的处理技术趋势是液膜技术、离子交换法等。

多年来,我国通常采用溶剂萃取法或稀释法使生化处理前的废水中酚含量不超过 200 ~ 300 mg/L,然后经一段或两段生化处理,使排放废水中酚含量达到国家要求的污水排放标准(GB 8978—1996),即 0.5 mg/L 以下。

（1）溶剂萃取脱酚

酚在某些溶剂中的溶解度大于在水中的溶解度,因而当溶剂与含酚废水充分混合接触时,废水中的酚就转移到溶剂中,这种过程称为萃取,所用的溶剂称为萃取剂。溶剂萃取脱酚是目前在气化和焦化废水的预处理中常用的工艺,该法脱酚效率可达 95% 以上。而且运行稳定,易于操作,运行费用也较低。萃取剂多为苯溶剂油(重苯)和 N-503 煤油溶剂。萃取效果的好坏,与所用萃取剂和设备密切相关。大中型煤气站和焦化厂都建有这样的装置,其流程如图 11.4 所示。

① 萃取剂。萃取脱酚时使用的萃取剂要求分配系数高、易与水分离、毒性低、损失少、容易反萃取、安全可靠等,国内普遍采用的萃取剂是重苯溶剂油。几种萃取剂的性能比较见表 11.7。

② 萃取设备。萃取设备有脉冲筛板塔、箱式萃取器、转盘萃取和离心萃取机等,国内多用脉冲筛板塔。

③ 脉冲萃取脱酚。脉冲萃取脱酚主要采用往复叶片式脉冲筛板塔。以筛板代替填

图 11.4　萃取脱酚流程示意图

料可缩小塔的尺寸,附加脉冲可提高萃取效果。此塔分三部分,中间为工作区,上下两个扩大部分为分离区。在工作区内有一根纵向轴,轴上装有若干筛板,筛板与塔体内壁之间要保持一定的间隙,筛板上筛孔的孔径为 6～8 mm,中心轴依靠塔顶电动机的偏心轮装置带动,做上下脉冲运动。

　　脉冲萃取脱酚的装置流程为含酚废水和重苯溶剂油在塔内逆向流动。脱酚后废水从塔底排出,送往蒸氨系统。萃取酚后的重苯溶剂油从塔顶流出,送往再生塔进行反萃取。

　　当溶剂溶了较多的酚后,可用碱洗或精馏的方法得到酚钠盐或酚。萃取剂则可循环使用,一般萃取脱酚的效率在 90%～95% 之间。

表 11.7　几种萃取剂的性能比较

| 溶剂名称 | 分配系数 | 相对密度 | 性能说明 |
|---|---|---|---|
| 重苯溶剂油 | 2.47 | 0.885 | 不易乳化,不易挥发,萃取效率大于 90%,但对水有二次污染 |
| 二甲苯溶剂油 | 2～3 | 0.845 | 油水易分离,但毒性大,二次污染严重 |
| 粗苯 | 2～3 | 0.875～0.880 | 萃取效率 85%～90%,易挥发,有二次污染 |
| 焦油洗油 | 14～16 | 1.03～1.07 | 萃取效率高,操作安全,但乳化严重,不易分层 |
| 5% N-503 +95% 煤油 | 8～10 | 0.804～0.809 | 萃取效率高,二次污染少,但 N-503 较贵 |
| 异丙醚 | 20 | 0.728 | 萃取效率大于 99%,不需要碱反萃取 |

（2）水蒸气脱酚法

采用水蒸气直接蒸出废水中的挥发酚,然后用碱液吸收随水蒸气而带出的酚蒸气,成为酚钠盐溶液,再经中和与精馏,使废水中的酚得到回收和利用,其工艺如图 11.5 所示。

含酚废水经回收酚后,水中仍含有 100 mg/L 以上的酚,这种低浓度的含酚废水还不能直接排放,必须进行无害化

图 11.5　水蒸气脱酚工艺流程示意图

处理,目前常用的是生化处理法。水蒸气脱酚法操作简单,不影响环境,但脱酚效率仅为80%左右,效率偏低,而且耗用蒸汽量较大。

(3)吸附脱酚法

吸附脱酚是采用一种液固吸附与解吸相结合的脱酚方法,将含酚废水与吸附剂接触,发生吸附作用实现脱酚。吸附饱和的吸附剂再与碱液或有机溶剂作用,进而达到解吸的目的。随着廉价、高效、来源广的吸附剂的开发,吸附脱酚法发展很快,是一种很有前途的脱酚方法。但也应该说明,煤气化废水处理中采用吸附法(如活性炭吸附)回收酚还存在一定的不足之处,因有色物质的吸附一般是不可逆的,活性炭吸附煤气化废水中的有色物质后,极难将有色物质洗脱下来进行再生,从而影响了活性炭的使用寿命。

**2. 氨的回收**

氨氮是煤气化废水处理难以达标的重要指标之一。目前,我国煤气化废水中氨氮的浓度大都在1 500~2 000 mg/L,还有不少企业的废水中氨氮高达3 000~4 000 mg/L。实践证明,现在应用的活性污泥等生物处理法对废水中高氨氮的降解几乎没有明显效果,因此氨的脱除与回收对煤气化废水的达标处理与排放至关重要。目前对氨的回收主要采用水蒸气汽提-蒸氨的方法,由于废水的碱度主要是由挥发氨造成的,固定氨仅占1.0%(质量分数),所以水蒸气提氨效率较高,其工艺流程如图11.6所示。

图11.6　氨回收工艺流程

废水经汽提,析出可溶性气体,再通过吸收器,氨被磷酸铵溶液吸收,从而使氨与其他气体分离,再将此富氨溶液送入汽提器,使磷酸铵溶液再生,并回收氨。回收的氨再经蒸馏提纯,在此加入苛性碱是为了防止微量成分的形成。

脱酚蒸氨后的废水,酚和氨的浓度大大降低,可以送去进行二级处理,经生化处理后,废水可接近排放标准。表11.8为沈阳某煤加压气化厂废水脱酚蒸氨前后水质一览表。

云南省驻昆解放军化肥厂现有鲁奇加压气化工艺,未脱酚蒸氨废水中COD含量约为169 00~21 000 mg/L,总酚含量为9 600~13 200 mg/L,挥发酚含量为3 000~5 000 mg/L,氨氮含量为2 300~7 200 mg/L。经溶剂脱酚和水蒸气提氨后,废水中挥发酚和挥发氨的去除率可分别达99%和98%以上,COD也相应减少了90%左右。脱酚蒸氨后废水水质见表11.9。煤加压气化废水中酚、氨等污染物质的含量与煤种及气化工艺等因素有很大的关系,如果气化炉所产的酚类很高(如鲁奇炉),从废水中回收酚、氨就可能是经济的;如果酚的含量不高,则可在采用生化处理前对废水进行稀释以降低酚的浓度,而后再进入生化段处理,这样可不必进行废水的萃取脱酚处理,直接进入二级生化处理装置。因此,是否对废水中酚、氨等物质加以回收,需根据废水的水质,或者说需根据采用汽化炉的型式和煤种而定。

表 11.8　沈阳某煤加压气化厂废水脱酚蒸氨前后水质一览表

| 项　目 | 未脱酚蒸氨废水 | 脱酚蒸氨废水 |
|---|---|---|
| pH | 7.9 ~ 8.4 | 7.7 ~ 8.0 |
| COD/($mg \cdot L^{-1}$) | 9 000~21 000 | 1 000 ~ 2 000 |
| BOD$_5$/($mg \cdot L^{-1}$) | 4 600 ~ 10 500 | 400 ~ 700 |
| 挥发酚/($mg \cdot L^{-1}$) | 43 400 ~ 5 700 | 45 |
| 固定酚/($mg \cdot L^{-1}$) | 1 300 ~ 1 900 | 308 ~ 580 |
| 挥发氨/($mg \cdot L^{-1}$) | 3 300 ~ 140 640 | 40 ~ 140 |
| 固定氨/($mg \cdot L^{-1}$) | 190 ~ 330 | 170~320 |
| 吡啶/($mg \cdot L^{-1}$) | 107 ~ 570 | 0.46 ~ 3.5 |
| 氰化物/($mg \cdot L^{-1}$) | 40 ~ 60 | 0.05 ~ 1.0 |
| 硫化物/($mg \cdot L^{-1}$) | 137 ~ 268 | 7.6 ~ 24 |
| 碱度/($mg \cdot L^{-1}$) | 19 000 ~ 24 000 | 586 ~ 1 025 |

表 11.9　驻昆解放军化肥厂鲁奇加压气化废水脱酚蒸氨后水质一览表

| 序号 | 污染物名称 | 含量/($mg \cdot L^{-1}$) | 序号 | 污染物名称 | 含量/($mg \cdot L^{-1}$) |
|---|---|---|---|---|---|
| 1 | 单元酚 | 43.06 | 7 | 异丙醚 | 67.98 |
| 2 | 多元酚 | 308.0 | 8 | 硫化物 | 1.53 |
| 3 | 游离氨 | 80.89 | 9 | NCH | 9.0 |
| 4 | 固定氨 | 765.88 | 10 | CO | 95.46 |
| 5 | 脂肪氨 | 507.5 | 11 | 甲醇 | 254.8 |
| 6 | 吡啶 | 150.72 | 12 | 轻油 | 142.4 |

**3. 氰的脱除与回收**

若在煤气净化工艺中脱苯前无脱硫脱氰工序时,煤气的最终直接冷却水中的氰化物的质量浓度较高,可达 200 mg/L。目前,可将终冷排废水送至脱氰装置,吹脱的氰与铁刨花和碱反应,生成亚铁氰化钠(又名黄血盐钠)予以回收。煤气化废水脱氰的工艺流程如图 11.7 所示。由于该工艺蒸汽耗量大,质量符合要求的刨花又不易获得,设备易腐蚀,因此最合适的脱氰途径,还是增设煤气终冷前的脱氰脱硫工艺。

图 11.7　煤气化废水脱氰的工艺流程

1—水池；2—水泵；3—换热器；4—解析塔；5—吸收塔；6—循环泵；7—碱液泵；8—溶碱槽；
9—母液槽；10—气液分离槽；11—冷凝器；12—加热器；13—预热器；14—沉降槽；
15—过滤器；16—稀释槽；17—结晶槽；18—离心机

**4. 水量水质调节**

煤气化废水经预处理后，其水量水质往往还是很不稳定；此外由于设备及管理等原因，生产车间（尤其蒸氨系统）经常会出现故障性废水排放。为了防止这些因素对后续生物处理系统造成负荷冲击，在预处理后、生物处理前设置调节池进行水质调节是非常必要的。调节池容积的设计应足够大，一般按 8 ~ 24 h 的调节时间进行计算，有的甚至更长，如美国阿麦科公司汉密尔顿工程就采用了 60 h 的调节时间。

## 11.3.2　生物处理技术

经过对酚、氨、氰等进行回收和预处理后的煤加压气化废水，仍需采用厌氧、缺氧与好氧的活性污泥、生物膜或泥膜复合的生物处理工艺来降低其中有机物和氮等污染物质的含量，以达到相应的排放标准。

常用的厌氧生物处理工艺包括厌氧塔（厌氧内循环或外循环反应器，即 IC 或 EC 塔）；好氧生物处理工艺则包括缺氧/好氧工艺（A/O 工艺）、生物接触氧化工艺、移动床生物膜反应器（MBBR）、间歇多循环活性污泥工艺（IMC 工艺）、生物倍增工艺（BioDopp 工艺）、曝气生物滤池工艺（BAF）及膜生物反应器（MBR）等。例如，新疆某煤化工企业采用 IC 厌氧反应器-MBBR 工艺处理其以焦煤气深加工生产甲醇、硝铵等化工产品的工业废水，该废水碱性强，COD 和氨氮浓度高，且含有挥发酚、氰化物等有毒物质。IC 厌氧反应器能够实现对 COD 的有效去除，运行期间 IC 出水 COD 为 736 ~ 864 mg/L，经 MBBR 工艺进一步处理后能够稳定在 100 mg/L 以下。另外，通过在 MBBR 反应器中接种高效脱氮菌强化系统的脱氮效率，氨氮的去除率能够接近 100%。

此外，煤化工废水处理工程中还尝试各种生物强化技术（如投加优势菌或工程菌、生物酶制剂等）来加强难降解污染物的去除。例如，太钢焦化厂通过在生化缺氧池、好氧池中投加生物酶制剂，以增强生化系统微生物的抗毒能力（尤其是抗盐性、耐氰化物等）和抗冲击能力,催化降解废水中难降解的有机物并优化生化系统中微生物群落的结构。运行结果表明,投加强化生物制剂之后,生化系统泡沫减少,进水 COD 在 1 000 ~ 1 500 mg/L时,出水 COD 低于 100 mg/L,且系统运行稳定,污泥量较少,运行成本相对较低。

以下对间歇多循环活性污泥工艺(IMC 工艺)和生物倍增工艺(BioDopp 工艺)做一简要介绍。

**1. 间歇多循环工艺(IMC 工艺)**

IMC 工艺是 SBR 的一种改型工艺,其工序如图 11.8 所示。与 SBR 不同的是:IMC 在反应工序,通过设置不同频次(一般是在 4 次以上)的搅拌/曝气,使反应器内环境处于缺氧(A)与好氧(O)的交替连续变化状态,从而在时间序列上形成多个 A/O 的串联。IMC 反应器内 DO、pH 和 ORP 等参数可通过 PLC 进行有效控制,进而调整反应池的曝气量、碱液投加量,应对水量水质变化,使系统具有较强的抗冲击能力。

IMC 工艺的脱氮以异步硝化/反硝化(A/O)为主,还因反应器在不同时间点上 DO 高低变化而导致同步硝化与反硝化(SND)发生,因而具有双重脱氮机制。另外,在搅拌/曝气时,IMC 反应器均连续进水,充分利用了原废水中的 COD 物质进行脱氮反应,可以减少外加碳源量。

进水阶段　　　　　反应阶段　　　　　沉淀阶段　　　　　滗水阶段

图 11.8　IMC 工艺的运行工序

表 11.10 是 IMC 工艺处理采用水煤浆加压气化生产化肥和甲醇时所产生废水的效果,可见应用 IMC 工艺的两个处理站的出水均能稳定达标,优于《污水综合排放标准》(GB 8978—1996)的一级标准。

表 11.10　IMC 工艺处理煤加压气化废水的效果

| 项目 | COD | | | 氨氮 | | | 氰化物 | | |
|---|---|---|---|---|---|---|---|---|---|
| | 进水/<br>(mg · L⁻¹) | 出水/<br>(mg · L⁻¹) | 去除率/<br>% | 进水/<br>(mg · L⁻¹) | 出水/<br>(mg · L⁻¹) | 去除率/<br>% | 进水/<br>(mg · L⁻¹) | 出水/<br>(mg · L⁻¹) | 去除率/<br>% |
| 山东某项目 | 668.02 | 31.77 | 95.24 | 207.47 | 2.69 | 98.70 | 3.670 | 0.249 | 93.22 |
| 南京某项目 | 491.70 | 24.24 | 95.07 | 265.42 | 4.90 | 98.15 | 1.608 | 0.016 | 99.00 |
| 设计出水<br>水质 | 60(回用)或100(外排) | | | 15 | | | 0.5 | | |

#### 2. 生物倍增工艺（BioDopp 工艺）

生物倍增工艺（BioDopp 工艺）是 20 世纪 70 年代以来德国 EBV 公司 Engelbart 博士及其团队开发并持续优化与改良的废水生化处理工艺。

BioDopp 工艺借助于氧化沟的全液内回流及一体化结构理念、$A^2/O$ 的不同功能分区形式、CASS 工艺前置选择区模式，辅以高效的曝气技术，用空气提推作为源动力，将水解酸化、生物选择、除碳、脱氮、沉淀甚至除磷等不同功能的生物处理单元结合在一起，其一体化结构示意如图 11.9 所示。该工艺具有工艺布局紧凑、占地少、工艺流程短、土建及管道投资低、便于运行管理等特点。

图 11.9　BioDopp 一体化结构与工艺示意

BioDopp 工艺具有如下的技术特征：低溶解氧控制（DO = 0.15 ~ 0.35 mg/L）利于实现同步短程脱氮；高效曝气系统实现节省能耗（软管曝气产生微小气泡使充氧动力效率达 5 kg $O_2$/ kW · h）；具有自清洗、防堵塞与易更换的曝气系统，便于检修与维护；直接用空气提推的高倍比混合液循环方式，减少了回流设备；配以空气提推的特殊结构的高速澄清器，既节省了污泥回流泵房又降低了回流能耗；高污泥浓度（8 ~ 12 g/L）使系统具有优越的抗冲击负荷能力；低 F/M 比与低 DO，使微生物增值较慢并实现低污泥产出。

表 11.11 是采用以 BioDopp 为主体工艺处理大唐国际多伦煤气化废水（设计规模 7 200 $m^3/d$，工艺流程为来水→破氰除氟系统→BioDopp 生化反应池→多介质过滤和活性炭吸附→循环水回用）的效果，所有有机废水在厂内废水处理站集中处理达标后作为循环水补充水，不仅降低了企业的排放总量，还实现了节约用水。BioDopp 生化系统总运行成本为 1.82 元/吨，其中直接运行成本是 0.91 元/吨（包括电费、药费、人工及维修），运行成本降低了 40%。此外，BioDopp 生物池有效节约了占地，其运行稳定性也得到最大限度地提高。

表 11.11　BioDopp 工艺处理大唐国际多伦煤气化废水的效果

| 测试指标 | COD /(mg·L⁻¹) | BOD₅ /(mg·L⁻¹) | 氨氮 /(mg·L⁻¹) | SS /(mg·L⁻¹) | pH | CN⁻ /(mg·L⁻¹) | F /(mg·L⁻¹) | TP /(mg·L⁻¹) | 石油类 /(mg·L⁻¹) |
|---|---|---|---|---|---|---|---|---|---|
| 进水 | 1 600 | 700 | 300 | 100 | 6 ~ 9 | 50 | 500 | 1.3 | 25 |
| 出水 | 30 | 5 | 1 | 8 | 6 ~ 9 | 0.5 | 10 | 0.5 | 2 |

### 11.3.3　深度处理技术

经过酚与氨回收、预处理及生化处理后的煤气化废水,其中大部分污染物质得到了去除,但某些主要污染指标仍居高不下,因此需要将生化处理的出水(或与厂内清净下水一起)做进一步的深度处理,使这些指标达到排放标准或回用水标准。

常用的深度处理技术包括传统的物化/化学处理法,如吸附法、混凝沉淀、氧化还原和离子交换法等;还有一些新型的化学处理法,如电化学氧化、高级氧化和催化氧化等。近年来,随着煤气化废水回用需求的日益提高,微滤、纳滤和反渗透等膜处理以及离子交换和膜法结合处理技术等也获得了越来越多的关注。

一般来讲,煤气化废水处理厂站的生化处理出水和清净下水的混合水水量都很大(可达 1 000 ~ 2 000 m³/h),盐含量不高(一般为 1 000 ~ 3 000 mg/L),可将此混合水经除盐后作为循环冷却水系统的补充水。若直接采用蒸馏法除盐,需要大量的热能;若采用离子交换法除盐,废水中仍含有的残余有机污染物会造成树脂污染与堵塞,况且循环冷却水系统补充水对水质要求并没有那么高;推荐优先采用超滤-反渗透的"双膜法"作为回用水处理主体工艺,只需根据不同的水质特征考虑对混合水进行预处理以满足"双膜法"的进水条件。

当采用"双膜法"作为深度处理工艺时,还会产生大量的副产物,即浓盐水。浓盐水的含盐量为进水的 4 倍左右,水量为总废水量的 25% 左右,仍需考虑其进一步处理,以免对当地环境造成污染。浓盐水的处理可考虑采用蒸发(比较耗能),也可以尝试采用"膜浓缩-蒸发"(尽可能节能)。针对后者,目前国外常用的膜浓缩工艺有 HERO 膜浓缩、纳滤膜浓缩、OPUS 以及震动膜浓缩工艺;蒸发工艺一般采用机械蒸汽压缩再循环蒸发技术(耗能 ≤ $1.18 \times 10^5$ J/kg $H_2O$,而利用蒸汽蒸发耗能 ≈ $2.33 \times 10^6$ J/kg $H_2O$),但增加了设备投资和操作的复杂性。

蒸发器一般可将废水中的盐含量提高至 20% 以上,其排放的盐卤水通常被送往蒸发塘进行自然蒸发、结晶,或送至结晶器,结晶干燥成固体后再运送堆填区埋放。

目前,采用超滤-反渗透的"双膜法"作为回用水处理主体工艺,已经在数个煤化工废水处理实际工程项目中得到应用。例如,伊犁新天煤制天然气项目以新汶集团在新疆伊宁开发的自有煤矿的长焰煤为原料,采用碎煤加压固定床气化、煤气变换、低温甲醇洗净化及镍基催化甲烷合成等技术生产合成天然气,设计规模为公称能力 20 亿 Nm³/a。废水处理系统包括废水处理装置(1 200 m³/h,图 11.0)、废水回用装置,废水回用装置包括生化废水回用单元(1 200 m³/h,图 11.11)、含盐废水回用单元(1 200 m³/h,图 11.12)、多效蒸发单元。

图 11.10 新天煤制天然气项目废水处理工艺流程

图 11.11 新天煤制天然气项目生化废水回用处理工艺流程

图 11.12 新天煤制天然气项目含盐废水回用处理工艺流程

应当说明,当采用"双膜法"处理废水时,工程设计与运行中需重点考虑和解决膜的污染和寿命、蒸发设备的腐蚀和结垢以及盐渣的最终处置等问题。

# 11.4　煤气化废水处理工程实例

## 11.4.1　鲁奇工艺煤气化冷凝废水处理工程

河南某气化厂主要从事煤气供应、甲醇以及二甲醚等副产品的生产,其主要生产工艺为鲁奇碎煤加压气化、低温甲醇净化等。该厂废水处理站设计规模为 4 320 m³/d(180 m³/h),接纳的废水主要有工艺生产产出的煤气化冷凝废水(140 m³/h)以及厂区生活污水(40 m³/h)。废水处理后执行《污水综合排放标准》(GB 8978—1996)一级排放标准,具体的设计进水水质及排放标准见表 11.12。

**表 11.12　煤气化冷凝废水处理站设计进、出水水质指标**

| 项　　目 | 色度/倍 | COD/(mg·L⁻¹) | BOD₅/(mg·L⁻¹) | 氨氮/(mg·L⁻¹) | 总酚/(mg·L⁻¹) | 油类/(mg·L⁻¹) | 氰化物/(mg·L⁻¹) |
|---|---|---|---|---|---|---|---|
| 工艺废水 | 200 | 5 500 | 22 500 | 400 | 1 500 | 200 | 15 |
| 排放标准 | ≤50 | ≤100 | ≤30 | ≤15 | ≤0.5 | ≤10 | ≤0.5 |

### 1. 废水处理工艺流程

由该厂煤气化冷凝的工艺废水水质指标(表 11.11)不难看出,其总体特征是含有较高的色度、总酚、油类、$NH_4^+$–N 与氰化物等,有机物 COD 浓度较高,但废水的可生化性良好($BOD_5/COD=0.45$),是一种典型的高浓度、高色度、有毒、可生化降解的工业有机废水。确定采用"水解预处理–生化处理–气浮深度处理"的工艺方案,具体的工艺流程如图 11.13 所示。

图 11.13　河南某煤气化冷凝废水处理工艺流程

将轻油与焦油分离、酚和氨回收后的工艺废水输送至废水处理站,经过水解酸化预处理后,一部分进入 IMC 反应器主生物处理工序,另一部分进入处于试验阶段的 BioDopp 反应器辅生物处理工序(水量不定)。经 IMC(BioDopp)生物处理的废水与经格栅、隔油沉淀处理的生活污水相互混合,经酸碱调节后再进入接触氧化池做进一步处理,后经沉淀进行泥水分离后再通过气浮深度去除废水中的酚类、SS 和石油类等。最后,废水经氯化消毒去除色度后,达标排放。

**2. 单元设计**

格栅 1 组。设计流量为 40 $m^3/h$,变化系数为 1.2,过栅流速为 0.6 ~ 1.0 m/s。栅宽 1 500 mm,栅条间隙为 20 mm,倾角为 75°。

酸碱调节池 1 座。HRT 为 2.5 h,地上钢筋混凝土结构,分为 2 格,每格尺寸为 15.0 m×5.0 m×2.5 m。

水解池 4 座。HRT 为 44.6 h,地上钢筋混凝土结构,每座分为 3 格(其中 2 座每格尺寸均为 10.0 m×12.0 m×7.0 m,另 2 座每格尺寸均为 10.0 m×8.0 m×7.0 m),每格池内均设搅拌器。

酸化罐 2 个。地上钢结构,其中一个罐的 HRT 为 16.6 h,有效容积为 3 000 $m^3$,规模为 $\phi$16.0 m×15.0 m,罐内填料体积为 810 $m^3$,高 4.0 m;另一个罐的 HRT 为 8.3 h,有效容积为 1 500 $m^3$,规模为 $\phi$120 m×14.8 m,罐内填料体积为 454 $m^3$,高 4.0 m。

IMC 池 1 座。地上钢筋混凝土结构,分为 4 格(其中 2 格尺寸为 55.5 m×7.0 m×7.0 m,另 2 格尺寸为 44.0 m×18.0 m×7.0 m)。每格池内均安装射流曝气器,选用鼓风机供气,出水采用浮筒滗水器。IMC 系统稳定运行方式为曝气 2 h→搅拌 1 h→曝气 2 h→搅拌 1 h→曝气 2 h→搅拌 1 h→沉降 1.5 h→排水 1.5 h。IMC 池内污泥浓度控制在 7 000 mg/L 左右,池内 DO 在曝气时控制在 3 ~ 5 mg/L,搅拌时控制在 0.5 mg/L 以下。

BioDopp 池 1 座。地上钢筋混凝土结构,尺寸为 55.0 m×14.0 m×7.0 m。池内采用一体化设计,将调节池、溶气气浮池、斜板沉淀池与生物反应池连成一体。BioDopp 池池底布曝气软管,选用鼓风机供气。池内污泥浓度控制在 8 ~ 10 g/L,DO 控制在 0.5 mg/L 以下。

接触氧化池 1 座。HRT 为 16.5 h,地上钢筋混凝土结构,分为 2 格,每格尺寸为 55.5 m×7.5 m×4.0 m。池内均安装射流曝气器,选用鼓风机供气,供气量为 2 000 $m^3/h$,池内 DO 控制在 3 mg/L 左右。接触氧化池中填料材质为 PP,填料总体积为 2 080 $m^3$。

二沉池 1 座。平流式,HRT 为 6.5 h,表面负荷为 1 $m^3/(m^2 \cdot h)$,地上钢筋混凝土结构,分为 4 格,每格尺寸均为 10.0 m×4.5 m×7.0 m,上部设桁车式刮泥机。

气浮池 1 座。HRT 为 3.5 h,地上钢筋混凝土结构,分为 4 格,每格尺寸为 15.0 m×5.0 m×2.5 m。采用加压溶气气浮,溶气压力为 0.3 ~ 0.5 MPa。

氯化消毒池 1 座。HRT 为 1.2 h,地上钢筋混凝土结构,分为 3 格(其中 2 格尺寸为 15.0 m×2.5 m×2.5 m,另一格为 5.0 m×5.0 m×2.5 m),采用二氧化氯消毒与去色。

**3. 废水处理效果**

该废水处理设施于 2009 年建成及运营,期间经过多次改进。2012 年改建成功后,COD 的平均去除率可达 98% 以上,出水 COD、$BOD_5$、$NH_4^+-N$、总酚、石油类、氰化物、色度等水质指标(表 11.13)均达到《污水综合排放标准》(GB 8978—1996)中一级排放标准的要求。该工程总投资 9 178.18 万元,吨水运行成本为 7.4 元。该工程实例表明,采用"水解酸化-IMC/BioDopp-接触氧化-沉淀-气浮-氯化消毒"的组合工艺处理煤气化冷凝废水,具有污染物去除率高、抗冲击性强、排泥少、占地面积小等特点,且运行稳定可靠。

表 11.13　某煤气化冷凝废水各污染物经各单元处理后的去除效果

| 项目 | 色度/倍 | COD/(mg·L⁻¹) | BOD₅/(mg·L⁻¹) | 氨氮/(mg·L⁻¹) | 总酚/(mg·L⁻¹) | 油类/(mg·L⁻¹) | 氰化物/(mg·L⁻¹) |
|------|--------|--------------|----------------|---------------|---------------|--------------|------------------|
| 系统进水 | 255 | 4 536 | 1 235 | 256 | 1 160 | 219 | 13 |
| 水解酸化出水 | 400 | 3 211 | 980 | 220 | 799 | 210 | 13 |
| IMC 出水 | 420 | 311 | 90 | 4 | 70 | 55 | 1.2 |
| BioDopp 出水 | 413 | 167 | 50 | 2 | 41 | 22 | 1.1 |
| 二沉池出水 | 440 | 77 | 12 | 3.5 | 30 | 15 | 0.4 |
| 氯化消毒出水 | 49 | 35 | 9 | 3.5 | 0.5 | 6 | 0.4 |

### 11.4.2　U-GAS 粉煤流化床煤气化废水处理工程

　　某化工厂建有 500 万 m³/d 煤制气项目、20 万 t/a 甲醇蛋白项目和 30 万 t/a 甲醇项目,其中气化装置采用 U-Gas 粉煤流化床连续气化技术,原料煤为当地的高灰、低硫、低发热量、高挥发分、高活性的长焰煤(注:U-gas 气化工艺由美国煤气工艺研究所 IGT 开发,属于单段流化床粉煤气化工艺,采用灰团聚方式操作)。废水主要来源于各生产装置的排放,包括煤气化废水、脱硫脱碳废水、甲醇精馏废水、中间罐区废水及火炬废水等。该废水处理工程的水量及水质见表 11.14。考虑到初期污染雨水、消防事故水等也进入该废水处理站,同时预留一定的负荷余量,该工程废水处理站设计规模为 200 m³/h。根据当地环保要求,废水经过处理后,排放水应达到《污水综合排放标准》(GB 8978—1996)的一级标准要求。考虑到废水处理站出水以后可能需回用,尽量降低污染物排放总量,确定该项目综合废水主要设计进、出水水质指标见表 11.15。

表 11.14　煤气化废水处理站各类废水的水量与水质指标

| 水源 | 水量/(m³·h⁻¹) 平均 | 水量/(m³·h⁻¹) 最大 | pH | COD/(mg·L⁻¹) | BOD₅/(mg·L⁻¹) | 氨氮/(mg·L⁻¹) | SS/(mg·L⁻¹) | 油类/(mg·L⁻¹) | 酚类/(mg·L⁻¹) |
|------|------|------|-----|------|------|------|------|------|------|
| 煤气化废水 | 43 | 83 | 6～9 | ≤500 | ≤350 | ≤200 | ≤500 | ≤120 | ≤20 |
| 脱硫脱碳废水 | 3.8 | 4.5 | — | ≤150 | ≤80 | — | — | — | — |
| 甲醇精馏废水 | 4.0 | 8.5 | — | ≤150 | ≤80 | — | — | — | — |
| 中间罐区废水 | 1.0 | 1.5 | — | ≤400 | ≤200 | — | — | — | — |
| 火炬废水 | 3 | 3 | — | ≤400 | ≤200 | ≤100 | ≤100 | — | — |
| 地坪冲洗水 | 3 | 10 | 6～9 | ≤400 | ≤200 | ≤40 | ≤200 | — | — |
| 生活污水 | 3 | 14 | 6～9 | ≤300 | ≤150 | ≤30 | ≤150 | — | — |

表 11.15　煤气化废水处理站综合废水的主要设计进、出水水质指标

| 项目 | pH | COD /(mg·L⁻¹) | BOD₅ /(mg·L⁻¹) | SS /(mg·L⁻¹) | 氨氮 /(mg·L⁻¹) |
|---|---|---|---|---|---|
| 进水水质 | 7~9 | 400 | 260 | 80 | 150 |
| 排放标准 | 7~9 | ≤60 | ≤20 | ≤70 | ≤10 |

**1. 废水处理工艺流程**

该工程的处理难点仍是煤气化废水。根据上述的水量水质指标,并参照国内外的煤气化废水处理成功经验,确定采用"预处理-生化处理-深度处理"的工艺方案,具体的工艺流程如图 11.14 所示。

图 11.14　U-GAS 粉煤流化床煤气化废水处理工艺流程

煤气化废水(100 m³/h)经隔油沉淀-混凝气浮、其他生产废水及生活污水(100 m³/h)经格栅-隔油沉淀分别预处理后,汇入综合调节池。消防事故排水、初期污染雨水会在全厂事故水池暂储,再由泵小流量送入隔油沉淀池后最终也汇入综合调节池。

综合调节池废水经泵提升并计量后进入 IMC 生化池进行污染物降解,其出水再进入絮凝沉淀池进一步去除废水中悬浮物、微生物残体及非溶解性难生物降解有机物等。絮凝沉淀池出水进入臭氧接触及缓冲池,在臭氧接触池内废水中难降解高分子有机物得到进一步氧化,生化性得以提高;在缓冲池内废水中剩余溶解性臭氧得到分解,保证后续曝气生物滤池的正常运行。臭氧氧化后的废水进入曝气生物滤池,进一步去除废水中少量的 $NH_4^+$-N 和 COD 等污染物。

来自隔油沉淀池、IMC 生化池、絮凝沉淀池的污泥进入污泥储池,然后经泵提升至污泥浓缩脱水系统,采用叠螺式污泥浓缩脱水一体机脱水,泥饼外运处置。

**2. 单元设计**

格栅集水池 1 座,钢筋混凝土结构,尺寸为 15.00 m×7.50 m×5.90 m;集水池采用空气搅拌,空气量为 1.0 m³/(h·m³)。设回转式格栅 1 台,有效栅宽为 800 mm,栅条间距为 5 mm,功率为 0.75 kW;污水提升泵 2 台,1 用 1 备,单台流量为 100 m³/h,扬程为 17 m,功率为 11 kW。

　　隔油沉淀池 2 座,停留时间为 4.8 h,钢筋混凝土结构,Ⅰ池进水来自格栅集水池,Ⅱ池进水来自煤气化废水。每座分 2 格,单格尺寸为 21.00 m×4.00 m×3.40 m,超高0.50 m。设撇油刮泥机 2 台,单台功率为 4.75 kW;污泥提升泵 2 台,1 用 1 备,单台流量为 20 m³/h,扬程为 10 m,功率为 4 kW。污油池 1 座,钢筋混凝土结构,尺寸为 6.00 m×7.50 m ×3.30 m。

　　混凝气浮池 1 座,一体化钢结构,尺寸为 13.30 m×2.40 m×3.15 m。设气浮曝气机 2台,单台功率为 2.2 kW;刮渣机 1 台,功率为 0.75 kW;混合反应搅拌机 1 台,功率为1.5 kW;絮凝反应搅拌机 1 台,功率为 1.5 kW;螺旋排渣机 1 台,功率为 0.37 kW。

　　综合调节池 1 座,水力停留时间为 18 h,钢筋混凝土结构,尺寸为 30.00 m ×25.00 m×5.50 m,超高 0.50 m。采用空气搅拌,空气量为 1.0 m³/( h · m³)。设搅拌鼓风机 3 台,2 用 1 备,单台风量为 38 m³/min,风压为 60 kPa,功率为 75 kW;调节池提升泵3 台,2 用 1 备,单台流量为 100 m³/h,扬程为 12.5 m,功率为 11 kW。

　　IMC 生化池 6 座,钢筋混凝土结构,单座尺寸为 38.50 m ×12.00 m×7.00 m,超高1.00 m。运行周期为 8 h,其中反应时间为 5 h,沉淀时间 2 h,排水时间 1 h。设射流曝气器 30 台,流量为 64 kg[O₂]/h,喷嘴数为 10 个;射流循环泵 12 台,单台流量为 800 m³/h,扬程为 12 m,功率为 45 kW;多级离心风机 6 台,单台风量为 70 m³/min,风压为 68.6 kPa,功率为 132 kW;滗水器 6 台,单台滗水能力为 0 ~350 m³/h,功率为 2.2 kW。

　　絮凝沉淀池,钢筋混凝土结构。其中,混合絮凝池 1 座,尺寸为 1.50 m ×1.50 m×4.00 m,超高 0.50 m;沉淀池 2 座,单座直径为 15.00 m,池边水深为 3.70 m。设混合搅拌机 1 台,功率为 3.7 kW;中心传动刮泥机 2 台,单台功率为 0.55 kW。

　　臭氧接触及缓冲池,钢筋混凝土结构。其中臭氧接触池 2 座,HRT 为 1.9 h,尺寸为12.85 m×2.50 m×6.85 m,超高 0.85 m;缓冲池 1 座,HRT 为 1.8 h,尺寸为 12.85 m×5.00 m ×6.85 m,超高 1.05 m。设臭氧发生器 2 台,单台产量为 3 kg/h,功率为 45 kW;臭氧尾气破坏器 1 台,功率为 2.0 kW;缓冲池搅拌机 2 台,单台功率为 5.5 kW;臭氧缓冲池提升泵 3 台,2 用 1 备,单台流量为 100 m³/h,扬程为 20 m,功率为 15 kW。

　　曝气生物滤池,滤速为 3.1 m/h,一体化钢结构,分 4 格,单格尺寸为 4.00 m×4.00 m×6.50 m,超高 0.50 m。填料高度为 3.5 m。设曝气风机 2 台,1 用 1 备,单台风量为 17 m³/min,风压为 60kPa,功率为 37 kW;反洗风机 2 台,1 用 1 备,单台风量为14 m³/min, 风压为 60 kPa,功率为 37 kW。

　　出水监测池 1 座,停留时间为 1.9 h,钢筋混凝土结构,尺寸为 10.00 m×7.00 m×5.80 m,超高 0.30 m。设外送及回用水泵 3 台,2 用 1 备,单台流量为 100 m³/h,扬程为50 m,功率为 30 kW;曝气生物滤池反洗水泵 3 台,2 用 1 备,单台流量为 400 m³/h,扬程为 20 m, 功率为 37 kW。

　　综合车间 1 座,框架结构,尺寸为 48.00 m×9.00 m×6.00 m。加药间设 PAC、PAM 加药装置各 1 套。污泥脱水间设叠螺脱水机 2 台,总处理能力为 220 kg[DS]/h;无轴螺旋输送机 1 台,功率为 2.2 kW;污泥 PAM 加药装置 1 台,制备能力为 2 000 L/h,功率为3.2 kW。

**3. 废水处理效果**

该工程投产运行 2 年多的实践表明,当综合废水进水量约为 150 m³/h、进水的 COD、BOD₅、NH₄⁺-N 的浓度分别 500、280 和 180 mg/L 时,系统稳定运行时出水 COD、BOD₅、NH₄⁺-N 的浓度可以分别达到 50、10 和 10 mg/L,各项指标满足《污水综合排放标准》(GB 8978—1996)一级标准的要求。该工程总投资约为 3 130 万元,运行成本约为 3.8 元/m³。该工程案例表明,采用"预处理-IMC 生化处理-臭氧氧化-曝气生物滤池"的组合工艺处理 U-GAS 粉煤流化床煤气化废水具有可行性与有效性。

应当说明,废水处理站的运行良好与否与上游工艺装置的运行管理密切相关。为避免出现系统运行不稳定的情况(该项目中煤气化废水原水 COD 和 NH₄⁺-N 浓度波动超出设计值的 2 倍以上、上游板式换热器出现故障时导致综合调节池的水温曾达到 40 ℃,等等),应加强对上游工艺装置的日常运行管理。

## 11.4.3　BGL 碎煤加压气化废水处理工程

某企业以高挥发分烟煤为原料,采用 BGL 碎煤加压气化工艺,年产 100 万 t 合成氨、175 万 t 尿素。生产废水为煤气化酚、氨回收装置所排的工业废水,废水量为 215 m³/h,水量波动较大,主要污染物为 COD、酚、NH₄⁺-N、油类等物质。该工程废水处理装置进水主要为化肥生产过程中产生的废水,考虑到生产废水的波动性及不可预见水量,并结合企业今后的发展,废水处理装置的设计规模取 360 m³/h。废水经处理后,全部再经回用水处理装置进一步处理后,回用于循环水站补充水(除 TDS 外,达到《循环冷却水用再生水水质标准》(HG/T 3923—2007)中再生水用作循环冷却水的水质要求)。该工程废水处理站的设计进、出水水质指标见表 11.16。

表 11.16　化肥生产废水处理站设计进出水水质指标

| 项　目 | pH | COD /(mg·L⁻¹) | BOD₅ /(mg·L⁻¹) | 氨氮 /(mg·L⁻¹) | SS /(mg·L⁻¹) | 油类 /(mg·L⁻¹) |
|---|---|---|---|---|---|---|
| 进水水质 | 6.0~7.5 | 3500 | 1000 | 150 | 200 | 100 |
| 出水水质 | 6~9 | ≤60 | ≤5 | ≤15 | ≤20 | ≤0.5 |

**1. 废水处理工艺流程**

从该工程的设计进水指标中可以看出,原废水的 COD 浓度较高,BOD₅/COD 仅为 0.29,还有较高浓度的氨氮、SS 和油类物质。结合国内外该类废水处理的成功经验,确定采用"除油预处理-厌氧与好氧生化处理-物化与生化组合深度处理"的工艺方案,具体的工艺流程如图 11.15 所示。

经酚、氨回收的废水压力输送至废水处理装置的调节池,经隔油沉淀池预处理去除 SS 和油类物质后进入后续生物处理。经预处理的废水在投配池混合后,经泵提升至厌氧塔将有机污染物部分转化成甲烷。厌氧塔出水进入一级 A/O 系统(池中投加一定量的粉末炭粉增加污泥浓度),在这里通过控制特定的水力条件、较高的污泥浓度、较低的 DO

图 11.15　BGL碎煤加压气化废水处理工艺流程

(0.3~0.5 mg/L)等参数同时实现有机物去除与短程硝化反硝化;一级 A/O 系统出水再进入改良 A/O 池,其出水进入二沉池进行泥水分离。二沉池出水再依次进入高密度沉淀池、臭氧氧化池、曝气生物滤池和 V 型滤池进行深度处理,滤后水进入回用水处理装置。

**2. 单元设计**

(1)预处理

调节池 1 座,设计 HRT 为 18.3 h,钢筋混凝土结构。尺寸为 31.0 m×30.0 m×7.9 m,有效水深为 7.1 m。池内设潜水搅拌机 2 台,提升泵 3 台。

隔油沉淀池 2 座,设计 HRT 为 1.4 h,钢筋混凝土结构。单座尺寸为 23.0 m×4.5 m×3.5 m,有效水深为 2.5m。池内设刮油刮泥机 2 台,絮凝反应搅拌机 2 台。

(2)生化处理

厌氧塔 8 座。设计容积负荷为 3.0 kg COD/(m³·d),污泥浓度为 20 000 mg/L,污泥负荷为 0.15 kg COD/(kg MLSS·d)。单座厌氧塔的有效容积为 700 m³,主体材质为碳钢,单座尺寸为 ϕ12.0 m×7.0 m。厌氧处理系统循环设计流量为 720 m³/h。设厌氧塔设备 8 套,包括三相分离设备 8 套、变速旋流水设备 8 套、废气收集设备 8 套,废气稳压罐 2 套;无火焰废气燃烧装置 1 台,循环污水泵 4 台。

一级 A/O 池 2 座。设计 HRT 为 46.5 h,容积负荷为 1.5 kg COD/(m³·d),污泥浓度为 5 000 mg/L,污泥负荷为 0.30 kg COD/(kg MLSS·d),污泥龄大于 100 d,钢筋混凝土结构。单座尺寸为 45.0 m×31.0 m×6.8 m,有效水深为 6.0 m,池内设潜水搅拌机 12 台、潜水推流器 4 台、潜水回流泵 4 台。采用鼓风曝气,离心风机 4 台(与改良 A/O 池共用),管式曝气器 2 504 根,沉淀池刮泥机 2 台。

改良 A/O 池 2 座。设计 HRT 为 42.3 h,容积负荷为 0.5 kg COD/(m³·d),污泥浓度为 2 500 mg/L,污泥负荷为 0.20 kg COD/(kg MLSS·d),污泥龄大于 100 d,钢筋混凝土结构。单座尺寸为 41.0 m×31.0 m×6.8 m,有效水深为 6.0 m。池内设潜水搅拌机 8 台,潜水回流泵 4 台。采用鼓风曝气,设管式曝气器 2 160 根,二沉池刮泥机 2 台,污泥泵 4 台,消泡水泵 8 台。

(3)深度处理

高密度沉淀池 2 座。设计 HRT 为 5.8 h,沉淀池表面负荷为 1.5 m/h,钢筋混凝土结构。单座尺寸为 12.0 m×12.0 m×8.3 m,有效水深为 7.3 m。池内设潜水搅拌机 1 台,提升式刮泥机 2 台,提升式搅拌机 2 台,混合搅拌机 2 台,回流污泥泵 3 台,剩余污泥泵 2 台,污水提升泵 3 台。

臭氧氧化系统设臭氧发生器 3 台。臭氧制备间 1 座,钢筋混凝土结构,尺寸为 19.0 m×8.0 m×5.0 m(净高)。

曝气生物滤池分 4 格,设计 HRT 为 3.5 h,钢筋混凝土结构,单格尺寸为 7.0 m× 7.0 m×7.3 m。火山岩滤料高度为 3.5 m,体积为 686 m³;承托层 58.8 m³;滤板 196 块,长柄滤头 9 604 个,单孔膜扩散器 7 740 个;曝气风机 4 台,反洗风机与反洗水泵各 3 台(均与 V 型滤池共用)。

V 型滤池分为 2 格。设计 HRT 为 1.0 h,钢筋混凝土结构。单格尺寸为 7.0 m× 7.4 m×4.9 m,滤料高度为 1.2 m,均粒滤料 100.8 m³,承托层 8.4 m³,滤板 98 块,长柄滤头 4 704 个。

**3. 废水处理效果**

该废水处理工程于 2014 年 5 月开始调试运行,经过 3 个月的调试运行发现,出水水质稳定达到设计指标。进、出水水质的工程监测结果见表 11.17。该工程废水处理装置总投资约 12 000 万元,总处理成本为 3.8 元/t,运行成本为 2.4 元/t。该工程案例表明,废水依次经过调节-隔油沉淀的预处理、外循环厌氧塔-两级 A/O 的生化处理、絮凝沉淀-臭氧氧化-曝气生物滤池-V 型滤池的深度处理,煤加压气化废水中的各类污染物能都得到有效去除。

表 11.17　某 BGL 碎煤加压气化废水污染物的去除效果

| 项　　目 | pH | COD /(mg·L⁻¹) | BOD₅ /(mg·L⁻¹) | 氨氮 /(mg·L⁻¹) | SS /(mg·L⁻¹) | 油类 /(mg·L⁻¹) |
|---|---|---|---|---|---|---|
| 进水水质 | 6.0~7.5 | 2000~3500 | 500~1060 | 50~150 | 150~200 | 50~100 |
| 出水水质 | 6~9 | ≤50 | ≤5 | ≤10 | ≤10 | ≤0.5 |

# 第12章 医院污水处理

我国十分重视医院污水、污物的处理工作,1984年《中华人民共和国水污染防治法》(1984年发布,1996年修正)第三十六条便指出:"排放含病原体的污水,必须经过消毒处理;符合国家有关标准后,方准排放"。1996年国家环境保护局修订《污水综合排放标准》时,同时对《医院污水排放标准》进行了修订并将其纳入国家《污水综合排放标准》(GB 8978—1996),于1998年1月1日开始实施。2001年制定了《医疗机构污水排放要求》(GB 18466—2001),规定了医院等医疗机构污水排放的污染限值,但具有一定的局限性。2004年环境保护部发布了《医院污水处理技术指南》,初步规定了医院污水处理应采用的技术及有关技术要求。2006年发布了《医疗机构污水排放标准》(GB 18466—2005),明确指出医疗机构的特征污染物主要是生物性污染物、重金属、有机化学毒物和医用放射性同位素等,要求医疗机构的各种特殊排水应单独收集并进行处理后再排入医院污水处理系统,低放射性废水应经衰变池处理等。以上各项法规及标准等,对医院污水的排放提出了比较全面的治理要求。

医院或其他医疗机构是担负着医疗、教学、科研和预防疾病四大任务的单位,是病人活动、生活比较集中的场所。治病救人、救死扶伤是医院的宗旨,而防止环境污染,杜绝交叉感染,加强污水污物治理和消毒也是义不容辞的责任。由于医院功能的特殊性,医院污水来源及成分复杂,污水中含有多种致病菌、病毒、寄生虫卵和一些有毒有害物质、放射性污染物等,具有空间污染、急性传染和潜伏性传染等特征。尤其是传染病医院的污水更是含有大量的病原性微生物、病毒及有毒有害物质。如果不经过消毒处理任其排放进入城市下水管道或环境水体,这些病毒、病菌和寄生虫卵在环境中将成为一个集中的二次污染源,引起多种疾病的发生和蔓延,严重威胁人类的身体健康。因此,医院污水的安全稳定处理非常重要。

## 12.1 医院污水的来源、水量与水质特征

### 12.1.1 医院污水的来源

从医院各部门的功能、设施和人员组成等情况可以看出,医院污水比一般生活污水的排放要复杂得多。不同部门科室排出的污水成分和水量也是各不相同的。医院排放污水的主要部门和设施有:诊疗室、化验室、病房、洗衣房、X光洗印、动物房、同位素治疗诊断室、手术室等;此外,还有医院行政管理和医务人员排放的生活污水,食堂、单身宿舍、家属宿舍排水。各部门排水情况及主要污染物见表12.1。

表 12.1　医院各部门排水情况及主要污染物

| 部　门 | 污水类别 | 主要污染物 | | | | | | |
|---|---|---|---|---|---|---|---|---|
| | | SS | COD | BOD$_5$ | 病原体 | 放射性 | 重金属 | 化学品 |
| 普通病房 | 生活污水 | △ | △ | △ | | | | |
| 传染病房 | 含菌污水 | △ | △ | △ | △ | | | △ |
| 动物实验室 | 含菌污水 | △ | △ | △ | △ | | | △ |
| 放射科 | 洗印废水 | △ | △ | △ | | | △ | △ |
| 口腔科 | 含汞废水 | △ | | | | | △ | |
| 门诊部 | 生活污水 | △ | △ | △ | | | | |
| 肠道门诊 | 含菌污水 | △ | △ | △ | △ | | | △ |
| 手术室 | 含菌污水 | △ | △ | △ | △ | | | △ |
| 检验室 | 含菌污水 | △ | △ | △ | △ | | △ | △ |
| 洗衣房 | 洗衣废水 | △ | △ | △ | | | | △ |
| 锅炉房 | 排污废水 | △ | | | | | | △ |
| 汽车库 | 含油污水 | △ | △ | | | | | |
| 太平间 | 含菌污水 | △ | △ | △ | △ | | | |
| 同位素室 | 放射性污水 | △ | △ | △ | | △ | | |
| 宿舍 | 生活污水 | △ | △ | △ | | | | |
| 食堂 | 含油污水 | △ | △ | △ | | | | |
| 浴室 | 洗浴污水 | △ | △ | △ | | | | |
| 解剖室 | 含菌污水 | △ | △ | △ | △ | | | △ |

注:△表示有污染物。

不同部门科室产生的污水成分和水量各不相同,如重金属废水、含油废水、洗印废水、放射性废水等,而且不同性质医院产生的污水也有很大不同。医院污水较一般生活污水排放情况更为复杂。

## 12.1.2　医院污水的水量

我国医院及医疗机构按其性质可分为:综合医院、中医院、中西医结合医院、民族医院、康复医院、疗养院和专科医院等。医院的用水量和排水量根据医院的规模、性质、所处地区的生活习惯和医院设施情况是有很大不同的。

(1)按照用水量确定污水处理设计水量

根据《建筑给水排水设计规范》(GB 50015—2019),医院污水水量可按照用水量确定污水处理设计水量,通常按照排水量为给水量的 85% ~95% 来计算。

$$Q = (0.85 \sim 0.95)\frac{q_1 N_1 K_{Z1} + q_2 N_2 K_{Z2}}{86400} + \frac{q_3}{1\,000} \tag{12.1}$$

式中　$Q$——医院最高日污水量,m$^3$/s;

$q_1$——住院部最高日用水定额,L/人·d;

$q_2$——门诊部最高日用水定额,L/人·d;

$q_3$——未预见水量,L/s;

$N_1$、$N_2$——住院部、门诊部设计人数;

$K_{Z1}$、$K_{Z2}$—— 小时变化系数(表 12.2)。

**表 12.2　医院生活用水定额及小时变化系数**

| 建筑物名称 | | 单位 | 最高日生活用水定额/L | 使用时数/h | 小时变化系数($Kz$) |
|---|---|---|---|---|---|
| 医院住院部 | 设公用盥洗室 | 每床位每日 | 100 ~ 200 | 24 | 2.5 ~ 2.0 |
| | 设公用盥洗室、淋浴室 | 每床位每日 | 150 ~ 250 | 24 | 2.5 ~ 2.0 |
| | 设单独卫生间 | 每床位每日 | 250 ~ 400 | 24 | 2.5 ~ 2.0 |
| 医务人员 | | 每人每班 | 150 ~ 250 | 8 | 2.0 ~ 1.5 |
| 门诊部、诊疗所 | | 每病人每次 | 10 ~ 15 | 8 ~ 12 | 1.5 ~ 1.2 |
| 疗养院、休养所住房部 | | 每床位每日 | 200 ~ 300 | 24 | 2.0 ~ 1.5 |

(2)按日均污水量和变化系数确定污水处理设计水量

新建综合医院日排水量,可根据《医院污水处理设计规范》(CECS 07—2004)进行计算。

$$Q = \frac{qN}{86\ 400}K_d \tag{12.2}$$

式中　$q$—— 医院日均单位病床污水排放量,L/(床·d);

　　　$N$—— 医院编制床位数;

　　　$K_d$—— 污水日变化系数。$K_d$ 取值根据床位数确定。

对于 $N \geq 500$ 床的设备齐全的大型医院,$q = 400 \sim 600\ L/(床 \cdot d)$,$K_d = 2.0 \sim 2.2$;

对于 $100$ 床 $< N \leq 499$ 床的一般设备的中型医院,$q = 300 \sim 400\ L/(床 \cdot d)$,$K_d = 2.2 \sim 2.5$;

对于 $N < 100$ 床的小型医院,$q = 250 \sim 300\ L/(床 \cdot d)$,$K_d = 2.5$。

对于有特殊用水需求的医院,污水排放量可根据特殊用水需求情况适当增大。医院污水处理工程设计水量应在实测或测算的基础上留有设计裕量,设计裕量宜取实测值或测算值的 10% ~ 20% 。

### 12.1.3　医院污水的水质特征及危害

医院污水的常规水质指标基本与生活污水相同,主要包括 COD、$BOD_5$、SS、氨氮和大肠杆菌等。对于新建医院,每张病床污染物排污量可按下列数值选用:$BOD_5$ 为 40 ~ 60 g/(床·d),COD 为 100 ~ 150 g/(床·d),SS 为 50 ~ 100 g/(床·d);对于现有医院,污水水质应以实测数据为准,在无实测资料时可参考表 12.3。

表 12.3　医院污水水质

| | COD<br>/(mg · L⁻¹) | BOD₅<br>/(mg · L⁻¹) | SS<br>/(mg · L⁻¹) | 氨氮<br>/(mg · L⁻¹) | 粪大肠杆菌<br>/(个 · L⁻¹) |
|---|---|---|---|---|---|
| 污水浓度范围 | 150～300 | 80～150 | 40～120 | 10～50 | $1.0 \times 10^6$ ~<br>$3.0 \times 10^8$ |
| 平均值 | 250 | 100 | 80 | 30 | $1.6 \times 10^8$ |

　　医院污水除了含有传染病等病原体的污水以外,还有来自诊疗、化验、研究室等各种不同类别的污水,这些污水往往含有重金属、消毒剂、有机溶剂以及酸、碱等,有些重金属和难生物降解的有机污染物是致癌、致畸或致突变物质,这些物质排入环境中将对环境产生长远的影响,他们可以通过食物链富集浓缩,进入人体,而危害人体健康。医院在使用放射性同位素诊断、治疗和研究中,还产生放射性污水、污物,也必须通过处理,达到规定的排放标准后方可排放或运送至专门的机构处置。

　　医院污水特别是传染病房排出的污水如不经消毒处理而直接排入水体,可能会引起水源污染和传染病的爆发流行。通过流行病学调查和细菌学检验证明,国内外历次大的传染病爆发流行,几乎都与饮用或接触被污染的水有关。1987 年上海发生甲肝流行,29 万多人发病,主要是食用了被粪便污染水里生长的毛蚶所致。

　　通过对医院污水的测试研究发现,医院污水的主要特征污染物其一是病原性微生物;其二是有毒、有害的物理化学污染物;其三是放射性污染物。现将其污染来源及危害分述如下。

**1. 病原性微生物及控制指标**

（1）粪大肠菌群数和大肠菌群数

　　通常把大肠菌群数和粪大肠菌群数作为衡量水质受到生活粪便污染的生物学指标。大肠杆菌在水环境的存活力和肠道致病菌的存活力相近似,在抗氯性方面要大于乙型副伤寒菌及痢疾志贺氏菌。近年有些资料报道,大肠杆菌不适合作为衡量水质的生物学指标,建议用粪大肠菌为衡量水质受到粪便污染的生物学指标。如果在水中有粪便大肠菌存在,说明水质在近期内受到粪便污染,因而有可能存在肠道致病菌,所以新修订的《污水综合排放标准》把有关医院含菌污水的排放指标定为粪大肠菌群数。

　　粪大肠菌群数指标的含义是指那些能在 44.5 ℃、24 h 之内发酵乳糖产酸产气的、需氧及兼性厌氧的、革兰氏阴性的无芽孢杆菌,其反映的是存在于温血动物肠道内的大肠菌群细菌,采用的配套监测方法为多管发酵法。

（2）传染性细菌和病毒

　　我国 1989 年 4 月颁布了《中华人民共和国传染病防治法》,法定传染病分为甲、乙、丙三类。甲类传染病原包括鼠疫、霍乱 2 种,在 2003 年 4 月卫生部颁布的最新规定中,将 SARS 也列为甲类传染病;乙类传染病 24 种,包括病毒性肝炎、细菌性和阿米巴性痢疾、伤寒和副伤寒、艾滋病、淋病、梅毒、脊髓灰质炎、麻疹、百日咳、白喉、流行性脑脊髓膜炎、猩红热、流行性出血热、狂犬病、钩端螺旋体病、布鲁氏菌病、炭疽病、流行性和地方性斑疹伤寒、流行性乙型脑炎、黑热病、疟疾、登革热、肺结核、新生儿破伤风;丙类传染病9种,包括血吸虫病、丝虫病、包虫病、麻风病、流行性感冒、流行性腮腺炎、风疹、急性出血性结膜炎、(除霍乱、疟疾、伤寒和副伤寒以外的)感染性腹泻病。对甲类传染病须强制管理:对传染病疫点、疫区的处理,对病人及病原携带者的隔离治疗和易感染人群的保护措施等均具有强制性;对乙类传染病须严格管理:在管理上采取了一套常规的严格的疫情报告办法;对丙类传染病实施监测管理:通过确定的疾病监测区和实验室对传染病进行监测。《传染病防治法》要求:对被传染病病原体污染的污水、污物、粪便,必须按照卫生防疫机构提出的卫生要求进行处理。

医院污水和生活污水中经水传播的疾病主要是肠道传染病,如伤寒、痢疾、霍乱以及马鼻病、钩端螺旋体、肠炎等;由病毒传播的疾病有肝炎、小儿麻痹等疾病。

医院污水的特点决定了对其无害化处理是非常严峻的问题,一些具有高度传染性的疾病在社会上蔓延,对现有的医院污水处理的工艺技术水平及其措施,将是一种严重的考验。

鉴于在城镇污水与水环境系统中,不能完全排除发生"粪—口""粪—呼吸"(气溶胶)传播的可能性,考虑到从业人员在运行管理和操作过程中还是存在直接接触、飞沫与气溶胶吸入的可能性,非常有必要采取严格的防范与保护措施。2020年2月住房和城乡建设部水专项实施管理办公室官方微信平台发布了《新冠肺炎疫情期间加强城镇污水处理和水环境风险防范的若干建议》,为从业人员的安全防护提出了有针对性的对策措施。

从当前医院污水的处理现状来看,我国医院污水大面积无害化处理势在必行。

**2. 有毒、有害物质**

(1) pH

医院污水中的酸碱污水主要来源于化验室、检验室的消毒剂的使用及洗衣房和放射科等。酸性污水排放对管道等造成腐蚀,排入水体对环境造成一定危害。pH也影响某些消毒剂的消毒效果。pH过低的污水排放前应进行中和处理,或采用防腐蚀管道。

(2) 悬浮固体(SS)

悬浮固体是指水样通过孔径为0.45 μm的滤膜后,截留在滤膜上并于103～105 ℃烘干至恒重的固体物质。悬浮物不仅影响水体外观而且还能影响氯化消毒灭活效果。悬浮物常成为水中微生物(包括致病微生物)隐蔽而免受消毒剂灭活的载体。悬浮物还可能淤塞排水管道,影响排水管的输水能力。医院污水中往往含有大量的悬浮物,很多纸类、布类、果皮核、剩饭菜等都有可能进入下水道而对污水的处理和消毒产生影响。悬浮物主要是通过格栅和沉淀池分离去除。

(3) BOD$_5$和COD

生活污水和医院综合污水大部分污染物来自生活系统排水,一般COD质量浓度为100～500 mg/L,BOD$_5$质量浓度为60～300 mg/L,其BOD$_5$/COD值约为0.6,属可生化性好的污水,但由于医院广泛使用消毒剂,其对生物处理是不利的,因此必须特别限制向下水道任意排放消毒剂及各种有机溶剂。BOD$_5$和COD由于消耗消毒剂,所以BOD$_5$与COD浓度高的污水消毒需增加消毒剂的用量。

（4）动植物油

动植物油是动物性和植物性油脂,医院、疗养院食堂排水中含有较高的动植物油。一般动植物油对人体无害,但其在水体中存在时会形成油膜,阻碍空气中氧向水中传递,使水体缺氧而危及鱼类及水生物。浓度较高的含油污水排入下水道时容易堵塞下水道,因此,厨房、食堂等含油污水必须经隔油处理再排放。含油污水进入医院含菌污水系统将加大含菌污水的处理量,同时影响消毒处理效果,因此,应分开处理排放。

（5）总汞

总汞是指无机的、有机的、可溶的和悬浮的汞的总称。汞及其化合物对温血动物毒性很大。由消化道能将进入人体的汞迅速地吸收并随血液转移到全身各器官和组织,进而引起全身性的中毒。无机汞在自然界中可转化为甲基汞,其毒性更大,汞和甲基汞可通过食物链进入人体,并在脑中积蓄。日本发生的著名公害水俣病即是由人食用了被甲基汞污染的鱼,而在人体中积累所致。医院污水中的汞主要来自于口腔科、破碎的温度计和某些用汞的计量设备汞的流失。

**3. 放射性同位素**

医疗单位在治疗和诊断中使用的放射性同位素有 $^{131}I$、$^{32}P$ 等,放射性同位素在衰变过程中产生 α、β 和 γ 放射性,在人体内积累而对人体健康造成危害。放射性的强度以贝克 Bq 表示,其在污水中的浓度以 Bq/L 表示,1 Bq/L 相当于 $2.7 \times 10^{-11}$ Ci/L（Ci 指居里）。医院放射性污水主要来自同位素治疗室,应单独设置衰变池处理,达标后再排入综合下水道。

## 12.1.4　医疗机构水污染物排放限值

按照《医疗机构水污染物排放标准（GB 18466—2005）》的有关规定,新、扩、改医疗机构自 2006 年 1 月 1 日起按本标准实施管理,现有医疗机构在 2007 年 12 月 31 日前达到本标准要求。

传染病、结核病医疗机构污水排放一律执行 GB 18466—2005 中表 1 的排放限值,其中肠道致病菌、肠道病毒和结核杆菌均不得检出。

县级及县级以上或 20 张床位及以上的综合医疗机构和其他医疗机构污水排放执行 GB 18466—2005 中表 2 的排放标准限值,其中肠道致病菌、肠道病毒均不得检出。直接或间接排入地表水体和海域的污水执行排放标准,排入终端已建有正常运行城镇二级污水处理厂的下水道的污水,执行 GB 18466—2005 中表 2 的预处理标准。

县级以下或 20 张床位以下的综合医疗机构和其他所有医疗机构,污水经消毒处理后方可排放。

# 12.2　医院污水处理技术

《医疗机构污水排放标准》（GB 18466—2005）明确指出了医疗机构的特征污染物主要是生物性污染物、重金属、有机化学毒物和医用放射性同位素等。医院污水处理技术的选择,应以满足该标准规定的污染物排放限值为最基本要求。

### 12.2.1　医院污水处理技术概述

医院污水处理的目的是通过采用各种水处理技术和设备去除水中的物理的、化学的和生物的各种水污染物,使水质得到净化,达到国家或地方的水污染物排放标准,保护水资源环境和人体健康。关于医院污水、污物的防治措施和治理技术,国内进行了大量的研究开发;对于含病原体的污水,大部分医院采用的是一级处理和氯化消毒技术,少数医院采用二级处理和氯化消毒技术。医院污水一般排放量比较少,属小型污水处理。常用的处理方法按其作用原理可分为物理法、化学法和生物法。按其处理程度可分为一级处理、二级处理和三级处理等。按处理工艺可分为预处理、主体处理、后处理等处理工艺过程。

**1. 一级处理**

常规一级处理的目的主要是去除污水中的漂浮物和悬浮物(SS),为后续处理创造条件。其主要设备和构筑物是:格栅、沉砂池、沉淀池等。格栅可去除污水中较大的颗粒物质和漂浮固体物质。沉淀池可去除 0.2 mm 以上的砂粒及污水中大部分悬浮物。一般通过一级处理可去除 60% 的悬浮物和 25% 的 $BOD_5$。

**2. 二级处理**

二级处理主要是指生物处理。生物处理可去除污水中溶解的和呈胶体状的有机污染物。其 BOD 的去除率在 90% 以上,处理出水的 $BOD_5$ 可降至 30 mg/L 以下,同时还可去除 COD、酚、氰、LAS 等有机污染物。常规的二级生物处理技术去除水中的氮和磷有限,在污水排放标准要求比较高的地方,为了防止水体的富营养化,要求污水进行脱氮除磷处理。因此,国内外已开发了生物脱氮除磷的改进二级处理技术或称三级处理技术,三级生物脱氮除磷技术往往和二级处理工艺结合使用,有时是对常规生物处理设施进行改造,使之具有脱氮除磷的功能。采用的技术有 A/O 法、A/A/O 法、SBR 法、AB 法、接触氧化法和生物膜法等。

**3. 消毒**

医院综合污水消毒是在处理工艺的最后阶段,其目的是灭活医院污水中的致病微生物和粪大肠菌群,达到排放标准的要求。消毒设施主要由消毒剂制备、投加控制系统与混合池、接触池组成。通常使用的消毒剂有次氯酸钠、二氧化氯、液氯和次氯酸钙(漂粉精)等化学消毒剂,也有少数医院污水使用臭氧、紫外线或其他消毒剂消毒。通过接触池后,一般仍要保持一定的余氯量,杀菌效果可达 99.99% 以上。

**4. 其他处理**

医院除生活污水和含菌污水外,还有化验室废水、同位素室排出的放射性废水、放射科洗相室的洗相废水、食堂排出的含油污水以及口腔科排出的含汞废水,这些污水或废水也需采取不同的预处理措施,处理后再排入综合污水系统。

医院污水处理总的原则是:传染病房和传染科的污水应单独进行消毒处理,普通病房和一般生活污水可经化粪池处理,洗相室废液应回收银和处理回收显影、定影废液,食堂应设置隔油池,口腔科排水应处理含汞废水,使用过的废药剂等应回收处置,放射科废水应经过衰变池处理。经过以上预处理后的各种污水再进入综合污水系统。综合污水再根据水质水量、排放去向和排放要求,排入城市下水道或进行一级处理或二级处理后通过消毒达标排放。

随着近年对环境保护的要求不断提高,水污染物排放标准控制项目不断增加,除了对一些常规污染物的排放要求更加严格以外,一些对环境和人体健康有潜在危害的难降解有机物在我国排放标准中也开始有所控制,如某些有机氯化物:三氯乙烯、三氯甲烷、四氯化碳、四氯乙烯等。另外为了防止水体富营养化,当污水排入封闭水域时,对氮、磷等污染物也加强了控制,所以污水处理技术近年来也有很大发展。为了达到新的排放标准的要求,一方面必须从源头控制好有毒有害物质的排放,减轻污水处理的负荷;另一方面也发展了高效的脱氮除磷技术和针对某些难降解有机物处理的三级处理技术和水的再生、用节水技术,这些技术在医院污水处理中可在不同场合加以应用。

### 12.2.2　医院污水处理工艺流程

医院污水处理的工艺路线,应根据医院的规模、性质和处理后污水的排放去向进行选择。

#### 1. 一级强化处理工艺

出水排入城市污水管网(终端已建有正常运行的二级污水处理厂)的非传染病医院污水,可采用一级强化处理工艺,工艺流程如图 12.1 所示。当采用一级强化处理流程时,医院污水应与职工生活区污水、雨水分流,仅对医院污水进行消毒处理。

图 12.1　非传染病医院污水一级强化处理工艺流程

医院污水采用一级处理和氯化消毒时,病区污水和其他含菌污水通过排水管道汇集到污水处理站,而粪便污水则先通过化粪处理再进入污水处理站。处理站一般设有格栅、调节池、计量池、提升泵和接触消毒池。消毒剂通过与水泵联动或与虹吸定量池同步定量投加至待处理污水中,通过管道或专用设备充分与污水混合后,进入接触池并在其内接触一定时间、达到消毒要求之后排放。化粪池或调节池产生的污泥按规定进行定期清除和消毒处理。

对于处理出水最终进入城市污水二级处理厂的综合医院,应提高 SS 的去除率以减少消毒剂用量,这一般可以通过对现有一级处理工艺进行改造、采用一级强化处理工艺来实现。污水处理可采用"预处理 → 一级强化处理 → 消毒"的工艺流程,通过混凝沉淀(过滤)去除携带病毒、病菌的颗粒物,进而提高消毒效果并降低消毒剂用量,还可避免消毒剂用量过大对环境产生不良影响。

#### 2. 二级处理工艺

出水直接或间接排入地表水体或海域、或出水回用的非传染病医院污水,一般采用

"二级处理-(深度处理)-消毒"工艺,工艺流程如图 12.2 所示。

图 12.2　非传染病医院污水二级处理工艺流程

由于医院污水处理通常属小型污水处理工程范畴,故一般小型生活污水二级生化处理工艺都适用于医院污水处理。常采用的二级生化处理方法包括生物接触氧化射流曝气法、塔式生物滤池、氧化沟等。近年来,随着对医院污水处理水质要求的日趋严格和污水处理方法的不断改进,一些更为高效的污水生物处理工艺(如 SBR、A/O、A²/O、水解酸化和 AB 法等)也逐渐得到应用。

**3. 前后置消毒二级处理工艺**

传染病医院污水,一般采用"预消毒-二级处理-(深度处理)-消毒"工艺,其工艺流程如图 12.3 所示。

图 12.3　传染病医院污水处理工艺流程

传染病医院的污水和粪便宜分别收集处理。污水经格栅直接进入预消毒池进行消毒处理,然后进入调节池,再进入后续的二级处理(深度处理)与消毒;粪便应先独立消毒,然后通过下水道进入化粪池或单独处理。各构筑物须在密闭的环境中运行,通过统一的通风系统进行换气,废气通过消毒后排放。空气消毒可采用紫外线消毒系统。

#### 4. 其他预处理工艺流程

医院污水处理系统除了含菌污水的处理和消毒外,对其他特殊排水根据需要还要单独处理,如含有重金属的废水、放射性废水、含油废水和洗印废水等。重金属废水来自牙科治疗和化验室,含有汞、铬等有害污染物,可用化学沉淀法或离子交换法处理。放射性废水来自同位素治疗和诊断,低浓度放射性废水采用衰变池处理。含油废水来自厨房、食堂,一般采用隔油池处理。洗印废水来自照片洗印,含有银、显影剂、定影剂等有害物质,含银废水可采用电解法回收银,显影剂可用化学氧化法处理。

医院污水处理总流程如图 12.4 所示。

图 12.4　医院污水处理总流程

### 12.2.3　特殊废水预处理技术

#### 1. 酸性废水处理

医院大多数检验项目或制作化学清洗剂时,经常使用大量的硝酸、硫酸、盐酸、过氯酸、三氯乙酸等,这些物质不仅对排水管道有腐蚀作用,而且与金属反应产生氢气,浓度高的废液与水接触能发生放热反应,与氧化性的盐类接触可发生爆炸。另外由于废水的 pH 发生变化,也会引起和促成其他化学物质的变化。最近使用量增加的氮化钠,在酸性条件下能生成叠氮化氢,容易引起爆炸,并具有很强的毒性,所以必须严加注意。

对酸性废水通常采用中和处理,如使用氢氧化钠、石灰作为中和剂,将其投入酸性废水中混合搅拌而达到中和目的。一般需控制 pH 为 6~9 方可排放。

#### 2. 含氰废水处理

在血液、血清、细菌和化学检查分析中常使用氰化钾、氰化钠、铁氰化钾、亚铁氰化钾等含氰化合物,由此而产生含氰废水和废液。氰化物有剧毒,人的口服致死剂量 HCN 平均为 50 mg,氰化钠为 100 mg,氰化钾为 120 mg。氰化物对鱼类毒性很大,当水中游离氰质量浓度为 0.05 ~ 0.10 mg/L 时,许多敏感鱼类致死,质量浓度在 0.2 mg/L 以上时,大多数鱼类会迅速死亡,所以对于含氰废液、废水应单独收集处理。

含氰废水的处理方法有:化学氧化法、电解法、离子交换法、活性炭吸附法和生物处理法等。少量的含氰废水最简单的处理方法是化学氧化法,如碱式氯化法。碱式氯化法是将含氰废水放入处理槽内,向槽内加入碱液使废水的 pH 达到 10 ~ 12,然后再投加液氯或次氯酸钠,控制余氯量为 2 ~ 7 mg/L,处理后的含氰废水质量浓度可达到排放标准 0.5 mg/L。其反应如下

$$NaCN + 2NaOH + Cl_2 \Longrightarrow NaCNO + 2NaCl + H_2O \text{（快）} \tag{12.3}$$

$$2NaCNO + 4NaOH + 3Cl_2 \Longrightarrow 2CO_2 + N_2 + 6NaCl + 2H_2O \text{（慢）} \tag{12.4}$$

### 3. 含汞废水处理

金属汞主要来自各种口腔门诊和计测仪器仪表中使用的汞,如血压计、温度计、血液气体测定装置、自动血球计算器等,当盛有汞的玻璃管、温度计被打破或操作不当时都会造成汞的流失。在分析检测和诊断中常使用氯化高汞、硝酸高汞以及硫氰酸高汞等剧毒物质,口腔科为了制作汞合金,汞的用量也比较多。这些都是废水中汞的来源。

汞对环境危害极大,汞进入水体以后可以转化为极毒的有机汞(烷基汞),并且通过食物链富集浓缩。人食用了受汞污染的水产品,甲基汞可以在脑中积累,引起水俣病,严重危害人体健康。汞对水生生物也有严重的危害作用,我国污水排放标准规定汞的最高允许质量浓度为 0.05 mg/L,饮用水的最高允许质量浓度为 0.001 mg/L。

含汞废水处理方法有铁屑还原法、化学沉淀法、活性炭吸附法和离子交换法。

采用硫氢化钠或硫化钠沉淀法处理含汞废水是一种简单易行的方法。采用硫氢化钠法是将含汞废水先经沉淀后,加盐酸将 pH 调至 5,再加入硫氢化钠,调 pH 至 8 ~ 9,再加入硫酸铝溶液进行混凝沉淀,出水含汞质量浓度可降到 0.05 mg/L 以下。硫化钠沉淀法是向含汞废水加入硫化钠产生硫化汞沉淀,再经活性炭吸附处理,汞的去除率可达99.9%,出水含汞质量浓度可达到 0.02 mg/L。

### 4. 含铬废水处理

重铬酸钾、三氧化铬、铬酸钾是医院在病理、血液检查和化验等工作中使用的化学品。这些废液应单独收集,尽量减少排放量。铬化合物中有三价铬和六价铬两种存在形式。六价铬的毒性大于三价铬,铬化合物对人畜机体有全身致毒作用,还具有致癌和致突变作用。六价铬能使人诱发肺癌、鼻中隔膜溃疡与穿孔、咽炎、支气管炎、粘膜损伤、皮炎、湿疹和皮肤溃疡等,是重点控制的水污染物之一。

含铬废水处理的方法很多,最简单实用的方法是化学还原沉淀法。其原理是在酸性条件下,向废水中加入还原剂,将六价铬还原成三价铬,然后再加碱中和,调节 pH 为 8 ~ 9,使之形成氢氧化铬沉淀,出水中六价铬含量小于 0.5 mg/L。采用亚硫酸钠和亚硫酸氢钠还原处理含铬废水的反应如下

$$2H_2CrO_4 + 3Na_2SO_3 + 3H_2SO_4 \Longrightarrow Cr_2(SO_4)_3 + 3Na_2SO_4 + 5H_2O \tag{12.5}$$

$$2H_2Cr_2O_7 + 6NaHSO_3 + 3H_2SO_4 \Longrightarrow 2Cr_2(SO_4)_3 + 3NaSO_4 + 8H_2O \tag{12.6}$$

加氢氧化钠中和沉淀反应如下

$$Cr_2(SO_4)_3+6NaOH \Longrightarrow 2Cr(OH)_3\downarrow+3Na_2SO_4 \qquad (12.7)$$

**5.洗相废水处理**

医院放射科照片洗印废水是一个重要污染源,在胶片洗印加工过程中需要使用10多种化学药品,主要是显影剂、定影剂和漂白剂等。

在洗照片的定影液中还含有银,银是一种贵重金属,对水生物和人体具有很大的毒性。

含银废液可出售给银回收部门处理,如量较大也可自己将银回收。银的回收方法有电解提银法和化学沉淀法,低浓度的含银废水也可采用离子交换法和活性炭吸附法处理。

照相废液不能随意排入下水道,而应严格的收集和处理。高浓度的洗印显影废液收集起来可采用焚烧处理或采用氧化处理法。一般浓度较低的显影废水通过氯化氧化处理,总量可以降至 6 mg/L 以下。

**6.传染性病毒废水的处理**

医院污水中含有大量的病源微生物、病毒和化学药剂,具有空间污染、急性传染和潜伏性传染的特征。如果含有病源微生物污染的医院污水,不经过消毒处理就排放进城市下水道或环境水体,往往会造成水体的污染,并且引发各种疾病和传染病的暴发,严重危害人们的身体健康。2003 年 SARS 疫情在全世界的爆发,引起了广大学者对传染性病毒废水处理的研究。研究单位对目前所使用的几种消毒剂和手段的效果进行了研究评价,结果表明:含氯消毒剂和过氧乙酸,按照卫生部推荐的浓度,在几分钟内可以安全杀死粪便和尿液中的"非典"病毒;应用紫外(UV)照射的方法,在距离为 80 ~ 90 cm、强度大于 90 μW/cm² 条件下,30 min 可杀死体外"非典"病毒。

结合相关医院污水处理的实践,清华大学提出以"新型高效膜-生物反应器"技术为主体的处理技术,该技术对微生物及大分子物质的截流效率高,有效控制了出水中微生物的含量。在处理的过程中,污泥产生量少,这大大降低了系统外排病原体的数量,极大的减少了其扩散蔓延几率。膜生物反应器的出水采用高效 UV 消毒工艺,能够在数秒钟内杀死病毒和细菌。整个系统采用全封闭结构,并实现了完全自动化控制。运行安全可靠,操作简单、安全,避免了病原微生物的扩散。

**7.其他废液废水处理**

医院还使用大量的有机溶剂、消毒剂、杀虫剂及其他药物,如氯仿、乙醚、醛类、乙醇、有机酸类、酮类等。这些物质应严格禁止向下水道倾倒。某医院在打扫卫生时将消毒剂倒入下水道,致使污水处理站生化处理的生物膜全部被杀死,使污水无法处理,只能超标排放污染环境。所以一定要做好有毒有害废液收集处理工作,该焚烧的焚烧,该处理的处理,决不能任意排放。

## 12.2.4　医院放射性污水处理

我国自 1958 年以来,便开始把放射性同位素用于医疗诊断和治疗疾病上。应用放射性同位素诊断、治疗病人过程中产生的放射性污水,如不进行处理就直接排放,必然污染环境,污染水源,危害人民身体健康。因此,对含有放射性污水的排放,在排放前必须由环境保护部门进行监测,符合排放标准后方可排放。

**1. 医用放射性同位素污水的来源**

医用放射性同位素污水的主要来源有:病人服用放射性同位素(如$^{131}$I)药物后,所产生的排泄物;清洗病人服用药物的药杯、注射器和高强度放射性同位素分装时的移液管等器皿所产生的放射性污水;医用标记化合物制备和倾倒多余剂量的放射性同位素。用$^{131}$I治疗和诊断时,患者在 1 d 之内排出的$^{131}$I 一般为剂量的 3/4。近年来随着核医学的发展,医用同位素的半衰期向更短方向发展。用$^{123}$I 代替$^{131}$I。$^{123}$I 的半衰期为 13.2 h,这就使衰变池设计和放射性废水处理变得更为简单。

**2. 医用放射性同位素污水的水质水量和排放标准**

在医院和医疗机构里,同位素室的污水大致分为两部分。一部分为未被放射性同位素污染的污水,它可以按一般生活污水处理排放;另一部分为被放射性同位素污染的污水,它必须经过处理,使其放射性浓度降低到国家排放管理限值时方可排放。而在设计中,这两部分污水是各自成为独立系统的。

医院里作为诊断及治疗用的放射性同位素,其特点是核素的半衰期一般较短,毒性较低。

医院排出的放射性废水量与医院规模及设施配备有关,一般医院放射性废水排出量为 0.2 ~ 5 m³/d。我国《污水综合排放标准》(GB 8978—1996)规定了医疗放射性同位素放射性强度的排放标准。排放标准将放射性废水中的放射性强度总 α-放射性和总 β-放射性作为一类污染物,要求在车间(即使用同位素的部门)排出口监测,放射性废水的最高允许浓度为总 α-放射性为 1 Bq/L,总 β-放射性为 10 Bq/L。

放射性活度 Bq(贝克)是表示放射性同位素衰变强度的单位,1 Bq 相当于放射性同位素衰变一次,1 Ci(居里)等于每秒衰变 $3.7 \times 10^{10}$ 次,即 1 Ci $= 3.7 \times 10^{10}$ Bq。

**3. 放射性污水处理方法**

对于浓度高、半衰期较长的放射性污水,一般将其贮存于容器内,使其自然衰变。目前医院同位素室用过的注射器以及多余剂量的放射性同位素均按规定贮存于容器内。

对于浓度低、半衰期较短的放射性污水,排入地下贮存衰变池,贮存一定时间(一般贮存到该种核素的 10 个半衰期)使其放射性同位素通过自然衰变,当放射性同位素浓度降低到国家排放管理限值时再行排放。

当污水中含有几种不同的放射性物质时,污水在衰变池中的停留时间应取其中最大值。医用放射性同位素的半衰期及其年摄入量限值可按表 12.4 确定。

表 12.4　医用放射性同位素的半衰期及其年摄入量限制

| 元素名称 | 放射性核素 | 半衰期 | 年摄入量限值 ALI(Bq) | |
|---|---|---|---|---|
| | | | 食入 | 吸入 |
| 碘 | $^{131}$I | 8.040 d | $1×10^6$ | $2×10^6$ |
| 磷 | $^{32}$P | 14.260 d | $2×10^7$ | $3×10^7$ |
| 钼 | $^{99}$Mo | 2.750 d | $4×10^7$ | $1×10^8$ |
| 锝 | $^{99}$Te$^m$ | 6.020 d | $3×10^9$ | $6×10^9$ |
| 锡 | $^{113}$Sn | 115.200 d | $6×10^7$ | $5×10^7$ |
| 铟 | $^{113}$In$^m$ | 1.658 h | $2×10^9$ | $5×10^9$ |
| 钠 | $^{124}$Na | 15.020 h | $1×10^8$ | $2×10^8$ |
| 金 | $^{198}$Au | 2.696 d | $5×10^7$ | $1×10^8$ |
| 汞 | $^{203}$Hg | 46.760 d | $3×10^7$ | $3×10^7$ |
| 铬 | $^{51}$Cr | 27.720 d | $1×10^9$ | $2×10^9$ |
| 镱 | $^{189}$Yb | 32.000 d | $7×10^7$ | $3×10^7$ |

贮存衰变池一般分为两种型式:间歇式和连续式。

(1) 间歇式贮存衰变池

间歇式贮存衰变池分为 2 个格,也有分 3,4,5 个格的。分格越多,其总设计容积就越小。以两格为例,其工艺如图 12.5 所示。

图 12.5　贮存衰变池平面图

如先用贮存池 1(简称池 1),出水口闸阀先关闭,待放射性同位素污水充满池 1 后关闭进水闸阀,使用贮存池 2(简称池 2)。同样,先把池 2 出水口的闸阀关闭,待池 2 充满水时,正是池 1 中的放射性污水浓度已衰变到国家排放管理的限值,在时间上相当于贮存池内半衰期最长的一种放射性同位素放置了 10 个半衰期。这时,打开池 1 的出水闸阀,使污水排空后关闭出水闸阀。然后打开池 1 的进水闸阀,关闭池 2 的进水闸阀使放射性同位素污水在池内放置自然衰变。两个贮存池就这样交替使用。

含有放射性同位素的污水一般呈酸性,所以贮存池、管道、闸阀等均应进行防酸处理或采用耐酸腐蚀材料。贮存池应进行严格防水处理,保证不渗不漏。

贮存衰变法设备管道简单、管理方便、安全可靠,但贮存池容积大、占地多,一般适合少量放射性污水的处理。

放射性同位素的放射性强度是随着同位素的衰变过程不断地衰减的,其强度衰减一半的时间称做半衰期。半衰期越短,说明放射性同位素的放射性强度衰减的越快,一般通过 10 个半衰期放射性强度可减少到原来的 1‰。其衰变公式如下

$$C_t = C_0 e^{-\lambda t} \tag{12.8}$$

式中　$C_t$——衰变 $t$ 时间后的放射性强度,Bq;

　　　$C_0$——开始时的放射性强度,Bq;

　　　$\lambda$——衰变常数,$d^{-1}$;

　　　$t$——衰变时间,d。

衰变常数可按下式计算

$$\lambda = \frac{0.693}{t_{1/2}} \tag{12.9}$$

式中　$t_{1/2}$——为某一同位素的半衰期,d。

（2）连续式衰变池

间歇式衰变池占地面积较大,处理效率低,操作管理比较麻烦,因此逐步被连续式衰变池所取代。

连续式衰变池一般设计为推流式,池内设置导流墙,放射性废水从一端进入,经过缓慢流动至出水口排出,池内废水保持推流状态,尽量减少短路。连续式衰变池的总体积比间歇式小,操作也简单,基本不需要管理。推流衰变池的流程示意如图 12.6 所示。

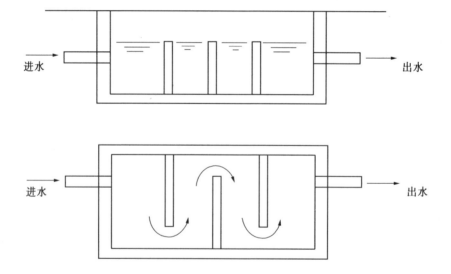

图 12.6　连续式衰变池示意图

推流式衰变池设计计算可按下式计算其有效容积 $V$

$$V = \eta \cdot Q \cdot \left( \frac{1}{\lambda_m} \ln \frac{C_0}{C_t} \right) \tag{12.10}$$

式中　$Q$——放射性废水流量,$m^3/d$;

　　　$C_0$——放射性废水比强度,Bq/L;

　　　$C_t$——放射性废水允许排放浓度,Bq/L;

$\lambda_m$—— 废水中半衰期最长的同位素衰变常数;

$\eta$—— 考虑水力效率后的容积系数,取 1.2 ~ 1.5;

$V$—— 衰变池的总容积,$m^3$。

### 12.2.5　医院污水消毒处理技术

医院污水消毒是医院污水处理的重要工艺过程,医院污水消毒的主要目的是杀死污水中的各种致病菌,同时也可改善水质,达到国家规定的排放标准。医院污水常用的消毒剂有氯化消毒剂、二氧化氯消毒剂和臭氧消毒剂等。

**1. 氯消毒**

(1)氯的杀菌机理

氯化消毒剂主要有:液氯、漂白粉、漂粉精、次氯酸钠等。

关于氯对微生物的灭活机理虽然已有过许多研究,但是严格说起来,氯是如何杀灭微生物的问题仍然是一个有待继续深入研究的课题,在使用氯作消毒剂的早期,一般认为氯与水反应形成的次氯酸分解成盐酸并释放出新生态氧($HOCl \rightarrow HCl + [O]$),杀菌作用完全是[O]所致。这个理论在氯消毒的问题上引起了很大混乱,导致许多研究失败。直到1944 年,美籍学者张师鲁才纠正了这种不正确的看法。他指出,过氧化氢(即双氧水)和高锰酸钾中也释放出相当数量的新生态氧,但是其杀菌效率很低。而且他还证明次氯酸只有在阳光照射下才能分解成盐酸和新生态氧,在通常反应过程中没有释放出新生态氧,起消毒作用的应是次氯酸($HOCl$)。

进一步的研究证明,氯与细菌酶系统反应是不可逆的,细菌由于酶的钝化而被灭活。有人指出,细菌死亡是由于细菌中含有疏基基团的酶,特别是磷酸丙糖脱氢酶被氯氧化引起的。后来发现,被一氯胺破坏的疏基基团能得以修复,但是细菌仍不能复活,因此,其他酶的变性对细菌的死亡可能也是重要的。

1962 年,有人提出微生物死亡的实际机理可能是不平衡发育现象的结果,也就是部分酶系统被破坏后将使细胞失去平衡,随着新陈代谢的进行,细胞在没有来得及对它们做必要的修复之前便死亡了。一般认为,各种消毒剂的灭活效率是消毒剂通过细胞壁扩散速度的函数。

次氯酸是所测得的余氯中杀菌力最有效的成分,其原因是次氯酸比较容易渗入细胞壁,它的渗透速度类似于水的渗透速度,这是因为 $HOCl$ 的分子比较小而且不带电荷。

氯化消毒中,水中次氯酸的含量与水的 pH 有关,当 pH 升高时,$HOCl$ 更多的离解为 $H^+$ 和 $OCl^-$,$HOCl$ 分子数量相对减少,从而降低了杀菌效率,所以 pH 对氯化消毒效率有重要影响。

次氯酸根离子是由次氯酸或次氯酸盐离解而形成的,相对来说,其杀菌效率较低,这是由于次氯酸根带有负电荷,而细菌本身也带有负电荷,所以次氯酸根离子难于进入生物的细胞壁而扩散。

(2)影响氯化消毒的因素

氯及含氯消毒剂虽然是最经常使用的广谱消毒剂,但其消毒效果受诸多因素影响,特别是在医院污水消毒处理中使用氯消毒剂时,如果对其影响消毒效果的因素理解不够,就不能在设计和工程运行中充分发挥消毒剂的作用,从而既浪费了消毒剂,又达不到预期的效果,过多的加氯还会造成二次污染。从工程设计和运行管理的角度出发,特别应当考虑的主要因素包括:污水的处理程度、氯与处理水的混合程度、接触时间、余氯量及水质情况等。

①污水处理程度。

污水在消毒之前一般需经过不同程度的预处理或二级处理,由于污水成分复杂,含有各种有机、无机污染物,如 COD、$BOD_5$、SS、氨氮等,这些污染物不但会大量消耗消毒剂,而且会影响和降低消毒剂与细菌的接触和消毒效果。污水经过不同程度的处理,不但能改善水质,减少水中各种污染物的含量,而且也可去除和降低污水中微生物的含量。通常一级处理可去除 COD 20% ~30% ,SS 50% ~60% ,二级处理可以去除 COD 70% ~90% ,SS 80% ,其出水可以达到 COD 质量浓度小于 100 mg/L,$BOD_5$ 小于 30 mg/L,SS 小于 30 mg/L。

② 氯与污水混合程度。

消毒剂通过与污水充分混合才能作用于微生物个体,从而杀灭微生物,所以快速的充分混合是保证消毒效果、提高杀菌效率的重要一环。混合与杀菌效率的关系与混合水流的速度梯度有关。机械混合器混合池中流速梯度(混合强度)G 值可按下式计算

$$G = \sqrt{\frac{P}{\mu V}} \tag{12.11}$$

式中　$G$——平均速度梯度,$s^{-1}$;

　　　$P$——需要的能量功率,W;

　　　$V$——混合室的容积,$m^3$;

　　　$\mu$——水的绝对黏滞系数。

$G$ 值应在 3 ~600 $s^{-1}$,一般混合池的容积按 5 ~15 s 计算。

③ 接触反应时间和含氯浓度。

如果污水和消毒剂在一开始就混合得非常剧烈并且接触很好,那么大多数微生物将在 30 min 接触时间内被灭活。35 min 以后几乎没有改变,此时的大肠菌数已经非常低。但是,如果消毒的主要目的在于灭活病毒,那么有的研究已经表明:在大约 50 ~60 min后,氯胺与游离氯和臭氧同样有效,说明了接触时间长的必要性。

我国《医院机构水污染物排放标准》(GB 18466—2005)规定,使用氯消毒时,对综合医疗机构和其他医疗机构污水接触时间应不小于 1 h;接触池出口的总余氯质量浓度应为 3 ~10 mg/L;传染病结核病医院污水的接触时间则需大于 1.5 h,余氯质量浓度为 6.5 ~ 10 mg/L。

在污水消毒中,往往因为系统的设计和控制不当,造成用氯浪费或消毒效果不好。因此,氯化系统的最优化是很必要的。美国的做法是加快起始混合,以余氯量来自动控制加氯量。

在一些特殊疫情传播和治疗期间,为了能有效控制疫情中患者及治疗过程产生污水对环境的污染,规范医疗污水应急处理、杀菌消毒要求,保护生态环境和人体健康,我国分别在 2003 年"SARS"病毒和和 2020 年"新型冠状病毒"期间,发布了《"SARS"病毒污染

的污水应急处理技术方案》和《新型冠状病毒污染的医疗污水应急处理技术方案》,其目的是对相关疫情期间传染病医疗机构污水进行管控,强化杀菌消毒,确保出水粪大肠菌群数等各项指标达到《医疗机构水污染物排放标准》的相关要求。

在 2003 年非典期间,《"SARS"病毒污染的污水应急处理技术方案》中对于接收"非典"病人的综合医院,要求其按传染病医院的要求对其产生的污水进行处理,对原有的污水处理设施进行改造,在改造之前可采取加大投药量的方法作为临时措施。采用氯化消毒时,接触时间为 1.0 小时的,余氯大于 10 mg/L,参考有效氯投加量为80 mg/L,粪大肠菌群数<500 个/L,若接触时间不足 1.0 小时的,投氯量与余氯还需适当加大。

在 2020 年新冠疫情期间,《新冠肺炎定点医院污水消毒处理操作规范》要求接收新冠肺炎患者或疑似患者诊疗的定点医疗机构(医院、卫生院等)、相关临时隔离场所以及研究机构等产生的污水应作为传染病医疗机构污水进行管控,强化杀菌消毒,确保出水粪大肠菌群数等各项指标达到《医疗机构水污染物排放标准》的相关要求。为加强消毒杀菌,应完善污水前置消毒池设置。不具备相关消毒设施的单位,可因地制宜建设临时性消毒处理罐(箱),污水经前置消毒后需进行脱氯处理再进入二级处理设施。①采用液氯、二氧化氯、次氯酸钠、漂白粉或漂白精消毒时,应注意使用药剂的有效氯含量。参考有效氯投加量为 50 mg/L,消毒接触池的接触时间≥1.5 h,余氯量大于 6.5 mg/L(以游离氯计),粪大肠菌群数<100 个/L。②若因现有氯化消毒设施能力限制难以达到前述接触时间要求,接触时间为 1.0 h 的,余氯大于 10 mg/L(以游离氯计),参考有效氯投加量为 80 mg/L,粪大肠 4 菌群数<100 个/L。③若接触时间不足 1.0 h 的,投氯量与余氯还需适当加大。④由于过量的余氯对生化系统会产生影响,因此在污水前置消毒后进入生化处理系统前,需进行脱氯处理。脱氯药剂可采用硫代硫酸钠、亚硫酸钠、亚硫酸氢钠等还原药剂,脱氯处理后余氯建议值<0.5 mg/L(以游离氯计)。

④ 其他影响因素。

a. pH 的影响。pH 对余氯成分有很大的影响。这是因为,由于 pH 降低,使得总余氯中二氯胺和游离余氯的成分增加了,二氯胺的杀菌效率比一氯胺高 2 ~ 3 倍,游离氯比化合氯高 80 倍左右;当 pH 降低时,无杀菌能力的有机氯胺类形成的速度减慢了,对细菌本身来说,一般细菌在中性或微碱性水中有较强的抵抗力,水中 pH 较低时微生物易被灭活。

b. 干扰物质的影响。在消毒过程中,氯不仅与微生物起作用而灭活它们,而且也与污水中的其他物质起反应。在一般情况下,干扰物质的数量大大超过了微生物的数量。因此,投加的氯往往大部分被干扰物质攫取,真正起消毒作用的并不多。这不仅对氯化消毒来说是如此,对于许多其他的消毒剂(如臭氧、溴、碘等)来说也是如此。

已经证明,微生物若与一级出水中的悬浮物结合则不可能达到有效的消毒。试验表明,当用 24 mg/L 的加氯量接触 1.5 h 后,可使某种一级出水的大肠菌群 MPN 达到 230/100 mL 以下,但是当这种被消毒后的出水经过水泵叶轮搅拌后,大肠菌群 MPN 就猛增到 $3 \times 10^4$/100 mL。不过,对于二级出水,研究者发现悬浮物高达 120 ~ 140 mg/L 时,尚不影响消毒效果。有人则建议对此暂不作定论而再行研究。卡纳克(Kaneko)等人发现,悬浮物有保护病毒,免受氯化消毒灭活的副作用。

污水中的有机物与氯反应,形成消毒能力很低的有机氯化物,而且,这种有机氯化物对水生生物有毒害作用,其中有的还具有致畸、致突变甚至致癌性。在美国,普遍认为仅仅经过一级处理的污水一般不能达到有效的消毒。而对于病毒灭活来说,污水最好经过高级处理。高级处理后的出水可大大降低加氯量。加氯量的降低不仅节约了氯的消耗,更重要的是减少了有害有机氯化物的形成和提高了消毒效率。

由此可见,如果消毒后的污水是排入渔业水体、生活饮用水水源上游或风景游览水体等地面水体的,根据具体的条件尽量采用二级水处理流程是合理的。

c. 污水生物学性质的影响。污水生物学性质的影响是显而易见的。污水中含有的消毒对象浓度越高,达到预定的排放生物学指标就越困难;污水中的致病微生物种类不一样,消毒的难易程度亦不一样,尤其是关于传染性肝炎病毒的灭活,还需进一步研究。

**2. 其他消毒技术**

(1)臭氧消毒

传染病医院和传染病房排出的含有肝炎及肠道病毒的医院污水应优先采用臭氧消毒;采用氯消毒会对环境和水体造成不良影响时应采用臭氧消毒;对处理后的水再生回用或排入特殊要求水体时应首选臭氧消毒。

采用臭氧消毒,一级处理出水投加量为 30～50 mg/L,接触时间不小于 30 min;二级处理出水投加量为 10～20 mg/L,接触时间 5～15 min;大肠菌群去除率不低于 99.99%。

在新冠疫情期间,对于接收新冠肺炎患者或疑似患者诊疗的定点医疗机构(医院、卫生院等)、相关临时隔离场所以及研究机构等产生的污水采用臭氧消毒时,污水悬浮物浓度应小于 20 mg/L,接触时间大于 0.5 h,投加量大于 50 mg/L,大肠菌群去除率不小于99.99%,粪大肠菌群数<100 个/L。

采用臭氧消毒时,在工艺末端必须设置尾气处理或尾气回收装置,反应后排出的臭氧尾气必须经过分解破坏或回收利用,处理后的尾气中臭氧含量应小于 0.1 mg/L。

(2)紫外线消毒

紫外线消毒适用于 254 nm 紫外线透射率不小于 60%、悬浮物浓度小于 20 mg/L 的二级污水处理系统出水。在有特殊要求的情况下,如排入有特殊要求的水域,也可采用紫外线消毒方式。当水中悬浮物浓度<20 mg/L,推荐的照射剂量为 60 mJ/cm$^2$。紫外线消毒系统可采用明渠型或封闭型。医院污水处理宜采用封闭型紫外线消毒系统。医院污水紫外线消毒系统应采用设置自动清洗装置。

# 12.3　医院污水污泥处理

污泥处理是医院污水处理的重要组成部分。在医院污水处理过程中,大量悬浮在水中的有机、无机污染物和致病菌、病毒、寄生虫卵等通过沉淀分离出来形成污泥,这些污泥如不妥善消毒处理,任意排放或弃置,同样会污染环境,造成疾病传播和流行。污泥排放时应达到下列标准:① 蛔虫卵死亡率大于 95%;② 粪大肠菌值不小于 0.01;③ 每 10 g 污泥(原检样)中,不得检出肠道致病菌和结核杆菌。无上、下水道设备或集中式污水处理构筑物的医院,对有传染性的粪便必须进行单独消毒或其他无害化处理。

### 12.3.1　污泥的分类

**1. 污泥按其从污水中分离出来的过程分类**

（1）格栅渣和浮渣

通过粗、细格栅从污水中截留下来的固形物称作格栅渣，含水率较低，数量不大。悬浮在沉淀池或腐化池水面上的悬浮物质称作浮渣。

（2）沉淀污泥

沉淀污泥主要是初次沉淀池沉淀下来的悬浮固体，包括化学处理的沉淀污泥。

（3）生物处理污泥

生物处理污泥主要有剩余活性污泥、生物膜法处理时脱落下来的生物膜和细菌块等及厌氧消化过程产生的污泥。

**2. 按污泥腐化程度分类**

（1）生污泥

由初次沉淀池和二次沉淀池排出的污泥。

（2）消化污泥

生污泥经过好氧或厌氧处理后得到的污泥，如化粪池产生的污泥和污泥消化池产生的污泥都是属于消化污泥。

医院污水处理过程中产生的污泥量与原水悬浮物含量及处理工艺有关，悬浮物主要来自设备地面冲洗、粪便及其他非溶性物质。每人每日的粪便量约为 150 g。

### 12.3.2　污泥的处理

医院污水处理所产生的污泥量较少，一般在采用一级处理加氯消毒工艺时可不设污泥干化池。在采用二级处理时二次沉淀池的活性污泥应及时排放出来，所以一般需设置干化池。

污泥干化池有两种形式，一种是无人工滤水层的自然滤层干化池；另一种是设置人工滤水层的干化池。医院污泥的排放量不大，又必须防止渗漏污染地下水，所以医院污泥干化应防止渗漏。干化池底部做成不透水结构，一般是用钢筋混凝土建造。池底部设置排水管，上面铺上砂石滤水层。干化池应为多格结构，轮流使用，最少不得小于 3 个格。

污泥干化池的排水管采用直径为 100 ~ 150 mm 未上釉陶土管，承插接口不用填塞即敞开接头铺设，或用盲沟排水，坡度为 0.002 ~ 0.003。人工滤水层分为两层，下层用砾石或粗矿渣铺垫，厚 200 ~ 300 mm；上层用细砂或细矿渣，厚为 200 ~ 300 mm。污泥干化后形成污泥饼，可采用人工清除，每次清除会铲掉滤层上部部分细砂，所以要随时补充一部分细砂，以保持干化池的良好过滤性能。

### 12.3.3　污泥的消毒

在医院污水处理过程中，污水中所含的 80% 以上的病菌和 90% 以上的寄生虫卵被浓集在污泥中，所以必须做好医院污泥的消毒处理，使之达到《医院机构水污染物排放标准》的要求，方能排放或利用。

污泥消毒方法有物理法、化学法和生物法，如低热消毒、堆肥、氯化消毒、石灰消毒，以及辐照消毒等。

**1. 低热消毒**

低热消毒法也称为巴氏消毒法，将污泥加热至 70 ℃，持续 30 ~ 60 min，可以全部灭活致病微生物和寄生虫卵。加热方式可使用蒸汽直接加热，也可采用间接加热法。利用蒸汽直接加热污泥，由于蒸汽易形成凝结水可使污泥体积增加 7%。医院可以使用小型低热污泥消毒罐消毒污泥。消毒罐由碳钢制成，设有污泥进出口，气体出口和气体过滤器，蒸汽进口以及压力、温度控制仪表。消毒罐体外加保温层。消毒罐形式如图 12.7 所示。

图 12.7　污泥消毒罐图

**2. 堆肥**

堆肥是利用有机物通过好氧菌进行好氧发酵的过程。医院污泥可以和垃圾及其他有机物混合通过堆肥处理达到消毒灭菌的目的和产出肥料。堆肥处理需要适当的温度、营养、水分、通风等条件，如果能创造出发酵菌发酵的最佳环境条件就能促进污泥的堆肥处理过程。如在大型的连续式堆肥处理厂，可通过机械混合搅拌、加强通风等手段，提高生产效率，缩短堆肥的生产周期。小型堆肥处理装置采用间歇式的堆肥仓，将拌好的物料放入仓内，堆放时间为 40 ~ 90 d。

堆肥过程中温度和 pH 不断变化，温度可达到 50 ~ 70 ℃，pH 由 5.5 上升到 8.2，这对于灭活污泥中的各种致病菌和蠕虫卵是非常有利的。

**3. 化学消毒**

（1）氯化消毒

污泥也可以使用氯化消毒法处理。常用的氯化消毒剂有液氯、漂白粉、漂粉精和次氯酸钠等。为了达到消毒目的，其有效氯的投加量为 2.5% ~ 5%。将一定量的氯化剂投加到污泥池内搅拌混合，经过反应，污泥中的致病菌和蠕虫卵即可被灭活。

（2）石灰消毒

利用石灰调节水中 pH 达到 11 ~ 12.5 时，经过一段接触时间，即可灭活水中的细菌和病毒。沈阳军区后勤部军事医学研究所用石灰消毒医院污泥试验结果表明，石灰投加量为 15 g/L、pH 达到 12 以上、接触时间 2 h 以上时,对大肠菌群的灭活效率为 99.99%;但灭活蠕虫卵需要 7 h 的接触时间。

**4. 辐照消毒**

辐照消毒是利用 γ 射线、电子束和高能 X 射线照射污泥使之吸收射线所发出的能量,破坏微生物体内的核酸酶和蛋白质,促使微生物体新陈代谢紊乱,繁殖受阻,病原体失活,从而达到消毒目的。

辐照消毒的优点:

① 不需投加任何药剂,不产生二次污染。

② 可在室温下灭活细菌、病毒、孢子、蠕虫卵,消毒稳定彻底。

③ 可以改善污泥的理化性质,降低 $BOD_5$、COD 和污泥中有机物的毒性,提高污泥的沉降脱水性能。

④ 能耗低,可利用核废料作辐射源。

⑤ 操作简单,设备安全可靠。

其缺点是一次性投资较大,适合于医院污泥的集中消毒处理。

# 12.4　医院污水处理工程实例

## 12.4.1　某传染病医院污水处理工程

某医院的新建区全部为传染病院区,医护人员宿舍、生活区全部征用新建区旁边的职工疗养院。疗养院的公用工程配套设施齐全,可以独立运行管理,与新建传染病院区的排水系统及水处理设施完全隔开。

根据项目总平面设计及医疗设施建筑功能分区布置,并考虑到该市冬季、夏季主导风向分别为东北风、东南风,决定将污水处理站建设在新建传染病院区的西南角,临知音湖(并非该市水源地)而建。污水集中收集处理达标后,再排入市政管网,既不带来排水系统安全隐患,也不造成环境污染。

**1. 医院的水量水质**

该医院设计床位 1 000 张(其中 ICU 中心床位数为 30 床)。医院污水主要来自淋浴间、负压病房楼、ICU、医技部、休息室等场所排放的污水。该污水除含有有机和无机污染物外,还含有各种药物、消毒剂、解剖遗弃物以及大量传染性病菌、病毒和寄生虫,成分较为复杂,必须经妥善处理达标后方可排放。

根据国家相关法律法规、技术规范,参照同类型医院的污水处理方案,结合项目实际条件,该医院污水处理站采用“预消毒接触池-化粪池-提升泵站(含粉碎格栅)-调节池-MBBR 生化池-混凝沉淀池-接触消毒池”组合处理工艺,污水经消毒后泵送至市政管网,排入城市污水处理厂。污水站地基下方均按垃圾填埋场标准铺设防渗膜,雨水收集汇入雨水调蓄池后进行消毒处理,实现不让一滴污水流入环境的目标。

(1)设计进水水量

医院兴建院区全部为传染病区,其排水全部为病区排水,新建污水处理站不考虑医护生活区如医护人员宿舍、办公及生活等非病区排水。

按照该医院基本作业流程,医护人员进入和退出路线上,均设置了淋浴清洗,避免将病毒带到清洁区;为了保持室内环境卫生整洁,减少室内环境污染,也需要及时用水清洗消毒。因此,无论是按用水量、还是按日均污水量和变化系数确定污水处理设计水量,均应取上限值。再者,作为应急建设的专门医疗设施,在2019-nCoV快速传播期间需大量收治重症病人,而在病毒得到控制期间收治病人数量又将会减少,因此不论是生活用水量的小时变化系数,还是污水日变化系数,均应取最大值才能保证医院污水处理设备具有足够的处理能力,满足应急医院在运行管理过程中应对最大污染负荷的处理需求。

①按用水量确定污水处理设计水量。

按照《医院污水处理工程技术规范》(HJ 2029—2013)中4.2.2条,新建医院污水处理工程设计水量可按照医院用水总量的85%~95%确定,此系数主要是考虑污水的蒸发损失和管道渗漏。然而,该医院属于传染病医院,排水管道内的污水不能外渗和泄漏,污染区空调的冷凝水也需集中收集,并采用间接排水的方式进入医院污水排水系统,最终排到污水处理站统一处理。

考虑到该地区湿度较大,每日的空调凝结水量也不少,医院污水处理工程的设计水量按照医院用水总量的100%确定。医院住院部生活用水定额取400 L/(床·d),小时变化系数 $K_{z1}$ =2.5;医护人员生活用水定额取250 L/(人·班)(每班6h),小时变化系数 $K_{z2}$ =2.0。再考虑每日急救车辆冲洗和消毒设施排水、医技楼排水及未预见水量,最终确定该医院的日用水总量约为800 m³/d,医院最高日污水量约为1 900 m³/d。

②按日均污水量和变化系数确定污水处理设计水量。

参考《医院污水处理工程技术规范》(HJ 2029—2013)中水量设计计算方法,新建医院污水处理系统设计水量亦可按日均污水量和日变化系数的经验数据计算。根据该应急医院设计床位数(N=1 000床),属于编制床位数 N>500床的设备齐全的大型医院,日均单位病床污水排放量 q=600 L/(床·d),污水日变化系数 $K_d$=2.2。经计算,医院最高日污水量约为1 320 m³/d,再考虑前述各项因素,最终确定污水处理设计水量为1 500 m³/d。

按照《医院污水处理工程技术规范》(HJ 2029—2013),医院污水处理工程设计水量应在实测或测算的基础上留有设计裕量,设计裕量宜取实测值或测算值的10%~20%。按照《医院污水处理设计规范》(CECS 07—2004),医院的综合耗水量、小时变化系数与医院性质、规模、设备完善程度有关,应根据实测确定。当无实测资料时,综合耗水量、小时变化系数可按设备比较齐全的大型医院(指建筑物内设有水冲大便器、洗涤盆、沐浴设备和热水供应,病床数在300张以上)计算,日耗水量为650~800L/(床·d),小时变化系数 K=2.0~2.2。经计算,该医院的最高日污水量约为1 920 m³/d。

综上分析,权衡按用水量、按日均污水量和变化系数确定的污水处理设计水量,该医院最高日污水量取值1 920 m³/d。

(2)设计进水与出水水质

医院的病区排水中除了含有新冠病毒(2019-nCoV)外,其他设计水质指标参考《医院污水处理工程技术规范》(HJ 2029—2013)的经验数据以及同类医院污水水质经验数据,病区污水水质指标见表12.5。

表 12.5　医院病区污水水质指标

| 项目 | pH | COD /(mg·L$^{-1}$) | BOD$_5$ /(mg·L$^{-1}$) | SS /(mg·L$^{-1}$) | 氨氮 /(mg·L$^{-1}$) | 动植物油 /(mg·L$^{-1}$) | 粪大肠菌群数 /MPN·L$^{-1}$) |
|------|-----|------|------|------|------|------|------|
| 数值 | 6~9 | 350 | 150 | 120 | 30 | 50 | $3.0×10^8$ |

应当说明,由于污水处理在化粪池前设置了预消毒工艺,污水处理站的进水水质指标与病区污水排水水质指标有些许差异,其中 pH≤6.0,COD、BOD$_5$、SS、NH$_4^+$-N 及粪大肠杆菌均小于表 12.5 污水水质指标,新冠病毒(2019-nCoV)应完成灭活。另外,进入污水处理站的污水因预消毒而含有余氯(余氯量大于 6.4 mg/L,以游离氯计)。

根据要求,该医院污水经处理后排入市政管网,出水水质参照《医疗机构水污染物排放标准》(GB 18466—2005)中传染病、结核病医疗机构水污染排放限值执行。此外,由于生化系统调试周期较长(至少需要 1~2 周),与该项目的紧急投入使用时间要求不匹配。综合考虑,对该应急医院出水指标进行分阶段考核:在不得检出新冠病毒的前提下,在医院污水处理工程建成后 2 周的生化调试期内,参考北京小汤山医院的工艺设计思路,医疗废水通过预处理消毒排放到市政管网,出水要求满足《医疗机构水污染物排放标准》(GB 18466—2005)中的预处理标准,同时调试生化系统。待 2 周生化调试期结束后,按该标准排入市政管网。控制指标及对应标准值见表 12.6。污水处理站出水按 pH=6~9、消毒接触池出口总余氯 6.5~10 mg/L 控制含氯消毒剂投加量,可满足生态环境部《关于做好新型冠状病毒感染的肺炎疫情医疗污水和城镇污水监管工作的通知》环办水体函[2020]52 号的要求。

表 12.6　污水处理工程设计出水水污染物排放限值

| 项　　目 | 标准值 | 预处理标准 |
|------|------|------|
| 粪大肠菌群数 /(MPN·L$^{-1}$) | 100 | 5 000 |
| 肠道致病菌 | 不得检出 | — |
| 肠道病菌 | 不得检出 | — |
| 结核杆菌 | 不得检出 | — |
| pH | 6~9 | 6~9 |
| COD | 60 mg/L<br>60 g/(床位·d) | 250 mg/L<br>250 g/(床位·d) |
| BOD$_5$ | 20 mg/L<br>20 g/(床位·d) | 100 mg/L<br>100 g/(床位·d) |
| SS | 20 mg/L<br>20 g/(床位·d) | 60 mg/L<br>60 g/(床位·d) |
| 氨氮/(mg·L$^{-1}$) | 15 | — |
| 动植物油/(mg·L$^{-1}$) | 5 | 20 |

注:生化调试期结束前,参照预处理标准执行;生化调试期结束后,参照标准值执行。

**2. 工艺流程**

该应急医院属传染病医院,经综合考虑,污水处理工艺采用"预消毒–二级处理–深度处理–消毒处理"的组合工艺,经消毒处理后的污水泵送至市政管网排入城市污水处理厂,具体的工艺流程如图12.8所示。

图12.8　医院污水生物处理工艺流程

污水首先进入位于管网末端、化粪池前的预接触消毒池,液氯作为消毒剂。经预消毒后的污水进入化粪池,溢流进入污水提升泵站,经泵提升送入调节池(调节池内添加亚硫酸钠中和余氯)。调节池出水进入MBBR生化池,出水再进入混凝沉淀池进行泥水分离。混凝沉淀池出水进入折流消毒池,确保系统出水的生物安全性。

在污水处理系统中,化粪池和生化处理工艺产生的污泥属危险废物,按危险废物进行处理处置。污泥清掏前应进行监测,达到《医疗机构水污染物排放标准》(GB 18466—2005),其中,粪大肠菌群数≤100 MPN/L,肠道致病菌和肠道病菌不得检出,蛔虫卵死亡率>95%。污泥经浓缩脱水后排入污泥贮存池进行消毒暂存后,外运至危险废弃物处理厂进行焚烧处置,而脱水上清液则回流至调节池再进行处理。

预接触消毒池、调节池、生化池、沉淀池等各单元产生的臭气,统一收集后经风机送入尾气处理系统,经活性炭吸附和紫外杀菌消毒达标后高空排放。保证污水处理站周边空气中污染物达到《医疗机构水污染物排放标准》(GB 18466—2005)的要求,其中,氨≤1.0 mg/m³;硫化氢≤0.03 mg/m³;臭气浓度≤10,氯气≤0.1 mg/m³,甲烷(指处理站内最高体积分数)≤1%。

**3. 单元设计与调试**

消毒池。预消毒池2组,设计流量为40 m³/h,各组平均HRT为3 h,最长HRT可达5 h,预消毒剂投加量为40 mg/L(以有效氯计),配置加氯设备最大投加量可达90 mg/L(以有效氯计),消毒剂投加浓度及接触消毒时间均满足设计要求,根据现场实际情况灵活调整,能充分保障消毒效果。二级消毒池2组,设计流量为40 m³/h,平均HRT为2 h,预消毒剂投加量为25 mg/L(以有效氯计)。消毒设备设计皆留有一定的富余量。

化粪池。5座,有效容积为100 m³,材质为加强型玻璃钢。

MBBR生化池。2套,规模为800 m³/d,采用钢制成品,并联运行。单套MBBR系统

HRT 约为 6 h,配套生化填料、鼓风机及曝气系统等。有关控制运行参数为:DO≥2 mg/L,SV$_{30}$ 为 20～30,pH 为 7.2～8.0,温度为 15～40℃,MLSS 为 3 000～4 000 mg/L。

混凝沉淀池。2 座(1 用 1 备),选择集机械混合、絮凝、斜板沉淀于一体的高效沉淀池,钢制成套设备。单座设计流量为 60 m$^3$/h,配套絮凝剂制备及投加系统 1 套,PAC 投加量为 200～400 mg/L,PAM 投加量为 0.5～2 mg/L。

污泥脱水间:1 座,砖混结构,尺寸为 16.8 m×4.2 m。主要配套设备有叠螺污泥脱水机 1 台(处理量为 12～20 kg DS/h,1.17 kW)、活塞转子污泥泵 2 台(1 用 1 备,$Q=$ 15 m$^3$/h,$H=0.2$ MPa,$N=1.49$ kW)、PAM 配制装置 1 套($Q=500$ L/h,$N=1.5$ kW)、PAM 加药计量泵 2 台(1 用 1 备,$Q=200$ L/h,$N=0.2$ kW)、PAC 配制装置 1 套($Q=1$ 000 L/h,搅拌机 $N=1.5$ kW×2)和 PAC 加药计量泵 1 台($Q=100$ L/h,$H=0.2$ MPa,$N=$ 0.55 kW)。

污水处理站建设竣工后,采用接种法进行启动调试。考虑到医院污水水质、菌种来源、气候、项目进度等因素,采用临近市政污水厂的好氧污泥(MLSS 为 1000～2000 mg/L)为种泥进行污泥培养。调试过程中每天以 BOD$_5$:N:P = 100:5:1 的比例投加白糖、尿素、磷肥等营养底物,间歇进水。采用曝气 1 h、静置 2 h、再曝气 1 h、静沉 2 h 的重复操作方式。培养 7 d 后,发现 MBBR 池中填料表面已全部挂上生物膜。第 8 d 开始连续小水量进入污水,动态培养,随后不断调整进水量,控制溶解氧在 2～4 mg/L 之间。污水处理站在调试运行的第 3 周左右,出水水质已基本达到设计要求,随后进入正式运行状态。

**4. 处理效果**

污水处理系统投入运行以来,累计总出水量平均值稳定在 800 m$^3$/d 以下。出水水质指标的检测数据见表 12.7。可见,主要水质指标总余氯量、氨氮、COD、大肠菌群数均达到《医疗机构水污染物排放标准》(GB 18466—2005)中传染病、结核病医疗机构水污染排放限值。该医院及污水厂目前运行稳定,相关出水指标均达到设计要求,其中 COD 稳定低于 50 mg/L,氨氮稳定在 2 mg/L 以下,余氯稳定在 13 mg/L 附近。

表 12.7　污水处理系统出水水质

| 项　　目 | 实际出水 | GB 18466—2005 标准限值 |
|---|---|---|
| pH | 7.9±0.7 | 6～9 |
| 总余氯量/(mg·L$^{-1}$) | 13.0±5.74 | 6.5～10 |
| NH$_4^+$-N/(mg·L$^{-1}$) | 1.53±0.38 | 15 |
| COD/(mg·L$^{-1}$) | 40.66±5.23 | 60 |
| 粪大肠菌群数/(MPN·L$^{-1}$) | ≤100 | 100 |

## 12.4.2　某医院污水处理站改造工程

某医院现有污水处理站设计处理能力为 2 500 m$^3$/d,由于用地紧张,系统分 2 座构筑物设置,其中设备间与污水处理池合建,生化主体工段采用厂家成型玻璃钢罐体设备,设置于建筑物地下室内。占地约 1 200 m²,构筑物均为钢筋混凝土结构。由于工艺设计及设备原因,污水处理站在日常运行中经常出现提升泵及管网堵塞、生物处理能力较低、监测指标超标等现象,为解决此状况需要对污水处理站进行改造设计,以保障污水处理站正常运行及满足科教楼、肿瘤大楼水量增加的需求。改造工程的污水设计水量为 3 500 m³/d,医院污水经收集进入污水处理站集中处理后达标排放,执行《医疗机构水污染物排放标准》(GB 18466—2005)中综合医疗机构和其他医疗机构水污染物排放限值(日均值)一级标准,具体进、出水指标见表 12.8。

表 12.8　某医院污水处理站改造设计进、出水水质指标

| 项目 | pH | COD /(mg·L⁻¹) | BOD₅ /(mg·L⁻¹) | SS /(mg·L⁻¹) | NH₄⁺-N /(mg·L⁻¹) | 类大肠菌 /(MPN·L⁻¹) |
|---|---|---|---|---|---|---|
| 进水水质 | 6~9 | ≤500 | ≤200 | ≤200 | ≤50 | $1.6×10^8$ |
| 出水水质 | 6~9 | ≤60 | ≤20 | ≤20 | ≤15 | ≤500 |

**1. 污水处理工艺流程**

根据该医院污水的水量水质指标及处理后水的标准要求,参考国内已有医院污水处理的成功案例,确定采用"调节-A²/O 生化处理-消毒"的工艺方案,具体的工艺流程如图 12.9 所示。

图 12.9　某医院污水处理站改造工艺流程

污水进入处理站后,首先通过粗、细两道机械格栅去除水中的大颗粒杂物,然后进入调节池进行水量调节;同时调节池设有潜水搅拌装置,对污水进行搅拌混合,使水质均匀。调节池出水经水泵提升进入 A²/O 生化段,在该处理段污水经过微生物的生物降解去除水中的有机物、氨氮、总氮、磷等污染物。生化段出水进入斜管沉淀池进行泥水分离,污泥沉积于沉淀池底部,通过水泵回流至厌氧池或是排入污泥池,沉淀池上部清水经出水装置汇集,流入接触消毒池。在接触消毒池入口处投加二氧化氯,来水与药液混合,在接触消

毒池中充分反应,灭活污水中的病菌、病毒,消毒后的出水达到外排指标。

　　斜管沉淀池产生的污泥沉积于池底泥斗中,每个沉淀池配有污泥回流泵。每天非排泥时间,水泵将污泥输送至厌氧池,满足工艺处理需要。排泥时间,通过输泥管道上的阀门切换,将污泥送至污泥池,污泥在该池中进行储存、重力浓缩,池底浓缩后的污泥经污泥提升泵送至污泥脱水间进行脱水处理。污泥进入脱水间后先进入脱水机反应箱,与投加的 PAM 药剂发生絮凝反应,后进入叠螺压滤机脱水,脱水后的污泥集中外运处置。脱水机滤液再回污水系统进行处理。

　　该工程尾气处理系统分别收集格栅间、调节池、厌氧池、缺氧池、好氧池、沉淀池、污泥池、污泥脱水间产生的尾气,通过管道、引风机送至尾气处理装置进行处理,处理后按规范需要引至高空排放(排放口高度高出地面 15 m)。尾气处理装置选用高效离子除臭设备,该设备分臭氧消毒段、UV 光催化氧化段、高效离子空气净化段三段,三段功能具有互补性,能彻底去除尾气中各类有味、有毒成分。

**2. 单元设计**

　　格栅间。尺寸为 4.0 m×4.4 m×4.0 m,全地下钢混结构,利旧。格栅池中更换 2 台机械格栅(自动捞渣),其中回转式机械粗格栅 1 台,栅宽为 1 000 mm,栅间距为 10 mm;旋转式机械细格栅 1 台,栅宽为 1 000 mm,栅间距为 3 mm。

　　调节池。尺寸分别为 11.8 m×11.7 m×7.5 m、4.0 m×4.0 m×7.5 m、6.5 m×4.0 m×7.5 m,半地下钢混结构,由原调节池与沉砂池打通改造而成,增加调节池的容积以满足处理 3 500 m³/d 的要求。内设污水提升泵(P1)3 台,2 用 1 备,$Q = 75$ m³/h,$H = 12$ m,$N = 7.5$ kW;潜水搅拌机 4 台,$N = 2.2$ kW。

　　$A^2/O$ 的厌氧池。2 座,尺寸为 6.5 m×4.9 m×3.9 m,半地下碳钢防腐结构。池内配套组合型厌氧装置,整体尺寸为 6.4 m×4.8 m×2 m($H$);布水装置 2 套,孔径为 20 mm,单孔服务面积为 0.3 m²,耐腐蚀、抗老化材质;出水装置 2 套,非标,碳钢防腐。

　　$A^2/O$ 的缺氧池。2 座,尺寸为 6.9 m×4.9 m×3.9 m,半地下碳钢防腐结构。池内配套组合型缺氧装置,整体尺寸为 6.8 m×4.8 m×2 m($H$);布水与出水装置同厌氧池。

　　$A^2/O$ 的好氧池。2 座,尺寸分别为 17.25 m×4.9 m×3.9 m、6.55 m×7.16 m×3.9 m,半地下碳钢防腐结构。池内配套组合型好氧装置 I 数量 4 套,整体尺寸为 8.5 m×4.8 m×2 m($H$);组合型好氧装置 II 数量 2 套,整体尺寸为 6.5 m×6.5 m×2 m($H$);曝气装置 6 套,规格 $\Phi$215 mm,橡胶膜+ABS 材质;出水装置 2 套,非标,碳钢防腐;鼓风机 3 台,2 用 1 备,$Q = 9.87$ m³/h,$p = 0.40$ kg f/cm²,$N = 15$ kW;混合液回流泵(P2)4 台,2 用 2 备,$Q = 210$ m³/h,$H = 10$ m,$N = 11$ kW。

　　斜管沉淀池。4 座。尺寸为 6.5 m×6.5 m×8.6 m,钢混结构,由原沉淀池和污泥池改造而成。斜管沉淀装置 4 套,规格 $\phi$80 mm;出水装置 4 套,非标,UPVC;污泥回流泵(P3)6 台,4 用 2 备,$Q = 20$ m³/h,$H = 10$ m,$N = 1.5$ kW;转子流量计 6 台,4 用 2 备,$Q = 0 \sim 40$ m³/h,规格 DN80 mm。

　　接触消毒池。1 座,利旧,尺寸为 8.0 m×3.5 m×8.4 m,钢混结构。

　　污泥池。1 座,利用现有回用水池,尺寸为 6.0 m×3.5 m×8.4 m,钢混结构。池内污泥提升泵(P4)2 台,$Q=10$ m³/h,$H=15$ m,$N=1.5$ kW。

消毒间。1 座,利旧,尺寸为 6.5 m×3.5 m×4.0 m,砖混结构。配套设备(设施)有:二氧化氯发生器 2 台,1 用 1 备,$N=1.5$ kW,自带温度、液位、计量控制系统,安全报警;盐酸槽 1 个,尺寸为 2.0 m×1.0 m×1.0 m,PVC,配缺料报警、液位显示;溶配槽 1 个,尺寸为 1.46 m×0.86 m×0.8 m,PVC,配搅拌机、缺料报警、液位显示;水射器 2 台,规格 DN25,有机玻璃;漏氯报警仪 1 套,聚苯乙烯材质,精度 ±0.5%,输入电压 220 V,输出电压为 113.7 V,包含接收模件、变送器、电源模件和后备电池等;洗眼器 1 套,立式,达标 304 不锈钢,Ni 含量高于 8%,进水口 Z3/8,出水口 Z1-1/4,配备脚踏板;余氯在线监测 1 套,电极法类型,流通式,配取样泵、护套,4~20 mA 信号输出。

污泥脱水间。1 座,尺寸 6.5 m×3.3 m×4.0 m,砖混结构,由原盐酸间改造而成。配套设备有叠螺压滤机 1 台,18~30 kg/h,$N=0.75$ kW,主体不锈钢 304 材质;PAM 加药装置 1 台,尺寸 1.55 m×1.55 m×2.4 m,$N=0.75$ kW,碳钢防腐,内含搅拌机 1 台、计量泵 2 台等。

尾气处理设备。2 套,置于地上设备间屋顶。其中轴流风机 2 台,$Q=1500$ m³/h,$N=0.18$ kW,叶轮 $\phi250$ mm;高效离子除臭装置 2 台,1 用 1 备,$Q=5\,000$ m³/h,$N<13$ kW,不锈钢。

自控系统。由中央控制室(包括工业计算机、打印机等)、现场仪表、被控对象等组成。自控操作台采用计算机显示,自动记录流量、处理水量、压力等在线仪表参数,由微机控制该系统,对整个工艺流程进行 24 h 动态监控。工作人员可以在计算机屏幕上观察到所有设备的运行状态,且计算机将对全过程的所有工艺参数、设备状态及报警信息进行记录、存盘、在线绘制适时曲线,以备检修设备时使用。

### 3. 废水处理效果

采用 A²/O 主体工艺的医院污水处理系统,后续配二氧化氯消毒使污水中各污染物得到全面处理,COD 去除率为 88% 左右,BOD$_5$ 去除率为 90%,SS 去除率为 90% 左右,氨氮去除率为 70% 左右。该污水处理站在 2018 年 4~6 月期间月平均进、出水质见表 12.9。该工程通过改进构筑物结构、优化工艺流程、升级自动设备,使得处理后的医院污水满足了国家排放标准。

表 12.9　某医院污水处理站改造各污染物的去除效果

| 月份 | | COD /(mg·L⁻¹) | BOD₅ /(mg·L⁻¹) | SS /(mg·L⁻¹) | NH₄⁺-N /(mg·L⁻¹) | 类大肠菌 /(MPN·L⁻¹) |
|---|---|---|---|---|---|---|
| 4 | 进水 | 487 | 197 | 189 | 49 | — |
| | 出水 | 58.2 | 19.2 | 18.5 | 14.4 | 未检出 |
| 5 | 进水 | 461 | 163 | 174 | 42 | — |
| | 出水 | 54.3 | 15.7 | 17.0 | 12.3 | 未检出 |
| 6 | 进水 | 450 | 181 | 170 | 45 | — |
| | 出水 | 53.6 | 17.9 | 16.5 | 13.1 | 未检出 |

# 第13章 垃圾渗滤液处理

随着我国国民经济的持续高速增长,城市化进程发展迅速,城市的数量和城市人口不断增多,城市的规模不断扩大,城市垃圾量也相应地迅速增长。所谓城市垃圾是指城市居民在日常生活中所抛弃的家庭垃圾、商业垃圾、道路扫除物及部分建筑垃圾,其量取决于城市发展规模、人口的增长速度及居民的生活水平与习惯等。

城市垃圾如果未经任何处理而直接堆放,将对城市周边地区的生态环境造成破坏,影响人们的身心健康,因此,城市垃圾必须经过无害化处理。城市垃圾的处理一般有卫生填埋、焚烧和堆肥等,其中以卫生填埋最为普遍,并且将在今后继续得到广泛应用。我国作为一个发展中国家,无论是从技术经济的角度上来讲,还是从垃圾废物组成的现状来看,卫生填埋都是一种适合我国国情的实用垃圾处理技术之一。

所谓垃圾卫生填埋是指采用合理的工程技术措施,将城市垃圾分层填入经防渗处理的场地,层层覆土压实,使垃圾在一定的物理化学和生物的条件下发生转化,有机物得到降解,最终使垃圾实现稳定化和无害化。在垃圾的卫生填埋过程中,由于降水和微生物分解等作用,将产生一种成分复杂的高浓度废水——垃圾渗滤液,它成为垃圾处理的一种主要二次污染源,必须对其采取严格而有效的处理措施加以控制。

## 13.1 垃圾渗滤液的产生

在垃圾的卫生填埋过程中,由于压实、降水和微生物的分解等作用,会从垃圾层中渗出一定量的高浓度废液,与填埋场内渗入的地表水和渗出的地下水,共同形成垃圾渗滤液。渗滤液的量主要取决于填埋场的地理位置、填埋场的面积、垃圾状况和下层土壤的性质;渗滤液的性质主要取决于所埋垃圾的种类。为了防止渗滤液对地下水的污染,须在垃圾填埋场底部构筑不透水的防水层、集水管和集水井等设施,将产生的渗滤液不断收集并排出。

垃圾渗滤液的产生主要来源于三个方面,分别是大气降水和径流、垃圾中原有的含水、垃圾中有机物由于微生物的分解等作用而形成的水。虽然垃圾本身含有一定量的水分,而且也还会因为有机物分解产生一定量的水分,但垃圾渗滤液的主要来源还是降水。也就是说,特定场合的垃圾填埋场内渗滤液的量多少主要与气候变化、水文条件和季节交替变化有关。

垃圾渗滤液的产生受诸多因素影响,其中包括大气降水、地表径流、垃圾分解过程和地下水浸入等。大气降水是影响垃圾渗滤液产生的决定性因素,气候和降水量的变化导致渗滤液产生量具有明显的季节变化特征。例如,在积雪地区,渗滤液日平均产量的最高量和最低量之比为10:1,而在非积雪地区二者的比值仅为4:1,因而通常以渗滤液的日平均产量作为有关贮存和处理工艺设施的衡量指标。再比如,垃圾填埋的密度越大,则渗滤液的产生量也越大,通常是年降雨量的 10% ~ 15%,其变化规律较难确定,旱季甚至为零,而降雨后的数日内其量可达到平均值的 10 倍甚至更高。

与城市污水和工业废水相比,垃圾渗滤液具有明显的水量、水质变化的特异性,不仅变化幅度大,而且呈现非周期性变化。

## 13.2　垃圾渗滤液的水量与水质特征

### 13.2.1　垃圾渗滤液水量的计算

以垃圾填埋场为主体,根据进出水量平衡(图 13.1)可得到在 $\Delta t$ 时间内渗滤液产生量的表达式为

图 13.1　填埋场系统水量平衡

$$流入水量 = \Delta t \times I \times A/1\ 000 + S_i + G + W \tag{13.1}$$

$$流出水量 = \Delta t \times E \times A/1\ 000 + S_e + Q \tag{13.2}$$

$\Delta t$ 时间内,覆土中的水分变化为 $\Delta C_w$,垃圾中的水分就变化为 $\Delta R_w$,填埋场的水量平衡可以表示为

$$流入水量 - 流出水量 = 水分变化量$$

即　　　　　　　$$Q = (I - E) \times A/1\ 000 + (S_i - S_e) + G + W - (\Delta C_w + \Delta R_w) \tag{13.3}$$

式中　$Q$——$\Delta t$ 时间内产生的渗滤液量,$m^3$;

　　　$I$——大气降雨量,$mm/d$;

　　　$E$——蒸发蒸腾量,$mm/d$;

　　　$A$——填埋场汇水面积,$m^2$;

　　　$W$——$\Delta t$ 时间内随垃圾和覆土带入填埋场的水量,$m^3$;

　　　$S_i$——$\Delta t$ 时间内场外径流进入填埋场的水量,$m^3$;

　　　$S_e$——$\Delta t$ 时间内降入填埋场的雨水在接触垃圾前排出场外的水量,$m^3$;

　　　$G$——渗入填埋场的地下水量,$m^3$;

$\Delta C_w$、$\Delta R_w$——$\Delta t$ 时间内覆土和垃圾中水分的变化量,$m^3$。

渗滤液产生量可以通过式(13.3)准确计算,但是由于蒸发量、径流量的计算过程中不确定参数很多,在实际计算中难以得到满意的结果。因此,根据式(13.3),可简化得到垃圾填埋场渗滤液产生量的经验公式(经验-合理式数学模型),即

$$Q = C \times I \times A \times 10^{-3} \tag{13.4}$$

式中　$Q$——渗滤液产生量,$m^3/d$;

$I$——降雨量,$mm/d$;

$C$——浸出系数;

$A$——填埋区面积,$m^2$。

因填埋场中填埋施工区和填埋完成后封场区域的地表状况不同,浸出系数 $C$ 的数值也有较大的差异。垃圾填埋场渗滤液产生量宜按下式计算[参见《生活垃圾渗滤液处理技术规范》(CJJ 150—2010)]:

$$Q = \frac{I \times (C_1 A_1 + C_2 A_2 + C_3 A_3)}{1\,000} \tag{13.5}$$

式中　$Q$——渗滤液产生量,$m^3/d$;

$I$——多年平均日降雨量(数据充足时,宜按 20 年的数据计取;数据不足 20 年时,按现有全部年数据计取),$mm/d$;

$A_1$——作业单元汇水面积,$m^2$;

$C_1$——作业单元渗出系数,宜取 0.5 ~ 0.8;

$A_2$——中间覆盖单元汇水面积,$m^2$;

$C_2$——中间覆盖单元渗出系数,宜取(0.4 ~ 0.6)$C_1$;

$A_3$——终场覆盖单元汇水面积,$m^2$;

$C_3$——终场覆盖单元渗出系数,宜取 0.1 ~ 0.2。

生活垃圾填埋场渗滤液处理规模,宜按垃圾填埋场平均日渗滤液产生量计算,并应与调节池容积计算相匹配。

垃圾焚烧厂渗滤液的产生量,应考虑集料坑中垃圾的停留时间、主要成分,等因素。垃圾渗滤液的日产生量,宜按垃圾量的 10% ~40%(质量比)计;降雨量较少地区垃圾渗滤液的日产生量宜按垃圾量的 10% ~15%(质量比)计。

垃圾堆肥厂、厌氧消化处理厂渗滤液的日产生量,应考虑垃圾生物处理方式、垃圾成分等因素确定。干法厌氧消化处理厂渗滤液日产量,宜按垃圾量的 25% ~50%(质量比)计;好氧堆肥处理厂渗滤液日产生量,宜按垃圾量的 0 ~25%(质量比)计。

垃圾中转站渗滤液的日产生量,应考虑垃圾压缩装置的类型(水平或垂直)、压缩的程度、垃圾的主要组成成分、垃圾的密度等因素。渗滤液日产生量可按垃圾量的 5% ~ 10%(质量比)计;降雨量较少的地区,垃圾渗滤液日产生量可按垃圾量的 3% ~8%(质量比)计。

## 13.2.2　垃圾渗滤液的水质特征

垃圾填埋场在填埋开始以后,由于地表水和地下水的流入、雨水的渗入,以及垃圾本

身的分解而产生的水,形成了大量渗滤液。渗滤液中的组成成分主要包括以下三个方面:垃圾本身含有的水分及通过垃圾的雨水溶解了的大量可溶性有机物和无机物;垃圾由于生物、化学和物理作用产生的可溶性生成物;从覆土和周围土壤中进入渗滤液的可溶性物质。

垃圾渗滤液中污染物成分的构成主要取决于垃圾的构成及特性,垃圾构成的不同将导致渗滤液中所含成分的差异。表 13.1 列出了垃圾渗滤液中不同污染物的主要来源。

表 13.1　不同种类垃圾的渗滤液组分变化

| 垃圾种类 | 垃圾渗滤液组分及特性 | | | | | | | | |
| --- | --- | --- | --- | --- | --- | --- | --- | --- | --- |
| | pH | COD | $BOD_5$ | $MH_4^+ - N$ | SS | Fe、Mn | 色度 | 重金属 | 大肠菌群 |
| 厨余物、燃渣 | √ | √ | √ | | √ | | √ | √ | |
| 一般废弃物、有机污泥、燃渣 | √ | √ | √ | √ | | | √ | √ | √ |
| 燃渣、无机物 | | | | | | √ | | √ | |
| 覆土及周围土壤 | | | | | | √ | √ | √ | |

垃圾渗滤液的性质随着填埋场的使用年限不同而发生变化,这是由填埋场的垃圾在稳定化过程中不同阶段的特点而决定的,大体上可以分为五个阶段。

(1)最初的调节

水分在固体垃圾中积存,为微生物的生存、活动提供条件。

(2)转化

垃圾中的水分超过垃圾的含水能力,开始渗滤,同时由于大量微生物的活动,系统从有氧状态转化为无氧状态。

(3)酸性发酵阶段

在酸性发酵阶段,碳氢化合物被微生物分解成有机酸,有机酸被微生物分解成低级脂肪酸。当低级脂肪酸为渗滤液的主要成分时,pH 随之下降。

(4)沼气产生

在酸化阶段中,由于产氨细菌的活动,使氨态氮浓度增高,氧化还原电位降低,pH 上升,为产甲烷菌的活动创造了适宜的条件,专性产甲烷菌将酸化阶段代谢产物分解成以甲烷和二氧化碳为主的沼气。

(5)稳定化

垃圾及渗滤液中的有机物处于稳定状态,氧化还原电位上升。渗滤液中的污染物浓度很低,沼气几乎不再产生。

在填埋场的实际使用过程中,由于不同的堆填区使用的时间不同,其产生的渗滤液水质也不尽相同。因此,在填埋场使用期内,整个填埋场的渗滤液水质是不同阶段渗滤的综合结果。

对于一个连续填埋的垃圾场所产生的渗滤液而言,其水质的变化规律还与填埋场的"年龄"有关。对于使用时间在 5 年以下的"年轻"填埋场而言,所产生的渗滤液具有 pH

低、可生化性好、氨氮浓度较低、溶出金属离子量多等特点;而对于使用时间在 10 年以上的"老年"填埋场而言,所产生的渗滤液具有 pH 较高、可生化性较差、氨氮浓度高的特点。据报道,在美国、法国及欧洲的其他一些国家里,许多"年龄"在 10 年以上的垃圾填埋场所产生的渗滤液的水质与"年轻"的垃圾填埋场的水质存在明显差异,前者的稳定化程度远远高于后者。表 13.2 列出了渗滤液水质特征随填埋场"年龄"之间的变化,可见二者之间的相互关系。

表 13.2　垃圾渗滤液水质特征随填埋场"年龄"的变化

| 水质指标 | 垃圾填埋场"年龄" | | |
|---|---|---|---|
| | <5 年<br>(年轻) | 5~10 年<br>(中年) | >10 年<br>(老年) |
| pH | <6.5 | 6.5~7.5 | >7.5 |
| COD/($mg \cdot L^{-1}$) | >10 000 | 5 000~10 000 | <5 000 |
| $BOD_5$/COD | >0.5 | 0.1~0.5 | <0.1 |
| COD/TOC | >2.7 | 2.0~2.7 | <2.0 |
| VFA(% TOC) | >30 | 5~30 | <5 |

垃圾渗滤液的水质特征还在一定程度上受到垃圾填埋方法的影响。加大垃圾的填埋密度和填埋深度,可以减少垃圾的含水量和土壤的渗水量,限制外来水进入垃圾填埋场,从而可以推迟垃圾中有机物的降解,致使渗滤液中某些污染物的浓度降低,并延长渗滤液的产生时间。渗滤液的水质还与大气降水、填埋场所在的地形和地貌有关,这些因素直接关联着外来水量的多少,从而对渗滤液的污染物负荷产生明显的影响。至于气候条件,温度是影响污染物溶出规律的重要因素,垃圾层内较高的温度可以加速微生物对有机物的降解和促进垃圾的稳定化过程,致使填埋场在短时期内产生较高浓度的渗滤液。

表 13.3 列出了国内外垃圾渗滤液的典型污染物组成及其浓度变化范围,由此可见其变化幅度的宽域性和成分的复杂性。同时,由表 13.3 还可以看出,垃圾渗滤液是一种高浓度的有机、有害废水,若不加以收集和处理,将给环境带来严重的污染问题;各种污染物浓度的较大变化范围,也给渗滤液处理工艺的选择带来了相当大的困难。

表 13.3　垃圾渗滤液的典型污染物构成及其浓度变化范围

| 污染指标 | 浓度变化范围 | 污染指标 | 浓度变化范围 |
|---|---|---|---|
| pH | 5~8.6 | $SO_4^{2-}$ | 1~1 600 |
| TS | 0~59 200 | K | 28~3 770 |
| SS | 10~7 000 | Na | 0~7 700 |
| COD | 100~90 000 | Ca | 23~7 200 |
| $BOD_5$ | 40~73 000 | Mg | 17~1 560 |
| TOC | 265~8 280 | Fe | 0.05~2 820 |
| $NH_4^+ - N$ | 6~10 000 | Mn | 0.07~125 |

续表 13.3

| 污染指标 | 浓度变化范围 | 污染指标 | 浓度变化范围 |
|---|---|---|---|
| $NO_2^-$,$NO_3^-$ | 0.2 ~ 124 | Zn | 0.2 ~ 370 |
| TP | 0 ~ 125 | Cu | 0 ~ 9.9 |
| ALK( $CaCO_3$ ) | 0 ~ 25 000 | Pb | 0.002 ~ 2 |
| VFA | 10 ~ 1 702 | Cr | 0.01 ~ 8.7 |
| E. Coli | $2.3×10^4 ~ 2.3×10^8$ | Cd | 0.003 ~ 17 |
| $Cl^-$ | 5 ~ 6 420 | Ni | 0.1 ~ 0.8 |

注:pH 无单位,E. Coli 单位为 cfu/L,其他指标的单位为 mg/L。

一般而言,垃圾渗滤液中的有机物可分为三大类,即相对分子质量低的脂肪酸类及腐殖质类、高分子的碳水化合物和相对分子质量中等的灰黄霉酸类物质。对于相对不稳定的填埋过程而言,大约有 90% 的可溶解性有机碳是短链的脂肪酸,其中以乙酸、丙酸和丁酸为主要成分,其次是带有较多个羧基和芳香族羟基的灰黄霉酸。对于相对稳定的填埋过程而言,易降解的挥发性脂肪酸将随垃圾填埋时间的延长而减少,而难于生物降解的灰黄霉酸类物质则有所增加。这种有机组分的变化,意味着 $BOD_5$/COD 比值的下降,也就是渗滤液的可生化性降低。有资料表明,渗滤液中的 $BOD_5$ 一般在垃圾填埋后 0.5 ~ 2.5 年间逐步增加,并达到高峰,此阶段的 $BOD_5$ 多以溶解性有机物为主。此后,$BOD_5$ 的浓度逐步下降,在 6 ~ 15 年之间填埋场完全趋于稳定化。最后,$BOD_5$ 的浓度保持在一定范围内,波动较小。值得指出的是,垃圾渗滤液受垃圾组成变化的影响,即垃圾中的有机组分越高,则其渗滤液中的有机物浓度越高,因此说垃圾渗滤液是一种水质变化大的高浓度的有机废水(表 13.4)。

表 13.4 我国部分城市垃圾渗滤液水质特征及垃圾中有机物比例

| 城市 | 渗滤液中有机物浓度/( mg · $L^{-1}$ ) | | 垃圾中有机物比例/% |
|---|---|---|---|
| | $BOD_5$ | COD | |
| 广州 | 400 ~ 2 000 | 1 400 ~ 5 000 | 28.40 |
| 上海 | 200 ~ 4 000 | 1 500 ~ 8 000 | 38.78 |
| 深圳 | 5 000 ~ 36 000 | 15 000 ~ 60 000 | 61.00 |
| 苏州 | 500 ~ 3 200 | 800 ~ 8 900 | 45.00 |
| 杭州 | 100 ~ 4 480 | 230 ~ 5 380 | — |

垃圾渗滤液的含磷量通常较低,尤其是溶解性的磷酸盐浓度更低。在中性的渗滤液中,溶解性磷酸盐的含量主要由 $Ca_5OH(PO_4)_3$ 控制。垃圾渗滤液中的 $Ca^{2+}$ 浓度和总碱度水平均很高,可分别高达 7 200 mg/L 和 25 000 mg/L,而 TP 的质量浓度仅为 0 ~ 125 mg/L(表 13.4)。因此可以认为,渗滤液中的溶解性磷酸盐含量受到 $Ca^{2+}$ 的影响。

渗滤液中含有多种重金属离子,其浓度高低主要取决于所填埋的垃圾类型和组分。对于仅用于城市垃圾的填埋场来说,由于垃圾中本身所含有的重金属量很少,在其渗滤液中它们的浓度通常是比较低的,然而对于工业垃圾和生活垃圾的混合垃圾填埋场来说,重金属离子的溶出量将会明显增加。

含有很高浓度的 $NH_4^+-N$,是"中老年"填埋场垃圾渗滤液的重要水质特征之一。由于目前多采用厌氧填埋技术,渗滤液中 $NH_4^+-N$ 浓度将在其达到高峰值后延续很长的时间,甚至当垃圾填埋场稳定后仍可达到相当高的浓度。此外,渗滤液均具有很高的色度,其外观多呈淡茶色、深褐色或黑色,色度可达 2 000 ~ 4 000 倍,有极重的垃圾腐败臭味。

垃圾渗滤液中含有较高浓度的总溶解性固体。这些溶解性固体在渗滤液中的浓度通常随填埋场时间的延长而变化,一般在填埋 0.5 ~ 2.5 年间达到高峰(总溶解性盐可高达 10 000 mg/L),同时含有高浓度的 $Na^+$、$K^+$、$Cl^-$、$SO_4^{2-}$ 等无机类溶解性盐和铁、镁等。此后,随填埋时间的增加,这些无机性盐类的浓度将逐渐下降,直至达到最终稳定。

此外,渗滤液中还含有一定量的微生物及病原菌,其中分离出的最常见的细菌是杆菌属的棒状杆菌和链球菌,其他普通的细菌是无色菌、粒状菌、好氧单胞菌属、梭状芽孢杆菌、肠杆菌、李式脱硫菌(*Listeria*)、微球菌、摩拉克氏菌属(*Moraxella*)、假单胞杆菌、萘赛氏菌属(*Nesseria*)、沙雷氏菌属(*Serrat*)及葡萄球菌等。有的垃圾填埋场渗滤液中还曾检测出肠道病毒。

### 13.2.3　垃圾渗滤液的水污染物排放限值

按照《生活垃圾填埋场污染控制标准》(GB 16889—2008)的规定,垃圾渗滤液中水污染物排放控制要求如下:

①生活垃圾填埋场应设置污水处理装置,生活垃圾渗滤液(含调节池废水)等污水经处理并符合本标准规定的污染物排放控制要求后,可直接排放。

②现有和新建生活垃圾填埋场自 2008 年 7 月 1 日起起执行表 2(注:标准中表的序号)规定的水污染物排放质量浓度限值。

③2011 年 7 月 1 日前,现有生活垃圾填埋场无法满足表 2 规定的水污染物排放质量浓度限值要求的,满足以下条件时可将生活垃圾渗滤液送往城市二级污水处理厂进行处理:a.生活垃圾渗滤液在填埋场经过处理后,总汞、总镉、总铬、六价铬、总砷、总铅等污染物质量浓度达到表 2 规定的质量浓度限值;b.城市二级污水处理厂每日处理生活垃圾渗滤液总量不超过污水处理量的 0.5%,并不超过城市二级污水处理厂额定的污水处理能力;c.生活垃圾渗滤液应均匀注入城市二级污水处理厂;d.不影响城市二级污水处理厂的污水处理效果。

2011 年 7 月 1 日起,现有全部生活垃圾填埋场应自行处理生活垃圾渗滤液并执行表 2 规定的水污染排放质量浓度限值。

例如,表 2 中规定的几个常规水污染物排放限值如下:色度(稀释倍数)为 40,COD 为 100 mg/L,$BOD_5$ 为 30 mg/L,SS 为 30 mg/L,TN 为 40 mg/L,$NH_4^+-N$ 为 25 mg/L,TP 为 3 mg/L,粪大肠菌群数为 10 000 个/L。

④根据环境保护工作的要求,在国土开发密度已经较高、环境承载能力开始减弱,或环境容量较小、生态环境脆弱,容易发生严重环境污染问题而需要采取特别保护措施的地区,应严格控制生活垃圾填埋场的污染物排放行为,在上述地区的现有和新建生活垃圾填

埋场执行表3(注:标准中表的序号)规定的水污染物特别排放限值。

例如,表3中规定的几个常规水污染物的特别排放限值如下:色度(稀释倍数)为30,COD 为 60 mg/L,BOD$_5$ 为 20 mg/L,SS 为 30 mg/L,TN 为 20 mg/L,NH$_4^+$-N 为 8 mg/L,TP 为 1.5 mg/L,粪大肠菌群数为 10 000 个/L。

# 13.3 垃圾渗滤液的处理方案与技术

填埋场在垃圾填埋作业过程中,不可避免地会产生大量的渗滤液,若不进行适当处理,将对周围的地面水、地下水造成"二次污染",破坏当地的生态环境。因此,垃圾渗滤液的收集处理和日常运行管理是每个填埋场应该而且必须做好的一项工作,也只有如此,才符合卫生填埋场的基本要求。然而,在垃圾填埋场的运行和管理中,渗滤液处理一直是一个比较棘手的问题。每个填埋场应该根据现有的条件和自身的实际情况(包括资金的投入额度、填埋场的地理位置、渗滤液的产生特点及特征等)来选择最佳的处理工艺组合以及最优的现场管理,两者结合,才有可能解决各填埋场渗滤液处理的难题。由于渗滤液水质水量的复杂多变性,目前大多情形是根据填埋场的具体情况及其他经济技术要求提出有针对性的处理方案和工艺的。

渗滤液处理技术的发展大致经历了三个阶段。第一阶段是在20世纪90年代初期前后,垃圾渗滤液的处理主要参照城市污水处理主体工艺,以单纯的生化处理为主;第二阶段是从20世纪90年代中后期开始,开始采用"生化处理-物化处理"相结合的处理方法;第三阶段是在2000年后,逐渐开始采用"生化处理-深度处理"的组合工艺,以满足日趋严格的垃圾渗滤液水污染物排放标准限值。

## 13.3.1 垃圾渗滤液处理方案

如前所述,垃圾填埋场渗滤液的处理技术既有与常规废水处理技术的共性,也有其极为显著的特殊性。对渗滤液的处理,通常必须首先考虑采用什么样的处理方案。

渗滤液的处理有场内和场外两大类处理方案,具体包括四种方案,即直接排入城市污水处理厂进行合并处理,渗滤液向填埋场循环喷洒处理,经必要的预处理后汇入城市污水处理厂合并处理,以及在填埋场建设污水站(厂)进行独立处理等。这些处理方案须在充分的技术经济比较和必要的可行性研究的基础上加以合理和慎重的选用。

**1. 与城市污水处理厂的合并处理(场外处理)**

渗滤液与规模适当的城市污水处理厂合并处理是最简单的处理方案,它不仅可以节省单独建设渗滤液处理系统的大额费用,还可以降低处理成本。利用污水厂对渗滤液的缓冲、稀释作用及与城市污水中的营养物质混合实现渗滤液和城市污水的同时处理。但这并非是普遍适用的方法,一方面,由于垃圾渗滤液往往远离城市污水厂,渗滤液的输送将会造成很大的经济负担;另一方面,由于渗滤液所特有的水量和水质特性,在采用此种方案时,容易影响城市污水处理厂的正常运行。因而,在考虑合并处理方案时,必须研究其工艺的可行性。对采用传统活性污泥工艺的城市污水处理厂而言,不同污染物浓度的渗滤液量与城市污水处理厂的处理规模的比例是决定其可行性的重要因素。有研究表明,当渗滤液的 COD 质量浓度为 24 000 mg/L 时,须严格控制上述比例。当两者之体积比达 4% ~5% 时,城市污水处理厂的运行将受到影响,导致出现污泥膨胀问题;当渗滤液的 COD 质量浓度为 3 500 mg/L 时,上述比例一般不得超过 40%,否则须通过延长污泥龄的方法来保证处理系统中的活性污泥的数量。

生物处理系统污泥龄(θ)与污泥量的关系可表示为

$$\theta = \frac{1}{aQ(S_0 - S_e) - bXV} \tag{13.6}$$

式中　$\theta$——污泥龄,d;

$X$——污泥质量浓度 MLSS,mg/L;

$V$——曝气池容积,$m^3$;

$Q$——处理规模,$m^3/d$;

$S_0$,$S_e$——进、出水有机物质量浓度,mg/L;

$a$,$b$——常数(与运行状态有关)。

为保证处理效果(即出水浓度 $S_e$ 低于某标准规定值),可通过增加曝气池中污泥浓度($X$)的方法或扩大处理设施容积加以解决。但污泥龄 $\theta$ 过长时,往往因污泥的活性低而影响处理效果,而扩大处理设施容积势必带来投资的不经济。有研究表明:用半连续活性污泥法处理含有 20% ~40%(质量分数)渗滤液的城市污水混合废水时,发现在污泥龄 $\theta$ 分别为 5 d、10 d、20 d 的条件下,污泥沉降性能得到改善;但在低温条件下,处理效果及出水水质将明显恶化。采用两段活性污泥法对渗滤液与城市污水的混合废水进行治理的研究表明,当渗滤液与城市污水的体积混合比例分别为 2%、4% 和 16% 时,COD 的去除率在 69% ~71% 之间,与未混入渗滤液时相比,处理效率有一定的下降,但 $NH_4^+ - N$ 的去除率可达 80% 以上,且污泥中金属离子的含量显著上升(如钙增加了 43%,铬上升了 2.56%)。延时曝气活性污泥系统可有效地处理渗滤液和生活污水的混合废水,SBR 系统处理混合废水时,TOC 和 $BOD_5$ 的去除率分别达到 85% ~90% 和 90%。经驯化后的活性污泥,在处理过程中不管是否投加葡萄糖或其他营养元素,都可使渗滤液中的有机物去除 80%,渗滤液和城市污水混合 4 h 后,污泥中的有机物即发生降解,若增加曝气池中的污泥浓度,反应时间可进一步缩短,在运行过程中,废水的 COD 去除率一直比较稳定。在这种形式下运行,无需另外添加营养物质,故这种处理方案具有良好的经济性。

早前,国内的垃圾填埋场多未建设场内的独立渗滤液处理系统,大多是将渗滤液直接汇入城市污水处理厂进行合并处理,这往往影响污水处理厂的正常运行。如苏州七子山垃圾填埋场在运行初期(1993 年),曾经将渗滤液收集后直接送至当时处理规模为 5 000 $m^3/d$ 的苏州城西污水处理厂(该厂采用传统的活性污泥处理工艺系统),当时因渗滤液的产量较小,并未对原有系统的正常运行造成危害,但随着渗滤液量的增加(由占该厂处理能力的16.7% 增加至 48%),渗滤液的 COD 质量浓度增至 3 500 ~6 000 mg/L 以后,污水处理厂的运行受到严重干扰。究其原因,主要是混合废水的 COD 为原城市污水 COD 的 3 ~6 倍,渗滤液造成了冲击负荷;渗滤液中含有较多的包括重金属离子在内的各种金属离子;渗滤液中复杂难以降解有机物的量有所增加;C∶N∶P 比例失调。

渗滤液与城市污水的合并处理不失为一种有效的方案,对于没有在填埋场建设渗滤液处理厂(站)经济实力的地方,采用此方案具有实用意义,但必须根据实际情况及渗滤液的特性来做深入的可行性研究,以确定合理的渗滤液与城市污水的混合比例及必要的预处理方法,同时还要结合城市污水厂的建设,采用高效可靠的合并处理工艺系统。

**2. 循环喷洒处理(场内处理)**

渗滤液的循环喷洒处理是一种较为有效的处理方案。通过回喷可提高垃圾层的含水率(由20%~25%提高到60%~70%)、增加垃圾的湿度、增强垃圾中微生物的活性、加速甲烷的产生速率、加快垃圾中污染物的溶出及有机物的分解等过程;其次,通过回喷,不仅可降低渗滤液的污染物浓度,还可以借喷洒过程中的挥发等作用减少渗滤液的产生量,对水量和水质起稳定化的作用,有利于废水处理系统的运行,节省费用。

有研究表明,将渗滤液收集并通过回灌使之回到填埋场,除有上述作用外,还可以加速垃圾中有机物的分解,缩短填埋垃圾的稳定化进程,使原需15~20年的稳定过程缩短至2~3年。据报道,通过回流循环,可分别使渗滤液中的 $BOD_5$ 和 COD 降至30~350 mg/L和70~500 mg/L。北英格兰的 Seamer Carr 垃圾填埋场将一部分渗滤液循环喷洒,20个月后,喷洒区渗滤液的 COD 值有明显的降低,金属浓度也大幅度下降,$NH_4^+$-N 浓度基本保持不变,说明金属离子浓度的下降不仅仅是由稀释作用引起的,垃圾中无机物的吸附作用也不可忽视。

在采用喷洒处理方案时,必须注意喷洒的方式和喷洒的量。一方面,喷洒的渗滤液量应根据垃圾的稳定化进程而逐步提高,一般在填埋场处于产酸阶段早期时,回喷的渗滤液量宜少不宜多,在产气阶段则可以逐渐增加。由于垃圾填埋场本身是一个生物反应器,因而回灌的渗滤液量除可根据其最佳运行的负荷要求确定外,还可以根据填埋场的产气情况来确定。另一方面,填埋场内不同位置的垃圾可能处于不同的稳定化阶段,因而为保证喷洒的应有效果,应将稳定化程度高的产甲烷区垃圾层所排出的渗滤液回喷至新填入的产酸区垃圾层,而将新垃圾层所产生的渗滤液回喷到老的稳定化区,这样有利于加速污染物的溶出和有机物的分解,同时加速垃圾层的稳定化进程。

渗滤液的循环喷洒处理法的提出已有多年,但其实际应用则是近30来年的事。目前,美国已有200多座垃圾填埋场采用了此技术。该方法除具有加速垃圾的稳定化、减少渗滤液的场外处理量、降低渗滤液污染物浓度等优点外,还有比其他处理方案更为节省的经济效益。Pohland 以每公顷填埋场的年总费用为单位(包括垃圾处理和渗滤液处理的投资及运转费用)对渗滤液处理的不同方案所做的经济比较表明,喷洒循环法可比其他方法节省一个平均年总费用单位,是最省的方法。渗滤液回灌喷洒处理,不仅能缩短填埋场的稳定化进程及沼气的产生时间,而且增加了填埋场的有效库容量、促进了垃圾中有机化合物的降解。

虽然渗滤液的场内喷洒处理法有前述诸多优点,但至少还存在两个问题:一是不能完全消除渗滤液,由于喷洒或回灌的渗滤液量受填埋场特性的限制,因而仍有大部分渗滤液必须外排处理;再则是通过喷洒循环后的渗滤液仍需进行处理,尤其是由于渗滤液在垃圾层中的循环,导致 $NH_4^+$-N 不断积累,甚至最终使其浓度远高于其在非循环渗滤液中的浓度。第一个问题是由此方法的特性决定的,对于第二个问题,如将含高浓度 $NH_4^+$-N 的渗滤液作场外处理,则有增加额外处理费用的问题。为解决此问题,有研究者根据硝化和反硝化的原理以及渗滤液喷洒后在垃圾层中的流态,提出了缺氧-厌氧-好氧-缺氧的三组分模拟垃圾填埋系统,位于上部的缺氧区和底部的好氧区用于 $NH_4^+ - N$ 的转化和去除,而中间的厌氧区则用于产气。该系统在运行时,通过渗滤液的循环,将脱氮过程所需要的碳源和硝态氮从底部的好氧区送至顶部的缺氧区,从而实现硝化和反硝化,$NH_4^+ - N$ 的转化率可达到 95%,同时渗滤液中的硫化物也可以得到有效去除。

渗滤液循环喷洒的场内处理方案在我国的应用并不多见,除了上面所提及的两方面原因以及因我国目前处于垃圾卫生填埋技术应用的初级阶段外,还因为在渗滤液回喷过程中所带来的环境卫生、安全及设计技术等问题。在采用循环喷洒技术时,要求在垃圾填埋场的顶部设有部分敞开便于设立规则性排列的沟道以及回喷配水系统,回喷后所排出的中等或低等浓度的渗滤液仍需要进一步处理后方能排放。

### 3. 预处理-合并处理(场内外联合处理)

预处理-合并处理是基于减轻直接混合处理时渗滤液中有毒有害物质对城市污水处理厂的冲击危害而采用的一种场内场外联合处理方案。在场内首先将渗滤液进行预处理,以去除渗滤液中的重金属离子、氨氮、色度及 SS 等污染物质,或者通过厌氧预处理来改善渗滤液的可生化性,降低负荷,为场外的合并处理创造良好的条件。

对于"年轻"和"老年"的含有一定量工业废弃物的混合型垃圾填埋场所产生的垃圾渗滤液及城市污水处理厂规模较小而采用合并处理的情形来讲,进行物理化学预处理来去除渗滤液中的氨氮和重金属离子等尤为必要。但是,无论采用何种预处理方案,生物处理是必不可少的一种主体处理方案,而且为使微生物正常生长,还必须保证渗滤液含有适量的营养物质和微量元素。

垃圾渗滤液中高浓度的 $NH_4^+ - N$ 是影响其生物处理的一个主要因素,过高的 $NH_4^+ - N$ 浓度将抑制微生物的正常生长以及合并处理后的系统正常运行。传统的生物处理工艺难以有效地去除高浓度的 $NH_4^+ - N$,可以考虑采用吹脱或化学沉淀的预处理方式来去除氨氮,或者在 $NH_4^+ - N$ 浓度不太高的情形下考虑采用具有生物脱氮功能的 A/O 或 A²/O 的合并处理系统。

渗滤液中所含的化学物质影响微生物的活性,影响程度与其浓度密切相关。大多数物质在其低浓度时能够刺激或促进微生物的生长,而在高浓度时则对微生物产生强烈的抑制作用。有研究表明,几乎所有微生物的生长都离不开 K、Na、Ca、Mg、Fe、Mn、Co、Cu、Zn、Ni、Mo 和 V 等金属元素,当这些金属元素适量存在时,对于微生物的生长具有酶催化剂的作用,在氧化还原反应中不但能够促进电子的传递,而且还可以调节微生物的渗透压等。对于垃圾渗滤液来讲,由于其所含重金属离子的浓度远远超过重金属元素对微生物毒害作用的最低限值(如好氧条件下 $Hg^{2+}$ 的质量浓度为 0.01 mg/L,$Cd^{2+}$ 的质量浓度为 0.1 mg/L,$Cu^{2+}$ 的质量浓度为 1.0 mg/L,$Ni^{2+}$ 的质量浓度为 0.1 ~ 1 mg/L,$Zn^{2+}$ 的质量浓度小于 0.5 mg/L,$Cr(VI)$ 的质量浓度为 0.01 mg/L),它们将会对微生物的生长造成不良影响。当几种重金属离子共存时,所产生的毒害作用将比其单独存在时的毒性大,亦即活性污泥对混合离子协同作用的承受能力要比对任何单一离子的承受能力低。

#### 4. 独立处理(场内处理)

由于垃圾卫生填埋场通常位于距离城市较远的偏远山谷地带,距离城市污水处理厂较远,采用与城市污水合并处理的方案因渗滤液远距离的输送费用较高而不经济,此时可以考虑建设场内独立的垃圾渗滤液完全处理系统。由于渗滤液的水量、水质变化的特异性,其污染负荷很高,更含有毒有害物质,因而其处理工艺系统通常采用预处理—生物处理—后处理的工艺流程。

在设计和运行场内独立处理渗滤液的系统时,应当特别注意以下几个方面:第一,渗滤液的水质随着填埋场年龄的增加而发生较大的变化,在考虑其处理时,必须采用抗冲击负荷能力和适应性较强的处理工艺。对于“年轻”填埋场的渗滤液,可以考虑以生物处理为主体的处理工艺系统;而对于“老年”的填埋场渗滤液,则应考虑采用以物化处理为主体的处理工艺系统,由此可见渗滤液处理工艺与操作的复杂性和长期保证处理效果的艰巨性。第二,渗滤液中往往含有多种重金属离子和较高浓度的氨氮,必须考虑采用必要的物化处理工艺进行必要的预处理乃至后处理,可见渗滤液处理费用的昂贵性。第三,渗滤液中的 C∶N∶P 的营养比例往往失调,其突出的特点是氮的含量往往过高而磷的含量不足,需要在处理操作中削减氮而补充必要的磷,可见运行的复杂性。第四,垃圾渗滤液处理站与城市污水处理厂相比,其规模往往较小,若单独在场内设置,在运行费用方面会缺乏经济性。

综上所述,渗滤液的处理具有不同的处理方案,应当因地制宜地通过技术经济比较后加以合理选择。一般来讲,在经济发达且实际条件允许的情况下,可建设场内独立的完全处理系统;在经济尚不发达的地区,可考虑采用预处理–合并处理的方案;在无力建设处理设施的情况下,则可以采用回喷与合并处理或直接将渗滤液就近排入城市污水处理厂的方案。有许多国家的渗滤液是与城市污水一起处理的,只要渗滤液的量小于城市污水总量的 0.5%,其带来的负荷增加控制在 10% 以下,并同地理位置相匹配,那么这就确实是一个可行的方法。

### 13.3.2　垃圾渗滤液处理技术

渗滤液因其水质的复杂多变性,需多种工艺的组合运行才能达到要求的处理效果。在处理工艺的选择时,物理化学的方法往往是去除渗滤液中重金属离子和 $NH_4^+ - N$ 的主要方法,而由于“年轻”填埋场渗滤液的 $BOD_5/COD$ 值通常在 0.3 ~ 0.7 之间,因而它属于可生化性良好的有机废水,理论上,各种生物处理方法均适用于该废水的处理。在预处理效果得到保证或渗滤液中有毒有害物含量不足以危害微生物的生长时,生物处理方法可获得良好的有机污染物去除效果。

#### 1. 渗滤液的厌氧生物处理

厌氧生物处理能耗低、运行费低、剩余污泥量少,所需营养物质也少,如 $BOD_5$∶P 仅为 400∶1,因而适用于高浓度垃圾渗滤液的处理。

加拿大 Toronto 大学的 Henry 等人在室温条件下采用厌氧滤池(AF)分别对“年龄”为 1.5 年和 8 年、COD 质量浓度分别为 14 000 mg/L 和 4 000 mg/L、$BOD_5/COD$ 值分别为

0.7和0.5的垃圾渗滤液进行了处理研究,结果表明,当容积负荷为1.26~1.45 kg COD/(m³·d)、水力停留时间为24~96 h时,COD去除率可达90%以上,但随负荷的提高,处理效果却急剧下降。AF用于处理其他高浓度有机废水时负荷可以高达5~20 kg COD/(m³·d),对于所研究的渗滤液来讲,由于它是一种成分颇为复杂的废水,含有较多的干扰因素,在低负荷时这些干扰因素并未达到其产生作用的程度,而负荷提高后,干扰作用会明显增加,故在采用厌氧工艺处理垃圾渗滤液时有机负荷不宜过高。Atwater等人的研究表明,当AF容积负荷为4.2 kg COD/(m³·d)时,在投加40 mg/L的磷的情况下,COD去除率可提高10%,但若渗滤液中的COD组成以挥发性有机酸为主时,投加磷则对COD去除效果的促进作用不大。

除了AF处理工艺外,升流式厌氧污泥床(UASB)是另一种有效的厌氧处理反应器。由于其中的颗粒污泥浓度可高达60~80 g/L,UASB比其他厌氧处理设施具有更强的处理能力。英国水研究中心(WRC)采用UASB处理COD质量浓度高于10 000 mg/L的渗滤液,在容积负荷为3.6~19.7 kg COD/(m³·d)、平均泥龄为1.0~4.3 d、温度为30 ℃时,COD和$BOD_5$的去除率分别达到82%和85%,可见,UASB的处理能力远高于AF。Kettunen等人采用UASB对COD质量浓度介于1 500~3 200 mg/L之间的芬兰某城市垃圾填埋场的渗滤液进行了226 d的现场实验研究,结果表明,在冬季填埋场环境温度下,UASB能有效地去除污染物,如在温度为13~14 ℃、有机负荷为1.4~2.0 kg COD/(m³·d)时,COD和$BOD_7$的去除率仍可分别达到50%~55%和72%;在温度为18~23 ℃、COD有机负荷为2.0~4.0 kg/(m³·d)时,COD和$BOD_7$的去除率可分别达到65%~75%和95%,平均每去除1 g的COD能够产生甲烷的量为320 mL。在整个试验的研究中还发现,渗滤液中所含有的无机物质会在反应器污泥中逐步累积,至试验末期发现沉积的无机物主要为Ca和Fe,它们分别占总固体TS的24%和7%。

**2. 渗滤液的好氧生物处理**

好氧生物处理是利用微生物在有氧条件下代谢旺盛的原理,以污水中的有机物作为微生物代谢的原料,合成生命物质,同时将污染物降解。好氧生物处理具有管理方便、操作简单、抗冲击负荷能力强等优点。好氧微生物对环境要求较低,驯化时间短,在水温低至15 ℃时系统仍能正常运行。常见的好氧生物处理工艺有连续流活性污泥法、SBR、生物膜法(如生物转盘、生物接触氧化等)、移动床生物膜反应器(MBBR)等。

采用活性污泥法处理2~5年的"年轻"填埋场所产生的渗滤液时,若保持其泥龄为一般城市污水厂的两倍而负荷减半,则可达到出水中$BOD_5$的质量浓度低于25~30 mg/L的良好效果,但宜采用充氧效率较低的粗泡扩散曝气系统以避免堵塞问题。Venkataramani等人和Keenan等人分别采用活性污泥法对渗滤液处理的结果表明:$BOD_5$的去除率可达80%~99%,当进水中有机碳质量浓度高达1 000 mg/L时,污泥生物相也能较快地适应并起降解作用。

Robinson等人对采用连续流活性污泥法处理渗滤液的能力作了研究,当泥龄$\theta$小于5 d时,处理结果波动较大,并出现污泥丝状菌膨胀的问题,且当运行温度从10 ℃降至5 ℃时,处理效果受到较大的影响。而当泥龄$\theta$不小于10 d时,处理出水的$BOD_5$和COD

可分别低于 20 mg/L 和 150 mg/L,金属离子 $Fe^{2+}$、$Mn^{2+}$ 和 $Zn^{2+}$ 的去除率亦可分别达到 98%、92% 和 98%,且当运行温度从 10 ℃ 降至 5 ℃ 时,对处理效果并无多大的影响。但同时发现,当 N/$BOD_5$ 值超过 3.6∶100 时,多余的 $NH_4^+$–N 将不能为微生物利用而残留在处理出水中。我国杭州天子岭垃圾填埋场渗滤液采用的是传统活性污泥法处理工艺,实际运行效果表明,当进水 COD 和 $BOD_5$ 质量浓度分别为 938.1 ~ 3 640 mg/L 和 472.6 ~ 2 380 mg/L、两级曝气池的停留时间分别为 20 h 和 15 h、有机负荷分别为 0.76 kg $BOD_5$/(kg MLSS·d) 和 0.07 kg $BOD_5$/(kg MLSS·d) 时,COD 和 BOD 的去除率可分别达 62.3% ~ 92.3% 和 78.6% ~ 96.9%。

SBR 工艺是一种理想的间歇式活性污泥处理工艺,它具有工艺流程简单、构筑物少、工艺总占地面积小、经济性好、去除污染物效果稳定性好、耐冲击负荷强及具有脱氮除磷能力等优点。有研究表明,利用 SBR 工艺对美国某一垃圾填埋场的渗滤液进行处理,发现在整个试验期间 SBR 对垃圾渗滤液中的 TOC 的去除率均在 95% 以上。另有采用两级 SBR 工艺处理垃圾渗滤液时,在第一级 SBR 中 $BOD_5$ 的去除率达到 98%,从进水的 5 800 mg/L 下降到 112 mg/L;经过第二级 SBR 进一步处理后,出水的水质能达到相应的排放标准。

与活性污泥法相比,生物膜法具有抗冲击负荷能力强的优点,且生物膜内的微生物相较丰富,还含有世代时间长、具有硝化作用的微生物,能实现较好的硝化效果。加拿大 British Columbia 大学的 Peddie 等人采用直径为 0.9 m 的生物转盘对 COD 的质量浓度小于 500 mg/L 的渗滤液处理后,获得出水中的 $BOD_5$ 和 $NH_4^+$–N 质量浓度分别小于 25 mg/L 和 1.0 mg/L 的良好处理效果。然而,温度对硝化效果有较大的影响,如温度在 5 ℃ 以下时,硝化作用停止。需要指出的是,这种较低浓度的渗滤液与城市污水的性质颇为接近,因而对于较高浓度的渗滤液而言,此种方法是否同样有效,则有待于进一步研究。

移动床生物膜反应器(MBBR)是兼具活性污泥法和生物膜法优点的生物处理工艺,运行时反应器中比表面积较大的填料在水中能自由移动,逐渐在其表面生长的生物膜中的异养和自养微生物利用水中的 C、N 和 P 等进行新陈代谢,进而去除水中有机污染物并实现脱氮除磷。有研究表明,利用好氧–厌氧移动床生物膜反应器(A/O MBBR)处理填埋期 4 年的垃圾渗滤液时,在有机负荷为 4.08 ~ 15.70 kg COD/(m³·d) 时,总 COD 去除率达到了 92% ~ 95%,其中厌氧 MBBR 起主要作用(总 COD 去除 80% ~ 92%),好氧 MBBR 仅去除了 3% ~ 12% 的有机物。当好氧 MBBR 的 HRT 大于 1.25 d 时,97% 的氨氮被硝化,而当 HRT 小于 1.25 d 时,硝化效率会迅速下降。

**3. 渗滤液的物化处理**

物化处理主要是用于去除垃圾渗滤液中的氨氮、重金属离子和难生物降解的有机物质,以保证后续生物处理工艺的正常运行;用物化处理作为后处理则可以进一步提高出水水质,保证渗滤液处理的达标排放。例如,对于"老年"的填埋场渗滤液而言,其 $BOD_5$/COD 的值可能很低,甚至有时低于 0.1,但经过生物处理后出水的 COD 仍可高达 700 ~ 1 500 mg/L,进一步采用物化处理,可以使出水 COD 的质量浓度降低到 100 ~ 300 mg/L。

垃圾渗滤液的物化处理工艺主要包括混凝沉淀、化学沉淀、吸附、吹脱、化学氧化和膜分离等。

混凝沉淀可以大幅度去除渗滤液中的 SS 及色度等,常用的混凝剂包括 $Al_2(SO_4)_2$、$FeSO_4$ 和 $FeCl_3$ 等。对于垃圾渗滤液而言,铁盐的处理效果要比铝盐具有优越性。有研究表明,对于 $BOD_5/COD$ 值较高的"年轻"填埋场的渗滤液而言,混凝对 COD 和 TOC 的去除率较低,通常只有 10% ~25%;而对于 $BOD_5/COD$ 值较低的"老年"填埋场的或者经过生物处理的渗滤液而言,混凝对 COD 和 TOC 的去除率则可以达到 50% ~65%。在混凝过程中投加非离子、阳离子或阴离子高分子助凝剂,可以改善絮凝体的沉降性能,但一般无助于提高浊度等的去除。

化学沉淀主要用于去除垃圾渗滤液的色度、重金属离子和浊度等,常用的化学药剂为 $Ca(OH)_2$。对于垃圾渗滤液而言,其投加量通常控制在 1 ~ 15 g/L 之间,对 COD 可以去除 20% ~40%,对重金属离子可去除 90% ~99%,对色度、浊度及 SS 等可以去除 20% ~40%。化学沉淀也可用于去除垃圾渗滤液中的氨氮,生成磷酸铵镁复合肥,但此项研究仍处于小试及中试阶段。

吸附可以去除渗滤液中的 COD 和氨氮,常用的吸附剂有颗粒活性炭和粉末活性炭,此外还有粉煤灰、高岭土、泥炭、焦炭、膨润土、蛭石、伊利石和活性铝等。当采用活性炭用于渗滤液的处理时,对 COD 和氨氮的去除率可以达到 50% ~70%。

吹脱主要用于去除垃圾渗滤液中的高浓度的氨氮,以保证后续生物处理的正常运行。吹脱出的 $NH_3$ 需经过回收处理[如用 $H_2SO_4$ 吸收生成$(NH_4)_2SO_4$],以防对空气造成污染。

化学氧化主要是去除渗滤液中的色度和硫化物,常用的氧化剂包括氯、臭氧、过氧化氢、高锰酸钾和次氯酸钙等。该工艺对渗滤液中 COD 的去除率通常为 20% ~50%。

膜分离是利用隔膜使溶剂同溶质和微粒分离的一种水处理方法,根据溶质或溶剂通过膜的推动力的大小,膜分离法可以分成几种,如反渗透、超滤和微孔过滤等。在渗滤液的处理领域,多用于垃圾渗滤液的深度处理。反渗透被认为是当前最先进有效的渗滤液处理技术,具有能耗低、可实现闭路循环、膜组件可组合放大等优点,但也存在诸如浓水盐度过高、浓水处理困难及膜污染等问题。德国的 Damsdorf 垃圾填埋场,用反渗透装置来处理生化出水得到了成功的运行;荷兰、瑞士的几个渗滤液处理厂也先后使用了膜分离技术。研究者对广州市大田垃圾填埋场渗滤液预处理出水进行了反渗透试验研究,发现进水压力为 3.5 MPa,pH=5 ~6 等适宜条件下,当进水 COD 为 250 ~620 mg/L 时,出水 COD 浓度几乎为零,去除率近 100%,平均透水量为 30 ~42 L/($m^2 \cdot h$)。岳阳市云溪区生活垃圾填埋场渗滤液处理厂采用 DTRO 工艺,吨水建设投资为 11.6 万元/$m^3$,运行期间单位水处理成本为 18.08 元/t。膜处理前,需要良好的预处理,减少膜处理负荷,否则膜极易被污染和堵塞,处理效率急剧下降,同时必须对膜进行定期清洗。

除以上方法外,渗滤液的物化处理还有离子交换、电渗析、电解等方法。这些方法在一定程度上对渗滤液的水质和水量都有所改善,但不能从根本上使渗滤液得到完全的处理。

### 4. 垃圾渗滤液处理的组合工艺

随着对渗滤液水污染物排放标准的日趋严格,单一的渗滤液处理技术已经无法满足处理水达标排放要求,因而越来越多的情形是采用各种单一处理技术的组合工艺,充分利用和发挥各个技术的优点,从而达到最佳的渗滤液处理效果。

目前我国垃圾渗滤液处理的主流组合工艺是"预处理-生化-膜处理"。例如,北京市及周边垃圾处理设施建立的渗滤液处理主流工艺是"前端生化处理-后端膜处理"(MBR、纳滤或反渗透)。综合一些地区推广的垃圾渗滤液处理组合工艺中比较有代表性的有3种,分别为化学氧化工艺("预处理-两级 A/O-化学氧化-BAF"工艺)、蒸发工艺("预处理-MVC 蒸发-离子交换"工艺)和膜工艺("预处理-两级 DTRO 碟管式反渗透"工艺),其各自优缺点对比见表 13.5。

虽然国际上比较流行 DTRO 和 MVC 蒸发工艺,但其产生的高盐度浓水的二次处理问题不可避免,也不容忽视。在我国的某些地区,采用 DTRO 或 MVC 工艺风险较大。常规的生化-物化组合工艺虽然受外部条件影响较大,但一旦工程调试完毕,即可按照设计参数稳定运行并达到预期的处理效果,且其投资、运行成本以及二次污染问题都远小于 MVC 蒸发和 DTRO 膜工艺。

表 13.5　垃圾渗滤液处理的 3 种组合工艺优缺点对比

| 工艺 | 两级 DTRO 膜 | MVC 蒸发-离子交换 | 化学氧化-BAF |
|---|---|---|---|
| 处理效果 | 稳定达标 | 稳定达标、水质好 | 稳定达标 |
| 工艺适应性 | 较好,受进水水质一定影响 | 好 | 微生物驯化需考虑外界环境因素 |
| 浓缩液 | 10%以上,且浓度较高 | 10%以上,且浓度较高 | 多数是絮凝沉淀,可回填 |
| 运行环境 | 高压 | 高温 | 常规 |
| 占地面积 | 模块化程度高、占地小 | 模块化程度高、占地小 | 工艺流程长,占地面积大 |
| 运行成本 | 耗电较多,膜需定期维护、更换 | 耗电量大,成本最高 | 主要是试剂费和维护费,耗电量一般 |
| 操作管理 | 设备运行条件要求高,管理较为复杂 | 自动化程度高,但设备较容易结垢 | 都为常规设备,运行管理简单 |
| 运行中主要问题 | 膜更换频繁,膜污染问题严重 | 设备结垢问题影响运行效果和组件寿命 | 微生物驯化受外界环境影响较大 |

# 13.4　垃圾渗滤液处理工程实例

垃圾渗滤液因其水质的复杂性,只有采用多种单元处理工艺的组合工艺流程,才能使其达到处理的最终要求。在此向读者介绍一些垃圾渗滤液处理的工程实例,供工艺方案选择、设计及运行等参考。

**1. 山东滕州垃圾填埋场渗滤液处理工程**

山东滕州生活垃圾填埋场设计日处理垃圾 450 t,2009 年 3 月投入运行,初期的垃圾日填埋量约 350 t。垃圾填埋产生的渗滤液由管道直接流入调节池,后经渗滤液处理站处理达标后直接排放或者用于绿化、冲刷场地等。

垃圾渗滤液处理系统设计日处理量为 80 m³,设计进水指标及出水排放指标见表13.6,其中列出的 COD、BOD₅、SS、氨氮、总氮及 pH 等为污染排放主要控制指标,出水氨氮执行 GB 16889—2008 和 DB 37/599—2006(山东省南水北调沿线水污染物综合排放标准)之中严格的限值,即 15 mg/L。

表 13.6　垃圾渗滤液处理系统设计进、出水指标

| 序号 | 控制污染物 | 设计进水指标 | GB 16889—2008 指标限值 | DB 37/599—2006 指标限值 | 出水指标限值 | 系统设计出水排放值 |
|---|---|---|---|---|---|---|
| 1 | SS/(mg·L⁻¹) | 200~1 000 | 30 | 70 | 30 | ≤30 |
| 2 | BOD₅/(mg·L⁻¹) | 300~8 000 | 20 | 20 | 20 | ≤20 |
| 3 | COD/(mg·L⁻¹) | 3 000~13 000 | 100 | 100 | 100 | ≤100 |
| 4 | 氨氮/(mg·L⁻¹) | 1 000~2 000 | 25 | 15 | 15 | ≤15 |
| 5 | 总氮/(mg·L⁻¹) | 1 000~2 200 | 40 | — | 40 | ≤40 |
| 6 | pH | 6~9 | — | 6~9 | 6~9 | 6~9 |

(1)工艺流程

针对该渗滤液的水量水质特征与水污染物排放限值要求,并借鉴国内的成功经验(如青岛小涧西、北京北神树、佛山高明白石坳、苏州七子山、山东泰安等垃圾填埋场),提出采用"MBR-双膜"组合工艺来处理该垃圾渗滤液,具体的工艺流程如图 13.2 所示。

图 13.2　MBR-双膜(NF/RO)组合工艺流程图

来自填埋场内的渗滤液由调节池收集后,经袋式过滤器(精度为 400 μm)去除较大颗粒物后,再进入 MBR 系统(外置式)降解大部分有机物,出水由超滤膜进行泥水分离后进入纳滤系统(浓水内循环式),回收率保证在 85% 以上,COD 去除率在 75% 左右。当 NF 出水满足排放要求时,即可关闭 RO 进水阀门;若 NF 出水水质不佳,则打开 RO 进水阀门,NF 出水经清液罐调节后进入 RO 系统进行深度处理。系统产生的剩余污泥和浓缩液分别流入污泥池和浓缩液池,污泥池上清液回流至调节池,底层污泥和浓缩液则通过特定管路输送至填埋区进行填埋。

(2)主要处理单元设计

调节池。1 座,为原已建设施,池容为 8 000 m³。

外置式 MBR 装置。1 套,由反硝化/硝化罐和 UF 两个单元构成。反硝化罐内污泥浓

度为 15 g/L,污泥负荷为 0.15 kgNO$_3^-$-N/(kg MLSS · d),HRT 为 24 h,罐体尺寸为 $\phi$3 800 mm×9 000 mm。硝化罐内污泥浓度为 15 g/L,污泥泥龄为 17 d,曝气量为 18.84 m$^3$/min,HRT 为 92 h,罐体尺寸为 $\phi$7 000 mm×9 000 mm。UF 系统设于膜处理车间内,德国 BEEG-HOF 公司 6 寸 $\phi$168 mm×3 000 mm 有机管式超滤膜(孔径为 0.02 μm) 4 支,膜通量为 70 L/(h · m$^2$)。

NF 系统。1 套,设于膜处理车间内,采用浓水内循环式,回收率 85% 以上,美国陶氏化学 NF270-400 卷式膜 6 支,膜通量为 22 L/(h · m$^2$)。

RO 系统。1 套,设于膜处理车间内,采用浓水内循环式,回收率 85% 以上,美国陶氏化学 BW 30-365-FR 卷式膜 6 支,膜通量为 22 L/(h · m$^2$)。

膜清洗系统。1 套。UF 采用化学清洗(水洗、酸洗或碱洗),一般每 1~1.5 个月清洗 1 次;NF 及 RO 采用化学清洗(水洗、酸洗或碱洗)方式,一般每 1 个月清洗 1 次(或视情况而定)。

污泥及浓缩液处理系统。1 套,包括污泥池和浓缩液各 1 座。

自动控制系统。1 套,采用上位机+PLC 控制方式。

(3)处理效果

渗滤液处理站于 2009 年 9 月投入调试,目前运行情况良好,处理后出水达标。2009 年 9 月至 2010 年 3 月对该垃圾渗滤液处理站的水质进行监测,结果见表 13.7。该工程吨水投资为 5~9 万元;吨水运行成本为 20~28 万元,其中电费约占运行成本的 75%~80%。

表 13.7　垃圾渗滤液原水及经各单元处理后的水质指标

| 阶段 | COD /(mg · L$^{-1}$) | BOD$_5$ /(mg · L$^{-1}$) | SS /(mg · L$^{-1}$) | 氨氮 /(mg · L$^{-1}$) | 总氮 /(mg · L$^{-1}$) | pH |
|---|---|---|---|---|---|---|
| 原水 | 6 300~8 100 | 1 200~2 000 | 600~1 000 | 450~800 | 500~1 000 | 6.5~7.6 |
| MBR | 320~900 | 60~85 | 2~10 | 3~15 | 7~28 | 7.2~8.3 |
| NF | 25~92 | 10~18 | 0~3 | 2~10 | 4~20 | 6.5~7.7 |
| RO | 10~38 | 3~10 | 0~2 | 0~7 | 0~10 | 6.1~7.2 |

### 2. 浙江省绍兴市大坞岙垃圾卫生填埋场渗滤液处理工程

浙江省绍兴市大坞岙垃圾卫生填埋场是严格按照建设部颁布的《城市生活垃圾卫生填埋技术标准》(CJJ 17—88)①设计建造的中型垃圾卫生填埋场,是绍兴市唯一的垃圾处置场,负责消纳处理绍兴城区的生活垃圾。整个工程占地 100 hm$^2$,一期工程设计库容量为 1 000 000 m$^3$,设计使用年限为 10 年。自 1993 年 10 月运行以来,已处理垃圾近 4×10$^5$ t。

垃圾填埋场基底整平后,铺有一层黏土,横向铺设盲沟,纵向设有石笼。每层垃圾填

---

① 该标准已废除,但该标准与该项目建设时稳合,故此仍使用旧标准。

埋后覆土压实,铺设盲沟。这样,垃圾降解所产生的有机废水及渗滤雨水就通过纵横交错的疏导系统排出库区,从垃圾坝底涵洞和排水管汇集至处理系统集中处理。

经过有关工程技术人员的实地察看,在不同季节取样分析,又通过周密的计算,得出垃圾渗滤液的设计处理量为 300 $m^3/d$。渗滤液的水质指标:COD 质量浓度为 5 800 mg/L;$BOD_5$ 质量浓度为 3 000 mg/L(经调蓄池后约为 1 370 mg/L);$NH_4^+$-N 质量浓度为 800 mg/L;TP 质量浓度为 20 mg/L;pH 为 6.5~8。

排放标准按《污水综合排放标准》(GB 8978—1996)第二类污染物最高允许排放浓度的二级标准制定,即水质指标要满足:COD 质量浓度不大于 150 mg/L;$BOD_5$ 质量浓度不大于 60 mg/L;SS 质量浓度不大于 200 mg/L;$NH_4^+$-N 质量浓度不大于 25 mg/L。

垃圾渗滤液处理的工艺流程如图 13.3 所示。

图 13.3　大坞岙垃圾填埋场渗滤液处理工艺流程

垃圾渗滤液的水质、水量受填埋库区降雨量、库区表面积、垃圾填埋运行时间的影响而经常变化,水质和水量很不稳定。在设计中,将现有的鱼塘、水池改造成不同停留时间、不同深度的调蓄池、一级厌氧池、二级厌氧池、中间池。垃圾渗滤液经预处理后,渗滤液中难降解的有机物通过厌氧菌、兼性菌、好氧菌等微生物的作用,转化为较易降解的有机物,以提高后续处理的可生化性。渗滤液经过较长时间停留后,其水质、水量变化趋于平稳,也有利于后续处理的稳定性。预处理后,渗滤液汇集至集水池,用泵提升至 A 段曝气池,通过 A、B 两段活性污泥中的微生物对渗滤液中有机物进行吸附和生物分解,去除渗滤液中的有机污染物。二沉池出水自动流至混凝沉降池,混凝沉降后流至生物氧化塘,进一步稳定后通过沟渠排入平水江。

中间沉淀池污泥和二沉池污泥分别自动流入污泥池Ⅰ和污泥池Ⅱ,再分别用潜污泵送至 A、B 段曝气池。中间沉淀池污泥有 75% 回流,剩余污泥用污泥泵送入污泥池Ⅲ,与混凝沉降池的污泥汇集一起,用泵打入污泥贮池,而后用吸粪车运至库区填埋。

垃圾渗滤液处理系统各处理构筑物的主要参数见表 13.8。

表 13.8 垃圾渗滤液处理系统各处理构筑物的主要参数

| 构筑物 | 有效容积 /m³ | 有效水深 /m | 水力停留 时间/d | 进水 BOD₅ /(mg·L⁻¹) | 出水 BOD₅ /(mg·L⁻¹) |
|---|---|---|---|---|---|
| 一级厌氧池 | 3 948 | 3.0 | 18.76 | 1 370 | 920 |
| 二级厌氧池 | 6 000 | 3.0 | 20 | 920 | 420 |
| A 段曝气池 | 50 | 4.0 | 0.17 | 420 | |
| B 段曝气池 | 100 | 3.6 | 0.33 | | 120 |
| 混凝沉降池 | 40 | 3.6 | 0.08 | 120 | 90 |
| 生物氧化塘 | 3 600 | 2.0 | 12 | 90 | ≤60 |
| 合计 | 13 738 | | 51.34 | | |

绍兴市大坞岙垃圾卫生填埋场渗滤液处理系统工程于 1996 年 5 月前完成扩大初步设计方案,同时投入施工。整个工程概算投资 230 万元,渗滤液处理运行费用为 0.884 元/m³(扣除基建折旧费)。工程于 1996 年 10 月竣工后试运行,经过 1 年的运行、监测,结果表明,在不同的季节里运行处理效果稳定,处理效果良好,主要指标均能达到设计要求(表 13.9)。

表 13.9 历月运行统计数据结果(月平均值)

| 时间 | 调蓄池进水 | | | | 系统出水 | | | |
|---|---|---|---|---|---|---|---|---|
| | BOD₅/ (mg·L⁻¹) | COD/ (mg·L⁻¹) | SS/ (mg·L⁻¹) | NH₄⁺-N/ (mg·L⁻¹) | BOD₅/ (mg·L⁻¹) | COD/ (mg·L⁻¹) | SS/ (mg·L⁻¹) | NH₄⁺-N/ (mg·L⁻¹) |
| 1996.10 | 3 110 | 5 810 | 399 | 801 | 58 | 90 | 101 | 24 |
| 1996.11 | 2 980 | 5 150 | 378 | 760 | 54 | 85 | 82 | 20 |
| 1996.12 | 2 970 | 5 142 | 364 | 752 | 49 | 97 | 81 | 21 |
| 1997.1 | 2 975 | 5 242 | 375 | 765 | 55 | 80 | 83 | 22 |
| 1997.2 | 2 968 | 5 054 | 354 | 750 | 51 | 93 | 80 | 21 |
| 1997.3 | 2 990 | 5 354 | 372 | 775 | 54 | 87 | 84 | 22 |
| 1997.4 | 3 002 | 5 654 | 385 | 780 | 54 | 88 | 82 | 23 |
| 1997.5 | 3 102 | 5 754 | 389 | 779 | 55 | 89 | 90 | 22 |
| 1997.6 | 3 101 | 5 854 | 385 | 767 | 54 | 87 | 84 | 21 |

**3. 辽宁省盘锦市垃圾处理厂渗滤液处理工程**

辽宁省盘锦市垃圾处理厂设计垃圾处理能力为 400 t/d,处理工艺流程如图 13.4 所示。

垃圾渗滤液全部来自于垃圾及其发酵过程。与垃圾填埋场的渗滤液相比,因没有雨水和地下水的浸入,因而具有水量相对较少、有机物浓度高、氨氮浓度高和处理难度相对较大等特点。

根据对其他垃圾处理厂的渗滤液进行的水质水量调查、分析,确定本工程的设计水量

图 13.4　盘锦市垃圾处理工艺流程

为 50 m³/d,设计进、出水水质见表 13.10。

表 13.10　设计进、出水水质

| 项目 | COD/(mg · L⁻¹) | BOD₅/(mg · L⁻¹) | NH₄⁺ − N/(mg · L⁻¹) | pH |
|---|---|---|---|---|
| 进水 | 10 000 | 7 000 | 500 | 8 ~ 9 |
| 出水 | ≤300 | ≤150 | ≤25 | 6 ~ 9 |

由于生化法能够有效地去除渗滤液中的 COD、BOD₅ 和氨氮,还可以去除水中的一部分金属离子,且其处理成本较低,故在工程中采用以 CASS 为主的生化处理工艺,其工艺流程如图13.5所示。

图 13.5　渗滤液处理工艺流程

CASS 工艺是在序批式活性污泥法基础上发展起来的,在反应池的前端设置了缺氧生物选择区。CASS 工艺的优点在于:不需要二沉池,节省了基建投资;工艺流程短,占地面积小;反应池由缺氧预反应区和好氧主反应区组成,对难降解有机物的去除效果较好,因此有机物的去除率高,出水水质好,不产生污泥膨胀;具有很好的脱氮除磷效果,自动化程度高,操作运行简单;CASS 池进水经过稀释后浓度降低,有机污染物的浓度梯度变小,因此有利于提高生物处理的效果。

由图 13.5 可以看出,垃圾渗滤液汇集于集液井中,由泵输送到调节池。因为 CASS 池进水为间歇进水,所以调节池的贮存水量必须大于 CASS 池一个周期的原渗滤液进水水量。调节池有效容积为 80 m³,分为 2 格,每格设潜水搅拌机 1 台,以防止在池内形成沉淀。池内设潜水泵 2 台,流量为 10 m³/h,扬程为 15 m,1 用 1 备。

CASS 反应池是该设计的主体处理单元,大部分污染物质的降解和去除是在这里实现的。CASS 反应池总共分为 2 格,前端是缺氧预反应区,有效容积为 72 m³,占总池容积的 14%,内设潜水搅拌机 1 台用于搅拌,以保证泥水混合。后端是好氧主反应区,有效容积为 450 m³,内设圆盘式水下曝气机 1 台,回流泵 1 台,排水口 2 个(取代滗水器),穿孔排泥管4 根。

设计 CASS 池工作周期为 24 h,其中进水为 5 h,曝气为 22 h(含进水为 5 h),沉淀为 1 h,排水为 1 h。预反应区潜水搅拌机连续运转,主反应区污泥回流泵的运行与曝气机连锁,排水采用电动蝶阀控制。

渗滤液处理工艺的主要设计参数为混合液质量浓度为 4 500 mg/L;排出比为 1∶10;BOD$_5$ 负荷为 0.17 kg BOD$_5$/(kg MLSS·d);充氧量为 42 kg O$_2$/h;污水回流泵的 Q 值为 10 m$^3$/h,H 值为 10 m。

中间水池用于暂时贮存处理后的水量,容积大于 CASS 池一个周期的排水量,池有效容积为 60 m$^3$。池内设潜水泵 2 台,流量为 15 m$^3$/h,扬程为 20 m,1 用 1 备。

选用石英砂高速过滤器 1 台,投加聚合氯化铝作为混凝剂,用管道混合器进行混合。石英砂过滤器需要定期进行反冲洗,当进出水压差大于 0.05 MPa 时进行反冲洗。

剩余污泥产量按干固体(DS)计,大致为 0.15 t DS/d,若沉淀后污泥含水率为 99.2%,则每天需要排出的剩余污泥量为 18.8 m$^3$。剩余污泥排入污泥贮存池,池有效容积为 60 m$^3$。池内设置水下曝气机 1 台,充氧量为 2.0 kg O$_2$/h,对污泥进行好氧稳定。另外,设置污泥提升泵 2 台,流量为 15 m$^3$/h,扬程为 20 m,1 台用于将上清液排入调节池,另 1 台用于定期将经过好氧稳定的污泥提升至运泥车外运。

该工程于 2001 年 4 月开始调试,实际渗滤液水量只有 20 m$^3$/d,小于设计水量,但是污染物浓度远远高于设计值。经过 3 个月的调试,7 月份出水达到了设计要求,盘锦市环境保护监测站现场采样化验分析结果见表 13.11。该工程的运行情况一直比较稳定。

**13.11　进出水水质监测结果**

| 项　　目 | | 监测日期/(月.日) | | | 最大值 | 最小值 | 平均值 | 实际去除率(名义去除率)/%[1] |
| --- | --- | --- | --- | --- | --- | --- | --- | --- |
| | | 07.11 | 07.12 | 07.13 | | | | |
| pH | 进水 | 7.76 | 7.74 | 7.84 | 7.84 | 7.74 | | |
| | 出水 | 7.88 | 7.86 | 7.82 | 7.88 | 7.82 | | |
| COD /(mg·L$^{-1}$) | 进水 | 28 922 | 33 231 | 26 154 | 33 231 | 26 154 | 29 436 | 84.91 (99.32) |
| | 经 CASS 稀释后 | 1 282 | 1 469 | 1 206 | 1 469 | 1 206 | 1 319 | |
| | 出水 | 181 | 204 | 212 | 212 | 181 | 199 | |
| BOD$_5$ /(mg·L$^{-1}$) | 进水 | 25 000 | 26 500 | 27 500 | 27 500 | 25 000 | 26 300 | 98.83 (99.95) |
| | 经 CASS 稀释后 | 968 | 1 026 | 1 067 | 1 067 | 968 | 1 020 | |
| | 出水 | 10.5 | 10.9 | 14.3 | 14.3 | 10.5 | 11.9 | |
| NH$_4^+$-N /(mg·L$^{-1}$) | 进水 | 1 009 | 1 184 | 1 129 | 1 128 | 1 009 | 1 107 | 90.96 (99.64) |
| | 经 CASS 稀释后 | 42.16 | 42.29 | 47.28 | 47.28 | 42.16 | 43.91 | |
| | 出水 | 3.65 | 4.08 | 4.18 | 4.18 | 3.65 | 3.97 | |

注:①实际去除率为以渗滤液进入 CASS 池经过稀释后的污染物浓度计的去除率;名义去除率为以原渗滤液污染物浓度计的去除率。

在该设计中 CASS 池的运行周期较合理,能够有效地去除有机物并且不产生污泥膨胀。从监测结果中发现,COD 的去除率较其他污染物要低,证明在渗滤液中不可降解的有机物含量较高。如何利用物化法提高可生化性,提高对 COD 的去除率,这些问题应在渗滤液的深度处理中认真考虑。

该工程项目在调试过程中发现的问题是,在调试初期曾出现大量泡沫,后来增加了消泡装置;CASS 池污水回流泵选择过大,导致缺氧预反应区的溶解氧偏高,只能采取调节阀门来控制回流水量,进而控制溶解氧,这样就造成了能量上的浪费;混凝过滤对于色度的去除没有明显的效果。这些经验表明,在以后类似工程项目的设计中应考虑消泡措施,选择合理的回流比,以及选择合适的过滤器等。

**4. 其他垃圾填埋场渗滤液处理工程简介**

(1) 四川省简阳市垃圾填埋场渗滤液处理工程

位于四川省简阳市的垃圾填埋场垃圾处理规模为 200 t·d⁻¹,其产生的渗滤液大约为 90 m³·d⁻¹,选用"氨吹脱-生物处理(A/O)-混凝沉淀-砂滤-超滤-纳滤"组合工艺处理,具体工艺流程示意如图 13.6 所示。

图 13.6　简阳垃圾填埋场渗滤液处理工艺流程

来自填埋区的渗滤液首先进入调节池,后经提升泵进入吹脱塔(pH 调节至 10.5 左右),经空气吹脱去除部分氨氮,以便确保后续生物处理的正常运行。经氨吹脱后的渗滤液进行 pH 调节后,依序进入后续的厌氧池和好氧曝气池,在此利用微生物去除渗滤液中大部分的 $BOD_5$、COD 等可降解有机物以及 $NH_4^+$-N。含有不宜生物降解有机物的曝气池出水进入后续的加药沉淀池和砂滤池,进一步去除渗滤液中的悬浮物质和胶体物质及难降解有机物。最后渗滤液经中间水池进行水量调节、保安过滤器过滤后,通过高压泵再进入膜处理系统(超滤-纳滤)。超滤设计最大工作压力为 0.2 ~ 0.3 MPa,每运行 1 h 清水反冲洗 2 min,药剂清洗周期为 1 周。超滤出水经由保安过滤器过滤后,再通过高压泵进入纳滤膜组件。纳滤运行压力约为 0.7 MPa,每运行 1 h 清水反冲洗 2 min,药剂清洗周期为 1 周。

沉淀池污泥、超滤及纳滤浓水,均回灌于垃圾填埋场进行稳定化处理。

垃圾渗滤液经由"氨吹脱-生物处理(A/O)-混凝沉淀-砂滤-超滤-纳滤"组合工艺处理之后,出水达《生活垃圾填埋场污染控制标准》(GB 16889—2008)的要求。

(2) 四川省广安市垃圾填埋场渗滤液处理工程

位于四川省广安市的垃圾填埋场,垃圾处理规模为 300 t/d,其产生的渗滤液大约为 80 m³/d。垃圾渗滤液处理设计规模为 100 m³/d,采用"中温厌氧-膜生物反应器-纳滤"的组合处理工艺,工艺流程如图 13.7 所示。

图 13.7 广安垃圾填埋场渗滤液处理工艺流程

来自填埋区的渗滤液首先进入调节池,对其水质水量进行调节,然后由泵提升,先经过换热器升温后再进入中温厌氧池[温度为(35±0.5)℃],利用厌氧微生物将高浓度可生化降解的有机污染物分解为甲烷、二氧化碳和水等。之后渗滤液进入缺氧反应池进行反硝化,然后再进入 MBR 好氧池进一步完成可生化降解有机物的去除和硝化反应,硝化液回流至前置缺氧反应池。MBR 好氧池的出水由抽吸泵输送至中间水池平衡工作水量,然后再通过高压泵抽升至纳滤膜系统。纳滤进水压力为 1.5 ~ 1.6 MPa 左右,运行 3 h、停运 1 h,采用清水冲洗纳滤膜,历时几分钟。

纳滤产生的浓水和各阶段产生的污泥,均回灌至垃圾填埋场进行稳定化处理。

垃圾渗滤液经"中温厌氧-膜生物反应器-纳滤"的组合工艺处理后,出水达到了《生活垃圾填埋场污染控制标准》(GB 16889—2008)的要求。

# 参 考 文 献

[1] 冯晓西,乌锡康.精细化工废水治理技术[M].北京:化学工业出版社,2000.

[2] 高忠柏,苏超英.制革工业废水处理[M].北京:化学工业出版社,2000.

[3] 胡小龙,王伟兴,吴文平.垃圾渗滤液的处理[J].环境卫生工程,1997(4):18-20.

[4] 蒋建国,梁顺文,陈石,等.深圳下坪填埋场渗滤液产生量预测研究[J].新疆环境保护,2002,24(3):1- 4.

[5] 李伟光,时文歆,赵庆良.化肥厂工艺冷凝液和尿素水解水回用技术研究[C].北京:2003 年(第三届)中国水污染防治与废水资源化技术交流会论文集,2003:281-285.

[6] 李伟光,赵庆良,马放,等.序批式生物反应器处理屠宰废水[J].中国给水排水,2000,16(10):59-60.

[7] 吴卫国.肉类加工废水处理技术[M].北京:中国环境科学出版社,1992.

[8] 李玉俊,何群,栗绍湘,等.用 SBR 法处理寒冷地区垃圾渗滤液[J].环境卫生工程,2002,10(2):72-73.

[9] 刘雨,赵庆良,郑兴灿.生物膜法污水处理技术[M].北京:中国建筑工业出版社,2000.

[10] 马也豪,凌波.医院污水污物处理[M].北京:化学工业出版社,2000.

[11] 孟祥和,胡国飞.重金属废水处理[M].北京:化学工业出版社,2000.

[12] 施永生,傅中见.煤加压气化废水处理[M].北京:化学工业出版社,2001.

[13] 孙召强,杨宏毅,武泽平,等.CASS 工艺处理垃圾渗滤液工程设计实例[J].给水排水,2002,28(1):19-21.

[14] 王凯军,秦人伟.发酵工业废水处理[M].北京:化学工业出版社,2000.

[15] 王良均,吴孟周.石油化工废水处理设计手册[M].北京:中国石化出版社,1996.

[16] 武书彬.造纸工业水污染控制与治理技术[M].北京:化学工业出版社,2001.

[17] 杨学富.制浆造纸工业废水处理[M].北京:化学工业出版社,2001.

[18] 袁居新,陶涛,王宗平,等.垃圾渗滤液处理中的高效生物脱氮现象[J].中国给水排水,2002,18(3):76-77.

[19] 张自杰.排水工程(下册)[M].5 版.北京:中国建筑工业出版社,2015.

[20] 赵庆良,李湘中.化学沉淀法去除垃圾渗滤液中的氨氮[J].环境科学,1999,20(5):90-92.

[21] 中国化工防治污染技术协会.化工废水处理技术[M].北京:化学工业出版社,2000.

[22] 周国成.城市生活垃圾填埋场垃圾渗滤液处理技术[J].中国市政工程,1997(3):45-50.

[23] 车建刚,万金保,邓觅,等.中药废水处理的工程应用[J].水处理技术,2017,43(10):128-130.

[24] 陈森,管蓓.ABR+UASB+SBR 法处理养牛废水的工程应用[J].安徽农学通报,2013,19(9):105-107.

[25] 程晓夏,陈滢,罗文锋,等.电镀废水处理工程改造实例[J].给水排水,2012(s1):

275-277.

[26] 褚士军, 邹俊峰. IMC 工艺和高效射流曝气器在高氨氮废水处理中的应用及节能效果分析[C]. 厦门:中国水污染治理技术装备论文集(第十五期), 2008.

[27] 董建威, 司马卫平. 电镀废水处理及回用工程实例[J]. 工业水处理, 2016, 36(7): 101-103.

[28] 高忠柏, 苏英超. 制革工业废水处理[M]. 北京:化学工业出版社, 2000.

[29] 葛昕, 鲍先巡, 李布青, 等. CSTR-ABR 工艺在养殖废水处理工程中的应用——以淮南市天顺生态养殖有限公司沼气工程为例[J]. 安徽农业科学, 2014, 42(25): 8728-8729.

[30] 苟晓东, 陈华东, 滕龙, 等. 某皮革企业废水处理改扩建工程设计实例[J]. 中国给水排水, 2017(18):105-109.

[31] 环境保护部. 屠宰与肉类加工废水治理工程技术规范:HJ 2004—2010[S]. 北京:中国环境科学出版社, 2010.

[32] 环境保护部. 酿造工业废水治理工程技术规范:HJ 575—2010[S]. 北京:中国环境科学出版社, 2011.

[33] 环境保护部. 味精工业废水治理工程技术规范:HJ 2030—2013[S]. 北京:中国环境科学出版社, 2010.

[34] 国家环境保护局, 国家技术监督局. 水质 急性毒性指标的检测方法 发光细菌检测法:GB/T 15441—1995[S]. 北京:中国标准出版社, 1996.

[35] 国家环境保护总局, 国家质量监督检验检疫总局. 畜禽养殖业污染物排放标准:GB 18596—2001[S]. 北京:国家环境保护总局, 2001.

[36] 国家环境保护总局. 畜禽养殖业污染防治技术规范:HJ/T 81—2001[S]. 北京:国家环境保护总局, 2002.

[37] 环境保护部, 国家质量监督检验检疫总局. 淀粉工业水污染物排放标准:GB 25461—2010[S]. 北京:环境保护部, 2002.

[38] 环境保护部, 国家质量监督检验检疫总局. 发酵酒精和白酒工业水污染物排放标准:GB 27631—2011[S]. 北京:环境保护部, 2002.

[39] 环境保护部, 国家质量监督检验检疫总局. 发酵类制药工业水污染物排放标准:GB 21903-2008[S]. 北京:中国环境科学出版社, 2008.

[40] 国家环境保护总局, 国家质量监督检验检疫总局. 啤酒工业污染物排放标准:GB 19821—2005[S]. 北京:中国环境科学出版社, 2006.

[41] 国家环境保护总局, 国家质量监督检验检疫总局. 味精工业污染物排放标准:GB 19431—2004[S]. 北京:中国环境科学出版社, 2004.

[42] 环境保护部, 国家质量监督检验检疫总局. 制糖工业水污染物排放标准:GB 21909—2008[S]. 北京:中国环境科学出版社, 2008.

[43] 国家环境保护总局, 国家质量监督检验检疫总局. 医疗机构水污染物排放标准:GB 18466—2005[S]. 北京:中国环境科学出版社, 2005.

[44] 韩彪, 张萍, 张维维, 等. 厌氧-好氧-物化工艺处理淀粉废水的工程实例[J]. 环境

科学与技术, 2010, 33(12): 25-27.

[45] 韩彪, 张维维, 张萍. 甘蔗制糖废水的 ABR-CASS 处理工艺[J]. 广西科学院学报, 2010, 26(2): 156-158.

[46] 胡蝶, 陈文清, 张奎, 等. 垃圾渗滤液处理工艺实例分析[J]. 水处理技术, 2011, 37(3):132-135.

[47] 胡小龙, 王伟兴, 吴文萍. 垃圾渗滤液的处理[J]. 环境卫生工程, 1997(4):18-20.

[48] 环境保护部, 国家质量监督检验检疫总局. 中药类制药工业水污染物排放标准:GB 21906—2008[S]. 北京:中国环境科学出版社,2008.

[49] 环境保护部. 制糖废水治理工程技术规范:HJ 2018—2012[S]. 北京:中国环境科学出版社,2013.

[50] 环境保护部. 电镀废水治理工程技术规范:HJ 2002—2010[S]. 北京:中国环境科学出版社,2011.

[51] 环境保护部. 畜禽养殖业污染治理工程技术规范:HJ 497—2009[S]. 北京:中国环境科学出版社,2009.

[52] 环境保护部, 国家质量监督检验检疫总局. 制浆造纸工业水污染物排放标准:GB 3544—2008[S]. 北京:中国环境科学出版社,2008.

[53] 环境保护部, 国家质量监督检验检疫总局. 生活垃圾填埋场污染控制标准:GB 16889—2008[S]. 北京:中国环境科学出版社,2008.

[54] 黄开东, 李强, 汪炎. 煤化工废水"零排放"技术及工程应用现状分析[J]. 工业用水与废水, 2012, 43(5): 1-6.

[55] 贾银川, 谭中侠, 花绍龙. 水煤浆加压气化污水 IMC 处理技术应用[J]. 环境影响评价,2014, 6: 16-18.

[56] 孔娟. 论 UASB+A/O+Fenton 组合工艺——以畜禽养殖废水处理工程为例[J]. 资源节约与环保, 2016(5): 37-38.

[57] 李传志, 张帆, 刘斌. 火神山新冠肺炎传染病医院污水处理工程生化处理工艺设计探讨[J]. 给水排水, 2020, 46(4):25-31.

[58] 李海松, 董亚勇, 王敏. 鲁奇工艺煤气化冷凝废水处理工程实例[J]. 工业用水与废水, 2014, 45(4): 68-70.

[59] 吕龙义. 双循环厌氧反应器处理中药废水的调控技术与机制[D]. 哈尔滨:哈尔滨工业大学, 2019.

[60] 马也豪,凌波. 医院污水污物处理[M]. 北京:化学工业出版社,2000.

[61] 孟祥和,胡国飞. 重金属废水处理[M]. 北京:化学工业出版社,2000.

[62] 潘登,王娟,王新冀,等. 屠宰废水处理工程实践与工艺探讨[J]. 环境工程,2013,31(4):63-65.

[63] 潘国强,邓亮,气浮-陶瓷膜耦合工艺处理炼油厂含油废水[J]. 中国给水排水, 2020,36(18):118-121.

[64] 任朝斌,孙润超. 铁碳微电解-UASB-两级 HCR-气浮工艺处理中成药生产废水[J]. 水处理技术,2012,38(9):130-131.

[65] 苏焱顺. 氧化塘-ABR-A/O 氧化沟工艺处理制糖废水[J]. 工业用水与废水,2010, 43(3):74-76.

[66] 孙杰,王顺,陈宇. 气浮+UASB+A/O+芬顿工艺处理中药制药废水[J]. 中国给水排水,2017,33(24):111-113.

[67] 孙召强,杨宏毅,武泽平,等. CASS 工艺处理垃圾渗滤液工程设计实例[J]. 给水排水,2002,28(1):20-21.

[68] 王家彩,臧雪松,崔胜霞. 精细化工厂污水处理扩容改造工程实例[J]. 环境科技, 2013,26(5):34-26.

[69] 王凯军,秦伟人. 发酵工业废水处理[M]. 北京:化学工业出版社,2000.

[70] 王绍文,钱雷,秦华,等. 焦化废水无害化处理与回用技术[M].北京:冶金工业出版社,2005.

[71] 王彦隽,闫永利,杨海燕,等. 气浮+UASB+Bardenpho 工艺处理屠宰厂废水[J].安全与环境工程,2020,27(5):49-54.

[72] 王宗华,赵东升. 微电解-UASB-MBBR 处理中药提取废水研究与应用[J]. 工业水处理,2019,39(2):99-102.

[73] 魏谷. IC/MBBR 工艺处理高 COD、高氨氮煤化工废水[J]. 中国给水排水,2012,28 (20):121-128.

[74] 吴浩汀. 制革工业废水处理技术及工程实例[M]. 2 版.北京:化学工业出版社, 2010.

[75] 武书彬. 造纸工业水污染控制与治理技术[M].北京:化学工业出版社,2011.

[76] 徐伟,刘哲俊,裘建平,等. IC-MBR-高级氧化法处理高浓度中药废水工程实践[J]. 水处理技术,2016,42(6):134-136.

[77] 薛宇.煤气化废水处理工程设计实例[J].工业用水与废水,2016,47(4),69-70.

[78] 杨学富.制浆造纸工业废水处理[M].北京:化学工业出版社,2011.

[79] 姚硕,刘杰,孔祥西,等. 煤化工废水处理工艺技术的研究及应用进展[J].工业水处理,2016,36(3):16-21.

[80] 曾磊,何广松,王艳,等.武汉火神山、雷神山新型冠状病毒肺炎专科医院污水处理站设计与运营管理[J].净水技术,2020,39(7):1-7.

[81] 张金菊,袁孟云,张瑜倩,等."ABR+UBF+A/O"工艺处理中药废水工程实例[J]. 工业水处理,2019,39(10):104-106.

[82] 张磊,王玉红,季民,等. 屠宰废水脱氮除磷与回用工程设计[J].中国给水排水, 2019,35(22):96-99.

[83] 张旭,冯炘,解玉红.MBR+双膜法(NF/RO)处理垃圾渗滤液的工程实例[J].天津理工大学学报,2010,26(4):31-35.

[84] 张万昌. 水解酸化-生物接触氧化工艺处理中草药加工废水效能研究[D].哈尔滨:哈尔滨工业大学,2014.

[85] 张自学,洪佳.医院污水处理站改造工程实例分析[J].中国医院建筑与装备, 2018,19(8):101-104.

［86］章保. U-GAS 粉煤流化床煤气化废水设计及运行实例［J］. 工业用水与废水，2016，41（1）：51-54.

［87］赵嫱，ENGELBART W，朱大明，等. BioDopp 工艺——一种节能降耗的新型工业废水处理技术［J］. 石油和化工节能，2012（3）：18-29.

［88］赵庆良，李湘中. 化学沉淀法去除垃圾渗滤液中的氨氮［J］. 环境科学，1999（5），90-92.

［89］赵振辉，伯绍毅，章陆陆，等. 中药生产废水处理工程实例［J］. 工业水处理，2020，40（11）：111-113.

［90］中国人民共和国住房和城乡建设部. 生活垃圾渗滤液处理技术规范：CJJ 150—2010［S］. 北京：中国人民共和国住房和城乡建设部，2010.

［91］中国造纸协会. 中国造纸工业 2011 年度报告［R］. 北京：中国造纸协会，2011.

［92］环境保护部. 制革及毛皮加工废水治理工程技术规范：HJ 2003—2010［S］. 北京：环境保护部，2010.

［93］环境保护部. 制革及毛皮加工工业水污染物排放标准：GB 30486—2013［S］. 北京：中国环境科学出版社，2013.

［94］环境保护部. 医院污水处理工程技术规范：HJ 2029—2013［S］. 北京：中国环境科学出版社，2013.

［95］生态环境部. 新型冠状病毒污染的医疗污水应急处理技术方案（试行）［S］. 北京：生态环境部，2020.

［96］周国成. 城市生活垃圾填埋场垃圾渗滤液处理技术［J］. 中国市政工程，1997（3）：45-50.

［97］朱杰，黄涛. 畜禽养殖废水达标处理新工艺［M］. 北京：化学工业出版社，2010.

［98］左金龙，李芬，姜安玺. 食品工业生产废水处理工艺及工程实例［M］. 北京：化学工业出版社，2011.